高手指引

Excel
在人力资源管理中的应用
案例视频教程（全彩版）

未来教育◎编著

·北京·

内 容 提 要

《Excel 在人力资源管理中的应用　案例视频教程（全彩版）》以职场故事为背景，讲解 HR 如何使用 Excel 来完成人事数据的存储、统计、汇总与分析等，快速解决日常工作中遇到的人事数据处理与分析难题。书中内容由职场真人真事改编而成，以对话的形式，巧妙解析 HR 遇到的每一个工作任务及使用 Excel 解决的方法。全书共 8 章，内容涵盖 HR 学习 Excel 必须掌握的基础知识、提高效率的"偷懒"技能、公式与函数、基本分析工具、图表、数据透视表与数据透视图等，以及 HR 职场必备的一些 Excel 操作技能等内容。

《Excel 在人力资源管理中的应用　案例视频教程（全彩版）》既适合面对大量人事数据而茫然无助的 HR"小白"，以及不能正确统计出人事数据、数据分析混乱，经常被领导批评的老 HR，也适合刚毕业或即将走向人力资源岗位的广大毕业生，还可以作为广大职业院校、电脑培训班的教学参考用书。

图书在版编目(CIP)数据

Excel在人力资源管理中的应用：案例视频教程：全彩版/未来教育编著. —北京：中国水利水电出版社，2020.5

ISBN　978-7-5170-7787-9

Ⅰ.①E…　Ⅱ.①未…　Ⅲ.①表处理软件　Ⅳ.①TP391.13

中国版本图书馆CIP数据核字(2020)第131402号

丛 书 名	高手指引
书　　名	Excel 在人力资源管理中的应用　案例视频教程（全彩版） Excel ZAI RENLI ZIYUAN GUANLI ZHONG DE YINGYONG　ANLI SHIPIN JIAOCHENG
作　　者	未来教育　编著
出版发行	中国水利水电出版社 （北京市海淀区玉渊潭南路 1 号 D 座　100038） 网址：www.waterpub.com.cn E-mail：zhiboshangshu@163.com 电话：（010）62572966-2205/2266/2201（营销中心）
经　　售	北京科水图书销售中心（零售） 电话：（010）88383994、63202643、68545874 全国各地新华书店和相关出版物销售网点
排　　版	北京智博尚书文化传媒有限公司
印　　刷	北京天颖印刷有限公司
规　　格	180mm×210mm　24 开本　11.75 印张　415 千字　1 插页
版　　次	2020 年 5 月第 1 版　2020 年 5 月第 1 次印刷
印　　数	0001—5000 册
定　　价	79.80 元

不管是刚入职场的HR“小白”，还是工作多年的老HR，加班已成为一种工作常态，特别是在面对大量的人事数据需要统计、汇总、分析时，经常需要挑灯夜战，按时下班已成为一种奢望。

作为现任的HR主管，小刘每天要面对的人事表格肯定比普通的HR多很多，还要对表格数据进行深入的分析，但他不会像两年前刚入职那样天天加班了，现在每天都能按时下班。如果要问小刘的工作效率为什么这么高，那么小刘一定会说：“这多亏了Excel！”有了Excel，HR不仅能轻松地收集和存储大量的人事数据，还能利用其强大的数据计算功能对人事数据进行各种汇总与统计，以及使用数据分析工具对现有的人事数据或统计出来的人事数据进行分析，以便做出正确的人事决策。

虽然小刘现在已经不再需要加班，但想当初，小刘也是加班人群中的一员。有人或许会认为小刘是运气好，在职场中有“贵人”相助，其实他初入职场的起点，并不比大多数人高。不信，请看小刘当时的处境。

小　刘

我是小刘，毕业于重点本科院校的HR专业，自认为学历高，专业知识过硬，但由于Excel使用不熟练，在职场中四处碰壁，上司不待见，同事不理解。看到一同进入公司的同事，学历、专业都不如我，却因为Excel混得风生水起，我真是“羡慕嫉妒恨”。

幸好有总监时刻鞭策着我，培训主管随时帮助我，教我如何使用Excel来协助工作，并学会了很多Excel新技能，让我在2年的时间里从HR“小白”晋升到了HR主管。

我是小刘的上司。起初，我对小刘的印象并不好，虽然理论知识过硬，但实践技能不敢恭维，特别是对Excel的使用，简直令人头疼。

可能小刘也认识到了自己的不足，开始努力学习Excel。不到半年的时间，就让我对他的Excel能力刮目相看，利用Excel处理工作的效率也大大提升，甚至成为其他员工学习Excel的师父。通过短短2年的努力，他就晋升到了主管，成为公司不可或缺的人才。

张总监

王 Sir

我是公司的培训主管，也可以算是小刘的师父。不过有言在先，我并没有给他特殊的优待，对于参加培训的每一位员工，我都是一视同仁。小刘的Excel技能之所以进步这么神速，最主要的根源在于他自己的努力和孜孜不倦的学习精神。如果每一位员工都有他这种学习精神，那么我相信，下一个主管或总监就是你。

>>> 对于HR来说，在短短的2年时间内就能从一个职场“小白”晋升为主管，这是非常不容易的，其中的艰辛可能只有小刘自己知道。Excel为什么能帮助毫无职场经验的小刘快速晋升为主管呢？

因为在人力资源管理中，重在对人事数据的计算、统计与分析，而这正是Excel的最大长处。借助于Excel，小刘在迅速提高办公效率的同时，还能通过各种函数、排序、筛选、分类汇总、条件格式、图表、数据透视表等分析工具完成对人事数据的计算、统计与分析。可以说，Excel已成为小刘职场中的好帮手，让他的职场道路越来越顺畅。

>>> 可是学习Excel的职场人士也不少啊，为什么别人没有小刘的成就呢？

学习Excel却没有效果有以下几种原因：

原因1：没有系统学习。现在网络课程很多，不少人会利用碎片化时间学习几个教程，可是这些教程是零散的，不能形成系统知识，也就无法牢固记忆！

原因2：苦学理论知识。光有理论知识，但不会将理论知识运用到实际工作中，这也是不行的。只有理论与实践相结合，才能灵活运用所学到的Excel知识。

原因3：不会“偷懒”。“懒”思路推动人提高工作效率，能用一个步骤解决的问题绝不用两个步骤！只有在学习过程中，不断发现、总结Excel的优化效率点，才能实现高效办公！

哈哈，小刘能迅速成为HR主管，离不开我严厉的“打压”和“鞭策”！

功劳1：虽然不断地挑出小刘所做表格的各种毛病，但其实是为了让他以更高的标准要求自己，不断学习Excel的各种新技能，提升利用Excel高效处理工作事务的水平。

功劳2：布置的任务大多涉及HR在工作中经常遇到的问题，既能锻炼解决问题的能力，也能提高Excel的综合运用能力，可谓一举两得。

怎么样？是不是很想知道张总监给小刘布置了哪些任务？王Sir又是如何指导小刘完成这些任务的呢？

那就别犹豫了，快进入书中学习吧。书中几十个经典案例正是张总监当初布置给小刘的任务，小刘的困惑也是万千HR的困惑。跟着王Sir的思路指导，一起来学习使用Excel，提高人事数据计算、统计与分析的能力，远离加班吧！

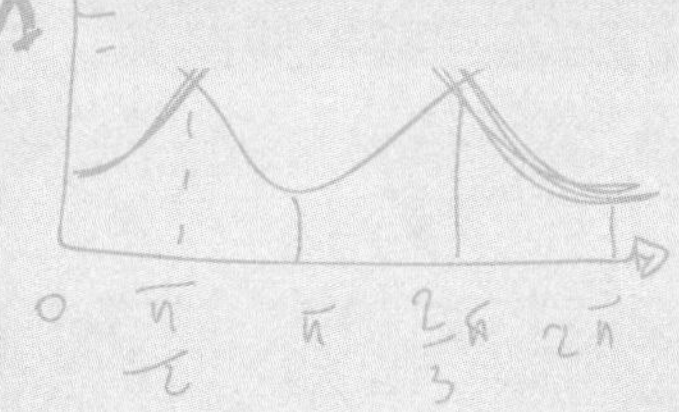

会用Excel软件，已经成为当前HR必须具备的一项能力。但很多刚入职场的HR，真正会用且能用好Excel的却少之又少。

面对繁杂的人事数据，很多HR新人感到束手无策，不知道使用哪些函数才能统计出需要的结果，不知道使用什么图表分析数据更直观……其实，这些都是因为不能熟练使用Excel造成的。还有一些老HR，虽然能熟练使用Excel，但却因为不会一些“偷懒”技术，导致工作效率低下，经常加班。可见，用好Excel，对于HR是多么重要。

《Excel在人力资源管理中的应用 案例视频教程（全彩版）》以职场真人真事——小刘如何用Excel来解决日常工作中的问题，来讲解如何用好Excel软件，提高对人事数据的管理、处理与分析能力。

本书相关特点

1 漫画教学，轻松有趣

本书将小刘和身边的真实人物虚拟为漫画角色，以对话的形式提出要求、表达出对任务的困惑、找到完成任务的各种方法，让读者在轻松的氛围中学会使用Excel快速、有效地解决人事管理中遇到的各种问题，逐步从HR“小白”晋升为一名优秀的HR。

2 真人真事，案例教学

书中每一节内容都是以“提出问题、解决问题”来展开的，都是职场中经常遇到的经典难题，读者朋友可以通过Excel来轻松解决，在解决问题的过程中，就能不知不觉掌握Excel技能。

3 掌握方法，灵活应用

很多HR学过Excel，但无法正确运用到实际工作中，其原因归根到底是对Excel知之甚少，不能灵活应用Excel的相关知识。本书详细讲解了HR如何通过Excel的相关知识和技能来解决工作中遇到的问题，相信读者朋友学习完这些内容后，Excel技能将得到很大的提升。

4 实用功能，学以致用

Excel的功能很多，但对HR来说，并不是所有的功能都会用得上。本书内容结合真实的职场案例，精挑细选出一些HR在实际工作中比较实用的Excel功能，保证读者朋友可以学以致用。

5 技巧补充，查漏补缺

Excel中所有功能的操作方法都不是单一的，为了拓展读者的知识面，书中穿插了“温馨提示”和“技能升级”栏目，及时对当前内容进行补充，避免读者朋友在学习时遗漏重要内容。

赠送 学习资源

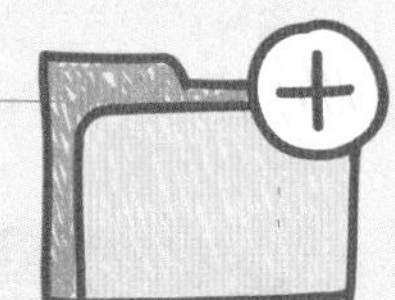

>>> 本书还赠送以下多维度学习套餐，真正超值实用！

- 1000个Office商务办公模板文件，包括Word、Excel、PPT模板，这些模板文件可以拿来即用，读者不用再去花时间与精力搜集整理。
- 《电脑入门必备技能手册》电子书，即使读者不懂电脑，也可以通过本手册的学习，掌握电脑入门技能，更好地学习Excel办公应用技能。
- 12集电脑办公综合技能视频教程，即使读者一点基础都没有，也不用担心学不会，学完此视频就能掌握电脑办公的相关入门技能。
- 《Office办公应用快捷键速查表》电子书，帮助读者快速提高办公效率。

温馨提示：

①读者学习答疑QQ群：718911779

②扫码关注下方公众号输入“HR77879”，免费获取海量学习资源。

SOLUTIONS

CHAPTER 1
资深HR告诉你如何用好Excel

CHAPTER 2
掌握这些“偷懒”技术，工作效率翻倍提升

4.2 求和统计函数，让统计汇总不再难

4.3 逻辑函数，按条件作出正确判断

4.4 查找与引用函数，轻松实现其他表格数据的引用

4.5 其他简单又实用的函数

CHAPTER 5 揭秘HR都爱的Excel分析工具

5.1 数据排序，轻松搞定

CHAPTER 7
数据透视表，帮HR轻松实现数据的多角度分析

7.1 数据透视表原来是这么回事

7.2 筛选和分析数据透视表

CHAPTER 8
HR职场必备的Excel操作技巧

8.1 值得HR珍藏的8个技能

8.2 外部数据导入更方便

8.3 超实用的5个打印技巧

8.4 保护表格的两种方法

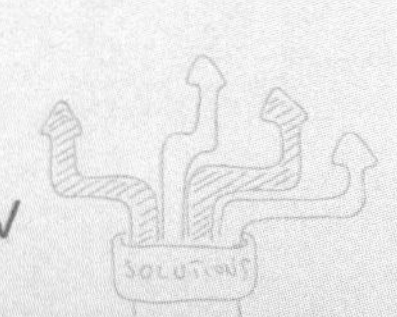

CHAPTER 1

资深HR告诉你如何用好Excel

小 刘

上班第一周，大部分时间是在进行各种培训，如企业文化培训、企业制度培训、Excel软件培训等。

在进行Excel培训时，很多新员工有这样的埋怨："都是学人力资源管理出来的，谁不会Excel软件呀！"当然，这些埋怨的人中也包括我。

当培训结束后，我才明白过来，原来并不是会用Excel软件就能做好HR工作，要想快速、有效地完成领导交代的工作，做一个优秀的HR，就必须用好Excel。

那么，如何才能用好Excel呢？王Sir告诉我，首先需要搞清楚，HR使用Excel来做什么；其次，需要知道一些制表规范和要求。只有这样，在制作表格的过程中才会少走弯路。

很感谢王Sir对我们的培训，让我对Excel有了新的认识。

小刘刚开始参加Excel软件培训时，有一些抵触心理，可能觉得Excel软件那么简单，而且在学校里也学过，没必要培训。

但经过我多次的培训，他对Excel产生了浓厚的兴趣，也深刻地认识到，作为一名HR，不是会一些简单的Excel操作就能把工作做好，还必须用好Excel。

那么，HR如何才能用好Excel呢？就让我这个资深的HR来告诉你吧！

王 Sir

1.1　对于Excel的这些知识，HR要早知道

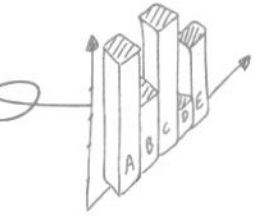

王Sir

小刘，通过一周的培训，你知道作为一个HR，关于Excel的哪些知识是你必须要了解的吗？

小 刘

初来乍到，根本不知道哪些Excel知识是作为HR必须要了解和掌握的。

王Sir

小刘，HR经常与Excel打交道，但在使用Excel处理事务时，首先需要知道一些Excel的相关知识，如Excel在人力资源管理中的作用、人力资源管理中常用的3张表，以及遇到问题怎么处理等。

1.1.1 HR与Excel的不解之缘

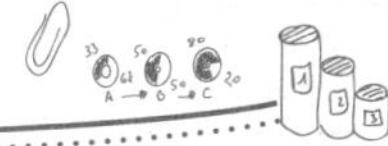

Excel是办公自动化中首选的数据管理和分析软件，特别是在数据计算、汇总和分析方面具有强大的功能，受到很多HR的喜爱。如今，利用Excel进行人力资源管理已成为HR必须具备的一项能力。那么，HR使用Excel到底能做哪些工作呢？

1 收集数据

在人力资源管理过程中，会直接或间接产生大量的人事数据。这些数据大多是孤立存在的，包含的信息量较少，不能直接看出各数据之间的联系。这时，就需要HR将这些数据收集、存储起来，以便于后期统计、分析数据时使用。

虽然不是最好的数据收集工具，但利用Excel可以非常方便地进行进一步的加工处理，包括统计与分析。如需要收集员工信息，如果把每个员工的信息单独保存到一个文件中，那么当员工数量有所增减时，数据的管理和维护就变得极不方便。如果使用Excel，就可以先建立起包含员工信息的数据表格，员工数量有变化时，可直接添加或删除，后期的数据查询、加工、分析等也都变得很方便。如图1-1所示为使用Excel收集的员工信息。

	A	B	C	D	E	F	G	H	I	J	K	L	M
1	编号	姓名	性别	学历	身份证号	入职时间	所属部门	现任职务	联系电话	QQ	电子邮箱	居住地址	
2	KC-101401	龙杰	男	本科	513029197	2013/7/10	总经办	总经理助	1354589**	812251***	812251***	青羊区佳缘路10号	
3	KC-101402	陈明	男	本科	445744198	2012/5/6	总经办	秘书	1389540**	506551***	506551***	双流机场路22号	
4	KC-101403	王雪佳	女	本科	523625198	2012/8/15	行政部	主管	1364295**	152761***	152761***	锦江区科华路158号	
5	KC-101404	周诗诗	女	专科	410987198	2015/7/26	行政部	文员	1330756**	602181***	602181***	金牛区白林路232号	
6	KC-101405	吴文茜	女	专科	251188198	2014/6/10	行政部	文员	1594563**	592971***	592971***	温江光华大道一段12号	
7	KC-101406	李肖情	女	本科	381837197	2016/3/6	人事部	主管	1397429**	136571***	136571***	青羊区学院路189号	
8	KC-101407	刘涛	女	专科	536351198	2015/10/15	人事部	人事专员	1354130**	811511***	811511***	金牛区晨华路89号	
9	KC-101408	高云端	男	专科	127933198	2015/8/30	人事部	人事专员	1367024**	193951***	193951***	成华区熊猫大道340号	
10	KC-101409	杨利瑞	男	专科	123813197	2011/7/10	人事部	人事督导	1310753**	323511***	323511***	温江区安康路1号	
11	KC-101410	赵强生	男	本科	536411198	2014/5/6	财务部	主管	1372508**	109301***	109301***	成华区佳苑路42号	
12	KC-101411	陈飞	男	专科	216382198	2014/6/10	财务部	会计	1321514**	648131***	648131***	青羊区东顺路9号	
13	KC-101412	岳姗姗	女	专科	142868198	2013/7/26	财务部	出纳	1334786**	278301***	278301***	青羊区苏坡路44号	
14	KC-101413	尹静	女	本科	327051198	2013/4/10	销售部	经理	1396765**	971901***	971901***	青羊区贝森路35号	
15	KC-101414	肖然	男	本科	406212198	2009/7/26	销售部	主管	1375813**	986411***	986411***	成华区南信路100号	
16	KC-101415	黄桃月	女	专科	275116199	2010/8/15	销售部	销售专员	1364295**	812251***	812251***	金牛区蜀汉路347号	
17	KC-101416	李涛	男	专科	510101198	2011/7/26	销售部	销售专员	1354130**	273851***	273851***	锦江区静安路8号	
18	KC-101417	温莲	女	专科	510112198	2013/7/25	销售部	销售专员	1369214**	721198***	721198***	锦江区八里桥79号	
19	KC-101418	胡雪丽	女	专科	510131198	2014/3/24	销售部	销售专员	1351245**	224198***	224198***	成华区青龙街169号	
20	KC-101419	姜倩倩	女	本科	510522198	2015/9/15	销售部	销售代表	1814252**	101198***	101198***	双流区大件路51号	
21	KC-101420	李霖	男	专科	510103198	2016/7/10	销售部	销售代表	1891010**	112198***	112198***	金牛区茶店子9号	

Sheet1

图1-1　员工信息表

在收集数据时，HR可以依照“全而准”的标准来执行。“全”是指收集的数据必须齐全；“准”是指收集的数据必须真实、准确，否则将会影响人事数据的分析、统计结果。

2 计算数据

HR使用Excel，并不仅限于存储和查看数据，利用其提供的公式和函数对数据进行计算，在日常人事管理中更是司空见惯，如计算各部门总人数、各部门需要招聘的人数、员工培训成绩、考勤情况、员工工资等。

在Excel中，不仅可以进行简单的数据计算，还可以利用不同函数的组合，完成更为复杂的计算工作，大大提升数据的计算效率。如图1-2所示为“2019年3月工资表”中的部分数据，如工龄工资、职务津贴、绩效提成、考勤扣款、计税工资、代扣代缴个税、实发工资等，都是通过公式和函数计算出来的。

××市××有限公司2019年3月工资表

工号	姓名	所属部门	基本工资	工龄工资	职务津贴	绩效提成	交通补贴	其他补贴	考勤扣款	其他扣款	代扣五险一金	计税工资	代扣代缴个税	实发工资
1001	职工A	销售部	6000	300	500	800	200	150	200	60	413.16	7276.84	68.31	7,209.00
1002	职工B	市场部	4500	250	300	1200	300	150	150	10	413.16	6126.84	33.81	6,093.00
1003	职工C	财务部	6500	150	2000	1500	120	150	218	30	413.16	9758.84	265.88	9,493.00
1004	职工D	销售部	3000	300	500	1000	200	150	-	-	413.16	4736.84	-	4,737.00
1005	职工E	市场部	5200	100	300	800	240	150	-	-	413.16	6376.84	41.31	6,336.00
1006	职工F	市场部	5500	0	500	920	150	150	-	-	413.16	6806.84	54.21	6,753.00
1007	职工G	财务部	5000	400	500	900	180	150	-	-	413.16	6716.84	51.51	6,665.00
1008	职工H	行政部	5500	200	400	850	200	150	185	-	413.16	6701.84	51.06	6,651.00
1009	职工I	销售部	4500	250	300	1200	300	150	-	-	413.16	6286.84	38.61	6,248.00
1010	职工J	市场部	4000	50	200	882.6	280	150	225	-	413.16	4924.44	-	4,924.00
1011	职工H	行政部	5500	100	500	768	150	150	-	-	413.16	6754.84	52.65	6,702.00
1012	职工K	财务部	4500	400	400	830	100	150	-	-	413.16	5966.84	29.01	5,938.00

2019年3月工资表

图1-2　员工工资表

3 统计、分析数据

在现代企业中，人力资源是企业的核心竞争力。对人力资源数据进行统计与分析，可以有效支配现有的人力资源，并为人力资源决策提供数据支持。

除了计算功能外，Excel还拥有非常强大的数据统计与分析能力。针对人事数据统计与分析的各种需要，Excel提供了排序、筛选、分类汇总、合并计算、图表、数据透视表、数据透视图、迷你图等多种功能。如图1-3所示是使用筛选工具筛选出工龄大于5的数据记录；如图1-4所示是使用图表对数据进行分析的效果；如图1-5所示是使用数据透视表和数据透视图对数据进行分析的效果。

员工编号	姓名	部门	岗位	性别	出生年月	年龄	身份证号码	学历	入职时间	工龄
kg-002	蒋德	销售部	销售经理	男	1985/8/3	33	123456198508033517	专科	2008/12/17	10
kg-003	方华	销售部	销售主管	男	1986/11/24	32	123456198611245170	研究生	2012/1/14	7
kg-008	周运通	销售部	销售主管	男	1982/4/28	36	123456198204282319	本科	2012/4/18	6
kg-009	梦文	销售部	销售代表	男	1988/7/15	30	123456198807155170	专科	2013/4/8	6
kg-018	方华	市场部	市场调研员	男	1986/11/24	32	123456198611245170	专科	2012/2/25	7
kg-019	陈明	市场部	市场部经理	男	1983/2/5	36	123456198302050314	专科	2012/3/6	7
kg-020	杨鑫	市场部	促销推广员	男	1988/7/17	30	123456198807175130	专科	2012/6/22	6
kg-027	蔡骏麒	生产部	技术人员	男	1983/5/16	35	123456198305169255	专科	2007/1/14	12
kg-030	陈明	生产部	检验员	男	1983/2/5	36	123456198302050314	研究生	2009/2/25	10
kg-033	余佳	生产部	技术人员	男	1985/11/19	33	123456198511190013	专科	2011/6/18	7
kg-034	廖璐	生产部	检验员	女	1986/6/12	32	123456198606125180	专科	2012/6/11	6
kg-044	蔡蝶	人力资源部	薪酬专员	女	1989/8/14	29	123456198908145343	本科	2011/4/10	8
kg-046	王溥佳	人力资源部	培训专员	男	1980/12/2	38	123456198012025711	高中	2012/3/6	7
kg-051	谢东飞	行政部	司机	男	1984/5/23	34	123456198405232318	高中	2007/6/29	11
kg-058	皮阳	仓储部	仓储部经理	男	1984/1/24	35	123456198401249354	专科	2011/9/15	7
kg-060	杨鑫	仓储部	理货专员	女	1988/7/17	30	123456198807175140	研究生	2010/4/18	8
kg-061	龙李	仓储部	仓库管理员	男	1985/11/25	33	123456198511250093	中专	2011/9/15	7
kg-062	王雪佳	仓储部	检验专员	女	1980/12/2	38	123456198012025701	中专	2012/4/7	7

Sheet1

在 67 条记录中找到 18 个　100%

图1-3　筛选出符合条件的数据记录

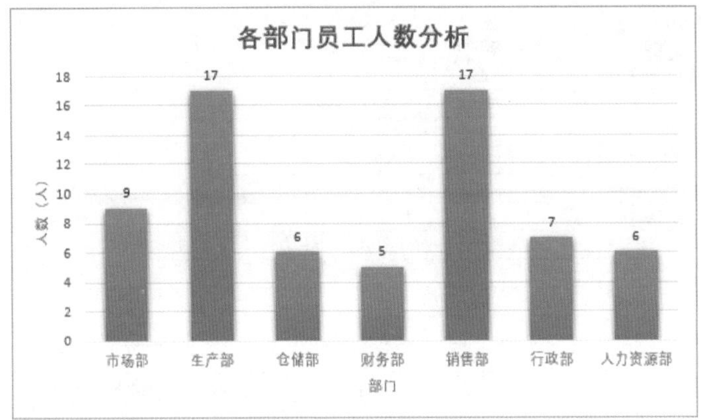

图1-4 使用图表分析数据

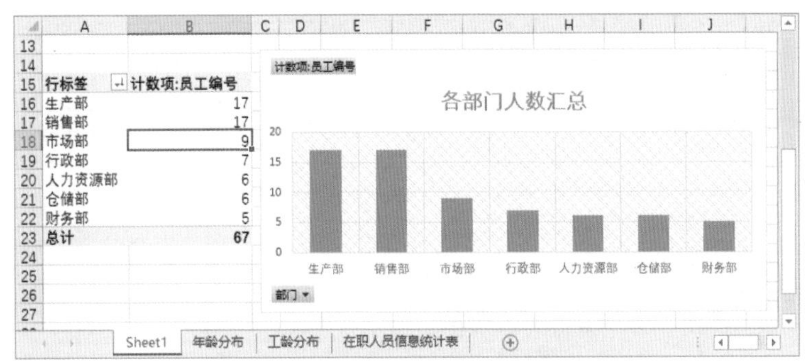

行标签	计数项:员工编号
生产部	17
销售部	17
市场部	9
行政部	7
人力资源部	6
仓储部	6
财务部	5
总计	67

图1-5 使用数据透视表和数据透视图分析数据

1.1.2 Excel中的3张表

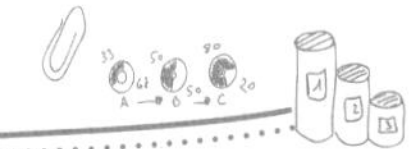

对HR来说，经常需要制作的Excel表格有3种，即表单表格、基础表格和报表表格。表单表格主要用于展示表格的结构，基本不涉及数据的计算、分析和统计；其文本内容居多，需要对表格进行简单的美化操作；一般是单独存在的，不与其他表格关联；多用于打印输出手动填写内容的表格，如员工入职登记表、员工请假申请单、培训需求调查表等。如图1-6所示的员工入职登记表便属于表单表格的一种。

基础表格主要用于记录和存储各种基础数据，是制作各种报表的基础。其数据基本是录入的，而不是通过计算得到的。另外，对表格结构的要求是越简单越好；最主要的是设计要规范，否则会影响报表的制作。如图1-7所示是一张基础表格。

<table>
<tr><td colspan="7" align="center">员工入职登记表</td></tr>
<tr><td colspan="2">入职部门：</td><td colspan="2">入职岗位：</td><td colspan="3">入职日期：　　年　　月　　日</td></tr>
<tr><td>姓名</td><td></td><td>性别</td><td></td><td>出生年月</td><td></td><td rowspan="6">照片</td></tr>
<tr><td>民族</td><td></td><td>政治面貌</td><td></td><td>婚姻状况</td><td></td></tr>
<tr><td>学历</td><td></td><td>所学专业</td><td></td><td>毕业院校</td><td></td></tr>
<tr><td>身份证号码</td><td colspan="2"></td><td>联系电话</td><td colspan="2"></td></tr>
<tr><td>户口所在地址</td><td colspan="5"></td></tr>
<tr><td>现居住地址</td><td colspan="5"></td></tr>
<tr><td rowspan="5">教育/培训经历</td><td colspan="2">起止时间</td><td colspan="2">学校/培训机构</td><td colspan="2">专业/培训内容</td></tr>
<tr><td colspan="2"></td><td colspan="2"></td><td colspan="2"></td></tr>
<tr><td colspan="2"></td><td colspan="2"></td><td colspan="2"></td></tr>
<tr><td colspan="2"></td><td colspan="2"></td><td colspan="2"></td></tr>
<tr><td colspan="2"></td><td colspan="2"></td><td colspan="2"></td></tr>
<tr><td rowspan="5">工作经历</td><td colspan="2">工作单位</td><td colspan="2">职务及岗位</td><td colspan="2">工作起止时间</td></tr>
<tr><td colspan="2"></td><td colspan="2"></td><td colspan="2"></td></tr>
<tr><td colspan="2"></td><td colspan="2"></td><td colspan="2"></td></tr>
<tr><td colspan="2"></td><td colspan="2"></td><td colspan="2"></td></tr>
<tr><td colspan="2"></td><td colspan="2"></td><td colspan="2"></td></tr>
<tr><td rowspan="5">家庭成员</td><td>姓名</td><td>关系</td><td>年龄</td><td>工作单位</td><td colspan="2">联系电话</td></tr>
<tr><td></td><td></td><td></td><td></td><td colspan="2"></td></tr>
<tr><td></td><td></td><td></td><td></td><td colspan="2"></td></tr>
<tr><td></td><td></td><td></td><td></td><td colspan="2"></td></tr>
<tr><td></td><td></td><td></td><td></td><td colspan="2"></td></tr>
<tr><td>人力资源部审核意见</td><td colspan="6">证件具备：□ 身份证　□ 暂住证　□ 上岗证　□ 学历证书　□ 职业资格证书
□ 驾驶证　□ 其他证件
人力资源部签字（盖章）：
年　月　日</td></tr>
<tr><td rowspan="2">其他</td><td colspan="6">□本人已阅读并同意遵守公司的管理制度</td></tr>
<tr><td colspan="6">□本人保证以上信息的真实性</td></tr>
<tr><td colspan="4">员工签字：</td><td colspan="3">批准：</td></tr>
</table>

图1-6　员工入职登记表

	A	B	C	D	E	F	G	H	I	J	K	L	M	N
1	员工编号	姓名	部门	岗位	性别	出生年月	年龄	身份证号码	学历	入职时间	工龄	转正时间	第一劳动合同到期时间	第二劳动合同到期时间
2	HT0001	陈果	市场部	市场经理	男	1983/7/26	35	123456198307262210	本科	2007/1/14	11	2007/4/14	2010/1/14	2015/1/14
3	HT0002	欧阳娜	行政部	行政经理	女	1976/5/2	42	123456197605020021	本科	2007/1/28	11	2007/4/28	2010/1/28	2015/1/28
4	HT0003	林梅西	财务部	往来会计	女	1983/2/5	35	123456198302055008	专科	2007/3/16	11	2007/6/16	2010/3/16	2015/3/16
5	HT0005	王思	市场部	促销推广员	女	1982/4/28	36	123456198204288009	高中	2007/4/20	11	2007/7/20	2010/4/20	2015/4/20
6	HT0006	张德芳	财务部	财务经理	女	1975/4/26	43	123456197504262127	研究生	2007/5/2	11	2007/8/2	2010/5/2	2015/5/2
7	HT0007	重韵	财务部	总账会计	女	1980/12/8	38	123456198012082847	本科	2007/5/25	11	2007/8/25	2010/5/25	2015/5/25
8	HT0008	陈德格	总经办	生产副总	男	1972/7/16	46	123456197207169113	专科	2007/6/6	11	2007/9/6	2010/6/6	2015/6/6
9	HT0010	张孝骞	生产部	技术人员	男	1987/11/30	31	123456198711301673	中专	2007/7/11	11	2007/10/11	2010/7/11	2015/7/11
10	HT0011	刘秀	销售部	销售代表	女	1985/8/13	33	123456198508133567	高中	2007/8/5	11	2007/11/5	2010/8/5	2015/8/5
11	HT0012	陈丹	市场部	公关人员	女	1988/3/6	30	123456198803069384	本科	2007/8/19	11	2007/11/19	2010/8/19	2015/8/19
12	HT0013	胡茜茜	销售部	销售经理	女	1979/3/4	39	123456197903045343	本科	2007/10/19	11	2008/1/19	2010/10/19	2015/10/19
13	HT0015	袁娇	财务部	出纳	女	1984/1/1	34	123456198401019344	专科	2008/2/18	10	2008/5/18	2011/2/18	2016/2/18
14	HT0017	李丽	生产部	操作员	女	1985/11/10	33	123456198511100023	专科	2008/4/9	10	2008/7/9	2011/4/9	2016/4/9
15	HT0018	谢艳	销售部	销售代表	女	1986/5/2	32	123456198605020021	专科	2008/4/27	10	2008/7/27	2011/4/27	2016/4/27
16	HT0019	章可可	行政部	行政前台	女	1993/2/18	25	123456199302185000	专科	2008/5/5	10	2008/8/5	2011/5/5	2016/5/5
17	HT0020	唐冬梅	销售部	销售代表	女	1992/12/8	26	123456199212086000	专科	2008/5/27	10	2008/8/27	2011/5/27	2016/5/27
18	HT0021	杨利瑞	总经办	总经理	男	1972/7/16	46	123456197207162174	研究生	2009/1/26	9	2009/4/26	2012/1/26	2017/1/26
19	HT0023	蒋晓冬	总经办	销售副总	男	1972/4/16	46	123456197204169113	研究生	2009/8/9	9	2009/11/9	2012/8/9	2017/8/9
20	HT0024	张雪	行政部	清洁工	女	1980/5/8	38	123456198005082847	高中	2009/10/8	9	2010/1/8	2012/10/8	2017/10/8
21	HT0026	郭旭东	仓储部	理货专员	男	1983/6/16	35	123456198306169255	专科	2009/11/5	9	2010/2/5	2012/11/5	2017/11/5
22	HT0028	赵嫣然	总经办	常务副总	女	1979/3/8	39	123456197903085343	研究生	2010/2/9	8	2010/5/9	2013/2/9	2018/2/9
23	HT0029	余加	生产部	技术人员	男	1987/11/27	31	123456198711271673	专科	2010/2/20	8	2010/5/20	2013/2/20	2018/2/20
24	HT0032	吴文茜	生产部	技术人员	女	1981/2/1	37	123456198102011204	专科	2010/8/16	8	2010/11/16	2013/8/16	2018/8/16
25	HT0033	高云端	销售部	销售经理	男	1980/12/8	38	123456198012082536	本科	2010/9/1	8	2010/12/1	2013/9/1	2018/9/1

在职人员信息统计表

图1-7　基础表格

报表表格是给别人看的分析报告，其所有数据都不是手动输入的，而是利用Excel的公式、函数、图表、数据透视表等汇总和分析工具得到的结果，是通过基础表格中的数据“变”出来的。如图1-8所示的报表表格展示了根据图1-7所示基础表格中的数据，通过函数和图表得到的分析结果。

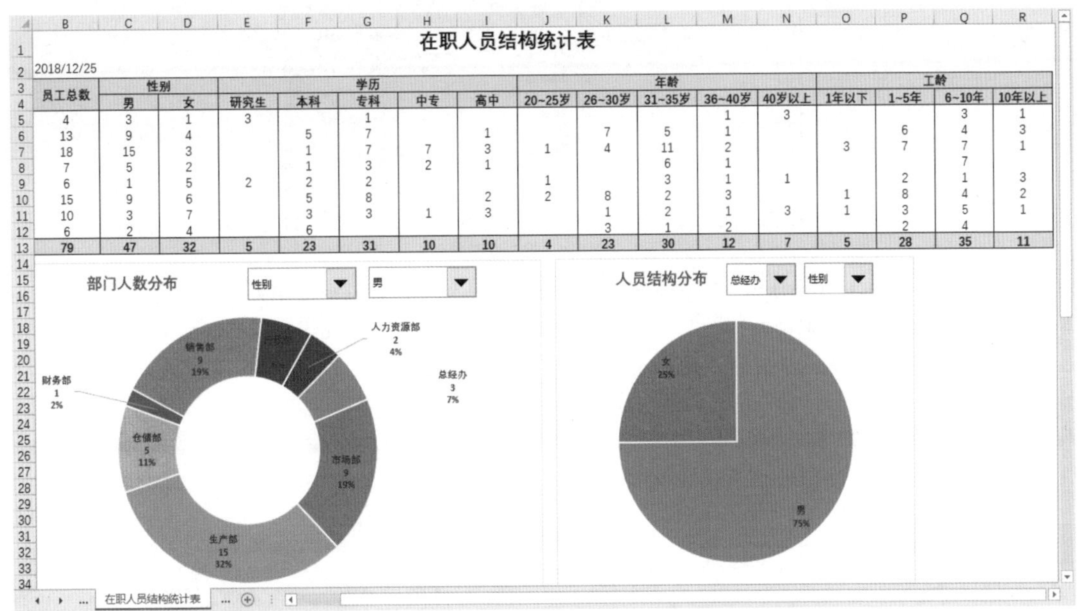

在职人员结构统计表

2018/12/25

员工总数	性别		学历					年龄					工龄			
	男	女	研究生	本科	专科	中专	高中	20~25岁	26~30岁	31~35岁	36~40岁	40岁以上	1年以下	1~5年	6~10年	10年以上
4	3	1	3		1						1	3			3	1
13	9	4		5	7		1		7	5	1			6	4	3
18	15	3		1	7	7	3	1	4	11	2		3	7	7	1
7	5	2		1	3	2	1			6	1				7	
6	1	5	2	2	2			1		3	1	1		2	1	3
15	9	6		5	8		2	2	8	2	3		1	8	4	2
10	3	7		3	3	1	3		1	2	1	3	1	3	5	1
6	2	4		6					3	1	2			2	4	
79	**47**	**32**	**5**	**23**	**31**	**10**	**10**	**4**	**23**	**30**	**12**	**7**	**5**	**28**	**35**	**11**

图1-8　报表表格

1.1.3 Excel帮助，能解燃眉之急

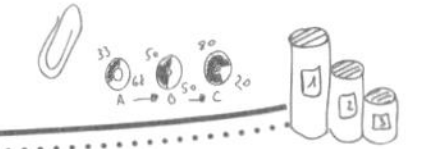

在使用Excel的过程中，很多HR会遇到这样或那样的问题，如找不到命令按钮的位置，不确定某个效果使用什么方法来实现，甚至有时不知道功能区中某个按钮的功能是什么。其实，这些都可以通过Excel的帮助功能找到答案。

“告诉我你想做什么”就是Excel提供的帮助功能，通过该功能不仅可快速检索Excel功能选项，而且能轻松解决使用和学习Excel中遇到的疑难问题。只需要在“告诉我你想做什么”搜索框中输入任何关键字，Excel就能提供与关键字相关的功能选项。例如，输入“条件格式”，在弹出的下拉列表中就会出现关于条件格式的功能选项，如图1-9所示。

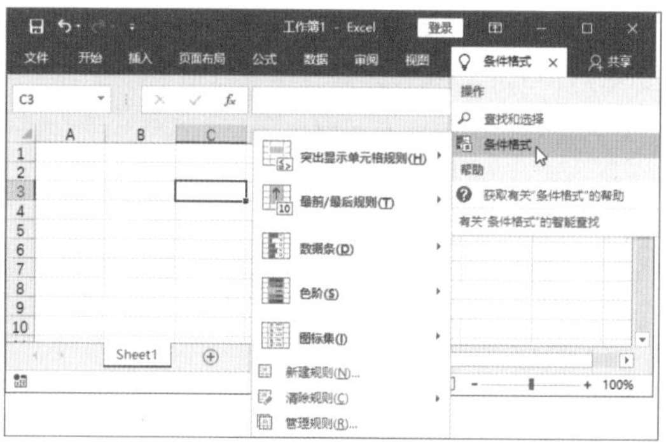

图1-9　输入关键字获取帮助

另外，在Excel中按【F1】键，打开【Excel 2016 帮助】窗口。在该窗口中列出了常见的帮助主题，单击相应的超链接，便能对帮助主题的内容进行查看，如图1-10所示。如果常用的帮助主题不能帮助到自己，那么在搜索框中输入关键字，如输入"嵌套函数"，单击【查找】按钮 🔍，便会显示根据关键字查找到的问题，如图1-11所示。单击问题对应的超链接，即可进行查看。

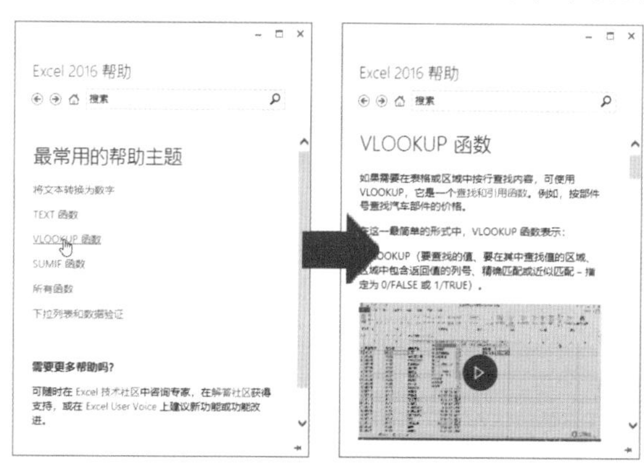

图1-10　查看帮助主题相关问题

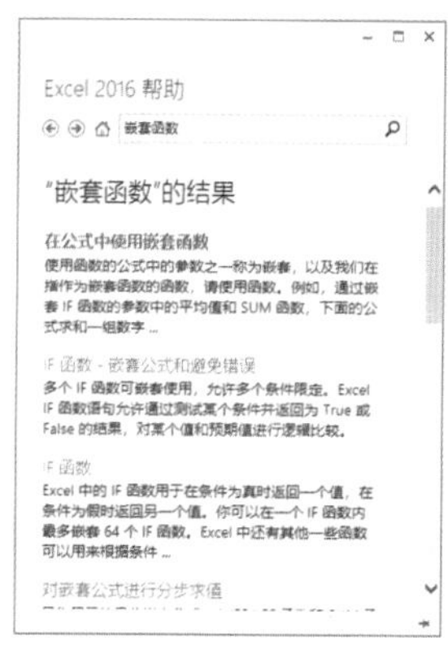

图1-11　输入关键字搜索

1.2　对这些制表习惯，要坚决说No

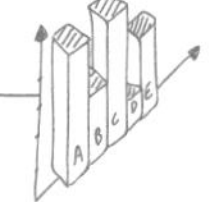

小 刘

王Sir，既然基础表格是制作报表的关键，那么在制作基础表格时，需要注意哪些规范，才能使制作的表格更规范呢？

王Sir

小刘，说得很对。只有基础表格做好了，才能快速地按照需求制作出报表表格。但基础表格的制作并不是我们想象的把需要的数据录入基础表格中就可以了。在制作过程中需要规避一些习惯性错误，遵循制表规范，这样后期才能高效地完成报表表格的制作。

1.2.1 多行表头

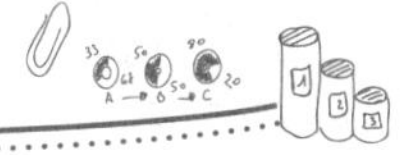

在日常工作中，经常会看到如图1-12所示使用多行表头的表格。先将标题分为几个大类，再进行细分，这样就能清楚每部分包含哪些内容。其实，这种分法在表单表格或仅用于查看或打印的基础表格中是可以出现的，但要用于生成报表的基础表格是万万不可的。因为在Excel默认的规则中，表格第一行为标题行，如果基础表格中用了多行表头，那么在生成报表时，就会带来很多麻烦，导致报表表格无法生成。

	A	B	C	D	E	F	G	H	I	J
1	员工基本信息				学历信息			联系信息		
2	编号	姓名	性别	身份证号码	学历	毕业院校	专业	联系电话	QQ	电子邮箱
3	KC-101401	龙杰	男	51302919760502****	本科	南京商务管理学院	行政文秘	1354589****	812251****	812251****@qq.com
4	KC-101402	陈明	男	44574419830205****	本科	武汉管理学院	行政管理学	1389540****	506551****	506551****@qq.com
5	KC-101403	王睿佳	女	52362519801202****	本科	四川大学	行政文秘	1364295****	152761****	152761****@qq.com
6	KC-101404	周诗诗	女	41098719820428****	专科	重庆工业职业技术学院	行政文秘	1330756****	602181****	602181****@qq.com
7	KC-101405	吴文茜	女	25118819810201****	专科	重庆工业职业技术学院	行政文秘	1594563****	592971****	592971****@qq.com
8	KC-101406	李肖情	女	38183719750426****	本科	天津商业大学	人力资源管理	1397429****	136571****	136571****@qq.com
9	KC-101407	刘涛	女	53635119830316****	专科	西南联合管理学院	人力资源管理	1354130****	811511****	811511****@qq.com
10	KC-101408	高云端	男	12793319801208****	专科	西南联合管理学院	人力资源管理	1367024****	193951****	193951****@qq.com
11	KC-101409	杨利瑞	男	12381319720716****	专科	西南联合管理学院	人力资源管理	1310753****	323511****	323511****@qq.com
12	KC-101410	赵强生	男	53641119860724****	本科	西南财经大学	会计	1372508****	109301****	109301****@qq.com
13	KC-101411	陈飞	男	21638219871131****	专科	西华大学	会计	1321514****	648131****	648131****@qq.com
14	KC-101412	岳姗姗	女	14286819880306****	专科	西华大学	会计	1334786****	278301****	278301****@qq.com
15	KC-101413	尹静	女	32705119880625****	本科	西南财经大学	市场营销管理	1396765****	971901****	971901****@qq.com
16	KC-101414	肖然	男	40621219840101****	本科	四川商务学院	商务管理	1375813****	986411****	986411****@qq.com
17	KC-101415	黄桃月	女	27511619901016****	专科	西昌信息工程学院	计算机信息管理	1364295****	812251****	812251****@qq.com
18	KC-101416	李涛	男	51010119851215****	专科	重庆工业职业技术学院	机电一体化	1354130****	273851****	273851****@qq.com
19	KC-101417	温莲	女	51011219880713****	专科	湖北旅游信息学院	旅游管理	1369214****	721198****	721198****@qq.com
20	KC-101418	胡雪丽	女	51013119870630****	专科	河北大学工商管理学院	商务管理	1351245****	224198****	224198****@qq.com
21	KC-101419	姜倩倩	女	51052219831024****	本科	武汉大学	市场营销管理	1814252****	101198****	101198****@qq.com
22	KC-101420	李霖	男	51010319861210****	专科	河北大学工商学院	酒店连锁管理	1891010****	112198****	112198****@qq.com

Sheet1

图1-12 多行表头

1 套用表格样式时标题行出错

为表格套用表格样式时，默认会将选择的第1行作为标题行。如果表格拥有多行表头，那么套用表格样式后，表格标题行便会出错，而且表格样式也可能不会应用于表格中。如图1-13所示为多行表头应用表格样式后的效果。

	A	B	C	D	E	F	G	H	I	J
1	员工基本信息	列1	列2	列3	学历信息	列4	列5	联系信息	列6	列7
2	编号	姓名	性别	身份证号码	学历	毕业院校	专业	联系电话	QQ	电子邮箱
3	KC-101401	龙杰	男	51302919760502****	本科	南京商务管理学院	行政文秘	1354589****	812251****	812251****@qq.com
4	KC-101402	陈明	男	44574419830205****	本科	武汉管理学院	行政管理学	1389540****	506551****	506551****@qq.com
5	KC-101403	王蕾佳	女	52362519801202****	本科	四川大学	行政文秘	1364295****	152761****	152761****@qq.com
6	KC-101404	周诗诗	女	41098719820428****	专科	重庆工业职业技术学院	行政文秘	1330756****	602181****	602181****@qq.com
7	KC-101405	吴文茜	女	25118819810201****	专科	重庆工业职业技术学院	行政文秘	1594563****	592971****	592971****@qq.com
8	KC-101406	李肖情	女	38183719750426****	本科	天津商业大学	人力资源管理	1397429****	136571****	136571****@qq.com
9	KC-101407	刘涛	女	53635119830316****	专科	西南联合管理学院	人力资源管理	1354130****	811511****	811511****@qq.com
10	KC-101408	高云端	男	12793319801208****	专科	西南联合管理学院	人力资源管理	1367024****	193951****	193951****@qq.com
11	KC-101409	杨利瑞	男	12381319720716****	专科	西南联合管理学院	人力资源管理	1310753****	323511****	323511****@qq.com
12	KC-101410	赵强生	男	53641119860724****	本科	西南财经大学	会计	1372508****	109301****	109301****@qq.com
13	KC-101411	陈飞	男	21638219871131****	专科	西华大学	会计	1321514****	648131****	648131****@qq.com
14	KC-101412	岳姗姗	女	14286819880306****	专科	西华大学	会计	1334786****	278301****	278301****@qq.com
15	KC-101413	尹静	女	32705119880625****	本科	西南财经大学	市场营销管理	1396765****	971901****	971901****@qq.com
16	KC-101414	肖然	男	40621219840101****	本科	四川商务学院	商务管理	1375813****	986411****	986411****@qq.com
17	KC-101415	黄桃月	女	27511619901016****	专科	西昌信息工程学院	计算机信息管理	1364295****	812251****	812251****@qq.com
18	KC-101416	李涛	男	51010119851215****	专科	重庆工业职业技术学院	机电一体化	1354130****	273851****	273851****@qq.com
19	KC-101417	温莲	女	51011219880713****	专科	湖北旅游信息学院	旅游管理	1369214****	721198****	721198****@qq.com
20	KC-101418	胡蕾丽	女	51013119870630****	专科	河北大学工商管理学院	商务管理	1351245****	224198****	224198****@qq.com
21	KC-101419	姜倩倩	女	51052219831024****	本科	武汉大学	市场营销管理	1814252****	101198****	101198****@qq.com
22	KC-101420	李霖	男	51010319861210****	专科	河北大学工商学院	酒店连锁管理	1891010****	112198****	112198****@qq.com

Sheet1

图1-13　套用表格样式时出错

影响分类汇总

对多行表头的表格执行分类汇总时，如果选择的是表格中的所有数据，将弹出如图1-14所示的提示对话框，提示“无法确定当前列表或选定区域的哪一行包含列标签”等信息。就算单击【确定】按钮能打开【分类汇总】对话框，在【选定汇总项】列表框中也只会出现第一行的表头名称，第二行的表头名称则会以多列的形式出现，如图1-15所示。

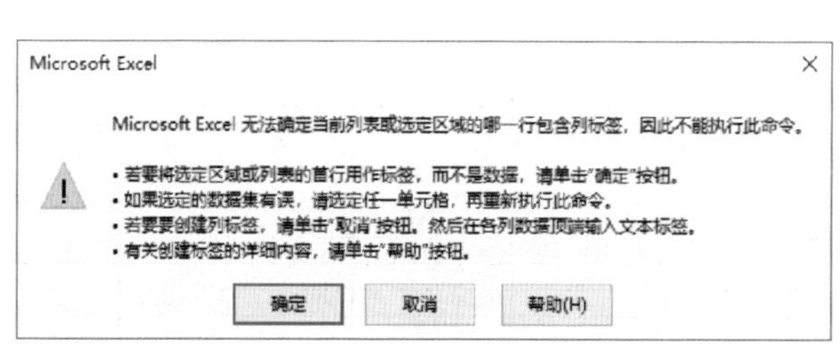

图1-14　提示执行分类汇总遇到的问题

图1-15　无法完整显示字段项

温馨提示

如果选择的是表格中的某个单元格，那么执行分类汇总时，在【分类汇总】对话框中可以完整地显示表格中的所有汇总字段，顺利地执行分类汇总。

3 创建数据透视表时出错

对多行表头的表格创建数据透视表时，会弹出如图1-16所示的提示对话框，提示“数据透视表字段名无效”等。因此，在设计基础表格时，最好避免设计多行表头。

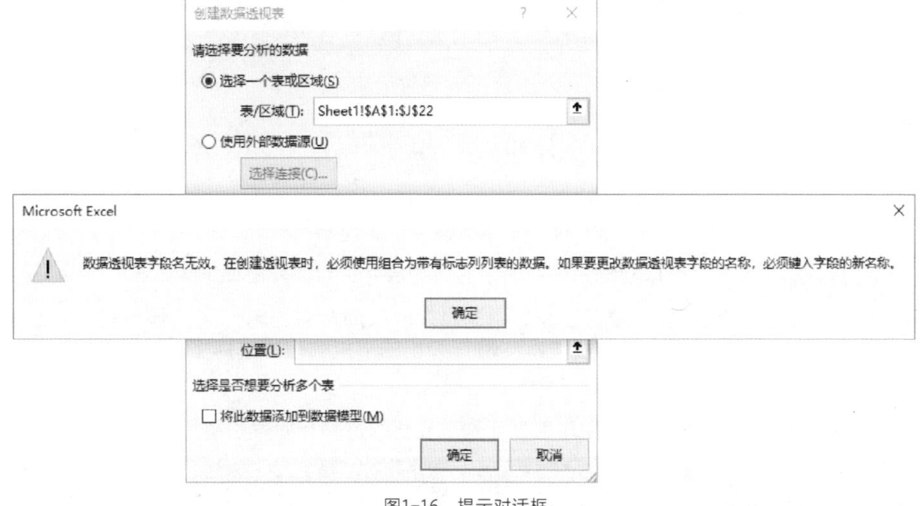

图1-16 提示对话框

1.2.2 合并单元格

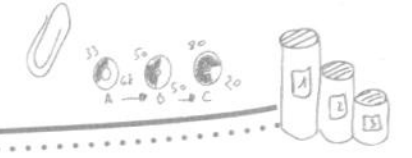

对非打印的基础表格来说，合并单元格是大忌，因为报表表格是根据基础表格中的数据生成的，如果基础表格中含有合并单元格，那么在生成报表表格时就会出错。例如，如图1-17所示的加班记录表中含有合并单元格，在对该表格执行排序时，会弹出如图1-18所示的提示对话框，提示无法执行排序的原因。

	B	C	D	E	F	G
1	姓名	部门	加班日期	开始时间	结束时间	加班时数
2	卢轩			9:00	17:30	8.5
3	李佳奇			9:18	17:30	8.2
4	黄蒋鑫	生产部		9:30	17:30	8
5	杨伟刚			10:00	17:30	7.5
6	刘婷		2019/3/9	9:00	17:30	8.5
7	唐霞			9:00	17:30	8.5
8	彭江	质量部		9:00	17:30	8.5
9	黄路			9:00	17:30	8.5
10	杜悦城			9:00	17:30	8.5

加班记录表

图1-17 含有合并单元格的表格

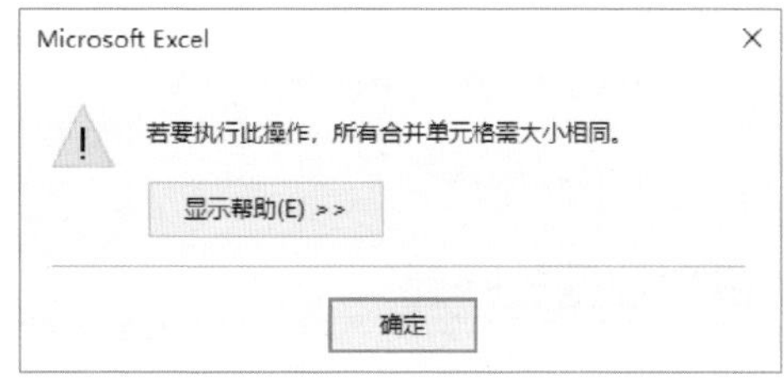

图1-18 排序出错

另外，根据含有合并单元格的基础表格创建数据透视表时，虽然能执行创建数据透视表操作，但数据透视表统计出的结果并不正确，如图1-19所示。

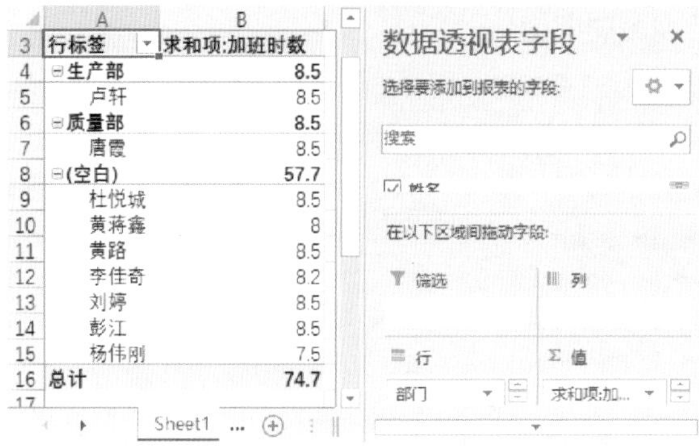

图1-19　数据透视表汇总结果不正确

对于已经合并的单元格，可以根据需要取消单元格的合并。具体方法如下：

Step01：取消合并单元格。❶在工作表中选择需要取消合并的单元格；❷单击【开始】选项卡【对齐方式】组中的【合并后居中】下拉按钮；❸在弹出的下拉列表中选择【取消单元格合并】选项，如图1-20所示。

Step02：查看单元格效果。此时即可取消所选单元格的合并，效果如图1-21所示。

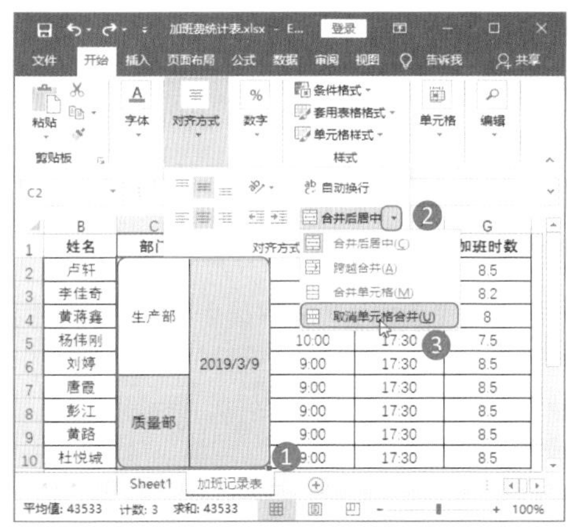

图1-20　取消合并单元格

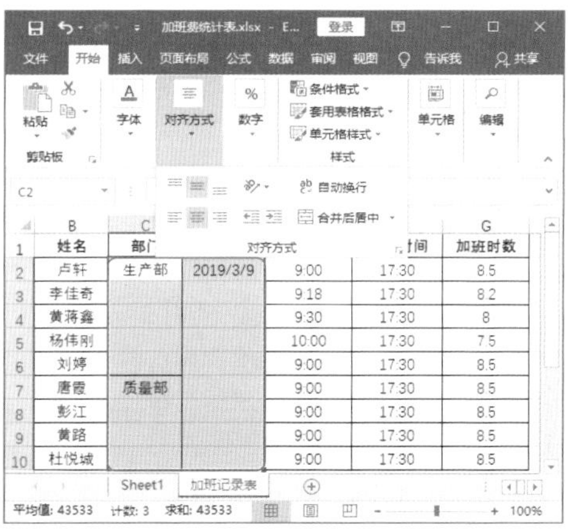

图1-21　查看单元格效果

1.2.3 多列数据放一起

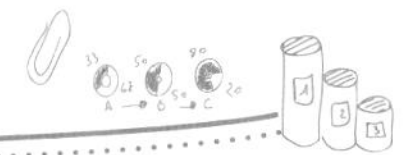

在制作人事表格时，很多HR喜欢将相同类别的多列数据放置在同一列中。例如，将劳动合同的签订时间和劳动合同的到期时间放在了同一列中，如图1-22所示，虽然这不影响数据的查看，但需要根据劳动合同的起止时间对劳动合同的年限、续签时间等进行计算时，就不能通过Excel的公式和函数进行计

算，只有通过计算器或其他方式来计算，从而导致工作效率大打折扣。因此，在Excel中，不要为了方便将原本需要多列显示的数据，用一列进行显示。

	A	B	C	D	E	F
1	员工编号	姓名	部门	岗位	入职时间	合同起止时间
2	0001	万春	行政部	行政前台	2016/5/8	2016/6/8至2019/6/8
3	0002	王越名	销售部	销售代表	2016/5/12	2016/6/12至2019/6/12
4	0003	杨鑫	销售部	销售代表	2016/7/1	2016/8/1至2019/8/1
5	0004	李霄云	财务部	会计	2016/7/15	2016/8/15至2019/8/15
6	0005	冉兴才	销售部	销售代表	2016/8/16	2016/9/16至2019/9/16
7	0006	封醒	销售部	销售代表	2016/9/10	2016/10/11至2019/10/11
8	0007	陈岩	销售部	经理	2016/12/1	2017/1/1至2020/1/1
9	0008	荀妲	销售部	销售代表	2017/3/11	2017/4/11至2020/4/11
10	0009	柯婷婷	销售部	销售代表	2017/3/28	2017/4/28至2020/4/28
11	0010	廖曦	销售部	销售代表	2017/4/5	2017/5/6至2020/5/6
12	0011	袁彤彤	财务部	财务主管	2017/4/6	2017/5/7至2020/5/7
13	0012	方华	销售部	销售主管	2017/6/9	2017/7/10至2020/7/10
14	0013	陈魄	销售部	销售代表	2017/7/15	2017/8/15至2020/8/15
15	0014	高磊	行政部	行政前台	2018/3/10	2018/4/10至2021/4/10
16	0015	胡萍萍	行政部	后勤人员	2018/3/20	2018/4/20至2021/4/20

员工合同管理表

图1-22　多列数据在一列中显示

如果已将多列数据放置到同一列中，想要通过不同的列来显示，可以通过Excel提供的分列功能来实现。具体方法如下：

Step01：执行分列操作。在工作表中选择需要分列的单元格区域，单击【数据】选项卡【数据工具】组中的【分列】按钮，如图1-23所示。

Step02：选择分列方式。打开【文本分列向导】对话框，保持默认设置，单击【下一步】按钮，如图1-24所示。

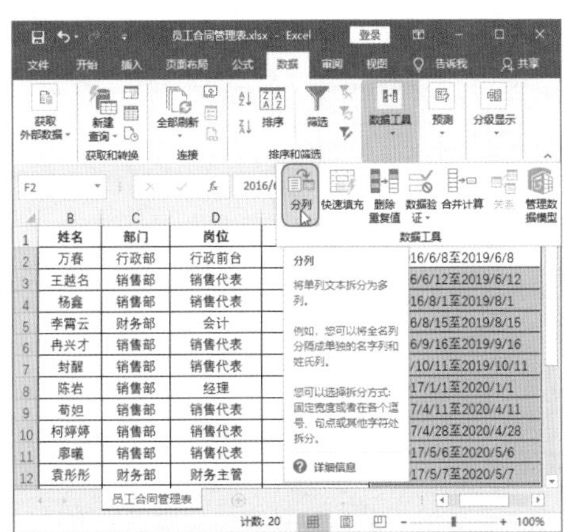

图1-23　执行分列操作

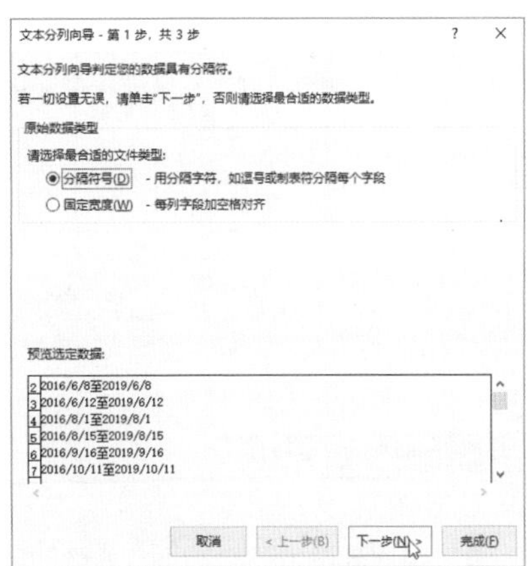

图1-24　执行下一步操作

Step03：设置分隔符号。❶在打开的对话框中选中【其他】复选框，在其后的文本框中输入分隔符号，这里输入“至”；❷单击【下一步】按钮，如图1-25所示。

Step04：完成设置。在打开的对话框中对列数据格式进行设置，这里保持默认设置，单击【完成】按钮，如图1-26所示。

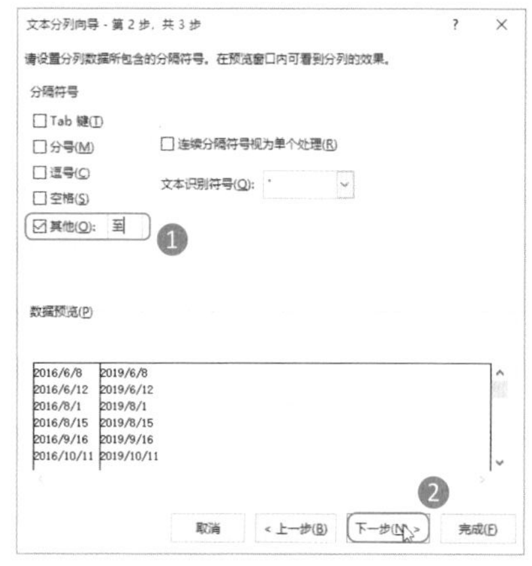

图1-25 设置分隔符号

图1-26 完成设置

Step05：查看分列效果。返回工作表编辑区，即可看到分隔后的效果。然后对分隔后的列的格式进行设置即可，效果如图1-27所示。

	A	B	C	D	E	F	G
1	员工编号	姓名	部门	岗位	入职时间	合同签订日期	合同到期日期
2	0001	万春	行政部	行政前台	2016/5/8	2016/6/8	2019/6/8
3	0002	王越名	销售部	销售代表	2016/5/12	2016/6/12	2019/6/12
4	0003	杨鑫	销售部	销售代表	2016/7/1	2016/8/1	2019/8/1
5	0004	李霄云	财务部	会计	2016/7/15	2016/8/15	2019/8/15
6	0005	冉兴才	销售部	销售代表	2016/8/16	2016/9/16	2019/9/16
7	0006	封醒	销售部	销售代表	2016/9/10	2016/10/11	2019/10/11
8	0007	陈岩	销售部	经理	2016/12/1	2017/1/1	2020/1/1
9	0008	荀妲	销售部	销售代表	2017/3/11	2017/4/11	2020/4/11
10	0009	柯婷婷	销售部	销售代表	2017/3/28	2017/4/28	2020/4/28
11	0010	廖曦	销售部	销售代表	2017/4/5	2017/5/6	2020/5/6
12	0011	袁彤彤	财务部	财务主管	2017/4/6	2017/5/7	2020/5/7
13	0012	方华	销售部	销售主管	2017/6/9	2017/7/10	2020/7/10
14	0013	陈魄	销售部	销售代表	2017/7/15	2017/8/15	2020/8/15
15	0014	高磊	行政部	行政前台	2018/3/10	2018/4/10	2021/4/10
16	0015	胡萍萍	行政部	后勤人员	2018/3/20	2018/4/20	2021/4/20

员工合同管理表

图1-27 查看分列效果

1.2.4 字段顺序随意排

对Excel表格设计来说，字段是不可或缺的重要元素。表格中的字段是对一列数据的统称，它们与数据一起构成了Excel表格的基本框架。

在实际工作中，很多HR在安排表格的字段时，都是根据想到的先后顺序来安排的，并没有考虑这个字段应该放在什么位置最合适，导致表格的逻辑结构混乱，甚至没有逻辑，使制作的表格毫无意义。

做任何事情都要有一个基本的顺序，表格也一样。要想使表格的逻辑结构清晰，就必须厘清表格的结构，做好字段的顺序安排。

在确定表格字段顺序时，可以按照事情发展的逻辑顺序进行安排。例如，确定“招聘需求统计表”的字段顺序时，首先考虑表格行数据的排列顺序，也就是要有“序号”字段；其次是哪些部门需要招聘，也就是要有“部门”字段；再次是各部门中哪些岗位需要招聘，也就是要有“岗位”字段；接着是为什么这些岗位需要招聘，也就是要有“需求原因”字段；最后才是需要招聘的人数，也就是要有“需求人数”字段。按照这个顺序，各字段就应该按照图1-28所示的顺序进行排列。

序号	部门	岗位	需求原因	需求人数

招聘需求统计表

图1-28　字段顺序

1.2.5 添加空格来对齐

很多HR在制作表格时，为了让同列名称数据的宽度保持一致，会人为地在数据中添加一些空格来对齐。如图1-29所示，为了让2个字与3个字的姓名对齐，在2个字的姓名中间添加了空格。乍一看很美观，但是通过公式和函数查询员工成绩时，在K2单元格中输入“张伟”后，在K4:K10单元格区域中将返回错误值#N/A。这样不是因为公式出错，而是因为姓名中的空格，Excel不会将“张伟”和“张 伟”判断成一个人，所以查找不到相关数据，结果返回错误值。因此，在基础表格中，空格是绝对不能出现的。对于已经存在的空格，可以通过第2章讲解的查找和替换的方法批量删除。

姓名	企业文化	岗位能力	工作态度	计算机技能	沟通技能	商务礼仪	总成绩
郭旭东	45	68	66	83	76	68	406
陈 丹	75	67	87	48	57	82	416
张 峰	48	32	66	49	76	67	338
向思峰	89	86	91	75	50	79	470
李 可	60	84	86	61	70	73	434
向斯通	84	84	88	88	87	83	514
刘 秀	45	76	73	72	77	59	402
刘 韵	66	52	63	82	66	47	376
辛艳玲	78	54	89	76	74	60	431
余 加	62	83	86	77	72	71	451
康斯容	74	93	84	57	59	88	455
张 伟	36	48	71	84	76	62	377
蒋 钦	80	90	89	85	89	75	508
蔡嘉年	59	68	66	38	54	69	354
朱笑笑	66	66	63	52	48	59	354
蒋晓冬	65	68	56	26	35	48	298

请输入员工姓名:	张伟
科目	培训成绩
企业文化	#N/A
岗位能力	#N/A
工作态度	#N/A
计算机技能	#N/A
沟通技能	#N/A
商务礼仪	#N/A
总成绩	#N/A

培训成绩统计

图1-29　添加空格对齐导致计算错误

1.3　数据的规范统一要重视

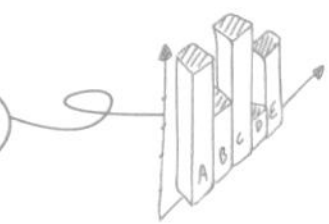

小刘

王Sir，经过这几天的培训，我对Excel有了全新的认识。我做了一个表格，你看看我的Excel技能有没有进步。

加班时间	姓名	部门	加班是由	加班类别	上班打卡时间	下班打卡时间	加班时数	加班工资	核对人
2019/3/2	李琳琳	人力资源部	招聘会	节假日加班	09:00	17:00	8	320	沅陵
三月二日	周程程	人力资源部	招聘会	节假日加班	10:00	17:30	7.5	300	沅陵
三月二日	马兴波	销售部	约客户谈事	节假日加班	09:00	17:30	8.5	340	沅陵
2019/3/5	马星文	财务部	做表	工作日加班	18:00	20:00	2	75	沅陵
2019年3月19日	周静	财务部	做表	工作日加班	18:00	21:00	3	112.5	沅陵
2019/3/20	李媛	财务部	做表	工作日加班	18:00	21:00	3	112.5	沅陵
3/23	王新艳	销售部	销售活动	周末加班	09:00	17:00	8	320	沅陵
3/23	林薇薇	销售部	销售活动	周末加班	09:00	17:00	8	320	沅陵
3/23	杜敏	销售部	销售活动	周末加班	09:00	17:00	8	320	沅陵

王Sir

小刘，交给张总监的表格可千万不能这样做呀，否则会挨批、受罚的。你这张表格唯一值得表扬的地方就是表格逻辑很合理，但内容看起来就有点惨不忍睹了。

首先，加班日期格式混乱。同一工作簿、工作表中，所用到的日期格式必须完全统一。

其次，同类别的名称不统一。【节假日加班】和【周末加班】是同一个意思。

再次，数字格式不统一。无论是小数点位数，还是显示的格式，都要统一。

最后，单元格中的对齐方式不统一，看起来很杂乱。

1.3.1　日期格式要规范统一

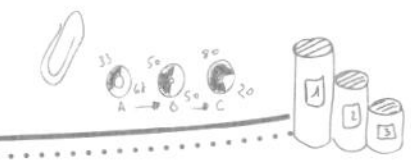

表格日期格式的规范统一，主要体现在两个方面：一是输入的日期必须是Excel能识别的日期格式；二是工作簿、工作表中使用的日期格式必须统一。

很多HR在基础表格中输入日期时，经常根据习惯输入一些自认为是日期格式的日期数据，如“2019.3.16”“20190316”“2019\3\16”等，但其实这些数据在Excel中根本不是日期，而是文本，会对数据的排序、筛选、计算等造成影响。如图1-30所示，因为【合同签订日期】列的日期格式不规范，导致使用函数计算签订年限时，计算结果显示错误值#VALUE。所以，输入的日期必须是Excel能识别的、规范的日期格式。

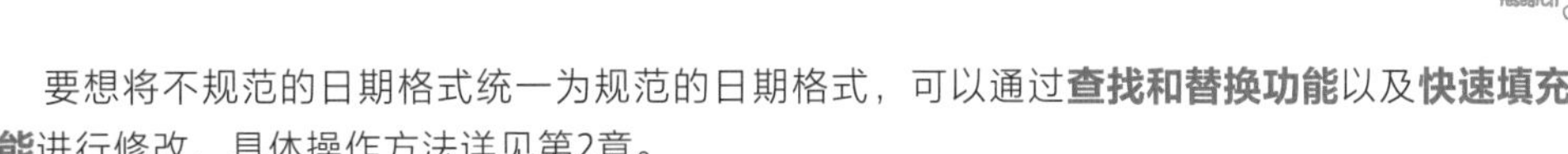

	B	C	D	E	F	G	H
1	姓名	部门	岗位	入职时间	合同签订日期	合同到期日期	签订年限
2	万春	行政部	行政前台	2016/5/8	2016.6.8	2019/6/8	#VALUE!
3	王越名	销售部	销售代表	2016/5/12	2016\6\12	2019/6/12	#VALUE!
4	杨鑫	销售部	销售代表	2016/7/1	2016,8,1	2019/8/1	#VALUE!
5	李霄云	财务部	会计	2016/7/15	2016年8月15	2019/8/15	#VALUE!
6	冉兴才	销售部	销售代表	2016/8/16	20160916	2019/9/16	#NUM!
7	封醒	销售部	销售代表	2016/9/10	2016/10/11	2019/10/11	3

员工合同管理表

图1-30　不规范的日期格式导致计算错误

温馨提示

要想将不规范的日期格式统一为规范的日期格式，可以通过**查找和替换功能**以及**快速填充功能**进行修改，具体操作方法详见第2章。

另外，规范日期格式后，HR还需要统一表格中的日期格式，在同一工作簿、工作表中使用的日期格式必须是同一种。虽然规范的日期格式在参与计算时都能识别出来，不会对计算结果产生影响，但是会使表格数据显得杂乱、不规则，不利于表格的查看。

当表格中的日期格式不统一时，可以通过设置日期格式来统一。具体方法如下：

Step01：设置日期格式。在工作表中选择需要设置日期格式的单元格区域，单击【开始】选项卡【数字】组中右下角的【数字格式】按钮，打开【设置单元格格式】对话框；❶在【数字】选项卡【分类】列表框中选择【日期】选项；❷在【类型】列表框中选择需要的日期格式，如选择【2012年3月14日】；❸单击【确定】按钮，如图1-31所示。

Step02：查看效果。返回工作表编辑区，即可看到更改日期格式后的效果，如图1-32所示。

图1-31　设置日期格式

	A	B	C	D	E	F	G
1	加班时间	姓名	部门	加班事由	加班类别	上班打卡时间	下班打卡时间
2	2019年3月2日	李琳琳	人力资源部	招聘会	节假日加班	09:00	17:00
3	2019年3月2日	周程程	人力资源部	招聘会	节假日加班	10:00	17:30
4	2019年3月2日	马兴波	销售部	约客户谈事	节假日加班	09:00	17:30
5	2019年3月5日	马星文	财务部	做表	工作日加班	18:00	20:00
6	2019年3月19日	周静	财务部	做表	工作日加班	18:00	21:00
7	2019年3月20日	李媛	财务部	做表	工作日加班	18:00	21:00
8	2019年3月23日	王新艳	销售部	销售活动	周末加班	09:00	17:00
9	2019年3月23日	林薇薇	销售部	销售活动	周末加班	09:00	17:00
10	2019年3月23日	杜敏	销售部	销售活动	周末加班	09:00	17:00
11	2019年3月23日	周东阳	销售部	销售活动	周末加班	09:00	17:00

3月加班统计表

图1-32　查看日期格式效果

技能升级

如果【类型】列表中提供的日期格式不能满足需要，那么可以根据需要进行自定义。

方法是，在【设置单元格格式】对话框中选择【数字】选项卡，在【分类】列表框中选择【自定义】选项，在右侧的【类型】列表框中选择要自定义的日期格式代码，或者在【类型】文本框中输入自定义的日期格式代码，如图1-33所示。

图1-33 自定义日期格式

1.3.2 同类名称要统一

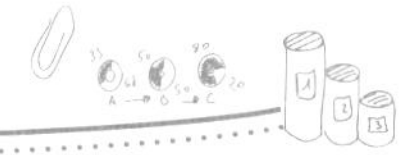

在表格中输入内容时，很多HR喜欢用多个名称代替同一个内容，如“专科”和“大专”“西南交大”和“西南交通大学”“节假日加班”和“周末加班”等。这些我们认为相同的内容，Excel并不会识别为相同，所以在执行排序、筛选、公式引用等操作时，就不能正确识别出来。

因此，在Excel中，对于同类别的内容，输入的名称必须要完全一致。为了使输入的名称完全相同，在表格中输入内容时，可以通过数据有效性限定，或通过下拉列表选择输入，这样可以保证输入的内容百分百相同。数据有效性的相关内容将在第2章中进行详细讲解。

1.3.3 数字格式要规范统一

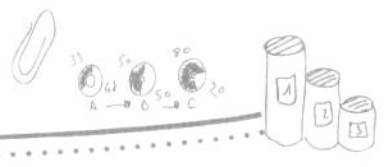

在Excel中，数据主要分为文本型数据和数字型数据两种。文本型数据不能参与计算。虽然Excel会

自动识别输入的数据类型，但很多HR在设置数字格式时，并没有注意到这一点，导致输入的数字格式不规范，数据计算结果出错。例如，使用规范的数字格式进行求和计算，得出正确的总成绩，如图1-34所示；如果将数字格式由数值型转换为文本型进行求和计算，则会得出错误的总成绩，如图1-35所示。所以，在设置数字格式时，也要注意数字格式必须规范统一。

	A	B	C	D	E	F	G	H
2	姓名	1月	2月	3月	4月	5月	6月	总分
3	李雪	87	69	70	80	79	84	469
4	赵琳琳	90	68	67	79	86	83	473
5	谢岳城	84	69	68	79	86	85	471
6	周瑶	81	70	76	82	84	76	469
7	龙帅	84	69	65	82	79	71	450
8	王丹	83	75	76	88	85	73	480
9	万灵	81	76	51	84	84	80	456
10	曾小林	86	73	55	80	85	72	451
11	吴文茜	82	66	59	83	67	85	442
12	何健	69	76	63	81	80	87	456
13	徐涛	71	71	64	83	80	86	455
14	韩菁	73	68	48	89	80	74	432

Sheet1

图1-34　规范的数字格式

	A	B	C	D	E	F	G	H
2	姓名	1月	2月	3月	4月	5月	6月	总分
3	李雪	87	69	70	80	79	84	399
4	赵琳琳	90	68	67	79	86	83	406
5	谢岳城	84	69	68	79	86	85	403
6	周瑶	81	70	76			76	393
7	龙帅	84	69	65	文本型数字		71	385
8	王丹	83	75	76			73	404
9	万灵	81	76	51	84	84	80	405
10	曾小林	86	73	55	80	85	72	396
11	吴文茜	82	66	59	83	67	85	383
12	何健	69	76	63	81	80	87	393
13	徐涛	71	71	64	83	80	86	391
14	韩菁	73	68	48	89	80	74	384

Sheet1

图1-35　不规范的数字格式

温馨提示

将数值型数据转换为文本型数据后，单元格左上角会出现一个绿色的三角形，它表示此数据为文本型数据。

当然，在Excel中也有特殊情况，那就是在输入以0开头的编号和身份证号码时，就需要刻意将数字型数据更改为文本型数据，这样才能将输入的数据正确显示出来。在第2章中将对此进行详细讲解，这里不再赘述。

1.3.4 对齐方式要统一

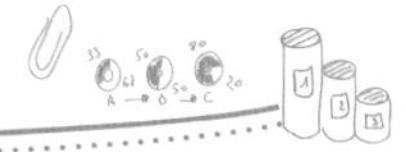

在Excel中，输入的文本型数据默认将居于单元格左侧对齐，而数值型数据将居于单元格右侧对齐，这就导致同一表格中数据的对齐方式不一样，让整个表格看起来不规整。此时就需要统一表格中数据的对齐方式。具体方法如下：

Step01：选择对齐方式。❶选择表格中需要设置对齐方式的单元格区域；❷单击【开始】选项卡

【对齐方式】组中的对齐按钮，如单击【居中】按钮 ，如图1-36所示。

Step02：查看表格效果。此时所选单元格区域中的数据将居于单元格中间对齐，效果如图1-37所示。

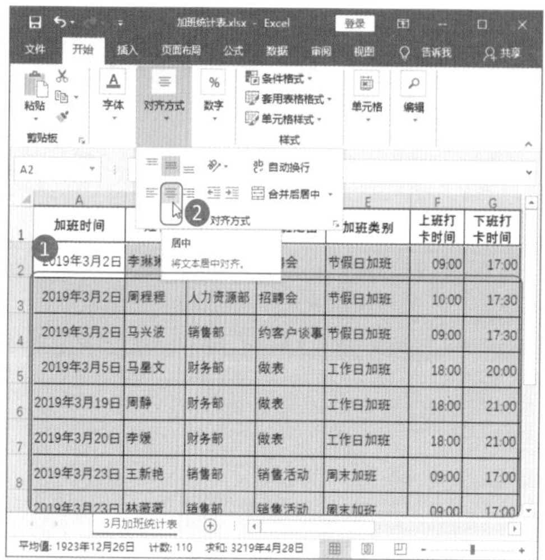

图1-36 设置对齐方式

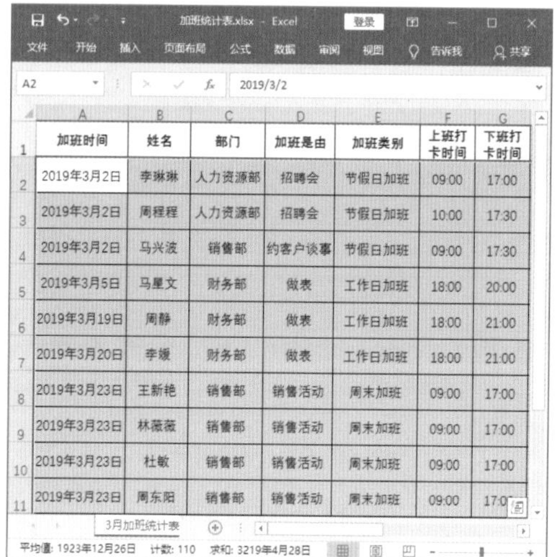

图1-37 查看对齐效果

CHAPTER 2

掌握这些“偷懒”技术，工作效率翻倍提升

小 刘

通过王Sir的培训，我学习到了更多的Excel知识，也能制作出一些标准、规范的表格了。上班第二周，我开始正式步入工作岗位，但也由此加入了加班的行列。

在加班完成任务的同时，我也在思考，同一件事情，为什么其他同事都能快速完成，而我要多花一倍甚至更多的时间才能完成？是不是他们有什么“偷懒”的方法？

思前想后，决定还是去向王Sir请教。一问才知道，Excel中一些看似简单的操作，其实蕴藏着很多奥秘，只要用心发掘，就会找到一些捷径，快速完成工作任务。

同样的工作，不同的HR花费的时间不一样，究其根源，就在于会不会“偷懒”。偷懒并不是少做，而是采用一些高效率的手段来协助完成工作。

就拿最简单的录入数据来说，有些HR可能就噼里啪啦地敲着键盘，反复地做着相同的事情，而会“偷懒”的HR，可能首先做的不是录入数据，而是考虑怎么来录入这些数据才更简单、更高效。

所以，在制作表格时，不能按部就班，需要通过一些技能、方法来提高整体的工作效率，这样才会得到领导和同事的认可。

王 Sir

2.1 资深HR告诉你，这样录入数据准确又高效

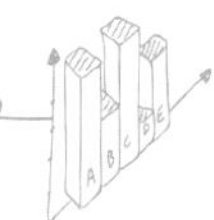

张总监

小刘，现在开始制作一份关于公司所有员工的信息表，不仅要求输入的员工数据齐全，而且要保证数据的准确性。明天上午交给我。

小刘

公司那么多员工，这么短的时间内怎么完成？难道又要挑灯奋战？不行，趁王Sir有空，赶紧去问问有没有什么技巧，能在保证数据正确性的同时提高工作效率。

王Sir

小刘，员工信息表中的很多数据都有各自的特点，像员工编号、身份证号码等，不是直接输入就可以的，而且需要录入的数据量比较大，很容易出错。

如果在保证录入数据正确性的同时提高效率，可以**通过一些数据录入技巧提高录入效率；通过数据验证功能限制数据的输入，保证数据的正确性。**

2.1.1 员工编号输入的诀窍

员工编号是很多人事表格中必不可少的要素之一，如员工信息表、员工工资表、工资条、在职人员统计表等。每位员工的编号在公司里都是唯一的，不会像名字那样重复，极大地方便了后期的检索、排序、统计等。

一般来说，员工是按照一定的顺序进行编号的，这也就为输入提供了方便。在Excel中，员工编号的录入主要分为两种情况：一种是以正数、固定字母或文字开头的员工编号，另一种是以“0”开头的员工编号。

1 录入以正数、固定字母或文字开头的员工编号

在Excel中录入“1、2、3、4、5、6、7、8、9、10……”“KC-001、KC-002……”和“恒图-001、恒图-002……”等这类员工编号时，HR可以通过填充序列的方式来快速录入，以提高工作效率。具体方法如下：

Step01：拖动控制柄。在需要输入员工编号的第一个单元格中输入“KC-001”，然后将鼠标指针移动到该单元格的右下角，当它变成+形状时，按住鼠标左键向下拖动控制柄，如图2-1所示。

Step02：查看填充的数据。拖动到相应的单元格后，释放鼠标，即可按顺序为单元格区域填充等差为1的序列数据；同时在其右侧出现一个【自动填充选项】按钮，单击该按钮，在弹出的下拉列表中可选择填充方式，如图2-2所示。

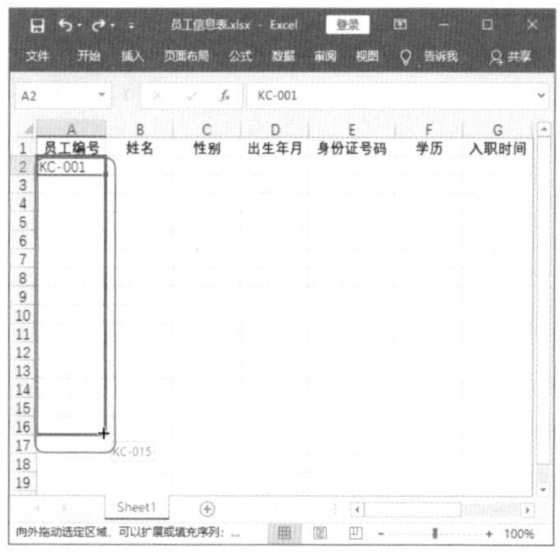

图2-1 拖动控制柄

图2-2 查看填充的数据

技能升级

使用序列填充法，可以**打开【序列】对话框，自定义填充的类型、数据规律。**

方法是，单击【开始】选项卡【编辑】组中的【填充】下拉按钮，在弹出的下拉列表中选择【序列】选项，打开【序列】对话框，对填充类型、步长值和终止值等进行设置。如图2-3所示，表示以2为差值进行序列填充，且数据序列只填充到100。

图2-3 设置填充规律

2 录入以“0”开头的员工编号

以数字对员工进行编号时，如果员工编号开头为“0”，那么在Excel中输入后，不会显示员工编号前面的“0”，只会显示后面的正数。例如，输入“0010”，单元格中将显示“10”。因此，在输入这类编号时，需要先将单元格数字格式由“常规”转换为“文本”，然后再输入以“0”开头的员工编号。具体方法如下：

Step01：设置数字格式。❶选择需要输入员工编号的单元格区域；❷在【开始】选项卡【数字】组中打开【数字格式】下拉列表框；❸从中选择【文本】选项，如图2-4所示。

Step02：查看填充的数据。在设置数字格式的第一个单元格中输入“0001”，向下拖动填充柄，就会填充以“0”开头的序列数据，如图2-5所示。

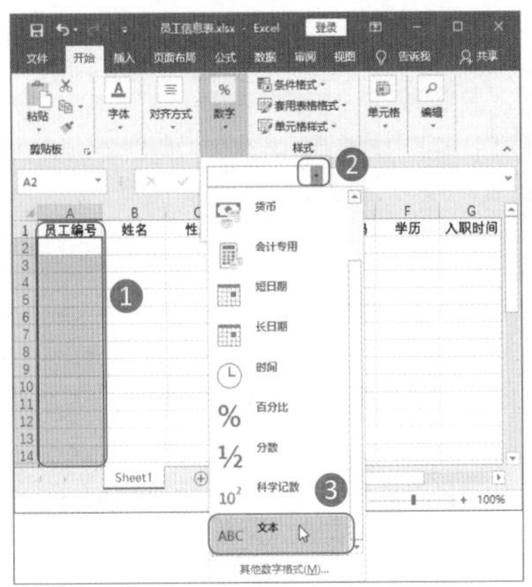

图2-4 选择“文本”数字格式

图2-5 查看填充的数据

温馨提示

Excel默认会将“0001”识别为数字，所以将其设置为【文本】数字格式后，会在单元格左上角出现一个绿色的倒三角形符号，单元格右侧出现一个符号，表示单元格数字类型不正确。单击符号，在弹出的下拉列表中选择【忽略错误】选项，如图2-6所示，Excel将会忽略单元格中的错误，并且不显示绿色的倒三角形和错误符号。

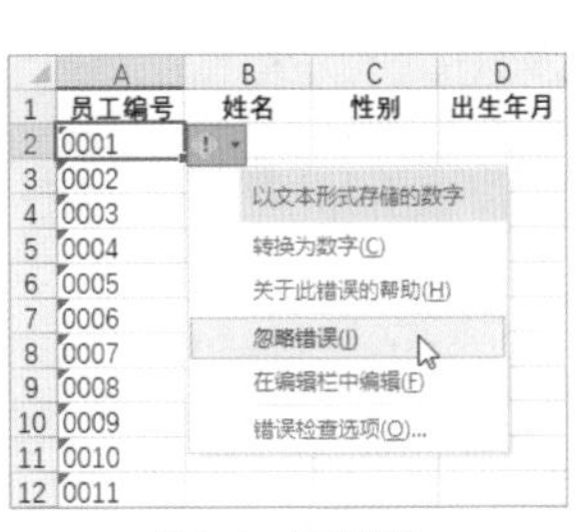

图2-6 忽略错误

2.1.2 在多个单元格中快速输入相同内容的技巧

在员工信息表中录入数据时，经常需要在某列或某行的多个单元格中输入相同的数据，如性别、学历、部门等，这时可以通过两种方法来实现。

1 填充相同的数据

如果需要在某行或某列连续的多个单元格中输入相同的数据，可以先在起始单元格中输入目标数据，然后选中该单元格，将鼠标指针移到该单元格的右下角，当它变成+形状时，按住鼠标左键不放向下拖动（如图2-7所示），即可进行相同数据的填充，如图2-8所示。

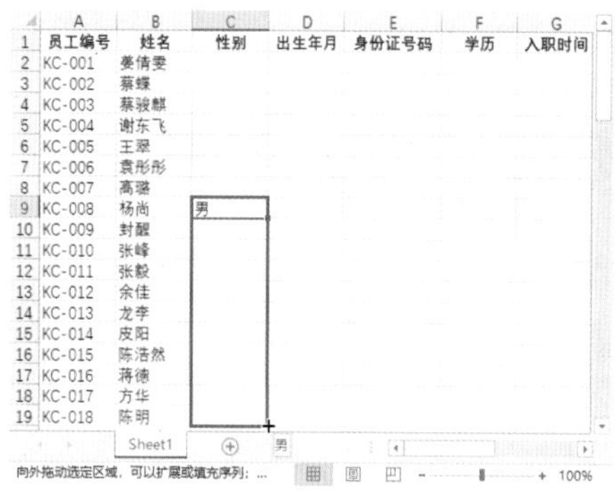

图2-7 向下拖动控制柄

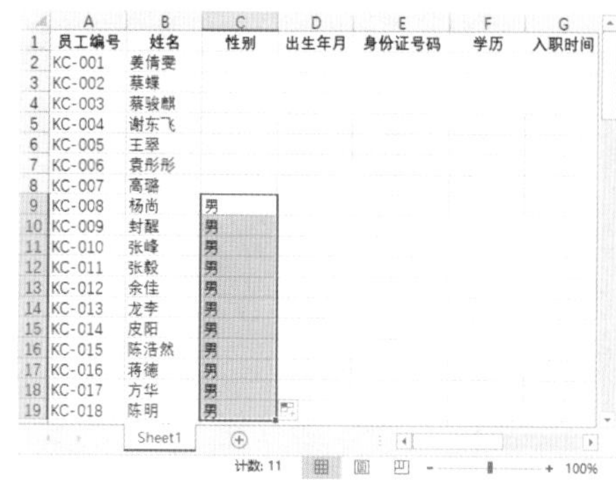

图2-8 查看填充的相同数据

温馨提示

在Excel中填充相同数据时，如果在起始单元格中输入的是诸如“甲”“星期一”等比较特殊的文本，那么填充时，可能会填充为“乙、丙、丁……”“星期二、星期三……”等。这时就需要将填充方式设置为【复制单元格】（如图2-9所示），才会填充为相同的数据。

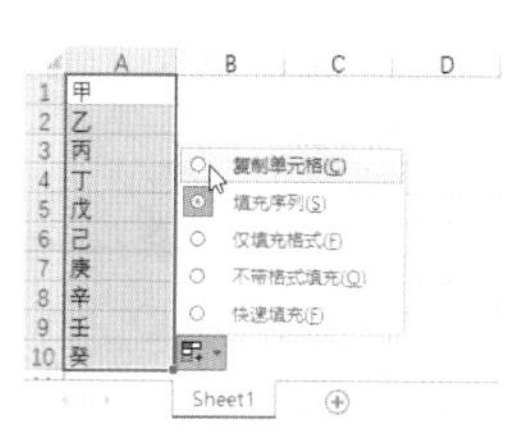

图2-9 设置填充方式

2 录入相同的数据

拖动填充柄填充相同数据的方法只适用于连续的多个单元格，当需要在某行或某列多个不连续的单元格中输入相同的数据时，可先选择需要输入相同数据的单元格，然后在其中的某一单元格中输入数据，如图2-10所示；按【Ctrl+Enter】组合键，即可在选择的其他单元格中输入相同的数据，如图2-11所示。

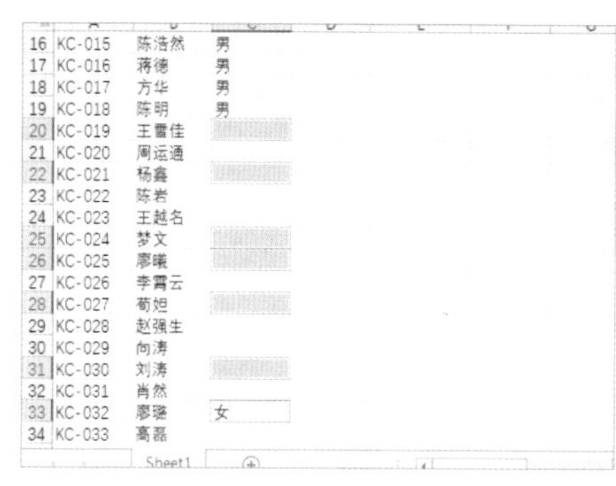

图2-10 输入数据

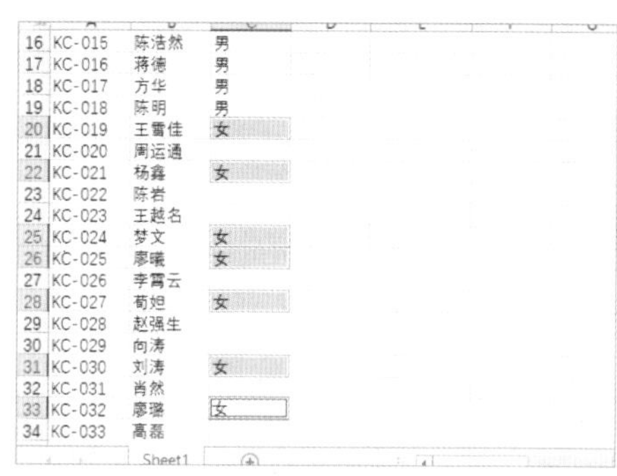

图2-11 查看输入的数据

技能升级

在员工信息表中录入员工性别时，除了可手动输入外，还可使用公式"=IF(MOD(MID(E2,17,1),2),"男","女")"从身份证号码中自动获取，这样可以减少输入的错误。公式和函数的相关知识将在第3章和第4章中进行详细讲解。

2.1.3 如何让输入的身份证号码正确显示

在Excel中，输入的数字超过11位，默认会以科学记数的数字格式进行显示；若超过15位，则会自动将15位数后的数字转换为0。由于身份证号码的位数超过15位，如直接输入，单元格中的身份证号码将会以科学记数显示，并且在编辑栏中后3位数字会显示为0。例如，在单元格中输入身份证号码"123456199510242142"，在编辑栏中就会显示为"123456199510242000"，在单元格中显示为"1.23456E+17"，如图2-12所示。

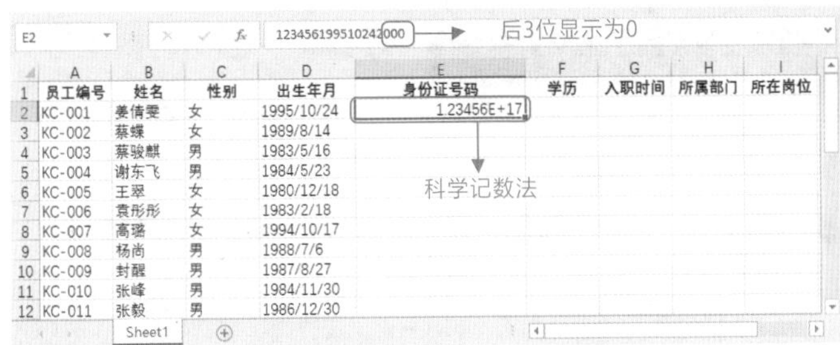

	A	B	C	D	E	F	G	H	I
1	员工编号	姓名	性别	出生年月	身份证号码	学历	入职时间	所属部门	所在岗位
2	KC-001	姜倩雯	女	1995/10/24	1.23456E+17				
3	KC-002	蔡蝶	女	1989/8/14					
4	KC-003	蔡骏麒	男	1983/5/16					
5	KC-004	谢东飞	男	1984/5/23					
6	KC-005	王翠	女	1980/12/18					
7	KC-006	袁彤彤	女	1983/2/18					
8	KC-007	高璐	女	1994/10/17					
9	KC-008	杨尚	男	1988/7/6					
10	KC-009	封醒	男	1987/8/27					
11	KC-010	张峰	男	1984/11/30					
12	KC-011	张毅	男	1986/12/30					

图2-12 科学记数法显示身份证号码

技能升级

在输入身份证号码前，在单元格中**先输入一个英文格式的单引号"'"，然后输入身份证号码**，也可让单元格中输入的身份证号码正确显示。

身份证号码是员工信息表中必不可少的字段。要想让输入的身份证号码正确显示，在输入前需要先将要输入身份证号码的单元格数字格式设置为【文本】，然后输入身份证号码，就会正常显示，如图2-13所示。

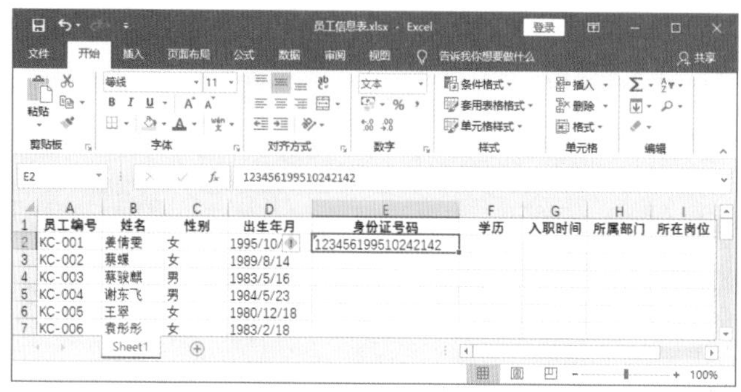

图2-13　正确显示输入的身份证号码

另外，由于身份证号码的位数较多，为了防止输入的身份证号码位数错误，可以在输入前，先对单元格设置数据验证，让需要输入身份证号码的单元格只能输入固定位数的数字；当输入的位数不足时，可以弹出提示对话框进行出错提示。具体方法如下：

Step01：打开【数字验证】对话框。❶选择【身份证号码】列中需要输入身份证号码的单元格区域；❷单击【数据】选项卡【数据工具】组中的【数据验证】按钮，如图2-14所示。

Step02：限制文本输入的长度。❶打开【数据验证】对话框，在【允许】下拉列表框中选择【文本长度】选项；❷在【数据】下拉文本框中选择【等于】选项，❸在【长度】参数框中输入限制输入的字符长度；❹单击【确定】按钮，如图2-15所示。

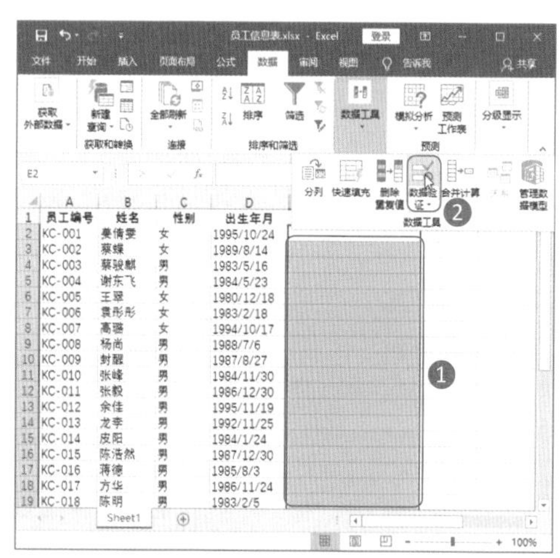

图2-14　打开【数据验证】对话框

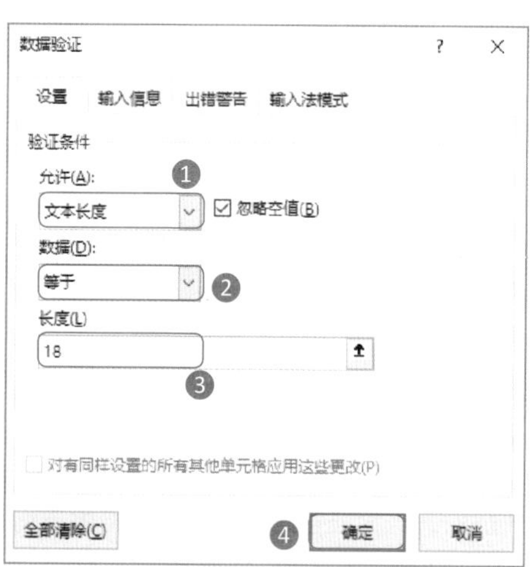

图2-15　设置验证条件

Step03：设置出错警告。❶选择【出错警告】选项卡，❷在【错误信息】文本框中输入出错提示；❸单击【确定】按钮，如图2-16所示。

Step04：验证设置的条件。返回工作表编辑区，在需要输入身份证号码的单元格中输入身份证号码，当输入的身份证号码位数不足18位或超过18位时，都会弹出提示对话框进行出错提示，如图2-17所示。

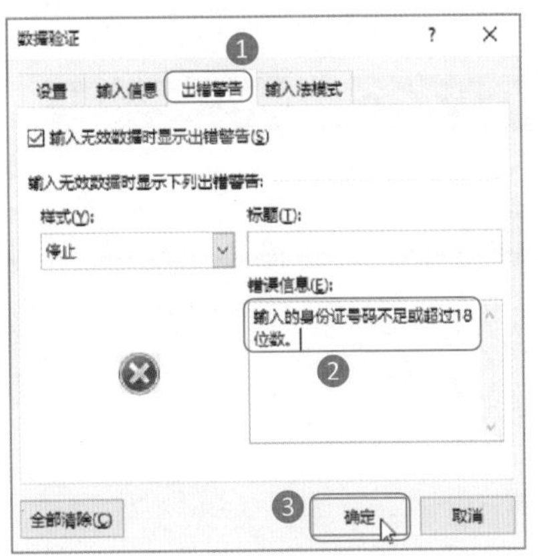

图2-16 设置出错警告

图2-17 验证设置的条件

2.1.4 通过下拉列表选择输入数据

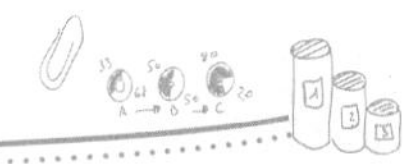

在制作人事表格的过程中，当某列或某行中只能输入特定的数据时，可以通过数据验证功能来设置单元格中允许输入的内容。这样不仅可以加快数据录入的速度，还可以保证数据录入的正确性。具体方法如下：

Step01：打开【数字验证】对话框。❶选择【学历】列中需要输入学历的单元格区域；❷单击【数据】选项卡【数据工具】组中的【数据验证】按钮，如图2-18所示。

Step02：设置数据序列。❶打开【数据验证】对话框，在【允许】下拉列表框中选择【序列】；❷在【来源】参数框中输入可选择的序列，注意文本之间用英文逗号相隔；❸单击【确定】按钮，如图2-19所示。

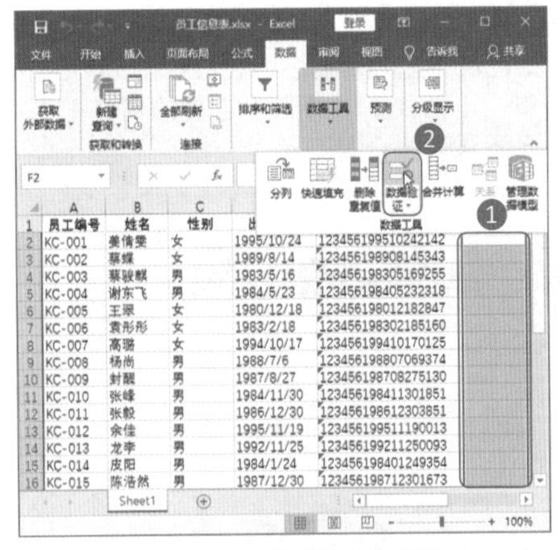

图2-18 打开【数据验证】对话框

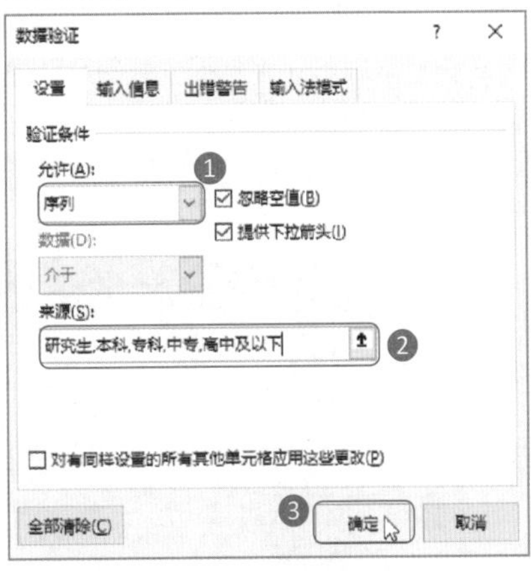

图2-19 设置数据序列

Step03：选择下拉列表选项。完成数据验证的序列设置后，选择F2单元格，单击其右侧出现的▼按钮，在弹出的下拉列表中选择需要的学历，即可将其快速填入该单元格中，如图2-20所示。

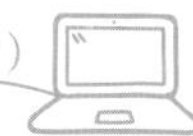

Step04：选择输入数据。继续选择输入其他员工的学历，效果如图2-21所示。

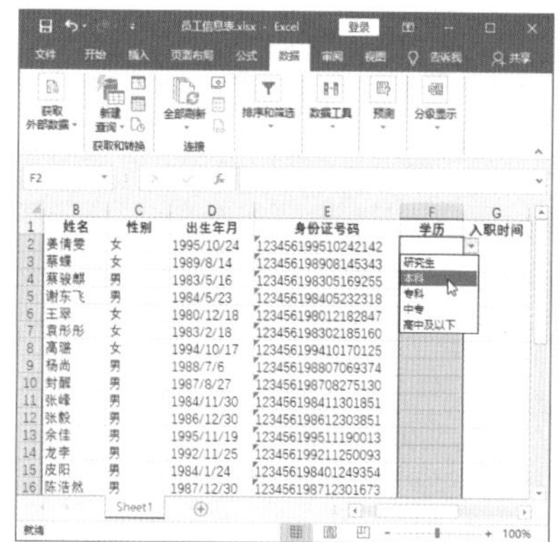

图2-20 选择下拉列表选项

图2-21 选择输入数据

2.1.5 通过二级联动下拉列表输入内容

在制作员工信息表、工资表、年度培训计划表、培训统计表、招聘统计表等人事表格时，经常需要输入部门和岗位数据。每个部门对应的岗位各有不同，如果部门较多，那么对应的岗位也会随之增多。通过序列来选择输入时，下拉列表中的选项也较多，会导致选择的效率降低。

为了减少工作量，提高工作效率，此时就可以通过二级联动下拉列表来设置，它会根据一级下拉列表（2.1.4节讲解的数据有效性“序列”的设置）内容的变化而变化。也就是说，选择部门后，岗位下拉列表中将只显示该部门对应的岗位。制作二级联动下拉列表的方法如下：

Step01：定义名称。在“序列”表的A1:A6单元格区域中输入部门名称，在B1:G6单元格区域中输入部门对应的岗位名称；❶选择A1:A6单元格区域；❷单击【公式】选项卡【定义的名称】组中的【定义名称】按钮；❸打开【新建名称】对话框，在【名称】文本框中输入“部门名称”；❹单击【确定】按钮，如图2-22所示。

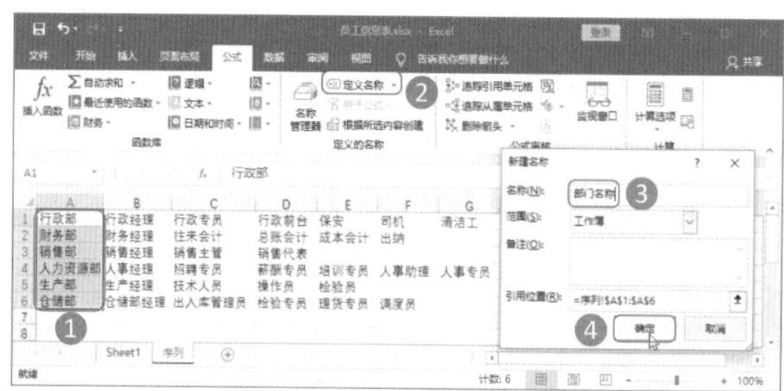

图2-22 定义名称

Step02：根据所选内容创建名称。❶按住【Ctrl】键，选择A1:G6单元格区域中输入部门和岗位名称的单元格；❷单击【公式】选项卡【定义的名称】组中的【根据所选内容创建】按钮；❸打开【根据所选内容创建名称】对话框，保持默认设置，单击【确定】按钮，即可按照部门定义名称，如图2-23所示。

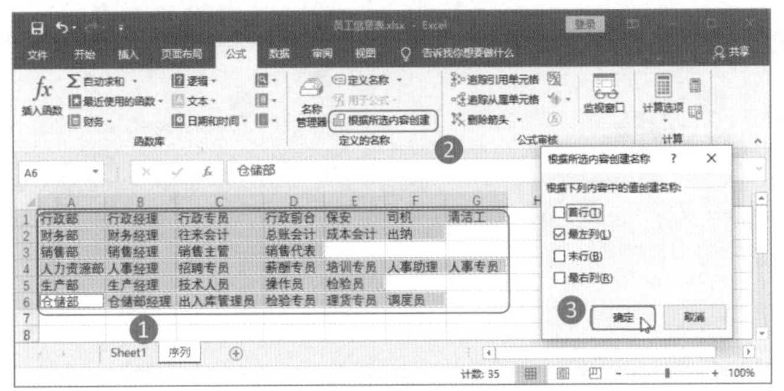

图2-23　根据所选内容创建名称

Step03：查看定义的名称。单击【定义的名称】组中的【名称管理器】按钮，打开【名称管理器】对话框，在其中即可查看定义的名称，如图2-24所示。查看完成后单击【关闭】按钮，关闭该对话框。

Step04：执行数据验证操作。切换到Sheet1工作表中；❶选择H列；❷单击【数据工具】组中的【数据验证】按钮，如图2-25所示。

图2-24　查看定义的名称

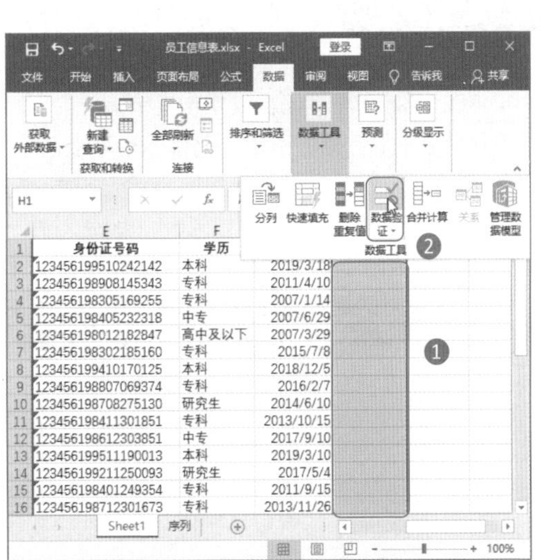

图2-25　选择列

Step05：设置序列来源。打开【数据验证】对话框；❶在【验证条件】栏中设置【允许】为【序列】；❷在【来源】参数框中直接输入定义的名称“=部门名称”；❸单击【确定】按钮，如图2-26所示。

Step06：通过公式设置序列来源。在工作表中选择I列中需要设置序列的单元格区域；❶在【数据验证】对话框的【验证条件】栏中设置【允许】为【序列】；❷在【来源】参数框中输入"=INDIRECT(H2)"；❸单击【确定】按钮；❹在弹出的提示对话框中单击【是】按钮，如图2-27所示。

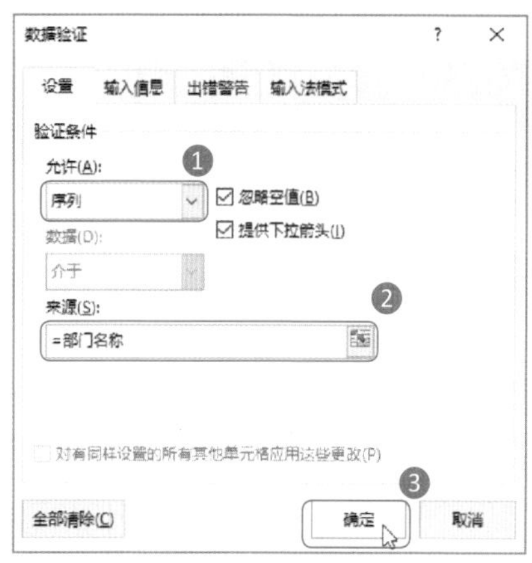

图2-26 设置部门序列

图2-27 设置岗位序列

温馨提示

INDIRECT函数用于返回由文本字符串指定的引用。其语法结构为：INDIRECT(ref_text,[a1])。

ref_text是对单元格的引用。此单元格可以包含A1-样式的引用、R1C1-样式的引用、定义为引用的名称或对文本字符串单元格的引用。如果ref_text不是合法的单元格引用，函数INDIRECT将返回错误值#REF!或#NAME?。如果ref_text是对另一个工作簿的引用（外部引用），则该工作簿必须被打开。如果源工作簿没有打开，函数INDIRECT将返回错误值#REF!。

另外，在弹出的提示对话框中提示"源当前包含错误"，并不是因为操作错误，而是因为在【来源】参数框中的公式引用的H2单元格中没有输入部门，所以会进行提示。

Step07：查看设置的二级下拉列表。在H2单元格中选择输入【行政部】后，I2单元格的允许下拉列表中将只显示【行政部】所对应的岗位名称，选择需要的岗位名称输入即可，如图2-28所示。

Step08：选择输入部门和岗位。使用相同的方法在【所属部门】和【所在岗位】列中输入相应的数据，效果如图2-29所示。

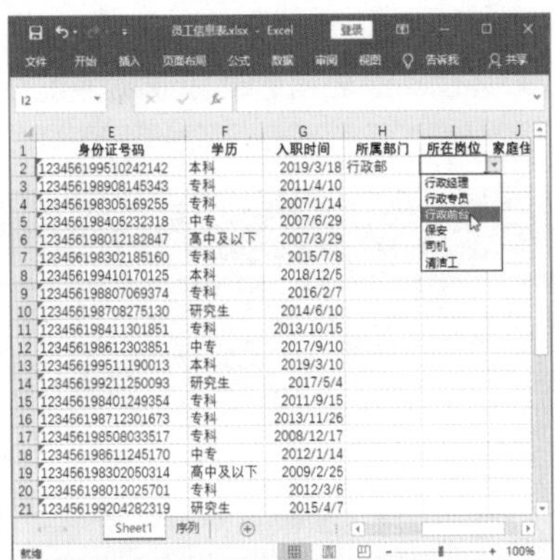

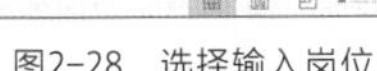

图2-28 选择输入岗位

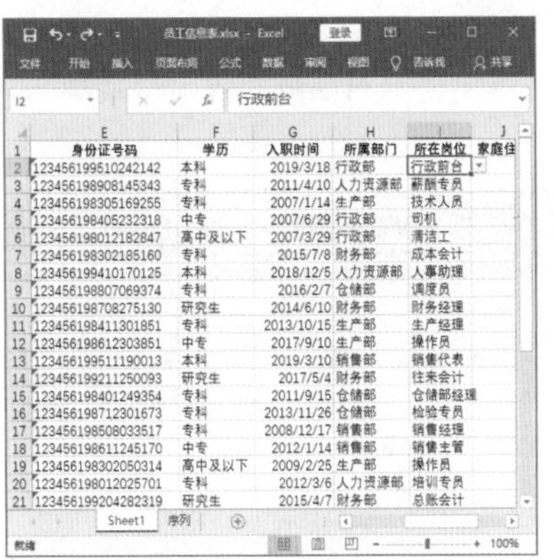

图2-29 完成效果

温馨提示

通过数据验证功能制作多级联动下拉列表时需要注意以下几点：

（1）将各级列表内容按列/行存储，各行首列/各列首行的列标题/行标题为对应的上一级内容。

（2）给下级下拉列表中的内容定义名称时，名称应是对应的上级。如果各行/列数据的列数/行数不同，不要一次性选择所有行/列定义名称，否则会导致出现空白选项。

（3）设置数据验证时，从制作第二级下拉列表开始，就需要用INDIRECT函数来引用上级的单元格。

2.1.6 输入重复数据时进行提示

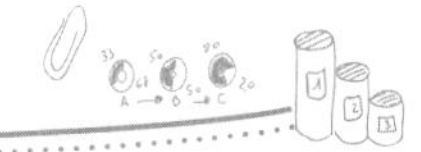

在员工信息表中，很多数据都必须是唯一的，如员工编号、身份证号码、手机号码等。为了避免重复输入这些具有唯一性的数据，HR在输入这些数据之前，可以先通过数据验证功能进行限制。这样，当输入的数据与前面的数据重复时，就会进行提示。

例如，下面将对员工信息表中的手机号码数据进行限制设置。具体方法如下：

Step01：设置数据验证。❶选择K列中需要输入联系电话的单元格区域；❷打开【数据验证】对话框，在【设置】选项卡的【允许】下拉列表框中选择【自定义】选项；❸在【公式】参数框中输入限制重复输入的公式“=COUNTIF($K$2:$K$34,K2)=1”；❹单击【确定】按钮，如图2-30所示。

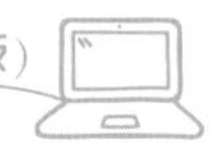

Step02：对设置进行验证。在限制重复输入的单元格中输入数据，当输入的数据与前面的数据重复时，将弹出提示对话框，提示“此值与此单元格定义的数据验证限制不匹配”，如图2-31所示。

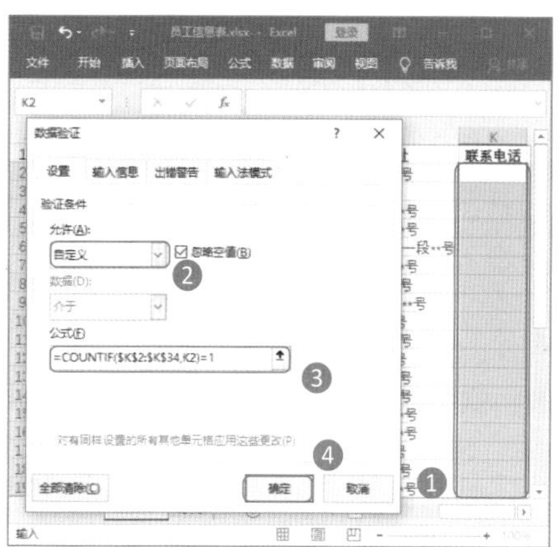

图2-30 设置验证公式

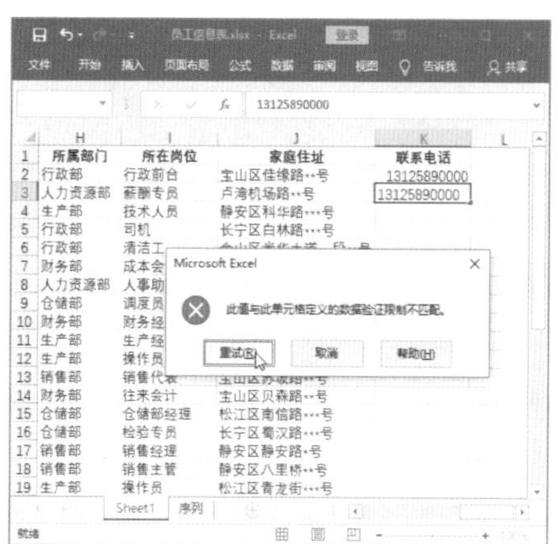

图2-31 验证效果

温馨提示

公式“=COUNTIF($K$2:$K$34,K2)=1”表示统计K2:K34单元格区域中等于K2单元格中数据的个数是否等于1，等于1表示没有与K2单元格中的数据重复的，大于1则表示有重复的，将弹出提示对话框进行提示。COUNTIF函数的详细用法将在第4章中进行讲解。

2.1.7 让输入的手机号码自动分段显示

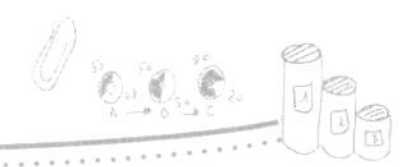

一般情况下，员工信息表中记录的联系电话都是手机号码。为了便于手机号码的查看和记忆，HR可以通过自定义数据格式让手机号码进行分段显示。具体方法如下：

Step01：打开【设置单元格格式】对话框。❶选择【联系电话】列中需要输入手机号码的单元格区域；❷单击【开始】选项卡【数字】组右下角的 按钮，如图2-32所示。

Step02：自定义数字格式。打开【设置单元格格式】对话框；❶在【数字】选项卡中的【分类】列表框中选择【自定义】选项，❷在【类型】文本框中输入“000-0000-0000”；❸单击【确定】按钮，如图2-33所示。

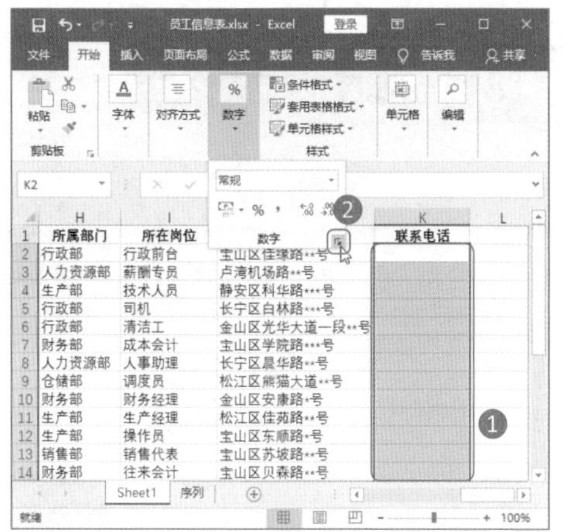

图2-32 打开对话框

图2-33 自定义数字格式

Step03：查看数字格式。在单元格中输入手机号码后，可看到手机号码分为3段显示，效果如图2-34所示。

	A	B	C	D	E	F	G	H	I	J	K
1	员工编号	姓名	性别	出生年月	身份证号码	学历	入职时间	所属部门	所在岗位	家庭住址	联系电话
2	KC-001	姜倩雯	女	1995/10/24	123456199510242142	本科	2019/3/18	行政部	行政前台	宝山区佳缘路··号	131-2589-0000
3	KC-002	蔡蝶	女	1989/8/14	123456198908145343	专科	2011/4/10	人力资源部	薪酬专员	卢湾机场路··号	131-2589-0001
4	KC-003	蔡骏麒	男	1983/5/16	123456198305169255	专科	2007/1/14	生产部	技术人员	静安区科华路···号	131-2589-0002
5	KC-004	谢东飞	男	1984/5/23	123456198405232318	中专	2007/6/29	行政部	司机	长宁区白林路···号	131-2589-0003
6	KC-005	王翠	女	1980/12/18	123456198012182847	高中及以下	2007/3/29	行政部	清洁工	金山区光华大道一段··号	131-2589-0004
7	KC-006	袁彤彤	女	1983/2/18	123456198302185160	专科	2015/7/8	财务部	成本会计	宝山区学院路···号	131-2589-0005
8	KC-007	高璐	女	1994/10/17	123456199410170125	本科	2018/12/5	人力资源部	人事助理	长宁区晨华路··号	131-2589-0006
9	KC-008	杨尚	男	1988/7/6	123456198807069374	专科	2016/2/7	仓储部	调度员	松江区熊猫大道··号	131-2589-0007
10	KC-009	封醒	男	1987/8/27	123456198708275130	研究生	2014/6/10	财务部	财务经理	金山区安康路·号	131-2589-0008
11	KC-010	张峰	男	1984/11/30	123456198411301851	专科	2013/10/15	生产部	生产经理	松江区佳苑路··号	131-2589-0009
12	KC-011	张毅	男	1986/12/30	123456198612303851	中专	2017/9/10	生产部	操作员	宝山区东顺路·号	131-2589-0010
13	KC-012	余佳	男	1995/11/19	123456199511190013	本科	2019/3/10	销售部	销售代表	宝山区苏坡路··号	131-2589-0011
14	KC-013	龙李	男	1992/11/25	123456199211250093	研究生	2017/5/4	财务部	往来会计	宝山区贝森路··号	131-2589-0012
15	KC-014	皮阳	男	1984/1/24	123456198401249354	专科	2011/9/15	仓储部	仓储部经理	松江区南信路···号	131-2589-0013
16	KC-015	陈浩然	男	1987/12/30	123456198712301673	专科	2013/11/26	仓储部	检验专员	长宁区蜀汉路···号	131-2589-0014
17	KC-016	蒋德	男	1985/8/3	123456198508033517	专科	2008/12/17	销售部	销售经理	静安区静安路·号	131-2589-0015
18	KC-017	方华	男	1986/11/24	123456198611245170	中专	2012/1/14	销售部	销售主管	静安区八里桥··号	131-2589-0016
19	KC-018	陈明	男	1983/2/5	123456198302050314	高中及以下	2009/2/25	生产部	操作员	松江区青龙街···号	131-2589-0017
20	KC-019	王雪佳	女	1980/12/2	123456198012025701	专科	2012/3/6	人力资源部	培训专员	卢湾区大件路··号	131-2589-0018
21	KC-020	周运通	男	1992/4/28	123456199204282319	研究生	2015/4/7	财务部	总账会计	长宁区茶店子·号	131-2589-0019
22	KC-021	杨鑫	女	1988/7/17	123456198807175140	专科	2010/4/18	仓储部	理货专员	金山区少城路··号	131-2589-0020
23	KC-022	陈岩	男	1989/4/25	123456198904255130	本科	2012/6/22	人力资源部	招聘专员	宝山区科华路··号	131-2589-0021

Sheet1 序列

图2-34 查看设置的数字格式

温馨提示

在对手机号码进行分段显示时，既可以先自定义单元格格式，再输入手机号码，也可以先输入手机号码，再自定义单元格格式。

2.2 效率高的HR都会这些神技能

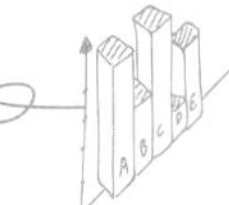

张总监

小刘，昨天就应该给我的表格，到现在还没有做好，你这是“蜗牛爬行”呢！

小刘

王Sir，我把午休的时间都拿来制作表格了，为什么张总监还是嫌弃我速度慢呀？而且表格数据这么多，肯定需要花时间呀？

王Sir

小刘，对海量的数据进行处理时，一定要考虑批量处理或者找准处理方法。Excel中的**选择性粘贴、快速填充、查找和替换、快速分析工具**等功能都是非常强大的，只要用对了，你的工作效率就会成倍提升。

2.2.1 巧妙运用选择性粘贴

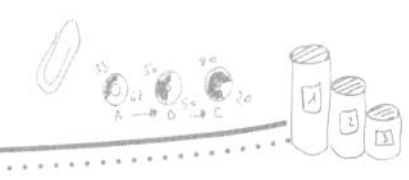

Excel中的选择性粘贴功能非常实用，特别是在对大量的数据进行处理时，它可以对复制的内容有选择地进行粘贴，而不是把所有复制的内容都粘贴下来。Excel中的选择性粘贴功能包含的内容非常多，对HR来说，不带公式进行粘贴、粘贴时进行行列转置，以及粘贴的同时进行批量运算等选择性粘贴功能必须要掌握。

1 不带公式粘贴

人事表格中，很多数据是依靠公式计算出来的。当只需要结果值，而不需要公式时，就可以通过选择性粘贴将公式粘贴为数值。具体方法如下：

Step01：复制公式计算结果。在“培训前成绩”工作表中选择使用公式计算出结果的【总成绩】列，单击【剪贴板】组中的【复制】按钮，或按【Ctrl+C】组合键，所选单元格区域将出现绿色的虚线，表示已经复制，如图2-35所示。

Step02：选择粘贴选项。切换到“总成绩对比分析”工作表中，选择需要粘贴数据的单元格区域；❶单击【剪贴板】组中的【粘贴】下拉按钮；❷在弹出的下拉列表中选择【值】选项，即可粘贴为数值，不带公式和其他格式，如图2-36所示。

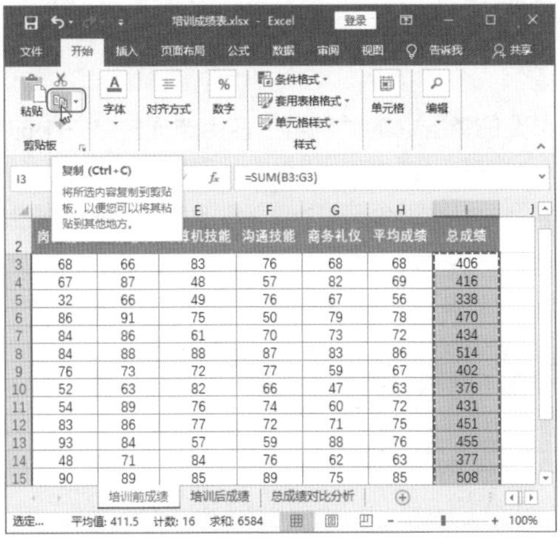

图2-35 复制数据

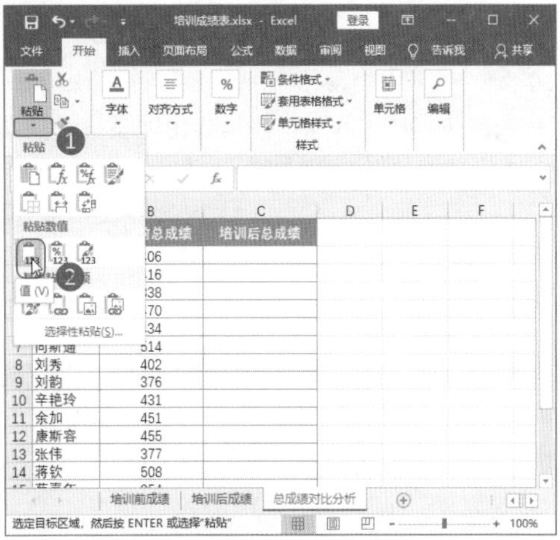

图2-36 粘贴值

Step03：粘贴其他数据。使用相同的方法对【培训后总成绩】数据进行粘贴，效果如图2-37所示。

图2-37 粘贴培训后总成绩

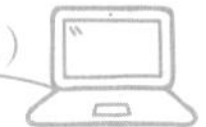

温馨提示

“粘贴”下拉列表中提供的所有选项都属于选择性粘贴功能。

2 行列转置

在制作表格的过程中，经常会出现表格行列顺序颠倒的情况。这时就可以使用选择性粘贴中的转置功能，将行数据转换为列数据，列数据转换为行数据，以提高工作效率。具体方法如下：

Step01：复制数据。在打开的表格中选择需要进行行列转置的数据区域，按【Ctrl+C】组合键进行复制，如图2-38所示。

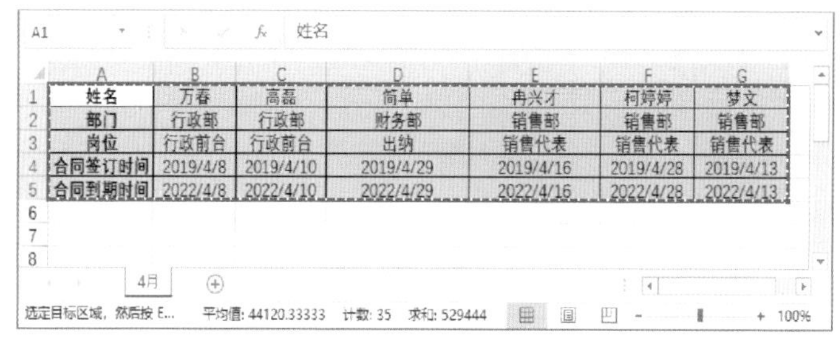

A1
姓名
姓名 万春 高磊 简单 冉兴才 柯婷婷 梦文
部门 行政部 行政部 财务部 销售部 销售部 销售部
岗位 行政前台 行政前台 出纳 销售代表 销售代表 销售代表
合同签订时间 2019/4/8 2019/4/10 2019/4/29 2019/4/16 2019/4/28 2019/4/13
合同到期时间 2022/4/8 2022/4/10 2022/4/29 2022/4/16 2022/4/28 2022/4/13
4月
平均值: 44120.33333 计数: 35 求和: 529444

图2-38 复制数据

Step02：行列转置。选择目标单元格；❶单击【粘贴】下拉按钮 ▾；❷在弹出的下拉列表中选择【转置】选项，即可对复制的数据进行行列转置，效果如图2-39所示。

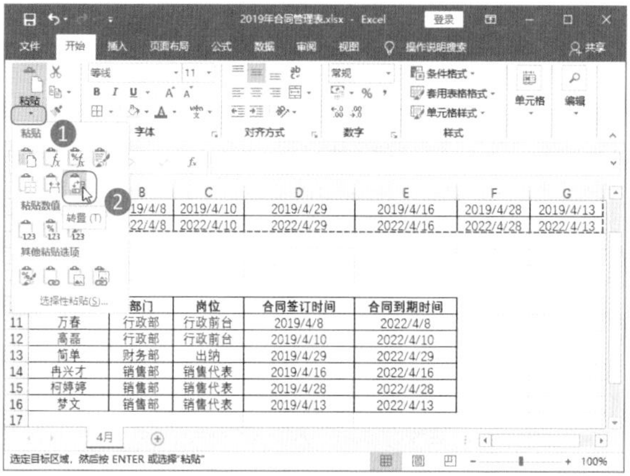

2019年合同管理表.xlsx - Excel
粘贴
转置 (T)
粘贴数值
其他粘贴选项
选择性粘贴(S)...
部门 岗位 合同签订时间 合同到期时间
万春 行政部 行政前台 2019/4/8 2022/4/8
高磊 行政部 行政前台 2019/4/10 2022/4/10
简单 财务部 出纳 2019/4/29 2022/4/29
冉兴才 销售部 销售代表 2019/4/16 2022/4/16
柯婷婷 销售部 销售代表 2019/4/28 2022/4/28
梦文 销售部 销售代表 2019/4/13 2022/4/13
选定目标区域，然后按 ENTER 或选择“粘贴”

图2-39 行列转置效果

温馨提示

在执行行列转置时，粘贴的目标单元格不能是所复制的单元格，也就是说复制的区域和粘贴的区域不能重叠，否则粘贴时将提示“选择无效”；但进行诸如“值”“公式”“值和数字格式”等粘贴时，粘贴的区域可以与复制的区域重叠，因为所选单元格大小相同。

3 粘贴的同时进行批量运算

通常情况下，Excel中都是使用公式进行计算，但其实对于某些比较简单的加、减、乘、除等运算，可以通过选择性粘贴中提供的运算功能实现。例如，培训预算表中所有月份的培训课时费需要在预算的基础上再增加200元，招待费用降低10%，也就是按90%计算，使用选择性粘贴计算功能进行计算。具体方法如下：

Step01：选择粘贴选项。❶在每列数据下方输入运算时需要的数据，然后选中第一个数据200，按【Ctrl+C】组合键复制；❷选中该数据对应的【培训课时费】列；❸选择【粘贴】下拉列表中的【选择性粘贴】选项，如图2-40所示。

Step02：设置粘贴选项。打开【选择性粘贴】对话框；❶选中【数值】单选按钮，可以保证粘贴的数据格式为值；❷选中【加】单选按钮；❸单击【确定】按钮，如图2-41所示。

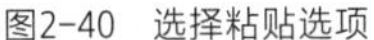

图2-40 选择粘贴选项

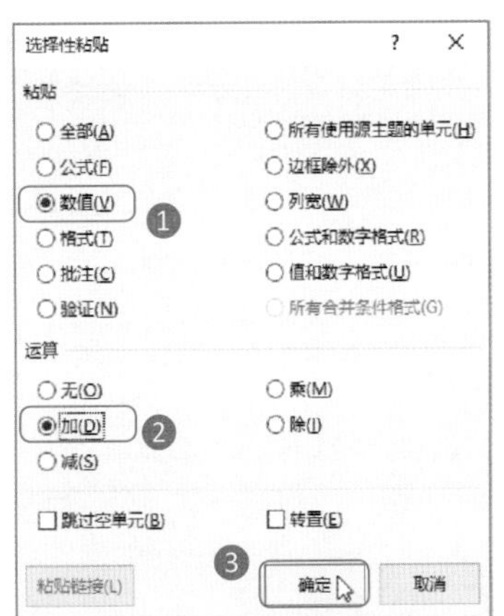

图2-41 设置粘贴选项

Step03：查看粘贴结果。【培训课时费】列中新粘贴的数据在原数据的基础上加了200，成功完成了这列数据的修改，效果如图2-42所示。

Step04：进行乘法粘贴运算。❶复制90%数据；❷选中【招待费】列；❸打开【选择性粘贴】对话框，选中【数值】单选按钮；❹选中【乘】单选按钮；❺单击【确定】按钮，如图2-43所示。

	A	B	C	D	E	F	G
2	培训月份	培训课时费	培训场地费	办公用品成本费	制作费	招待费	费用合计
3	1月	2200	500	280	670	4000	7650
4	2月	6800	1000	395	223	3000	11418
5	3月	4000	300	68	78	2000	6446
6	4月	1000		134	256	300	1690
7	5月	16800	1200	508	220	4500	23228
8	6月	1800	700	50	18	100	2668
9	7月	1000		130	12	450	1592
10	8月	4200	400	321	585	3000	8506
11	9月	1200		160	48	1200	2608
12	10月	6200	900	98	190	1500	8888
13	11月	1000		120	56	100	1276
14	12月	1000		149	277	300	1726
15		200				90%	

图2-42　查看粘贴结果

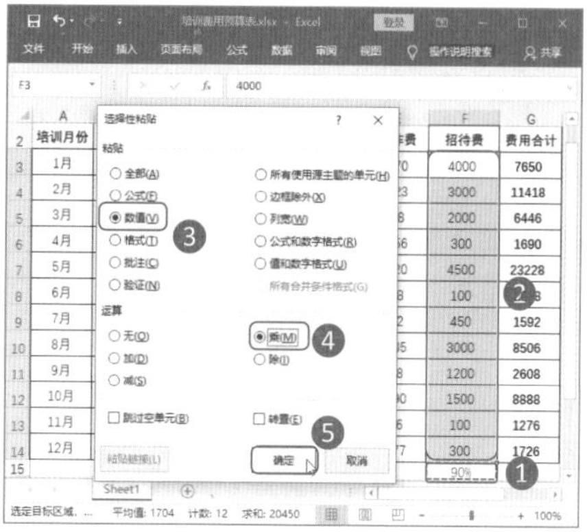

图2-43　进行乘法运算粘贴

温馨提示

由于【费用合计】列是使用公式进行计算的，所以当A3:F14单元格区域中的数据发生变化后，该列数据将自动发生相应的变化。

Step05：查看粘贴运算结果。【招待费】列中新粘贴的数据在原数据的基础上降低了10%，效果如图2-44所示。

	A	B	C	D	E	F	G
2	培训月份	培训课时费	培训场地费	办公用品成本费	制作费	招待费	费用合计
3	1月	2200	500	280	670	3600	7250
4	2月	6800	1000	395	223	2700	11118
5	3月	4000	300	68	78	1800	6246
6	4月	1000		134	256	270	1660
7	5月	16800	1200	508	220	4050	22778
8	6月	1800	700	50	18	90	2658
9	7月	1000		130	12	405	1547
10	8月	4200	400	321	585	2700	8206
11	9月	1200		160	48	1080	2488
12	10月	6200	900	98	190	1350	8738
13	11月	1000		120	56	90	1266
14	12月	1000		149	277	270	1696
15		200				90%	

图2-44　粘贴运算结果

2.2.2 快速填充数据

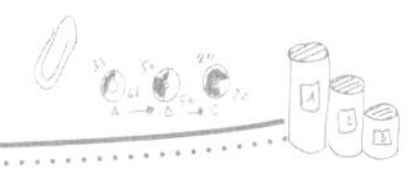

在录入数据时，经常会用到填充功能，但很多HR不知道快速填充功能。它是Excel 2013及以上版本才拥有的，可以根据当前输入的一组或多组数据，参考前面列或后面列中的数据识别其规律，然后按照规律进行填充，这样可以提高数据处理的效率。

Excel的快速填充功能主要体现在数据提取、数据添加和数据重组3个方面。

1 数据提取

利用快速填充功能可以快速从字符串中提取需要的字符。例如，要从员工身份证号码中提取出生年月，通过快速填充功能就能快速实现。但需要注意的是，利用快速填充功能提取出来的是一串数字，并不是日期型数据，所以在提取出生年月时，需要先将数字转换成方便阅读的日期数据。具体方法如下：

Step01：选择单元格区域。❶在“员工信息表”中选择【出生年月】列；❷单击【开始】选项卡【数字】组右下角的按钮，如图2-45所示。

Step02：设置日期格式。打开【设置单元格格式】对话框；❶在【分类】列表框中选择【日期】选项；❷在【类型】列表框中选择需要的日期格式；❸单击【确定】按钮，如图2-46所示。

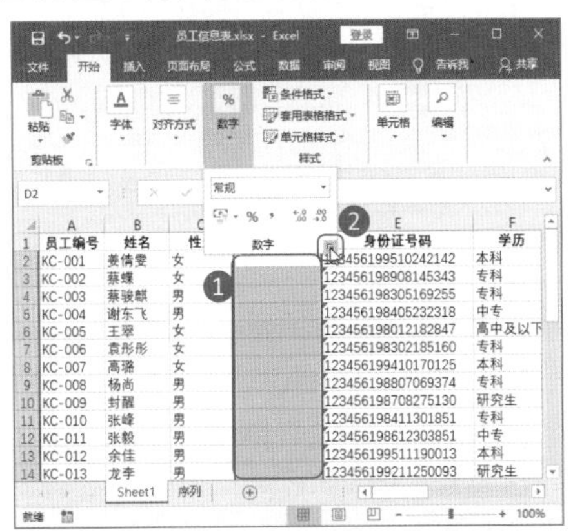

图2-45 选择单元格区域

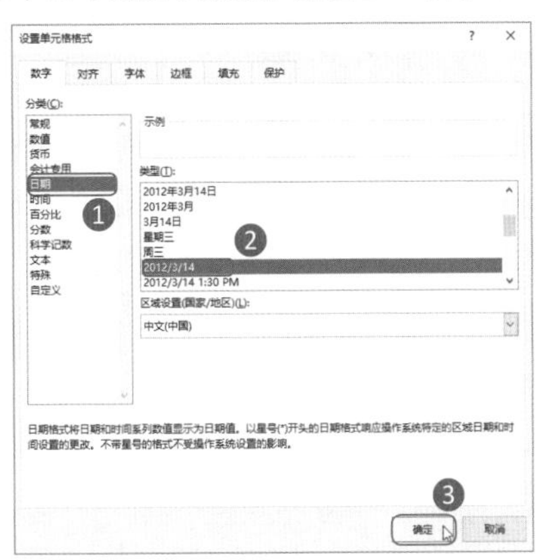

图2-46 设置日期格式

Step03：拖动填充柄。在D2单元格中根据E2单元格中的身份证号码输入对应的出生年月“1995/10/24”（因为D2单元格设置了日期格式，所以输入时可按设置的日期格式输入），然后将鼠标指针移动到该单元格右下角，按住鼠标左键不放向下拖动，如图2-47所示。

Step04：选择填充方式。拖动到D34单元格，释放鼠标，将出现【自动填充选项按钮】，单击该按钮，在弹出的下拉列表中选择【快速填充】方式，如图2-48所示。

图2-47 提取出生年月

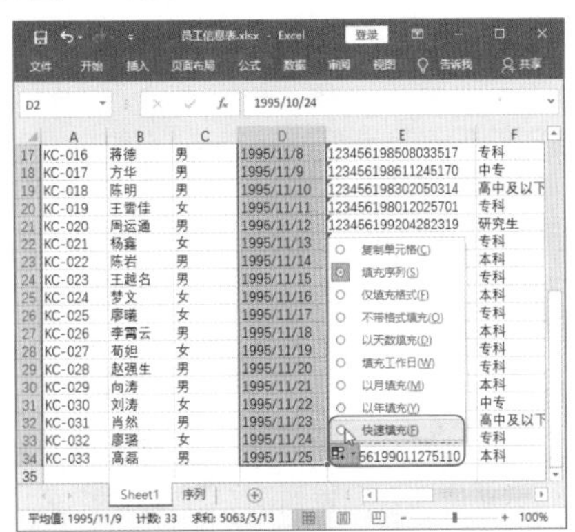

图2-48 选择填充方式

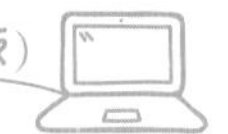

Step05：查看提取的数据。此时即可根据输入D2单元格中数据的规律进行快速填充，并且在状态栏中显示快速填充的单元格个数，效果如图2-49所示。

K18 13125890016

	A	B	C	D	E	F	G	H
1	员工编号	姓名	性别	出生年月	身份证号码	学历	入职时间	所属部门
2	KC-001	姜倩雯	女	1995/10/24	123456199510242142	本科	2019/3/18	行政部
3	KC-002	蔡蝶	女	1989/8/14	123456198908145343	专科	2011/4/10	人力资源部
4	KC-003	蔡骏麒	男	1983/5/16	123456198305169255	专科	2007/1/14	生产部
5	KC-004	谢东飞	男	1984/5/23	123456198405232318	中专	2007/6/29	行政部
6	KC-005	王翠	女	1980/12/18	123456198012182847	高中及以下	2007/3/29	行政部
7	KC-006	袁彤彤	女	1983/2/18	123456198302185160	专科	2015/7/8	财务部
8	KC-007	高璐	女	1994/10/17	123456199410170125	本科	2018/12/5	人力资源部
9	KC-008	杨尚	男	1988/7/6	123456198807069374	专科	2016/2/7	仓储部
10	KC-009	封醒	男	1987/8/27	123456198708275130	研究生	2014/6/10	财务部
11	KC-010	张峰	男	1984/11/30	123456198411301851	专科	2013/10/15	生产部
12	KC-011	张毅	男	1986/12/30	123456198612303851	中专	2017/9/10	生产部
13	KC-012	余佳	男	1995/11/19	123456199511190013	本科	2019/3/10	销售部
14	KC-013	龙李	男	1992/11/25	123456199211250093	研究生	2017/5/4	财务部
15	KC-014	皮阳	男	1984/1/24	123456198401249354	专科	2011/9/15	仓储部
16	KC-015	陈浩然	男	1987/12/30	123456198712301673	专科	2013/11/26	仓储部
17	KC-016	蒋德	男	1985/8/3	123456198508033517	专科	2008/12/17	销售部
18	KC-017	方华	男	1986/11/24	123456198611245170	中专	2012/1/14	销售部
19	KC-018	陈明	男	1983/2/5	3456198302050314	高中及以下	2009/2/25	生产部

Sheet1 序列

就绪 快速填充更改的单元格：32 100%

图2-49 查看提取的数据

温馨提示

在D2单元格中输入出生年月后，按【Ctrl+E】组合键，也可进行快速填充。执行快速填充后，若打开如图2-50所示的提示对话框，表示Excel不能根据输入的数据识别出填充规律，需要重新输入带规律的数据，或多输入几组数据，以便更好地识别出填充规律。

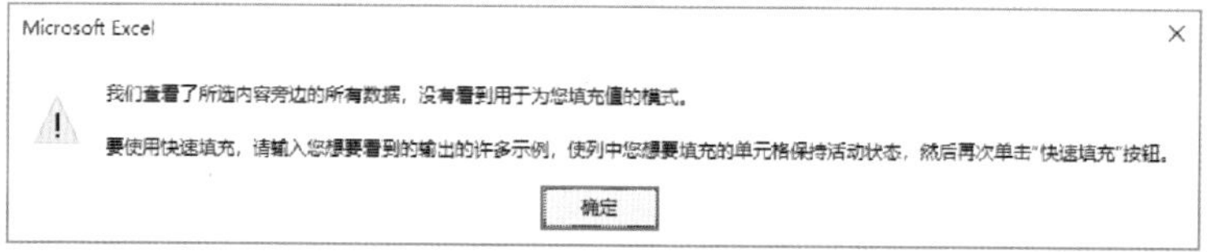

图2-50 提示对话框

2 数据添加

当需要向表格中已经输入好的数据中添加"-""/""%"等符号或单位文本时，也可通过快速填充功能来实现。例如，为联系电话添加分隔符"-"，具体方法如下。

Step01：输入分隔符。在【联系电话】列后面空白列的L2单元格中输入使用分隔符分隔的手机号码"131-2589-0000"，如图2-51所示。

Step02：快速填充。按【Ctrl+E】组合键，即可根据L2单元格中输入的数据规律和【联系电话】列中的数据进行快速填充，效果如图2-52所示。

图2-51 输入带分隔符的电话号码

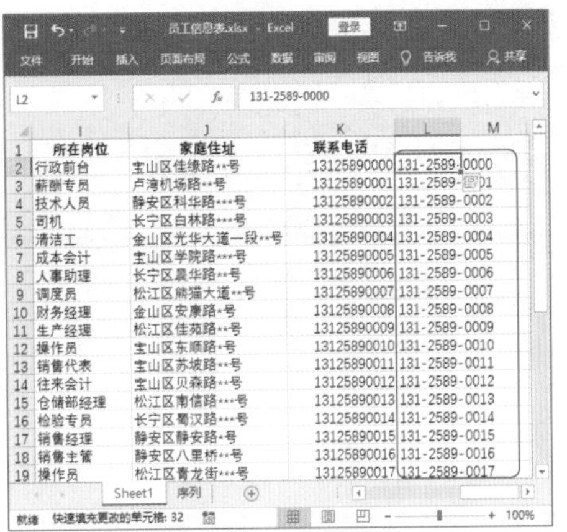

图2-52 快速填充效果

温馨提示

按【Ctrl+E】组合键进行快速填充后，会在选择的单元格右下角出现一个【快速填充选项】按钮。单击该按钮，在弹出的下拉列表中提供了多个选项，如图2-53所示。选择【撤消快速填充】选项，将取消当前的快速填充；选择【接受建议】选项，将接受根据自动识别的规律进行填充的效果；选择【选择所有32已更改的单元格】选项，将快速选择进行快速填充的32个单元格。

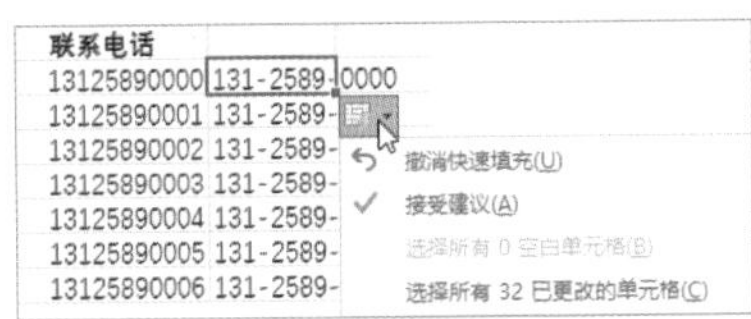

图2-53 快速填充选项

3 数据重组

快速填充功能还可以将多个单元格中的数据合并到一个单元格中，并且能自由调整合并的顺序。例如，将"员工信息表"中的【街道】和【所在区】列中的数据合并到一列，并按所在区+街道的顺序进行显示，具体方法如下。

Step01：输入合并数据。在【联系电话】列前面插入一列空白列，在L1单元格中输入"家庭住址"，在L2单元格中先输入K2单元格中的所在区数据，再输入J2单元格中的街道数据，如图2-54所示。

Step02：按快捷键快速填充。按【Ctrl+E】组合键，即可根据L2单元格中数据的填充规律对该列数据进行填充，效果如图2-55所示。

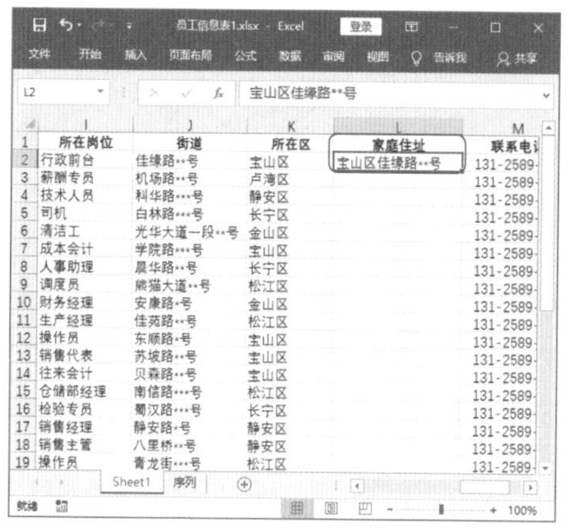

图2-54 输入合并数据

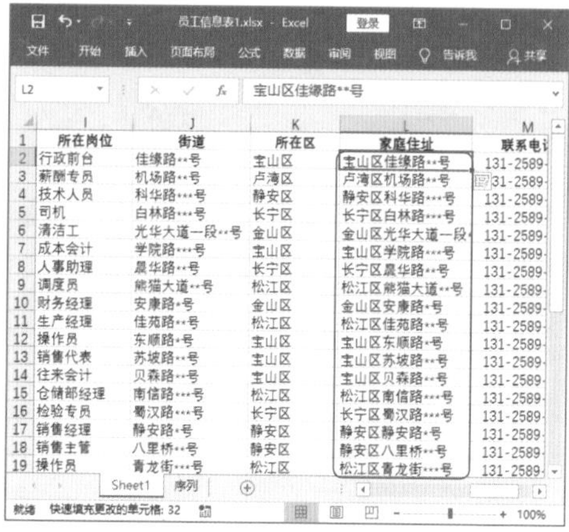

图2-55 快速填充效果

2.2.3 批量查找和替换数据

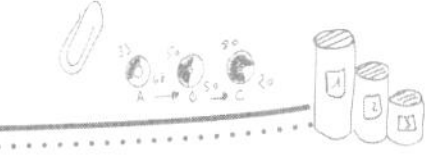

Excel的查找和替换功能非常强大。HR在对表格中的多个单元格或多张工作表进行批量的操作时，经常会使用查找功能快速定位到指定的内容，使用替换功能将指定的内容修改为新的内容。结合使用查找和替换功能，不仅可以极大地提高工作效率，还可以减少失误，提高准确率。

1 批量查找和替换单元格中的0

在统计人事数据时，经常会在表格中出现0值，但0值有时不便于查看，而且显得不规范。这时可以通过查找和替换功能，对表格中的0值进行查找，并将其替换为“-”。具体方法如下：

Step01：选择查找选项。❶在“工资表”中单击【开始】选项卡【编辑】组中的【查找和替换】下拉按钮；❷在弹出的下拉列表中选择【查找】选项，如图2-56所示。

Step02：查找指定的内容。打开【查找和替换】对话框；❶在【查找内容】组合框中输入要查找的内容“0”；❷选中【单元格匹配】复选框；❸单击【查找全部】按钮，即可对表格中的0值进行查找，并在对话框下方的列表框中显示查找到的单元格，如图2-57所示。

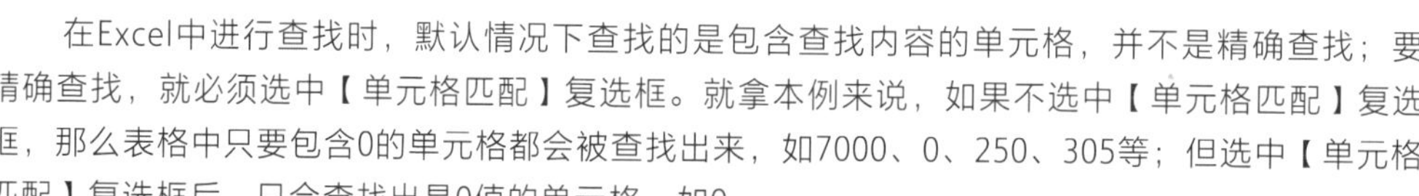

温馨提示

在Excel中进行查找时，默认情况下查找的是包含查找内容的单元格，并不是精确查找；要精确查找，就必须选中【单元格匹配】复选框。就拿本例来说，如果不选中【单元格匹配】复选框，那么表格中只要包含0的单元格都会被查找出来，如7000、0、250、305等；但选中【单元格匹配】复选框后，只会查找出是0值的单元格，如0。

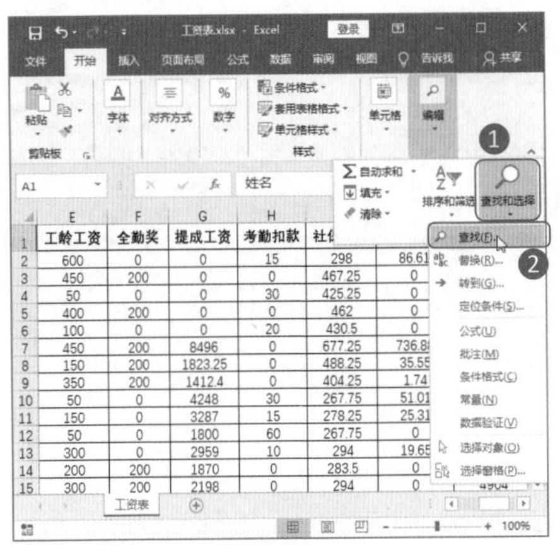

图2-56 选择查找选项

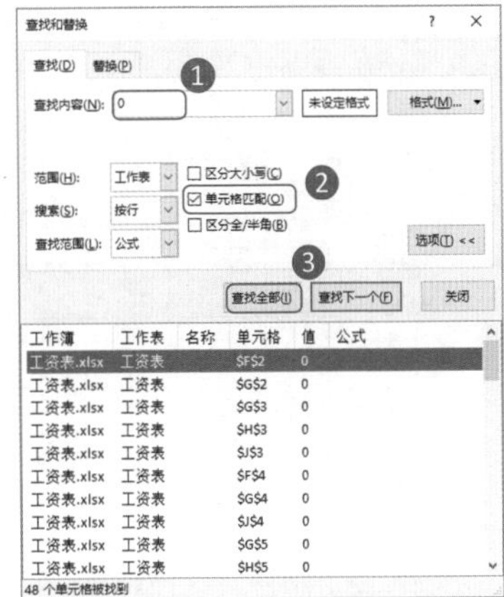

图2-57 查找指定的内容

Step03：输入替换内容。❶选择【替换】选项卡；❷在【替换为】组框中输入要替换的内容“-”；❸单击【全部替换】按钮，即可对查找到的内容进行替换，如图2-58所示。

Step04：完成替换。替换完成后，在【查找和替换】对话框下方的列表框中会显示替换的结果，并在弹出的提示对话框中显示被替换的处数，单击【确定】按钮即可，如图2-59所示。

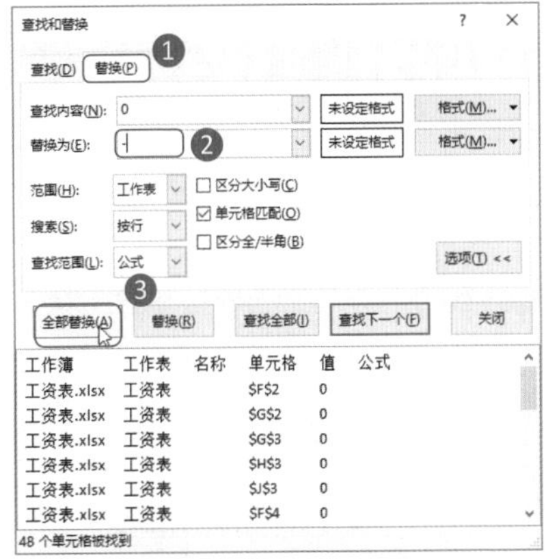

图2-58 输入查找内容

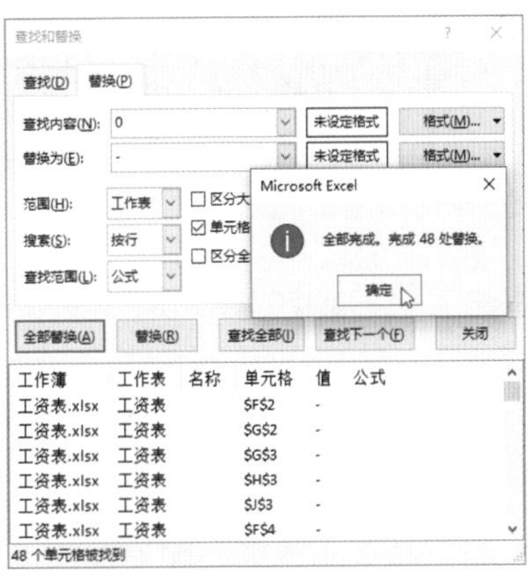

图2-59 完成替换

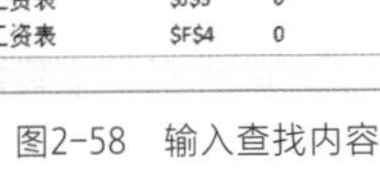

技能升级

通过设置数据格式来实现，在人事表格中，当需要将金额为0的单元格显示为“-”，可直接选择表格区域，单击【数字】组中的【千位分隔符】按钮 ,。

Step05：查看表格数据。返回【查找和替换】对话框，单击【关闭】按钮关闭该对话框。返回工作表中，可以看到将0值替换成“-”的效果，如图2-60所示。

	A	B	C	D	E	F	G	H	I	J	K
1	姓名	部门	基本工资	餐补	工龄工资	全勤奖	提成工资	考勤扣款	社保扣款	个人所得税	实发工资
2	李玥	市场部	7000	200	600	-	-	15	298	86.61	7400.39
3	程晨	市场部	4000	200	450	200	-	-	467.25	-	4182.75
4	柯大华	市场部	4000	200	50	-	-	30	425.25	-	3794.75
5	曾群峰	市场部	4000	200	400	200	-	-	462	-	4138
6	姚玲	市场部	4000	200	100	-	-	20	430.5	-	3849.5
7	岳翎	销售部	6000	200	450	200	8496	-	677.25	736.88	13731.87
8	陈悦	销售部	4500	200	150	200	1823.25	-	488.25	35.55	6149.45
9	高琴	销售部	3500	200	350	200	1412.4	-	404.25	1.74	5056.41
10	向林	销售部	2500	200	50	-	4248	30	267.75	51.01	6649.24
11	付丽丽	销售部	2500	200	150	-	3287	15	278.25	25.31	5818.44
12	陈全	销售部	2500	200	50	-	1800	60	267.75	-	4222.25
13	温月月	销售部	2500	200	300	-	2959	10	294	19.65	5635.35
14	陈科	销售部	2500	200	200	200	1870	-	283.5	-	4486.5
15	方静	销售部	2500	200	300	200	2198	-	294	-	4904
16	冉情	销售部	2500	200	100	-	3625	30	273	33.66	6088.34
17	郑佳佳	销售部	2500	200	200	-	1485	15	283.5	-	4086.5
18	张蕾	行政部	5000	200	400	200	-	-	567	0.99	5032.01
19	徐月	行政部	3000	200	50	200	-	-	320.25	-	2929.75
20	陈玉	行政部	3000	200	200	200	-	-	336	-	3064

工资表

图2-60 替换后的效果

2 批量去掉数字中的小数部分

当需要直接将表格数字中的小数部分去掉，且去掉的小数部分不需要四舍五入时，可以利用查找和替换功能批量完成。具体方法如下：

Step01：查找数据。在“工资表”中按【Ctrl+F】组合键，打开【查找和替换】对话框；❶选择【替换】选项卡；❷在【查找内容】组合框中输入“.*”，在【替换为】组合框中不输入任何内容；❸单击【查找全部】按钮，查找出带小数的数据；❹单击【全部替换】按钮，即可对查找到的数据进行替换，如图2-61所示。

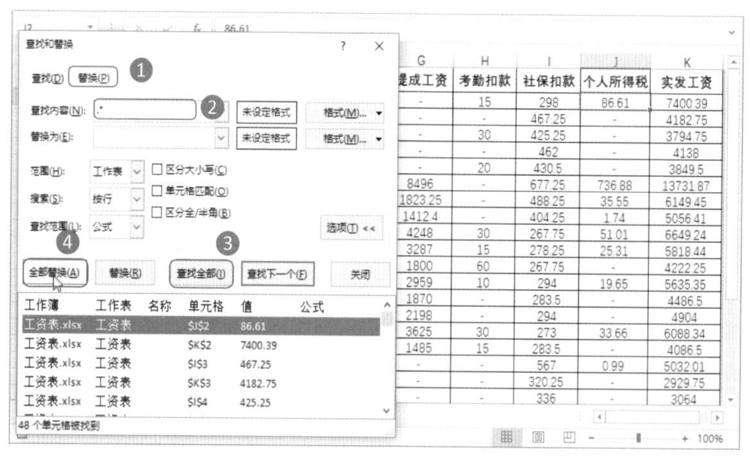

图2-61 查找数据

Step02：完成替换。替换完成后，在弹出的提示对话框中将显示替换的处数，单击【确定】按钮即可，如图2-62所示。

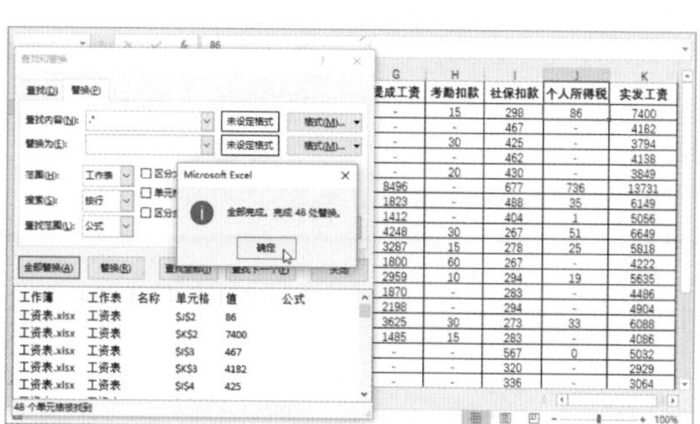

图2-62 完成替换

温馨提示

在【查找内容】组合框中输入的"*"是通配符，表示小数点后的任意字符。在Excel中，通配符包括星号"*"和问号"?"，星号"*"可以代替任意数目的字符，可以是单个字符、多个字符或没有字符；问号"?"可以代替任意单个字符。

3 批量替换单元格格式

在Excel中，除了可对数字、文本等进行替换外，还可对单元格格式进行替换。例如，在新员工培训成绩表中对分数较高的前10项设置了格式，如果要对这10个单元格的格式进行替换，使用查找和替换功能更方便。具体方法如下：

Step01：从单元格选择格式。在"新员工培训成绩1"表中按【Ctrl+F】组合键，打开【查找和替换】对话框；❶在【查找】选项卡中单击【格式】下拉按钮；❷在弹出的下拉列表中选择【从单元格选择格式】选项，如图2-63所示。

Step02：指定要查找的格式。此时鼠标指针变成✥形状，在表格中含有要查找格式的单元格上单击将其选中，即可将单元格中的格式设置为要查找的格式，如图2-64所示。

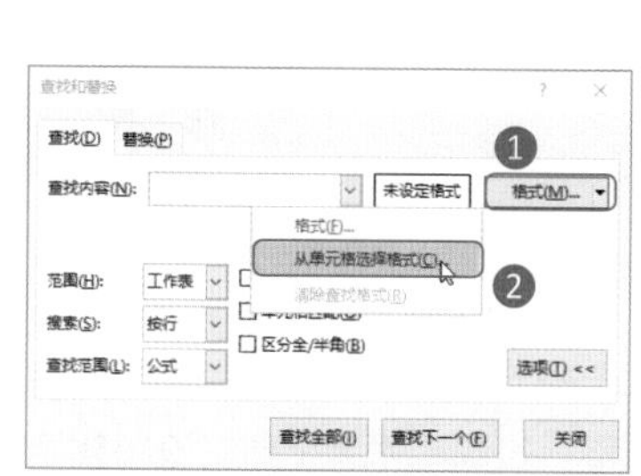

图2-63 从单元格中选择格式

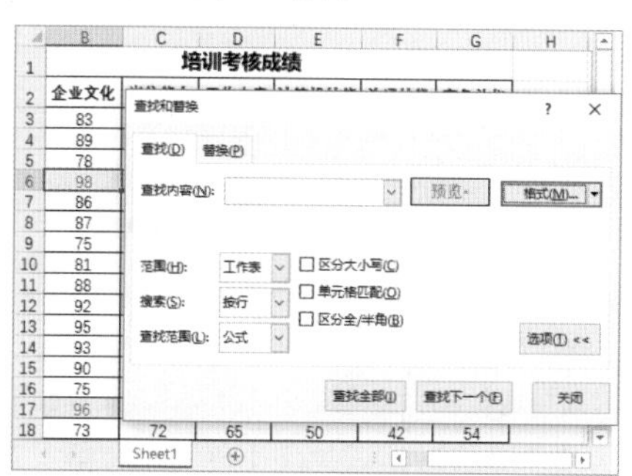

图2-64 指定要查找的格式

Step03：查找指定的格式。单击【查找全部】按钮，即可查找出含有指定格式的单元格，如图2-65所示。

Step04：选择替换的格式。❶选择【替换】选项卡；❷单击【替换为】组合框右侧的【格式】下拉按钮；❸在弹出的下拉列表中选择【格式】选项，如图2-66所示。

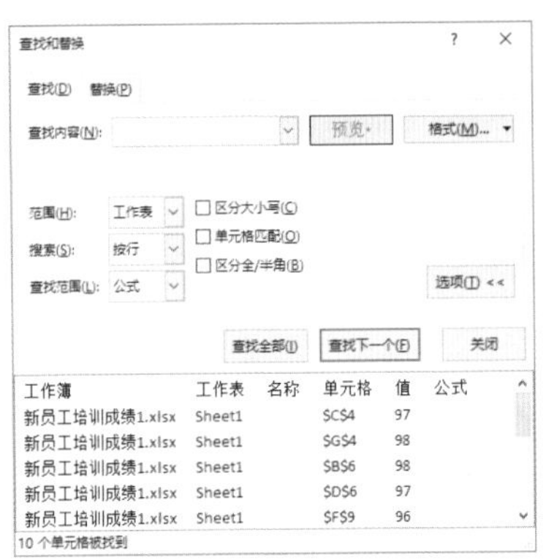

图2-65 查找指定的格式

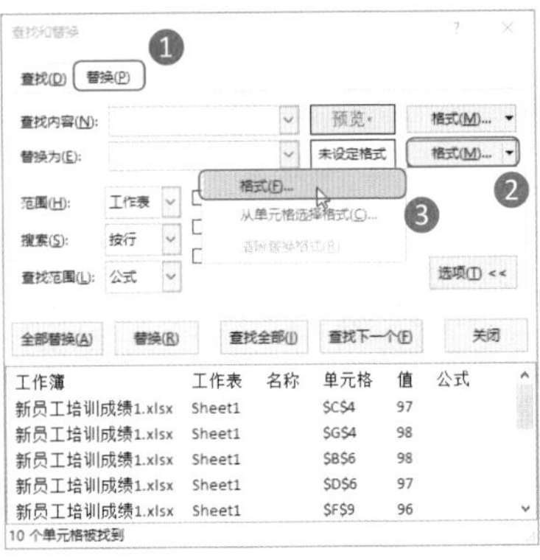

图2-66 选择替换的格式

Step05：设置字体格式。打开【替换格式】对话框；❶选择【字体】选项卡；❷设置【字形】为【加粗】；❸字体【颜色】为【白色，背景1】，如图2-67所示。

Step06：设置填充效果。❶选择【填充】选项卡；❷设置【背景色】为橙色；❸单击【确定】按钮，如图2-68所示。

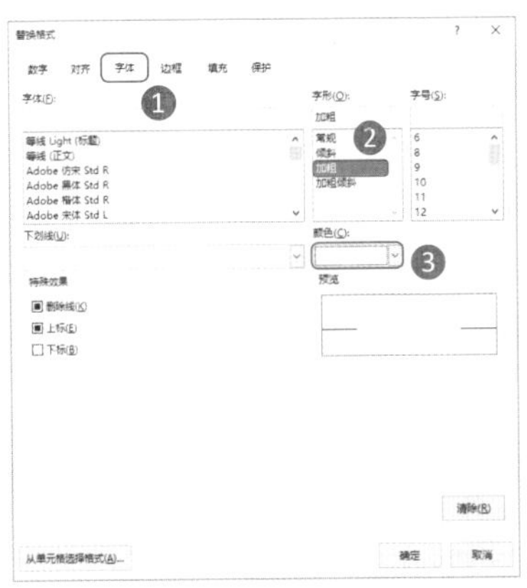

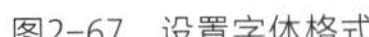
图2-67 设置字体格式

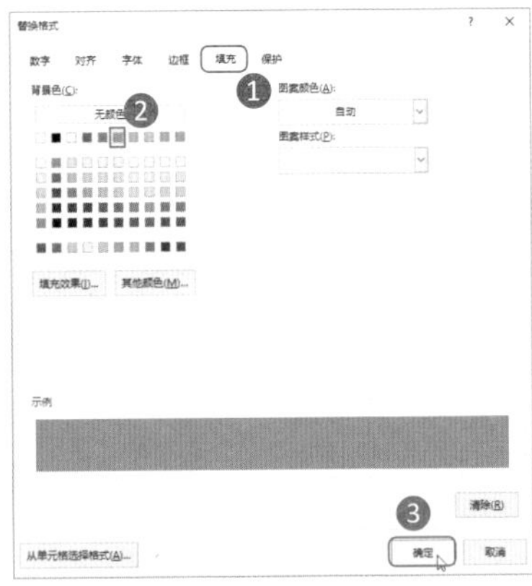

图2-68 设置填充效果

Step07：完成替换。返回【查找和替换】对话框，在【预览】中可预览设置的替换格式；❶单击【全部替换】按钮，即可进行替换；❷替换完成后，在弹出的提示对话框中单击【确定】按钮，如图2-69所示。

Step08：查看替换效果。关闭【查找和替换】对话框，返回工作表，即可看到替换单元格格式后的效果，如图2-70所示。

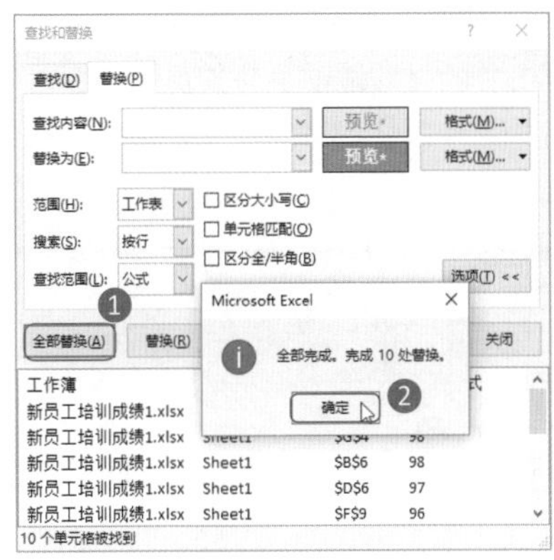

图2-69 完成替换

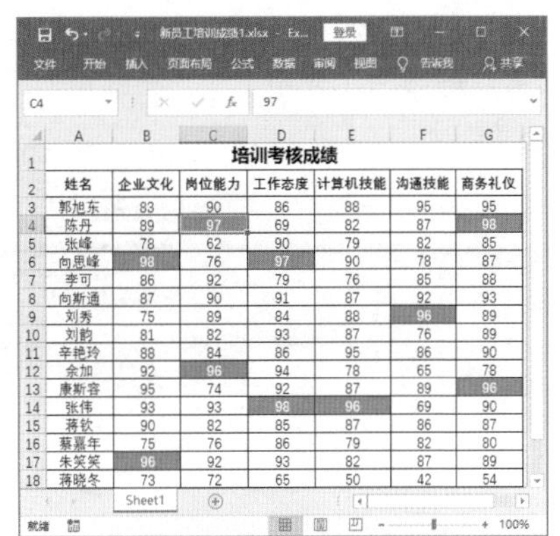

图2-70 查看替换效果

2.2.4 使用快速分析工具分析数据

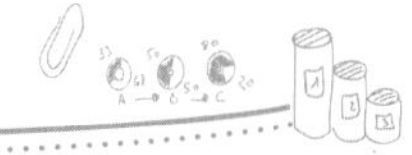

对HR来说，对人事数据进行分析是必不可少的一项工作。不过，对不熟悉Excel的HR来说，数据分析是一道难以攻克的难题，因为他不知道采用什么工具或方式对数据进行分析是最为合理的。

Excel中的快速分析工具就是专为数据分析而存在的，它提供了格式化、图表、汇总、表、迷你图等五大功能，可以快速预览使用不同工具分析数据的效果，从而选择最为合适的分析方案。使用快速分析工具对数据进行分析的具体方法如下：

Step01：使用色阶分析数据。❶在表格中选择需要进行分析的数据区域；❷单击右下方出现的【快速分析】按钮或按【Ctrl+Q】组合键；❸在弹出的面板中选择【格式化】选项卡；❹单击【色阶】按钮，如图2-71所示。

Step02：查看数据分析效果。此时即可使用色阶对所选数据区域进行分析，效果如图2-72所示。

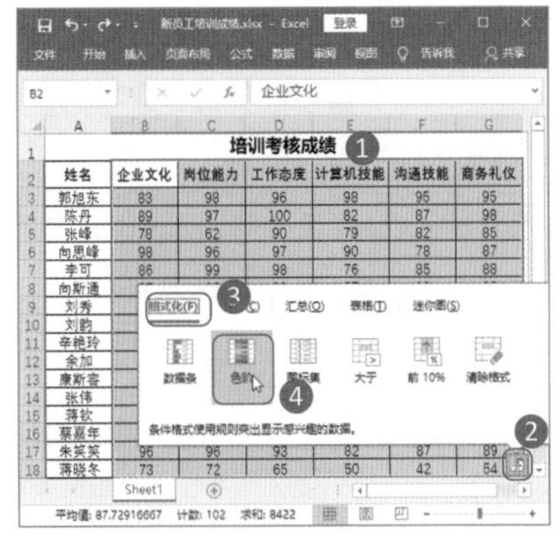

图2-71 选择分析方式

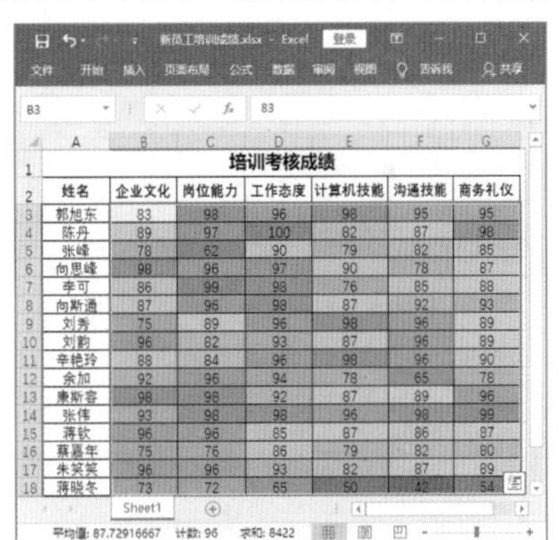

图2-72 查看分析效果

Step03：对数据进行汇总分析。选择需要进行汇总的数据区域，打开【快速分析】面板；❶选择【汇总】选项卡；❷单击【求和】按钮，即可对每位员工的考核成绩进行汇总，并在右侧显示汇总结果，如图2-73所示。

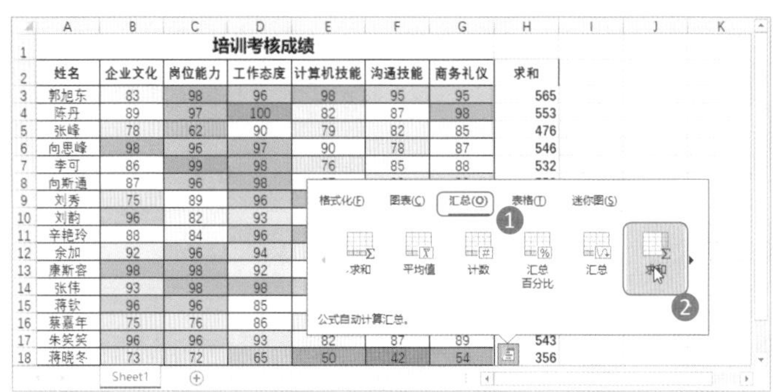

图2-73　汇总数据

温馨提示

【快速分析】面板中，各选项卡中提供的分析选项会随着所选数据区域的变化而变化。例如，如果所选区域是文本数据，那么各选项卡中显示的分析选项会有所不同。

2.2.5 运用样式快速美化表格

对于仅供自己查看的基础表格，基本不需要美化；但对于上交给领导或需要在会议上展示的报表表格，则在注意规范性的同时还要注意美观性。一般对表格的美观性要求并不高，直接应用Excel提供的表格样式和单元格样式就能达到。

1 套用表格样式

Excel中内置了很多表格样式，HR可以选择需要的样式快速对表格的整体效果进行美化。具体方法如下：

Step01：选择表格样式。❶在“3月加班统计表”中选择A1:J12单元格区域；❷单击【开始】选项卡【样式】组中的【套用表格格式】下拉按钮；❸在弹出的下拉列表中显示了Excel提供的表格样式，从中选择需要的表格样式，如图2-74所示。

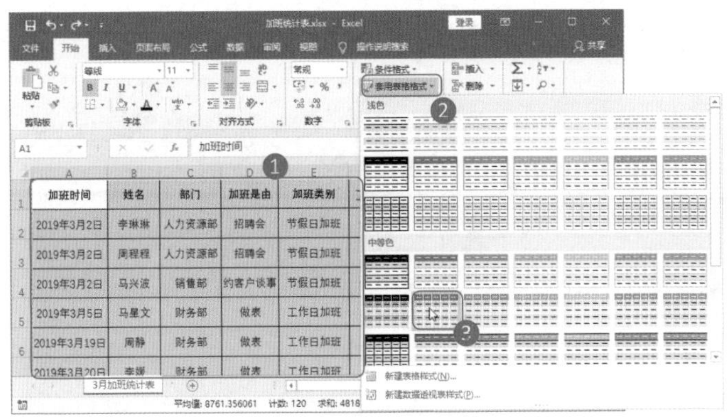

图2-74 选择表格样式

Step02：确认数据区域。打开【套用表格式】对话框，确认表数据的来源，单击【确定】按钮，如图2-75所示。

Step03：转换为普通区域。返回工作表中，可看到表格已经应用选择的表格样式，但在标题行单元格中增加了筛选按钮▾。如果表格不需要进行筛选，那么为了不影响表格的操作，可将表格转换为普通区域。❶单击【表格工具-设计】选项卡【工具】组中的【转换为区域】按钮；❷打开提示对话框，单击【是】按钮，如图2-76所示。

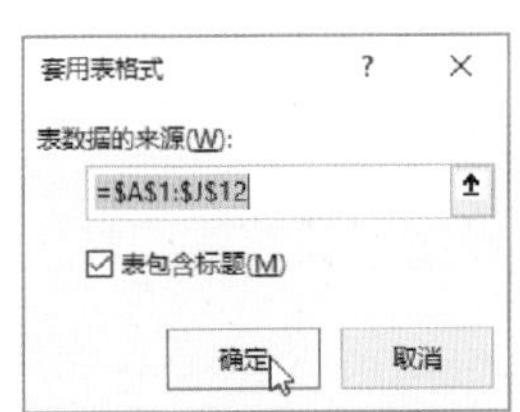

图2-75 确定表数据的来源

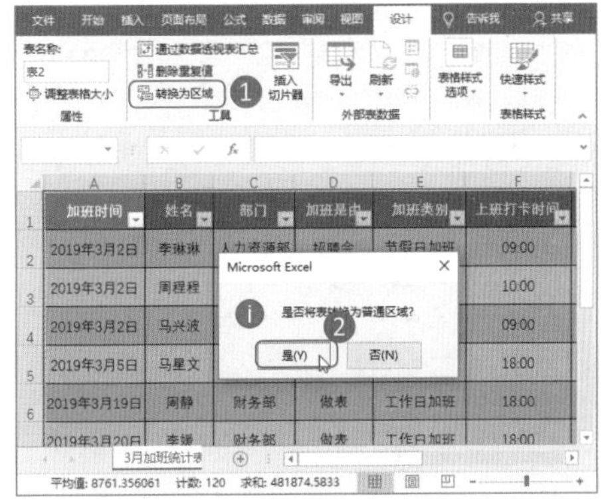

图2-76 确认转换为普通区域

温馨提示

套用表格样式后，表格将成为一个特殊的整体区域，当在表格中添加新的数据时，其所在单元格会自动应用相应的表格样式；但将表格转换为普通区域后，增加的行或列不会自动套用当前的表格样式。

Step04：查看表格效果。此时即可将表格转换为普通区域，取消标题行单元格中的筛选按钮▾，效果如图2-77所示。

	A	B	C	D	E	F	G	H	I	J
1	加班时间	姓名	部门	加班是由	加班类别	上班打卡时间	下班打卡时间	加班时数	加班工资	核对人
2	2019年3月2日	李琳琳	人力资源部	招聘会	节假日加班	09:00	17:00	8	¥320.00	沅陵
3	2019年3月2日	周程程	人力资源部	招聘会	节假日加班	10:00	17:30	7.5	¥300.00	沅陵
4	2019年3月2日	马兴波	销售部	约客户谈事	节假日加班	09:00	17:30	8.5	¥340.00	沅陵
5	2019年3月5日	马星文	财务部	做表	工作日加班	18:00	20:00	2	¥75.00	沅陵
6	2019年3月19日	周静	财务部	做表	工作日加班	18:00	21:00	3	¥112.50	沅陵
7	2019年3月20日	李媛	财务部	做表	工作日加班	18:00	21:00	3	¥112.50	沅陵
8	2019年3月23日	王新艳	销售部	销售活动	周末加班	09:00	17:00	8	¥320.00	沅陵
9	2019年3月23日	林薇薇	销售部	销售活动	周末加班	09:00	17:00	8	¥320.00	沅陵
10	2019年3月23日	杜敏	销售部	销售活动	周末加班	09:00	17:00	8	¥320.00	沅陵
11	2019年3月23日	周东阳	销售部	销售活动	周末加班	09:00	17:00	8	¥320.00	沅陵
12	2019年3月23日	陈伟	销售部	销售活动	周末加班	09:00	17:00	8	¥320.00	沅陵

3月加班统计表

图2-77　表格效果

技能升级

如果内置的表格样式不能满足当前需要，用户可以自定义表格样式。

方法是，单击【开始】选项卡【样式】组中的【套用表格格式】下拉按钮，在弹出的下拉列表中选择【新建表格样式】选项，打开【新建表样式】对话框，如图2-78所示。在【名称】文本框中输入新建表格样式的名称，在【表元素】列表框中选择需要进行设置的表元素，单击【格式】按钮，在弹出的【设置单元格格式】对话框中对表的格式进行设置即可。

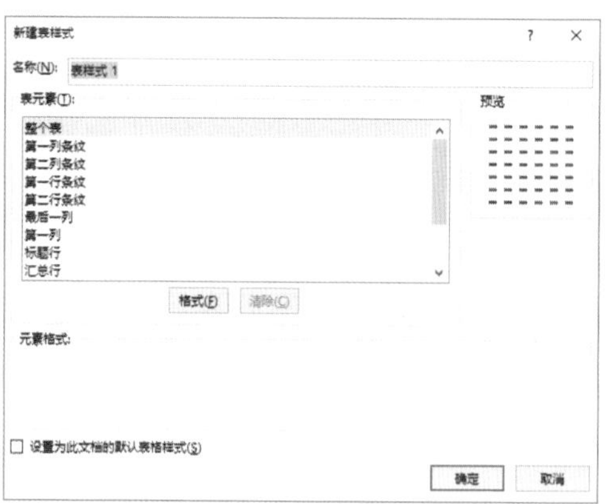

图2-78　新建表样式

2 应用单元格样式

表格样式主要是对整个表格进行美化，当需要对表格的某行、某列或某个单元格进行美化时，则可以应用Excel提供的单元格样式。具体方法如下：

Step01：应用数字格式样式。❶在“员工基本工资表”中选择G2:H23单元格区域；❷单击【开始】选项卡【样式】组中的【单元格样式】下拉按钮；❸在弹出的下拉列表中显示了Excel提供的单元格样式，选择【数字格式】栏中的【货币】选项，即可为所选单元格应用货币数字格式，如图2-79所示。

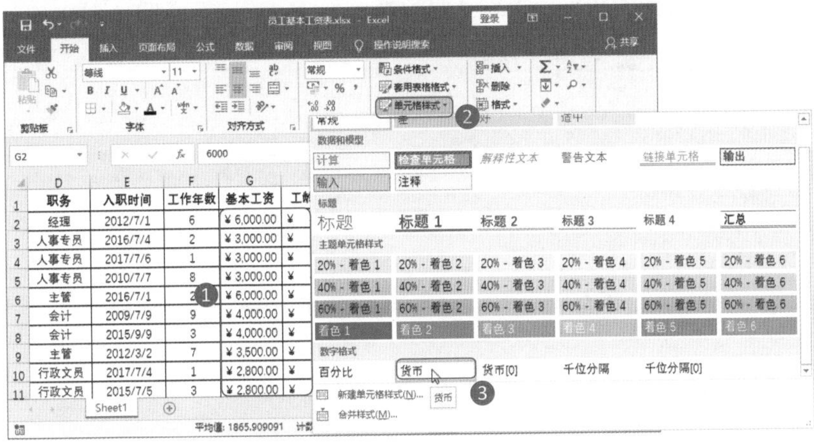

图2-79 应用数字格式样式

Step02：应用数据和模型样式。❶选择A1:H1单元格区域；❷单击【开始】选项卡【样式】组中的【单元格样式】下拉按钮；❸在弹出的下拉列表中选择【数据和模型】栏中的【检查单元格】选项，即可为所选单元格应用数据和模型单元格样式，如图2-80所示。

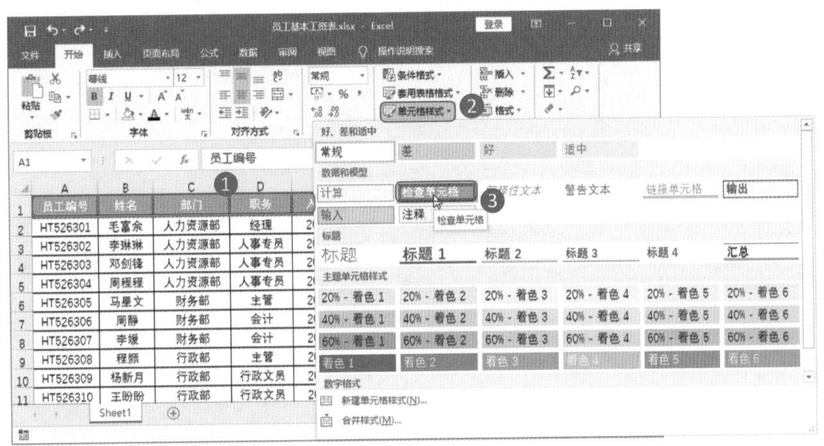

图2-80 选择单元格样式

Step03：应用主题单元格样式。❶选择A2:H23单元格区域；❷单击【开始】选项卡【样式】组中的【单元格样式】下拉按钮；❸在弹出的下拉列表中选择【主题单元格样式】栏中的【40%–着色3】选项，即可为所选单元格应用主题单元格样式，如图2–81所示。

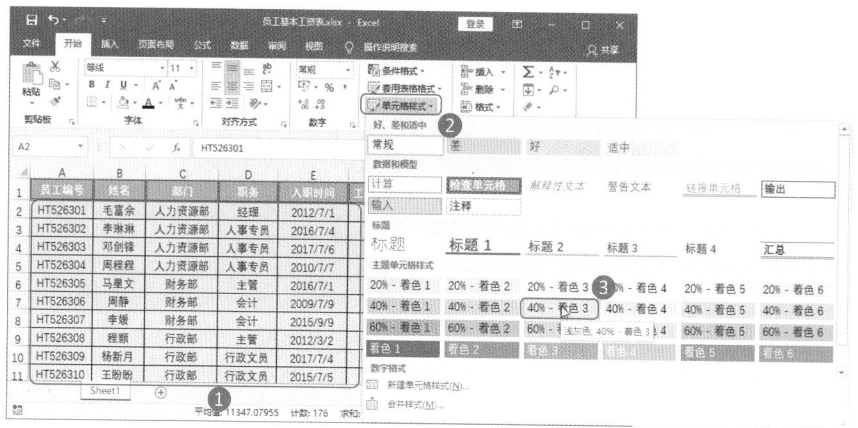

图2–81 表格效果

CHAPTER 3

公式，HR计算数据的不二“法宝”

上班第三周，制作表格对我来说已是小菜一碟。正当我洋洋得意时，张总监一个数据计算任务下来，我顿时就如霜打的茄子——蔫了！

因为我知道在Excel中计算数据，肯定会涉及公式，而公式中有很多弯弯绕绕，对于HR“小白”来说，不容易理清。还好有王Sir的细心教导，让我逐渐克服了对公式的恐惧，快速学会了使用公式来计算数据。也明白了，公式就是一只纸老虎，你怕它就强，你强它就弱。

小刘

很多人对公式的恐惧来源于对公式的不了解，认为公式很复杂，不易学会，小刘就是这样。其实，只要明白了公式的原理、计算规则、单元格的引用等，掌握了公式的要领，就能轻松使用公式对表格中的数据进行计算。

就算公式出错了也没关系，Excel中也提供了公式出错的纠正工具，可以快速对公式中的错误进行纠正，以保证计算结果的准确性。

王 Sir

3.1 学习公式，这些知识必须掌握

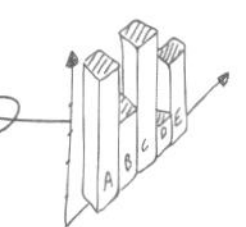

张总监

小刘，让你对每个月的培训费用进行统计，你倒好，直接输入计算器的计算结果，那如果我要对培训费用进行调整，你的计算结果还正确吗？

用公式就能快速完成的工作，为什么你要弄得这么复杂呢？

G3　7650

	A	B	C	D	E	F	G
2	培训月份	培训课时费	培训场地费	办公用品成本费	制作费	招待费	费用合计
3	1月	2200	500	280	670	4000	7650
4	2月	6800	1000	395	223	3500	11918
5	3月	4000	300	68	78	2000	6446
6	4月	1000		134	256	500	1890
7	5月	16800	1200	508	220	5000	23728
8	6月	1800	700	50	18	120	2688
9	7月	1000		130	12	500	1642
10	8月	4200	400	321	585	3200	8706
11	9月	1200		160	48	1500	2908
12	10月	6200	900	98	190	1800	9188
13	11月	1000		120	56	110	1286

Sheet1

小刘

张总监，我知道，相对于用计算器来计算数据，利用公式计算数据的效率更高，准确率也能得到保证，但我现在还没有接触过公式，只有先去请教王Sir后，再将计算好数据的表格交给你。

王Sir

小刘，公式可是Excel计算的“法宝”啊！对HR来说，必须学会，因为很多人事数据都需要通过公式来计算。

公式学起来很简单，你只要掌握了**公式中包含的要素、公式中运用的运算符、公式中的单元格引用等**，就能知道怎么输入公式了。而且公式还可以像填充数据一样进行填充，相对于计算器来说，效率不知高了多少倍。

3.1.1 公式中包含的5个要素

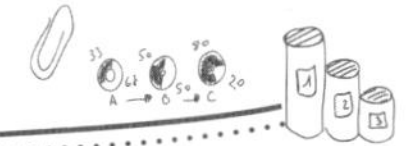

Excel公式是对工作表中的数据执行计算的一种等式，它以等号“=”开头，运用各种运算符将常量、单元格引用或函数等组合起来，形成表达式。在Excel中，公式包含运算符、常量数值、单元格引用、括号和函数这5个要素中的部分内容或全部内容，见表3-1。

表3-1　公式中包含的要素

要　素	含义及作用
运算符	Excel公式的基本元素之一，用于指定表达式内执行的计算类型，不同的运算符进行不同的运算
常量数值	直接输入公式中的数字或文本等各类数据，即不用通过计算即可得到的值，如“80”“"事假"（文本常量必须写在英文半角的双引号中）”“2019/5/4”“16:25”等
括号	括号控制着公式中各表达式的计算顺序
单元格引用	指定要进行运算的单元格地址，从而方便引用单元格中的数据
函数	预先编写的公式，它们利用参数按特定的顺序或结构进行计算，可以对一个或多个值进行计算，并返回一个或多个值

3.1.2 公式中的运算符

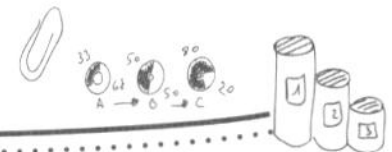

运算符是构成公式的基本元素之一，它决定了公式中元素执行的计算类型。在Excel中，计算用的运算符主要分为算术运算符、比较运算符、文本连接运算符、引用运算符和括号运算符5种类型。

1 算术运算符

使用算术运算符可以完成基本的数学运算（如加法运算、减法运算、乘法运算和除法运算）、合并数字以及生成数值结果等，是所有类型运算符中使用率最高的。算术运算符的主要种类和含义如表3-2所示。

表3-2　算术运算符

运算符	具体含义	应用示例	运算结果
+（加号）	进行加法运算	=2+1	3
–（减号）	进行减法运算	=3–1	1
*（乘号）	进行乘法运算	=3*5	15
/（除号）	进行除法运算	=8/2	4
%（百分号）	将一个数缩小到原来的百分之一	=50%	0.5
^（乘幂号）	进行乘方运算	=3^2	9

2 比较运算符

当需要对两个值进行比较时，可使用比较运算符。使用该运算符返回的结果为逻辑值TRUE（真）或FALSE（假），也可以理解为“对”和“错”。比较运算符的主要种类和含义如表3-3所示。

表3-3　比较运算符

运算符	具体含义	应用示例	运算结果
=（等于）	判断“=”左右两边的数据是否相等，如果相等返回TRUE，不相等返回FALSE	=7=5	FALSE
>（大于）	判断“>”左边的数据是否大于右边的数据，如果大于返回TRUE，小于则返回FALSE	=7>5	TRUE
<（小于）	判断“<”左边的数据是否小于右边的数据，如果小于返回TRUE，大于则返回FALSE	=7<5	FALSE

续表

运算符	具体含义	应用示例	运算结果
>= （大于等于）	判断“>=”左边的数据是否大于等于右边的数据，如果大于等于返回TRUE，否则返回FALSE	=7>=9	FALSE
<= （小于等于）	判断“<=”左边的数据是否小于等于右边的数据，如果小于等于返回TRUE，否则返回FALSE	=7<=9	FALSE
<> （不等于）	判断“<>”左边的数据是否不等于右边的数据，如果不等于返回TRUE，否则返回FALSE	=7<>9	TRUE

3 文本运算符

在Excel中，文本内容也可以进行公式运算。使用“&”符号可以连接一个或多个文本字符串，以生成一个新的文本字符串。需要注意的是，在公式中使用文本内容时，需要为文本内容加上引号（英文状态下的），以表示该内容为文本。例如，要将两组文字“员工”和“工资”连接为一组文字，可以输入公式“="员工"&"工资"”，最后得到的结果为“员工工资”。

使用文本运算符也可以连接数值。数值可以直接输入，不用添加引号。例如，要将两组文字“2019”和“上半年”连接为一组文字，可以输入公式“="2019"&"上半年"”，最后得到的结果为“2019上半年”。

使用文本运算符还可以连接单元格中的数据。例如，A1单元格中包含214，A2单元格中包含325，则输入“=A1&A2”，Excel会默认将A1和A2单元格中的内容连接在一起，即等同于输入“214325”。

4 引用运算符

引用运算符是与单元格引用一起使用的运算符，用于对单元格进行操作，从而确定用于公式或函数中进行计算的单元格区域。引用运算符主要包括冒号（:）、逗号（,）和空格，其含义如表3-4所示。

表3-4 引用运算符

运算符	具体含义	应用示例	运算结果
（:）冒号	范围运算符，生成指向两个引用之间所有单元格的引用	A5:B8	引用A5、A6、A7、A8、B5、B6、B7、B8共8个单元格中的数据
（,）逗号	联合运算符，将多个单元格或范围引用合并为一个引用	B8,D5:D8	引用B8和D5、D6、D7、D8共6个单元格中的数据
空格	交集运算符，生成对两个引用中共有的单元格的引用	A1:B8 B1:D5	引用两个单元格区域的交叉单元格，即引用B1、B2、B3、B4和B5单元格中的数据

5 括号运算符

在公式中，括号运算符用于改变Excel内置的运算符优先次序，从而改变公式的计算顺序。每一个括号运算符都由一个左括号搭配一个右括号组成。

在公式中，会优先计算括号运算符中的内容。因此，当需要改变公式求值的顺序时，可以像数学运算一样，使用括号来提升运算级别。例如，需要先计算加法，然后计算除法，可以利用括号来实现，将先计算的部分用括号括起来。例如，在公式“=(A1+10)/5”中，将先执行“A1+1”运算，再将得到的和除以5得出最终结果。

也可以在公式中嵌套括号，嵌套就是把括号放在括号中。如果公式中包含嵌套的括号，则会先计算最内层的括号，逐级向外。Excel 计算公式中使用的括号与我们平时使用的数学计算式不同，无论公式多复杂，凡是需要提升运算级别均使用小括号“()”。例如，数学公式“=(10+8) × [1+(10−4) ÷ 3]+7”，在Excel中的表达式为“=(10+8)*(1+(10−4)/3)+7”。如果在Excel中使用了多层嵌套括号，相匹配的括号会使用相同的颜色。

3.1.3 公式中的3种引用

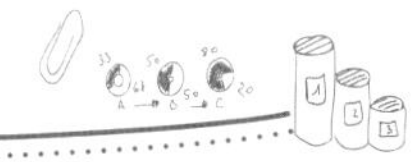

单元格引用是公式中最为常见的要素之一，它是通过行号和列标来指明数据保存的位置。当Excel公式接收到输入的单元格地址后，会自动根据行号和列标寻找单元格，并引用单元格中的数据进行计算。所以，掌握单元格引用的相关知识，对于学习公式和函数都具有非常重要的意义。

1 相对引用

相对引用是指引用单元格的相对地址，如A1、C5等。相对引用的单元格地址只有行号和列标。当把公式复制到其他单元格中时，行或列的引用会改变（即指代表行的数字和代表列的字母会根据实际的偏移量相应改变）。例如，在G3单元格中输入公式“=B3+C3+D3+E3+F3”，如图3-1所示。然后将公式复制到G4单元格中时，公式将变成“=B4+C4+D4+E4+F4”，如图3-2所示。

G3　=B3+C3+D3+E3+F3

培训月份	培训课时费	培训场地费	办公用品成本费	制作费	招待费	费用合计
1月	2200	500	280	670	4000	7650
2月	6800	1000	395	223	3500	
3月	4000	300	68	78	2000	
4月	1000		134	256	500	
5月	16800	1200	508	220	5000	
6月	1800	700	50	18	120	
7月	1000		130	12	500	
8月	4200	400	321	585	3200	
9月	1200		160	48	1500	
10月	6200	900	98	190	1800	
11月	1000		120	56	110	

图3-1　G3单元格中的公式

G4　=B4+C4+D4+E4+F4

培训月份	培训课时费	培训场地费	办公用品成本费	制作费	招待费	费用合计
1月	2200	500	280	670	4000	7650
2月	6800	1000	395	223	3500	11918
3月	4000	300	68	78	2000	
4月	1000		134	256	500	
5月	16800	1200	508	220	5000	
6月	1800	700	50	18	120	
7月	1000		130	12	500	
8月	4200	400	321	585	3200	
9月	1200		160	48	1500	
10月	6200	900	98	190	1800	
11月	1000		120	56	110	

图3-2　G4单元格中的公式

2 绝对引用

绝对引用和相对引用相对应，是指引用单元格的实际地址。它会在单元格地址的行号和列标前均添加“$”符号，如$C$2、$M$5等。当把公式复制到其他单元格中时，行和列的引用不会发生任何改变。例如，在G4单元格中输入公式“=F4*$B$2”，如图3-3所示。把公式复制到G5:G14单元格区域中后，可发现G14单元格中的公式变成了“=F14*$B$2”。虽然“*”前面的单元格由F4变成了F14，但“*”后面的$B$2使用的是绝对引用，始终没有发生变化，如图3-4所示。

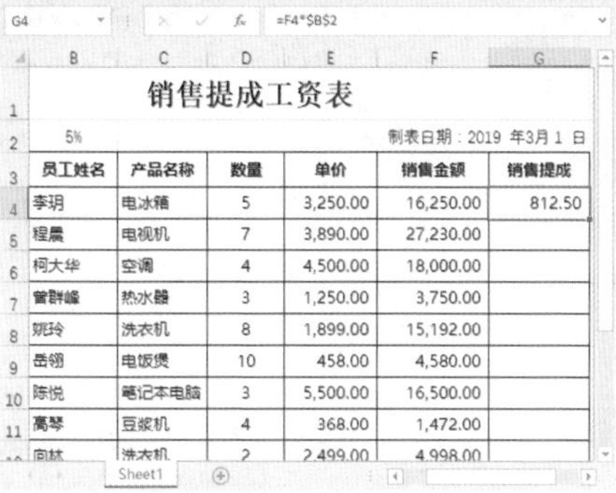

G4　=F4*$B$2

销售提成工资表

5%　　制表日期：2019 年3月 1 日

员工姓名	产品名称	数量	单价	销售金额	销售提成
李玥	电冰箱	5	3,250.00	16,250.00	812.50
程晨	电视机	7	3,890.00	27,230.00	
柯大华	空调	4	4,500.00	18,000.00	
曾群峰	热水器	3	1,250.00	3,750.00	
姚玲	洗衣机	8	1,899.00	15,192.00	
岳翎	电饭煲	10	458.00	4,580.00	
陈悦	笔记本电脑	3	5,500.00	16,500.00	
高琴	豆浆机	4	368.00	1,472.00	
向林	洗衣机	2	2,499.00	4,998.00	

Sheet1

图3-3　绝对引用

G14　=F14*$B$2

员工姓名	产品名称	数量	单价	销售金额	销售提成
李玥	电冰箱	5	3,250.00	16,250.00	812.50
程晨	电视机	7	3,890.00	27,230.00	1,361.50
柯大华	空调	4	4,500.00	18,000.00	900.00
曾群峰	热水器	3	1,250.00	3,750.00	187.50
姚玲	洗衣机	8	1,899.00	15,192.00	759.60
岳翎	电饭煲	10	458.00	4,580.00	229.00
陈悦	笔记本电脑	3	5,500.00	16,500.00	825.00
高琴	豆浆机	4	368.00	1,472.00	73.60
向林	洗衣机	2	2,499.00	4,998.00	249.90
付丽丽	电冰箱	3	3,250.00	9,750.00	487.50
陈全	空调	5	4,500.00	22[illegible]	1,125.00

Sheet1

图3-4　绝对引用效果

技能升级

用户可以快速切换不同的单元格引用类型。在Excel中创建公式时，可能需要在公式中使用不同的单元格引用类型。此时可以按【F4】键，快速在相对引用、绝对引用和混合引用之间进行切换。

3 混合引用

混合引用是指相对引用与绝对引用同时存在于一个单元格的地址引用中。它具有两种形式，即绝对列和相对行、绝对行和相对列。绝对引用列采用$A1、$B1等形式，绝对引用行采用A$1、B$1等形式。

在混合引用中，如果公式所在单元格的位置改变，则绝对引用的部分保持绝对引用的性质，地址保持不变；而相对引用的部分同样保留相对引用的性质，随着单元格的变化而变化。例如，在B3单元格中输入公式“=$A3*B$2”，如图3-5所示。公式向右或向下复制时，其中的$A3表示列不发生变化，只是引用的行发生变化；公式中的B$2表示列发生变化，行不发生变化，如图3-6所示。

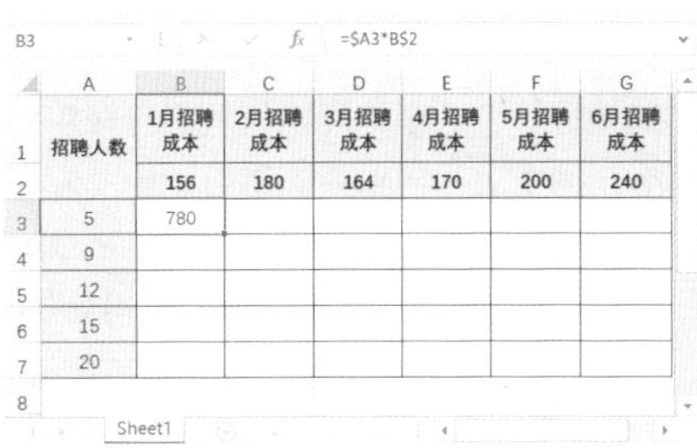

	A	B	C	D	E	F	G
1	招聘人数	1月招聘成本	2月招聘成本	3月招聘成本	4月招聘成本	5月招聘成本	6月招聘成本
2		156	180	164	170	200	240
3	5	780					
4	9						
5	12						
6	15						
7	20						
8							

图3-5 混合引用

G7 =$A7*G$2

	A	B	C	D	E	F	G
1	招聘人数	1月招聘成本	2月招聘成本	3月招聘成本	4月招聘成本	5月招聘成本	6月招聘成本
2		156	180	164	170	200	240
3	5	780	900	820	850	1000	1200
4	9	1404	1620	1476	1530	1800	2160
5	12	1872	2160	1968	2040	2400	2880
6	15	2340	2700	2460	2550	3000	3600
7	20	3120	3600	3280	3400	4000	4800
8							

Sheet1

图3-6 混合引用效果

技能升级

在Excel中，单元格引用样式有A1引用样式和R1C1引用样式两种。默认情况下，Excel使用的是A1引用样式，由列标（字母）和行号（数字）两部分组成，表示列标的字母在前，表示行号的数字在后，如D3、B7等。

R1C1引用样式是由行号（数字）和列标（数字）两部分组成，即R1和C1，如图3-7所示。其中，R1表示第1行，C1表示第1列。在更改单元格引用地址时，只需要更改R和C后面的数字即可。

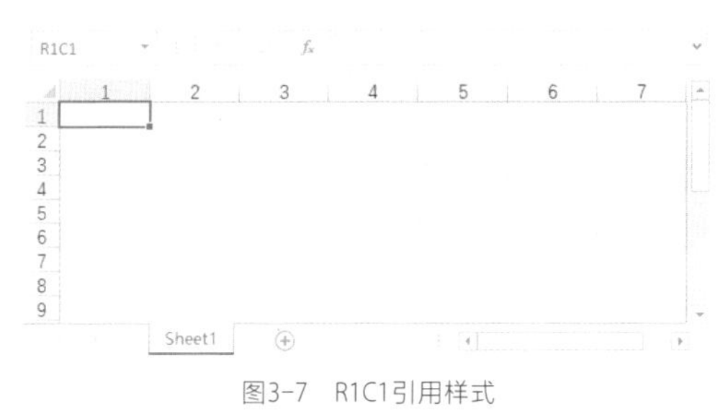

图3-7 R1C1引用样式

如果要使用R1C1引用样式，在【Excel选项】对话框的【公式】选项卡中选中【R1C1引用样式】复选框，单击“确定”按钮即可。

3.1.4 公式的输入与填充

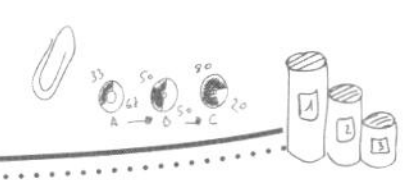

对人事数据进行计算时，HR可以根据表格的需要自定义公式来完成；当需要将已有的公式应用到其他单元格进行计算时，则可以通过填充公式的方法来实现。

1 输入公式

在Excel中，公式的输入方法有两种，一种是在单元格中输入公式，一种是在编辑栏中输入公式。其输入的公式相同，只是输入的位置有所区别。下面以在单元格中输入公式为例，讲解如何输入公式。具体方法如下：

Step01：输入公式。打开“培训费用预算表”，双击G3单元格，光标被定位到G3单元格中，输入“=”，然后选择B3单元格，即可引用B3单元格中的数据，如图3-8所示。

Step02：引用其他单元格。在G3单元格的公式后面继续输入运算符“+”，然后单击C3单元格，引用C3单元格中的数据，如图3-9所示。

图3-8 输入公式

图3-9 引用其他单元格

Step03：完成公式的输入。用相同的方法继续输入运算符和引用要参与计算的单元格，公式输入完成后的效果如图3-10所示。

Step04：计算出结果。按【Enter】键，计算结果如图3-11所示。

图3-10 完成公式的输入

2019年培训费用预算明细表

培训课时费	培训场地费	办公用品成本费	制作费	招待费	费用合计
2200	500	280	670	4000	7650
6800	1000	395	223	3500	
4000	300	68	78	2000	
1000		134	256	500	
16800	1200	508	220	5000	
1800	700	50	18	120	
1000		130	12	500	
4200	400	321	585	3200	
1200		160	48	1500	
6200	900	98	190	1800	

图3-11 查看计算结果

填充公式

在Excel中，除了可对数据进行填充外，公式也可以进行填充。填充公式常用的方法主要有以下两种：

（1）拖动填充柄。与填充数据一样，选择含有公式的G3单元格，将鼠标指针移动到该单元格右下角，当它变成十字填充柄时，按住鼠标左键向下拖动至要填充的公式的最后一个单元格，如图3-12

所示。释放鼠标，即可填充公式，计算出所填充区域，也就是G4:G14单元格区域的结果，如图3-13所示。

G3 =B3+C3+D3+E3+F3

2	培训课时费	培训场地费	办公用品成本费	制作费	招待费	费用合计
3	2200	500	280	670	4000	7650
4	6800	1000	395	223	3500	
5	4000	300	68	78	2000	
6	1000		134	256	500	
7	16800	1200	508	220	5000	
8	1800	700	50	18	120	
9	1000		130	12	500	
10	4200	400	321	585	3200	
11	1200		160	48	1500	
12	6200	900	98	190	1800	
13	1000		120	56	110	
14	1000		149	277	350	

图3-12　拖动填充柄填充

G3 =B3+C3+D3+E3+F3

2	培训课时费	培训场地费	办公用品成本费	制作费	招待费	费用合计
3	2200	500	280	670	4000	7650
4	6800	1000	395	223	3500	11918
5	4000	300	68	78	2000	6446
6	1000		134	256	500	1890
7	16800	1200	508	220	5000	23728
8	1800	700	50	18	120	2688
9	1000		130	12	500	1642
10	4200	400	321	585	3200	8706
11	1200		160	48	1500	2908
12	6200	900	98	190	1800	9188
13	1000		120	56	110	1286
14	1000		149	277	350	1776

就绪　平均值: 6652　计数: 12　求和: 79826

图3-13　查看填充结果

（2）快捷键填充。选择含有公式的和需要填充的单元格区域G3:G14，如图3-14所示。按【Ctrl+D】组合键，或单击【开始】选项卡【编辑】组中的【填充】下拉按钮，在弹出的下拉列表中选择【向下】选项，即可向下填充公式，计算结果如图3-15所示。

G3 =B3+C3+D3+E3+F3

2	培训课时费	培训场地费	办公用品成本费	制作费	招待费	费用合计
3	2200	500	280	670	4000	7650
4	6800	1000	395	223	3500	
5	4000	300	68	78	2000	
6	1000		134	256	500	
7	16800	1200	508	220	5000	
8	1800	700	50	18	120	
9	1000		130	12	500	
10	4200	400	321	585	3200	
11	1200		160	48	1500	
12	6200	900	98	190	1800	
13	1000		120	56	110	
14	1000		149	277	350	

图3-14　选择单元格区域

G3 =B3+C3+D3+E3+F3

2	培训课时费	培训场地费	办公用品成本费	制作费	招待费	费用合计
3	2200	500	280	670	4000	7650
4	6800	1000	395	223	3500	11918
5	4000	300	68	78	2000	6446
6	1000		134	256	500	1890
7	16800	1200	508	220	5000	23728
8	1800	700	50	18	120	2688
9	1000		130	12	500	1642
10	4200	400	321	585	3200	8706
11	1200		160	48	1500	2908
12	6200	900	98	190	1800	9188
13	1000		120	56	110	1286
14	1000		149	277	350	1776

图3-15　查看填充结果

温馨提示

当输入的公式错误时，可以像编辑数据一样，对公式进行编辑。在单元格或编辑栏中选择公式中错误的部分，按【Delete】键删除，然后输入正确的运算符或单元格引用即可。

3.2 公式的高级应用

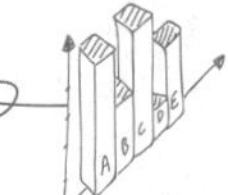

张总监

小刘，你交上来的表格中的有些数据是手动输入的，有些是使用公式计算出来的。我看了下，手动输入的数据是其他表格中已有的数据，使用链接公式也可以完成，为什么要采用手动输入这么笨拙的方法呢？这样不仅不能保证数据的准确性，还浪费时间，难怪你工作效率上不去。

小 刘

对呀！我怎么没想到使用公式来引用其他工作表或工作簿中的数据呢！快去请教一下王Sir怎么使用吧！

王Sir

小刘，这就涉及Excel中公式的高级应用了，包括**用名称简化公式、用链接公式实现跨表/跨工作簿计算、用数组公式完成多重和批量运算等。**

下面我就给你讲讲公式的高级应用知识，学会了可以帮助你解决工作中的很多计算问题。

3.2.1 用名称简化公式计算

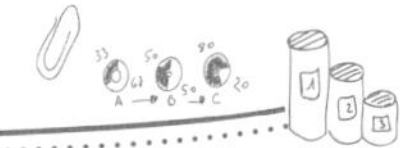

经常对人事数据进行统计、分析的HR都知道，名称在计算数据、数据验证（第2章已经涉及过）、条件格式、动态图表等操作中有着重要的作用。它可以简化公式的引用，让复杂的公式变得更简单，即使要引用的单元格分散在不同的区域，通过定义的名称也能统一调用。下面将通过定义名称来完成公式的计算，具体方法如下。

Step01：单击【定义名称】按钮。打开“1月提成工资”表，单击【公式】选项卡【定义的名称】组中的【定义名称】按钮，如图3-16所示。

Step02：新建名称。打开【新建名称】对话框。❶在【名称】文本框中输入名称，如输入“销售额”；❷单击【引用位置】参数框右侧的【折叠】按钮，如图3-17所示。

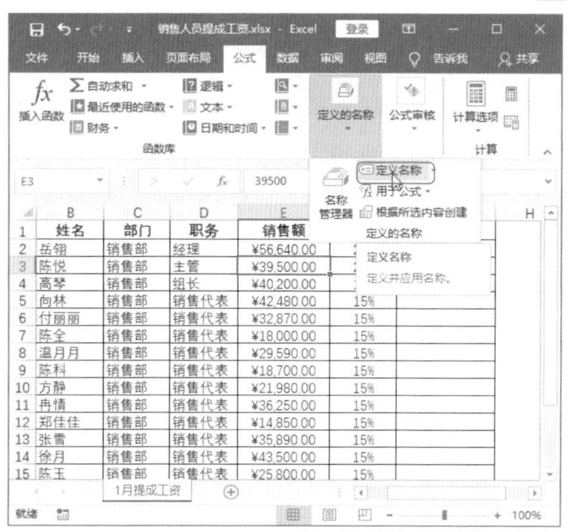

图3-16　执行定义名称操作

图3-17　新建名称

Step03：设置名称引用位置。折叠对话框。❶在工作表中拖动鼠标选择需要定义名称的单元格区域；❷单击对话框中的【展开】按钮，如图3-18所示。

Step04：新建【提成率】名称。返回【新建名称】对话框，单击【确定】按钮，完成【销售额】名称的新建。❶选择F2:F19单元格区域；❷单击【定义名称】按钮，打开【新建名称】对话框，将名称设置为【提成率】；❸保持默认的引用位置不变，单击【确定】按钮，如图3-19所示。

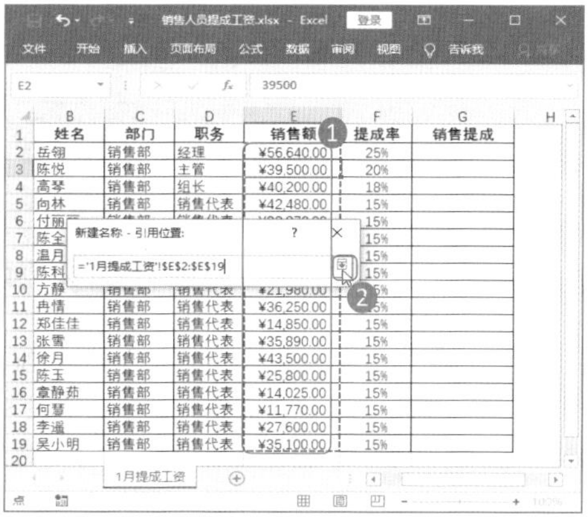

图3-18　设置名称引用位置

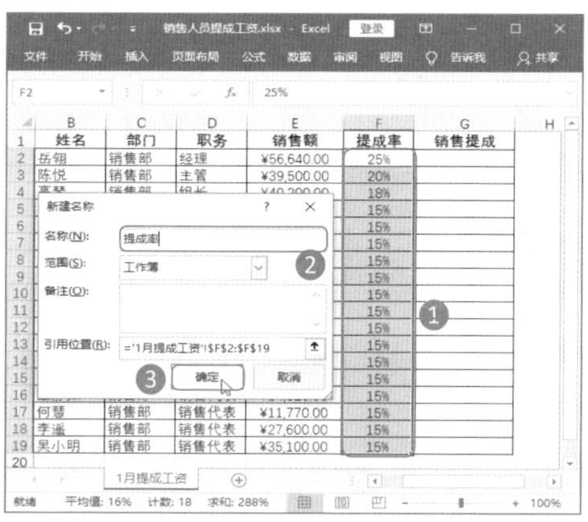

图3-19　新建【提成率】名称

技能升级

通过名称框定义名称：选择需要定义名称的单元格区域，在名称框中输入需要定义的名称，按【Enter】键即可完成名称的创建。

Step05：在公式中使用名称。❶选择需要计算的G2:G19单元格区域；❷在编辑栏中输入公式“=销售额*提成率”，如图3-20所示。

Step06：查看计算结果。按【Ctrl+Enter】组合键，即可计算出所有销售人员的销售提成，效果如图3-21所示。

NPER =销售额*提成率

	姓名	部门	职务	销售额	提成率	销售提成
2	岳翎	销售部	经理	¥56,640.00	25%	售额*提成率
3	陈悦	销售部	主管	¥39,500.00	20%	
4	高琴	销售部	组长	¥40,200.00	18%	
5	向林	销售部	销售代表	¥42,480.00	15%	
6	付丽丽	销售部	销售代表	¥32,870.00	15%	
7	陈全	销售部	销售代表	¥18,000.00	15%	
8	温月月	销售部	销售代表	¥29,590.00	15%	
9	陈科	销售部	销售代表	¥18,700.00	15%	
10	方静	销售部	销售代表	¥21,980.00	15%	
11	冉情	销售部	销售代表	¥36,250.00	15%	
12	郑佳佳	销售部	销售代表	¥14,850.00	15%	
13	张雪	销售部	销售代表	¥35,890.00	15%	
14	徐月	销售部	销售代表	¥43,500.00	15%	
15	陈玉	销售部	销售代表	¥25,800.00	15%	
16	章静茹	销售部	销售代表	¥14,025.00	15%	
17	何慧	销售部	销售代表	¥11,770.00	15%	
18	李遥	销售部	销售代表	¥27,600.00	15%	
19	吴小明	销售部	销售代表	¥35,100.00	15%	

图3-20 输入名称公式

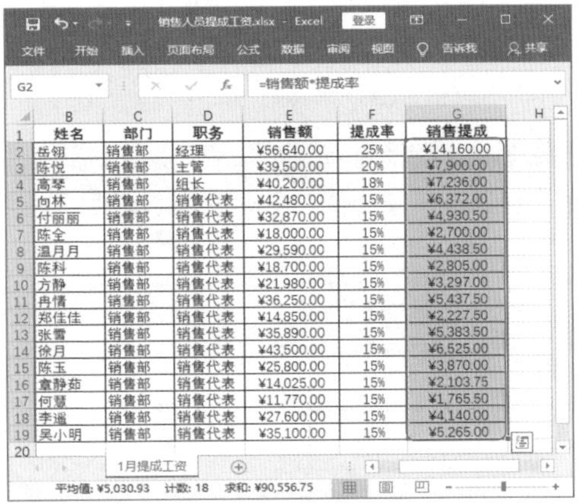

G2 =销售额*提成率

	姓名	部门	职务	销售额	提成率	销售提成
2	岳翎	销售部	经理	¥56,640.00	25%	¥14,160.00
3	陈悦	销售部	主管	¥39,500.00	20%	¥7,900.00
4	高琴	销售部	组长	¥40,200.00	18%	¥7,236.00
5	向林	销售部	销售代表	¥42,480.00	15%	¥6,372.00
6	付丽丽	销售部	销售代表	¥32,870.00	15%	¥4,930.50
7	陈全	销售部	销售代表	¥18,000.00	15%	¥2,700.00
8	温月月	销售部	销售代表	¥29,590.00	15%	¥4,438.50
9	陈科	销售部	销售代表	¥18,700.00	15%	¥2,805.00
10	方静	销售部	销售代表	¥21,980.00	15%	¥3,297.00
11	冉情	销售部	销售代表	¥36,250.00	15%	¥5,437.50
12	郑佳佳	销售部	销售代表	¥14,850.00	15%	¥2,227.50
13	张雪	销售部	销售代表	¥35,890.00	15%	¥5,383.50
14	徐月	销售部	销售代表	¥43,500.00	15%	¥6,525.00
15	陈玉	销售部	销售代表	¥25,800.00	15%	¥3,870.00
16	章静茹	销售部	销售代表	¥14,025.00	15%	¥2,103.75
17	何慧	销售部	销售代表	¥11,770.00	15%	¥1,765.50
18	李遥	销售部	销售代表	¥27,600.00	15%	¥4,140.00
19	吴小明	销售部	销售代表	¥35,100.00	15%	¥5,265.00

平均值：¥5,030.93 计数：18 求和：¥90,556.75

图3-21 查看计算结果

温馨提示

在Excel中定义名称时，如果定义的名称不符合Excel规定的命名规则，那么会打开错误提示对话框进行提示。所以，HR在对名称进行命名时，必须遵循一定的命名规则，不能以数字开头，不能以R、C、r、c作为名称，不能使用除下划线、点号和反斜线以外的其他符号，字符不能超过255个。可以使用汉字，使用英文的话字母不区分大小写。

3.2.2 用链接公式实现跨表/跨工作簿计算

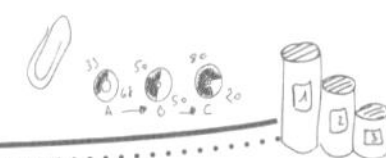

在公式中引用单元格时，不仅可以引用同一工作表中的单元格，还可以引用其他工作表或工作簿中的单元格，但需要用到链接公式，也就是需要在引用的单元格区域前添加链接的位置，并且要用半角感叹号“！”进行区分。

1 实现跨表计算

对工资、人力资源状况、招聘等数据进行统计时，经常会引用同一工作簿不同工作表中的单元格或单元格区域。引用时，需要在单元格地址前加上工作表名称和半角感叹号“!”。下面将利用链接公式实现跨工作表计算，具体方法如下。

Step01：切换工作表。打开“招聘费用汇总表”；❶在“招聘成本汇总”工作表中选择B2单元格；❷在编辑栏中输入“=”；❸单击“招聘直接成本”工作表标签，如图3-22所示。

Step02：引用工作表中的单元格。切换到“招聘直接成本”工作表中，选择需要引用的B2单元格。此时公式中将完整显示引用的工作表和单元格，如图3-23所示。

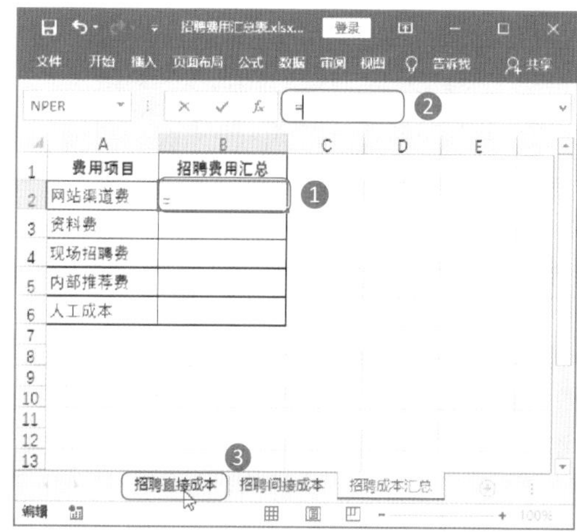

图3-22 切换工作表

B2 =招聘直接成本!B2

月份	网站渠道费	资料费	现场招聘费	内部推荐费
1月	1200	120	750	
2月	1200	80		400
3月	1200	200	680	
4月	1200	260	410	
5月	1200	120	1090	400
6月	1200	89		200
7月	1200	100	750	
8月	1200	123		
9月	1200	210	910	
10月	1200	158		400
11月	1200	90		
12月	1200	120		

招聘直接成本　招聘间接成本　招聘成本汇总

图3-23 引用单元格

Step03：完成公式的输入。继续输入公式其他部分（这里因为12个月的网站渠道费是一样的，所以可直接用B2单元格中的数据乘以12；如果费用不同，可以引用单元格中的数据进行相加），输入完成后的效果如图3-24所示。

Step04：查看计算结果。按【Enter】键，即可计算出结果，并返回到“招聘成本汇总”工作表中，如图3-25所示。

A1 =招聘直接成本!B2*12

月份	网站渠道费	资料费	现场招聘费	内部推荐费
1月	1200	120	750	
2月	1200	80		400
3月	1200	200	680	
4月	1200	260	410	
5月	1200	120	1090	400
6月	1200	89		200
7月	1200	100	750	
8月	1200	123		
9月	1200	210	910	
10月	1200	158		400
11月	1200	90		
12月	1200	120		

招聘直接成本 | 招聘间接成本 | 招聘成本汇总

图3-24 完成公式的输入

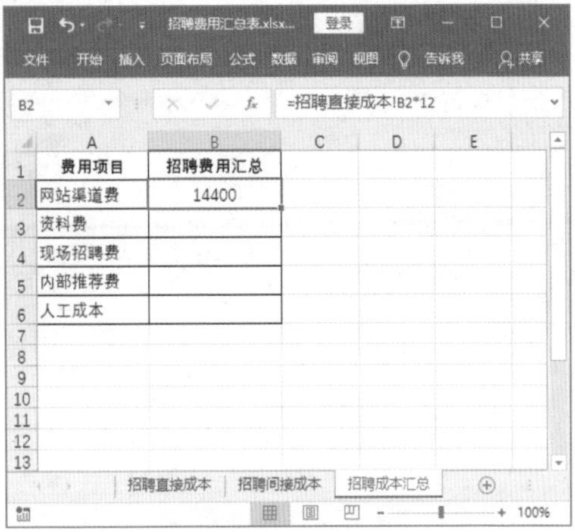

B2 =招聘直接成本!B2*12

费用项目	招聘费用汇总
网站渠道费	14400
资料费	
现场招聘费	
内部推荐费	
人工成本	

招聘直接成本 | 招聘间接成本 | 招聘成本汇总

图3-25 查看计算结果

Step05：使用相同的方法，继续引用“招聘直接成本”工作表和“招聘间接成本”工作表中的数据计算全年的资料费、现场招聘费、内部推荐费和人工成本费，计算结果如图3-26所示。

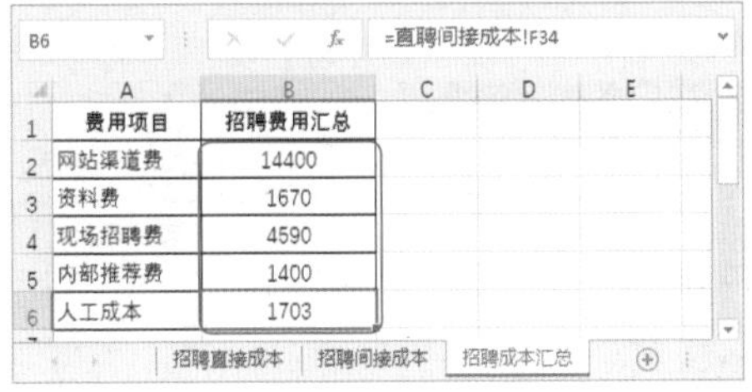

B6 =直聘间接成本!F34

费用项目	招聘费用汇总
网站渠道费	14400
资料费	1670
现场招聘费	4590
内部推荐费	1400
人工成本	1703

招聘直接成本 | 招聘间接成本 | 招聘成本汇总

图3-26 计算结果

2 实现跨工作簿计算

如要引用其他工作簿中的单元格或单元格区域，则需要在单元格地址前加上工作簿名称、工作表名称和半角感叹号“!”。引用其他工作簿中的单元格数据，最好将其他工作簿文件打开，方便引用。具体方法如下：

Step01：输入公式并选择其他工作簿。❶打开“员工基本工资表”和“员工信息表”工作簿，在“员工基本工资表”中选择F2单元格，输入“=”；❷单击【视图】选项卡【窗口】组中的【切换窗口】下拉按钮；❸在弹出的下拉列表中显示了当前打开的工作簿，选择“员工信息表.xlsx”选项，如图3-27所示。

Step02：引用工作簿中的单元格。切换到“员工信息表.xlsx”工作簿中，选择要引用的H2单元格，编辑栏中将显示公式引用的详细地址，如图3-28所示。

图3-27　切换工作簿

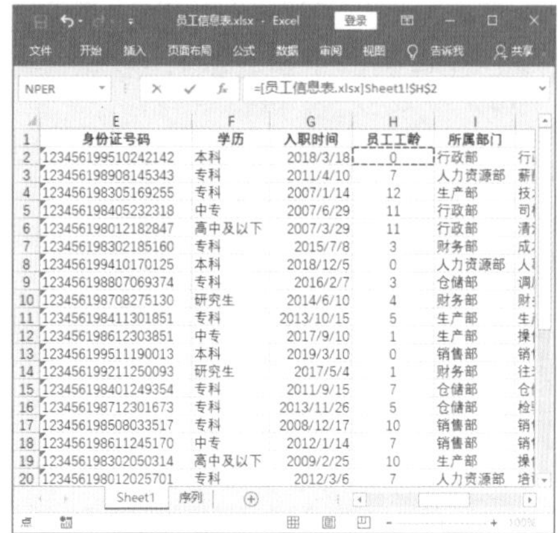

图3-28　选择引用单元格

Step03：更改并输入公式。切换到“员工基本工资表”工作簿中，在编辑栏中将公式中单元格的绝对引用$H$2更改为相对引用H2，并输入公式的后半部分，如图3-29所示。

Step04：计算工龄工资。按【Enter】键计算出结果，然后拖动填充柄向下填充至F34单元格，计算出所有员工的工龄工资，效果如图3-30所示。

图3-29　更改公式

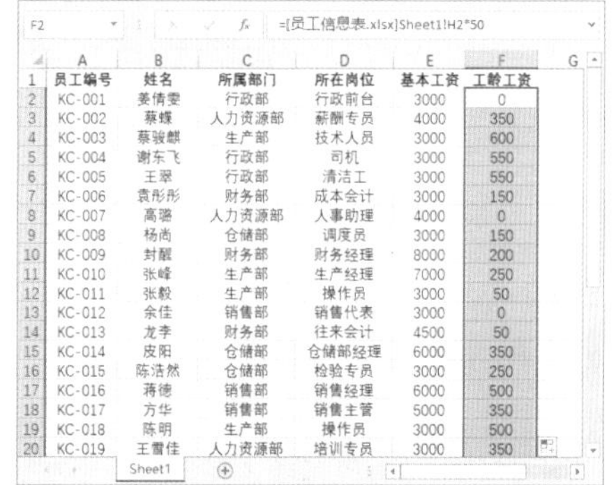

图3-30　查看计算结果

温馨提示

在公式中，跨表引用的表现形式是“=工作表名称!+单元格引用”，而跨工作簿引用的表现形式是“[工作簿名称]+工作表名称!+单元格引用”。跨工作簿引用计算出结果后，关闭工作簿重新启动后，公式中的引用将显示引用工作簿保存的详细的引用地址，也就是文件的保存路径，并弹出如图3-31所示的提示对话框。如果引用的工作簿中的数据发生变化，那么单击【更新】按钮，对公式中引用的数据进行更新；单击【不更新】按钮，将会继续使用引用工作簿未更改前的数据，也就是计算时所引用的数据。

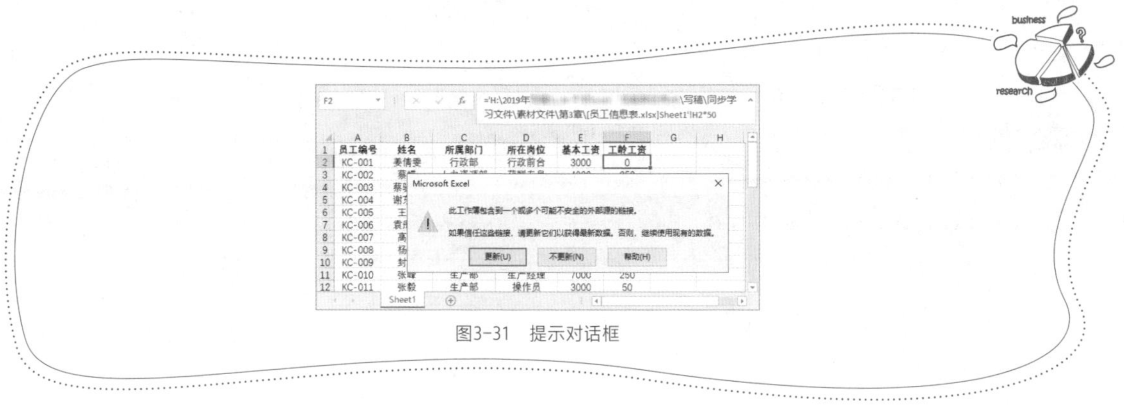

图3-31 提示对话框

3.2.3 用简单数组公式完成多重计算

数组是对Excel公式的扩充。与普通公式不同的地方在于，数组公式能通过输入单一公式就完成批量计算。数组公式可以对一组数或多组数进行多重计算。

在Excel中，数组公式用大括号“{}”来显示，这是数组公式与普通公式的区别。但是数组公式中的大括号“{}”不是手动输入的，而是完成公式输入后，按【Ctrl+Shift+Enter】组合键自动生成的。

1 横向或纵向数组批量运算

数组公式的简单应用之一是对横向或纵向单元格数据进行批量运算，具体方法如下。

Step01：选择单元格区域。选择同行或同列中需要计算的单元格区域，本例选择G3:G14单元格区域，如图3-32所示。

培训月份	培训课时费	培训场地费	办公用品成本费	制作费	招待费	费用合计
1月	2200	500	280	670	4000	
2月	6800	1000	395	223	3500	
3月	4000	300	68	78	2000	
4月	1000		134	256	500	
5月	16800	1200	508	220	5000	
6月	1800	700	50	18	120	
7月	1000		130	12	500	
8月	4200	400	321	585	3200	
9月	1200		160	48	1500	
10月	6200	900	98	190	1800	
11月	1000		120	56	110	
12月	1000		149	277	350	

图3-32 选择单元格区域

Step02：输入公式。输入各月费用合计的计算公式“=B3:B14+C3:C14+D3:D14+E3:E14+F3:F14”，如图3-33所示。

Step03：查看数组公式计算结果。按【Ctrl+Shift+Enter】组合键，输入的公式变成了数组公式，且一次性完成所有月份的费用合计，效果如图3-34所示。

NPER　=B3:B14+C3:C14+D3:D14+E3:E14+F3:F14

	B	C	D	E	F	G
2	培训课时费	培训场地费	办公用品成本费	制作费	招待费	费用合计
3	2200	500	280	670	4000	+F3:F14
4	6800	1000	395	223	3500	
5	4000	300	68	78	2000	
6	1000		134	256	500	
7	16800	1200	508	220	5000	
8	1800	700	50	18	120	
9	1000		130	12	500	
10	4200	400	321	585	3200	
11	1200		160	48	1500	
12	6200	900	98	190	1800	
13	1000		120	56	110	
14	1000		149	277	350	

Sheet1

图3-33　输入公式

G3　{=B3:B14+C3:C14+D3:D14+E3:E14+F3:F14}

	B	C	D	E	F	G
2	培训课时费	培训场地费	办公用品成本费	制作费	招待费	费用合计
3	2200	500	280	670	4000	7650
4	6800	1000	395	223	3500	11918
5	4000	300	68	78	2000	6446
6	1000		134	256	500	1890
7	16800	1200	508	220	5000	23728
8	1800	700	50	18	120	2688
9	1000		130	12	500	1642
10	4200	400	321	585	3200	8706
11	1200		160	48	1500	2908
12	6200	900	98	190	1800	9188
13	1000		120	56	110	1286
14	1000		149	277	350	1776

Sheet1

图3-34　查看数组公式计算结果

② 数组与数据运算

数组公式不仅可以让一列数据批量与另一列数据相乘，还能让一列数据批量与一个具体的数值相乘。具体方法如下：

Step01：输入公式。打开“工龄工资表”，选择要进行计算的F2:F34单元格区域，在编辑栏中输入公式“=E2:E34*50”，如图3-35所示。

Step02：查看数组公式计算结果。按【Ctrl+Shift+Enter】组合键，输入的公式变成了数组公式，且一次性完成了E列数据乘以50的乘积计算，效果如图3-36所示。

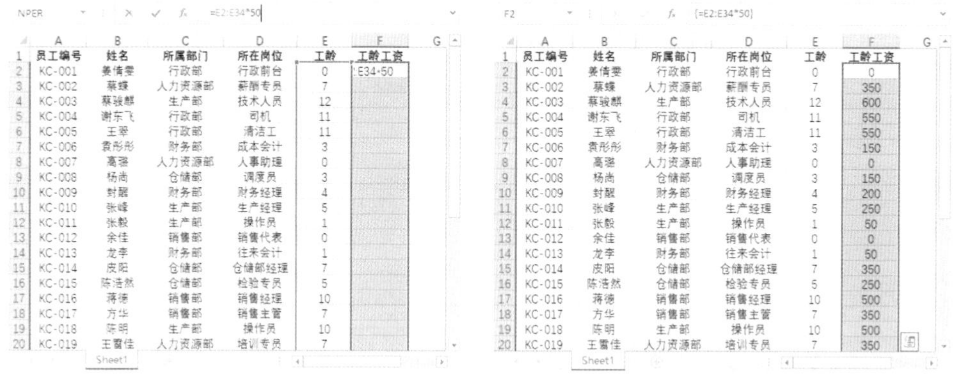

NPER　=E2:E34*50

	A	B	C	D	E	F
1	员工编号	姓名	所属部门	所在岗位	工龄	工龄工资
2	KC-001	姜倩雯	行政部	行政前台	0	:E34*50
3	KC-002	蔡蝶	人力资源部	薪酬专员	7	
4	KC-003	蔡骏麒	生产部	技术人员	12	
5	KC-004	谢东飞	行政部	司机	11	
6	KC-005	王翠	行政部	清洁工	11	
7	KC-006	袁彤彤	财务部	成本会计	3	
8	KC-007	高璐	人力资源部	人事助理	0	
9	KC-008	杨尚	仓储部	调度员	3	
10	KC-009	封醒	财务部	财务经理	4	
11	KC-010	张峰	生产部	生产经理	5	
12	KC-011	张毅	生产部	操作员	1	
13	KC-012	余佳	销售部	销售代表	0	
14	KC-013	龙李	财务部	往来会计	1	
15	KC-014	皮阳	仓储部	仓储部经理	7	
16	KC-015	陈浩然	仓储部	检验专员	5	
17	KC-016	蒋德	销售部	销售经理	10	
18	KC-017	方华	销售部	销售主管	7	
19	KC-018	陈明	生产部	操作员	10	
20	KC-019	王雷佳	人力资源部	培训专员	7	

Sheet1

图3-35　输入公式

F2　{=E2:E34*50}

	A	B	C	D	E	F
1	员工编号	姓名	所属部门	所在岗位	工龄	工龄工资
2	KC-001	姜倩雯	行政部	行政前台	0	0
3	KC-002	蔡蝶	人力资源部	薪酬专员	7	350
4	KC-003	蔡骏麒	生产部	技术人员	12	600
5	KC-004	谢东飞	行政部	司机	11	550
6	KC-005	王翠	行政部	清洁工	11	550
7	KC-006	袁彤彤	财务部	成本会计	3	150
8	KC-007	高璐	人力资源部	人事助理	0	0
9	KC-008	杨尚	仓储部	调度员	3	150
10	KC-009	封醒	财务部	财务经理	4	200
11	KC-010	张峰	生产部	生产经理	5	250
12	KC-011	张毅	生产部	操作员	1	50
13	KC-012	余佳	销售部	销售代表	0	0
14	KC-013	龙李	财务部	往来会计	1	50
15	KC-014	皮阳	仓储部	仓储部经理	7	350
16	KC-015	陈浩然	仓储部	检验专员	5	250
17	KC-016	蒋德	销售部	销售经理	10	500
18	KC-017	方华	销售部	销售主管	7	350
19	KC-018	陈明	生产部	操作员	10	500
20	KC-019	王雷佳	人力资源部	培训专员	7	350

Sheet1

图3-36　查看数组公式计算结果

 3.2.4 用复杂数组公式完成批量计算

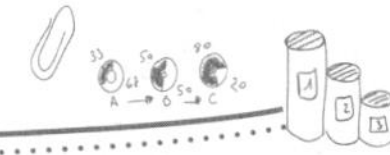

当需要对列数据与行数据、行/列数据与相同的列/行数据、行列相同的二维数据等进行批量计算时，也可以使用数组公式来完成。

1 横向数组与纵向数组批量计算

表格中的横向数组可以与纵向数组相乘，返回一个二维数组的值。例如，横向数组是不同的工资数据，而纵向数组是公积金个人缴费比例。现在需要计算不同公积金个人缴费比例下，个人需要缴纳的公积金金额。具体方法如下：

Step01：输入公式。打开“个人公积金”，选中需要计算实际需要缴纳公积金的B2:G9单元格区域，输入公式“=B1:G1*A2:A9”，表示用横向的工资金额乘以纵向的公积金缴纳比例，如图3-37所示。

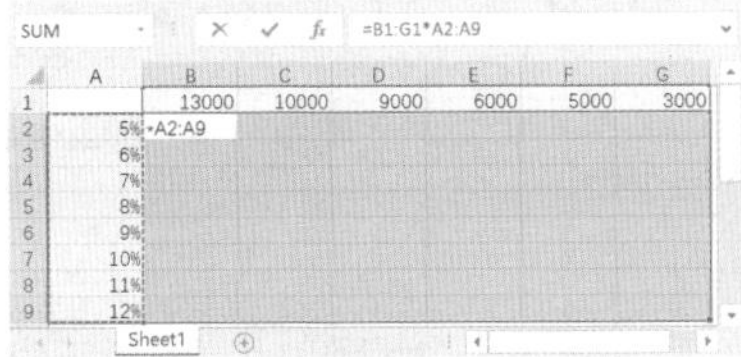

图3-37 输入公式

Step02：完成计算。按【Ctrl+Shift+Enter】组合键，可以看到选中的单元格区域内完成了数组公式计算，返回了不同工资金额在不同公积金个人缴费比例下所需要缴纳的公积金金额，效果如图3-38所示。

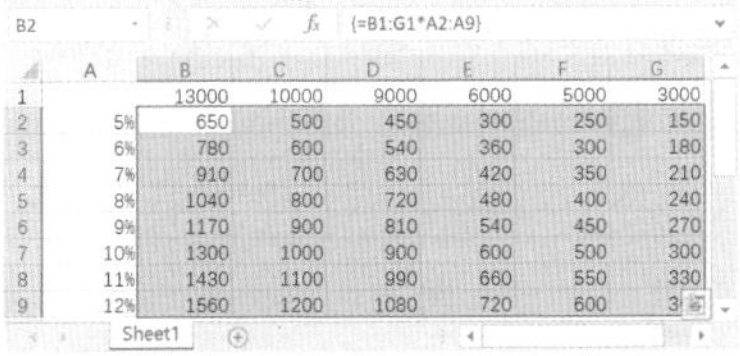

B2 {=B1:G1*A2:A9}

	A	B	C	D	E	F	G
1		13000	10000	9000	6000	5000	3000
2	5%	650	500	450	300	250	150
3	6%	780	600	540	360	300	180
4	7%	910	700	630	420	350	210
5	8%	1040	800	720	480	400	240
6	9%	1170	900	810	540	450	270
7	10%	1300	1000	900	600	500	300
8	11%	1430	1100	990	660	550	330
9	12%	1560	1200	1080	720	600	3[illegible]

Sheet1

图3-38 查看计算结果

技能升级

数组公式包含了多个单元格，这些单元格形成一个整体，因此，**数组里的任何单元格都不能被单独编辑**。如果对其中一个数组单元格进行编辑，会弹出【无法更改部分数据】的提示对话框。

要修改数组单元格中的公式时，需要选中整个单元格区域。方法是**选择区域内的单元格，按【Ctrl+/】组合键**。选中**所有区域后，将光标插入编辑栏中**，此时数组公式的大括号{}将消失，表示公式进入编辑状态。**完成公式编辑后，需要按【Ctrl+Shift+Enter】组合键锁定公式修改。**

如果需要删除数组公式，可以**选中整个区域后，按【Delete】键即可。**

2 行/列数组与相同的列/行数组批量计算

多行/列数组还可以与单列/行数组进行批量计算，前提是单列/行数组的行/列数要与多行/列数组的行/列数相同。例如，根据招聘网站1、招聘网站2、招聘网站3、招聘网站4各月份的实际招聘人数和每月规定的目标招聘人数，计算出不同招聘网站各月份的招聘完成率。具体方法如下：

Step01：输入公式。选中需要计算的B15:E24单元格区域，在编辑栏中输入公式“=B2:E11/F2:F11”，表示用各网站实际招聘人数除以目标招聘人数，如图3-39所示。

Step02：完成计算。按【Ctrl+Shift+Enter】组合键，可以看到选中的单元格区域内完成了数组公式计算，返回了不同招聘网站的完成率，如图3-40所示。

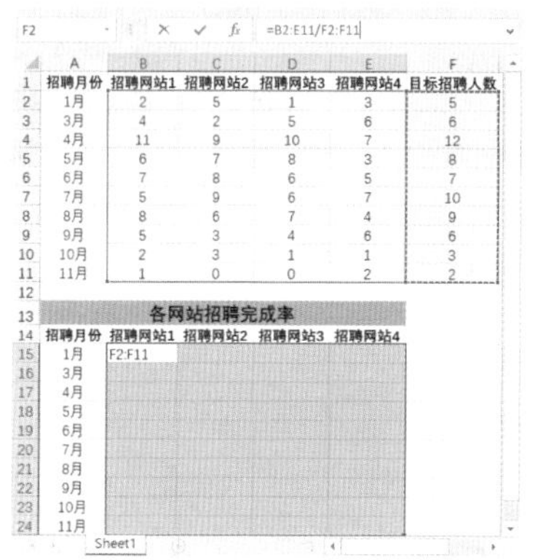

	A	B	C	D	E	F
1	招聘月份	招聘网站1	招聘网站2	招聘网站3	招聘网站4	目标招聘人数
2	1月	2	5	1	3	5
3	3月	4	2	5	6	6
4	4月	11	9	10	7	12
5	5月	6	7	8	3	8
6	6月	7	8	6	5	7
7	7月	5	9	6	7	10
8	8月	8	6	7	4	9
9	9月	5	3	4	6	6
10	10月	2	3	1	1	3
11	11月	1	0	0	2	2
12						
13	各网站招聘完成率					
14	招聘月份	招聘网站1	招聘网站2	招聘网站3	招聘网站4	
15	1月	F2:F11				
16	3月					
17	4月					
18	5月					
19	6月					
20	7月					
21	8月					
22	9月					
23	10月					
24	11月					

图3-39 输入公式

	A	B	C	D	E	F
1	招聘月份	招聘网站1	招聘网站2	招聘网站3	招聘网站4	目标招聘人数
2	1月	2	5	1	3	5
3	3月	4	2	5	6	6
4	4月	11	9	10	7	12
5	5月	6	7	8	3	8
6	6月	7	8	6	5	7
7	7月	5	9	6	7	10
8	8月	8	6	7	4	9
9	9月	5	3	4	6	6
10	10月	2	3	1	1	3
11	11月	1	0	0	2	2
12						
13	各网站招聘完成率					
14	招聘月份	招聘网站1	招聘网站2	招聘网站3	招聘网站4	
15	1月	0.4	1	0.2	0.6	
16	3月	0.666667	0.3333333	0.8333333	1	
17	4月	0.916667	0.75	0.8333333	0.5833333	
18	5月	0.75	0.875	1	0.375	
19	6月	1	1.1428571	0.8571429	0.7142857	
20	7月	0.5	0.9	0.6	0.7	
21	8月	0.888889	0.6666667	0.7777778	0.4444444	
22	9月	0.833333	0.5	0.6666667	1	
23	10月	0.666667	1	0.3333333	0.3333333	
24	11月	0.5	0	0	1	

图3-40 查看计算结果

Step03：设置单元格数字格式。完成率是百分比数据，因此这里选中完成数组公式计算的B15:E24单元格区域，打开【设置单元格格式】对话框。❶在【数字】选项卡的【分类】列表框中选择【百分比】选项；❷设置【小数位数】为2；❸单击【确定】按钮，如图3-41所示。

Step04：查看结果。此时完成率数据将以百分比形式进行显示，效果如图3-42所示。

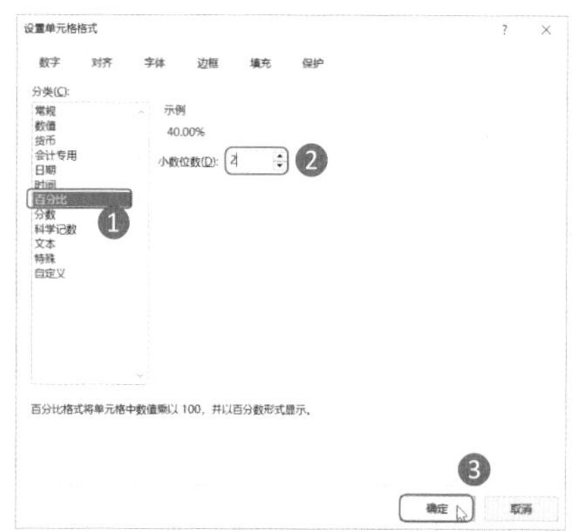

图3-41 调整单元格格式

	A	B	C	D	E	F
1	招聘月份	招聘网站1	招聘网站2	招聘网站3	招聘网站4	目标招聘人数
2	1月	2	5	1	3	5
3	3月	4	2	5	6	6
4	4月	11	9	10	7	12
5	5月	6	7	8	3	8
6	6月	7	8	6	5	7
7	7月	5	9	6	7	10
8	8月	8	6	7	4	9
9	9月	5	3	4	6	6
10	10月	2	3	1	1	3
11	11月	1	0	0	2	2
12						
13	各网站招聘完成率					
14	招聘月份	招聘网站1	招聘网站2	招聘网站3	招聘网站4	
15	1月	40.00%	100.00%	20.00%	60.00%	
16	3月	66.67%	33.33%	83.33%	100.00%	
17	4月	91.67%	75.00%	83.33%	58.33%	
18	5月	75.00%	87.50%	100.00%	37.50%	
19	6月	100.00%	114.29%	85.71%	71.43%	
20	7月	50.00%	90.00%	60.00%	70.00%	
21	8月	88.89%	66.67%	77.78%	44.44%	
22	9月	83.33%	50.00%	66.67%	100.00%	
23	10月	66.67%	100.00%	33.33%	33.33%	
24	11月	50.00%	0.00%	0.00%	100.00%	

图3-42 查看结果

3 行列相同的二维数组计算

数组公式还可以用在行列相同的二维数据中。对行列相同的二维数组进行运算，会返回一个行列相同的二维数据结果。例如，针对各员工1月和2月缴纳的五险一金，需要计算1月和2月各员工缴纳的五险一金平均金额和总金额。具体方法如下：

Step01：输入公式。打开“五险一金扣款”，选中需要计算平均值的B12:D17单元格区域，在编辑栏中输入公式“=(B3:D8+G3:I8)/2”如图3-43所示。

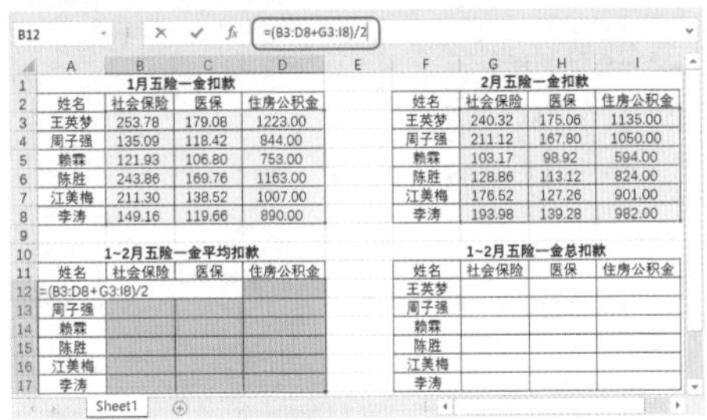
B12 =(B3:D8+G3:I8)/2

1月五险一金扣款

姓名	社会保险	医保	住房公积金
王英梦	253.78	179.08	1223.00
周子强	135.09	118.42	844.00
赖霖	121.93	106.80	753.00
陈胜	243.86	169.76	1163.00
江美梅	211.30	138.52	1007.00
李涛	149.16	119.66	890.00

2月五险一金扣款

姓名	社会保险	医保	住房公积金
王英梦	240.32	175.06	1135.00
周子强	211.12	167.80	1050.00
赖霖	103.17	98.92	594.00
陈胜	128.86	113.12	824.00
江美梅	176.52	127.26	901.00
李涛	193.98	139.28	982.00

1~2月五险一金平均扣款

姓名	社会保险	医保	住房公积金
=(B3:D8+G3:I8)/2			
周子强			
赖霖			
陈胜			
江美梅			
李涛			

1~2月五险一金总扣款

姓名	社会保险	医保	住房公积金
王英梦			
周子强			
赖霖			
陈胜			
江美梅			
李涛			

Sheet1

图3-43　输入公式

Step02：完成计算。按【Ctrl+Shift+Enter】组合键，可以看到选中的单元格区域内完成了数组公式计算，返回了员工社会保险、医保和公积金1～2月的平均值，如图3-44所示。

B12 {=(B3:D8+G3:I8)/2}

1~2月五险一金平均扣款

姓名	社会保险	医保	住房公积金
王英梦	247.05	177.07	1179.00
周子强	173.11	143.11	947.00
赖霖	112.55	102.86	673.50
陈胜	186.36	141.44	993.50
江美梅	193.91	132.89	954.00
李涛	171.57	129.47	936.00

图3-44　查看结果

Step03：计算1～2月的扣款总额。选中需要计算总额的G12:I17单元格区域，在编辑栏中输入公式“=B3:D8+G3:I8”，按【Ctrl+Shift+Enter】组合键，计算出1～2月五险一金的扣款总额，效果如图3-45所示。

G12 {=B3:D8+G3:I8}

1~2月五险一金总扣款

姓名	社会保险	医保	住房公积金
王英梦	494.10	354.14	2358.00
周子强	346.21	286.22	1894.00
赖霖	225.10	205.72	1347.00
陈胜	372.72	282.88	1987.00
江美梅	387.82	265.78	1908.00
李涛	343.14	258.94	1872.00

图3-45　计算1～2月的扣款总额

3.3 公式纠错

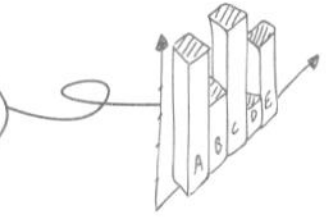

张总监

小刘，招聘成本汇总表中为什么会出现#VALUE!错误值？这是怎么回事？交给我的表格数据必须正确，不能出现任何错误。

	A	B	C
1	费用项目	招聘费用汇总	
2	网站渠道费	14400	
3	资料费	1670	
4	现场招聘费	#VALUE!	
5	内部推荐费	1400	
6	人工成本	1703	

招聘成本汇总

小刘

输入的公式是正确的呀！为什么返回的结果会是错误值呢？王Sir，这到底怎么回事呀？

王Sir

小刘，使用公式计算时会因为操作不当、引用的单元格不正确等原因，导致公式计算结果不正确，或返回错误值。这时就需要对公式进行审查，以保证计算结果正确。

可以通过Excel提供的**追踪引用单元格、追踪从属单元格、公式错误检查、公式求值**等功能对公式进行审查。另外，**还必须知道出现各种错误值的原因，这样才能对症下药。**

3.3.1 查看影响公式出错的单元格

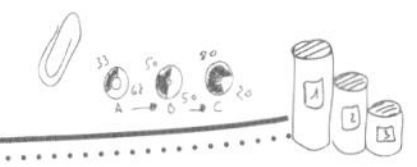

在使用公式计算数据的过程中，难免会出错。为了查清公式出错的原因，可以先查看公式中引用单元格的位置是否正确。利用Excel提供的追踪引用单元格和追踪从属单元格功能，可以检查公式错误或分析公式中单元格的引用关系。

1 追踪引用单元格

追踪引用单元格功能可以用箭头的形式标记出所选单元格中公式引用的单元格，方便用户追踪检查引用来源数据。该功能在分析较复杂的公式时尤为便利。具体方法如下：

Step01：追踪引用单元格。❶选择含有公式的单元格；❷单击【公式】选项卡【公式审核】组中的【追踪引用单元格】按钮，如图3-46所示。

Step02：查看公式引用的单元格。此时系统会用蓝色的箭头从公式引用的单元格指向包含公式的单元格，效果如图3-47所示。

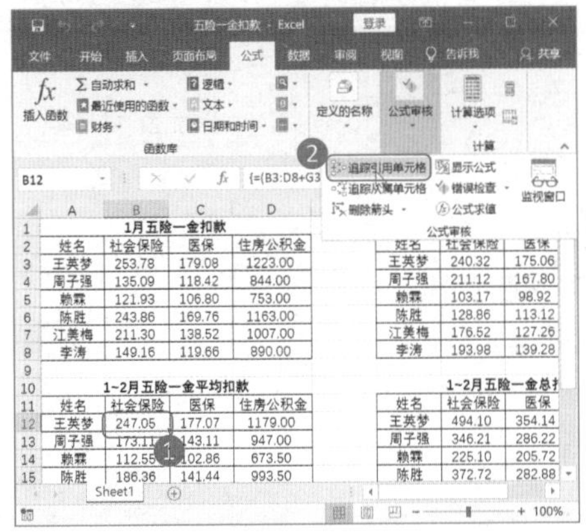

图3-46 追踪引用单元格

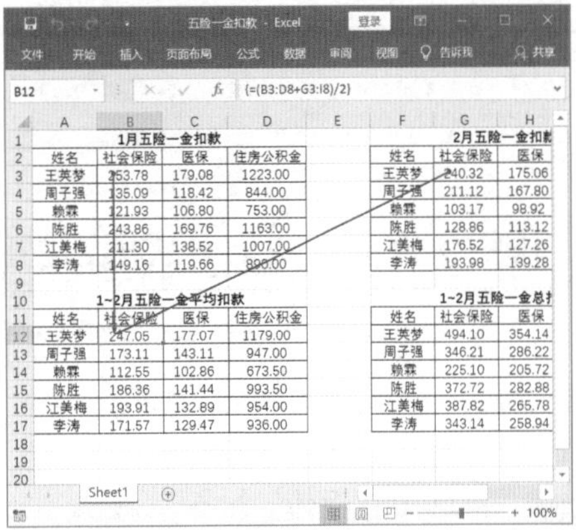

图3-47 查看效果

2 追踪从属单元格

在检查公式时，如果要显示出某个单元格被引用于哪些单元格的公式中，可以使用“追踪从属单元格”功能。具体方法如下：

Step01：追踪从属单元格。❶选择含有公式的单元格；❷单击【公式】选项卡【公式审核】组中的【追踪从属单元格】按钮，如图3-48所示。

Step02：查看公单元格引用于哪些公式。此时系统会用蓝色的箭头指出当前单元格应用于哪些单元格的公式中，效果如图3-49所示。

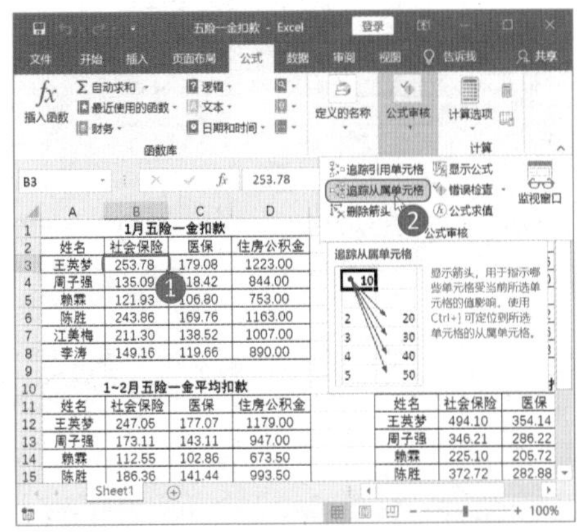

图3-48 追踪从属单元格

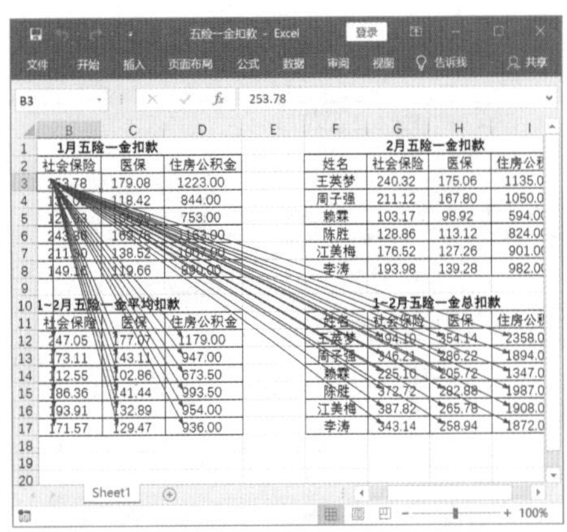

图3-49 查看效果

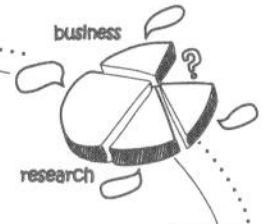

技能升级

当不需要追踪引用或追踪从属引用的箭头时，可以通过删除箭头功能将其删除。选择追踪引用或追踪从属引用的单元格，单击【公式审核】组中的【删除箭头】按钮即可。

3.3.2 根据错误值，找到公式出错的原因

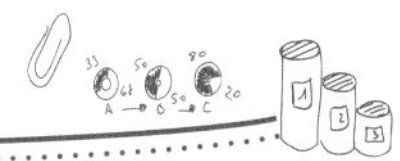

经常使用公式计算数据的HR都知道，当公式出错时，计算结果就会返回#DIV/0!、#VALUE!、#N/A、#NUM!等错误值。要想知道公式出错的原因，就需要了解各错误值。下面对Excel中错误值出现的原因进行介绍。

1 #DIV/0!错误值

大家都知道，数学公式中0不能作为除数，在Excel中也不例外。如果作为公式中的除数，那么计算结果就会返回#DIV/0!错误值。如图3-50所示，在B3单元格公式中，C2单元格中的0作为了除数，所以B3单元格的计算结果为#DIV/0!。此时在该单元格的右侧将出现【错误检查】按钮，将鼠标指针移动到这个按钮上，停留2～3秒，Excel就会自动显示关于该错误值的信息。

另外，在算术运算中，如果公式中使用了空白单元格作为除数，那么公式中引用的空白单元格会被当作0处理，如图3-51所示。所以，当出现#DIV/0!错误值时，首先应检查是否在公式中使用了0或空白单元格作为除数。

图3-50 除数不能为0

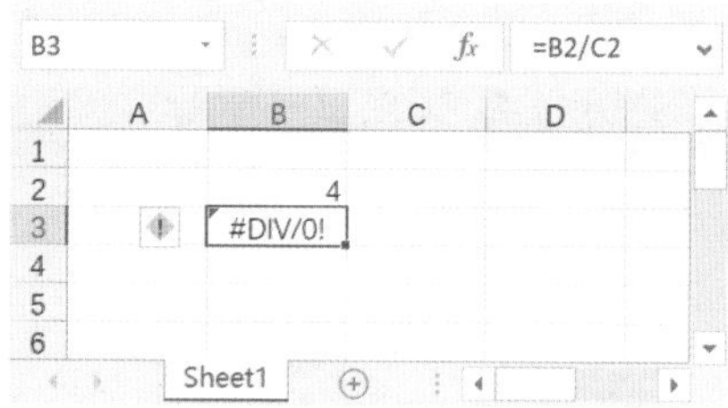

图3-51 除数不能为空白单元格

2 #VALUE!错误值

在Excel中，不同类型的数据，能进行的运算不尽相同，因此Excel并不允许将不同类型的数据凑在一起，执行同一种运算。例如，将字符串"b"与数值5相加，则会返回#VALUE!错误值，如图3-52所示。

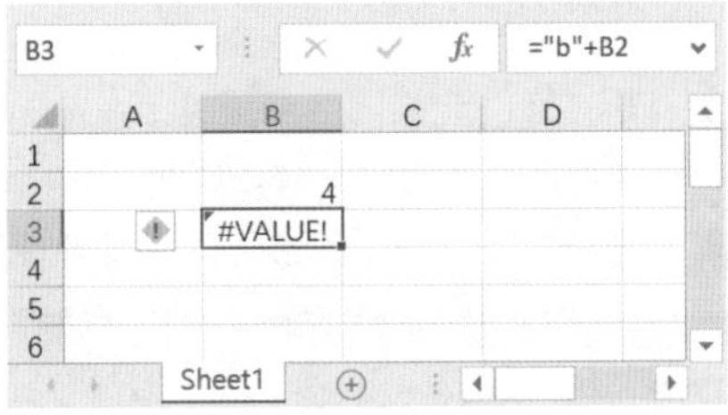

图3-52 不同类型的数据执行运算

#N/A错误值

如果公式返回#N/A错误值，可能是由于某个值对该公式和函数来说是不可用的。这种情况多出现于VLOOKUP、HLOOKUP、LOOKUP、MATCH等查找函数中，当函数无法查找到与查找值匹配的数据时，就会返回#N/A错误值。例如，如图3-53所示的公式“=VLOOKUP(I2,$B$3:$F$11,5,0)”，因为在“$B$3:$F$11”单元格区域中没有查找到“李尧”，提供的查找值是不可用的，所以返回错误值#N/A。

I3 =VLOOKUP(I2,$B$3:$F$11,5,0)

	B	C	D	E	F	G	H	I
2	姓名	工作日加班	休息日加班	节假日加班	加班费		姓名	李尧
3	卢轩	3	23.5	8.5	1386		加班费	#N/A
4	唐霞	1	19.5	8.5	1188			
5	杜悦城	0	14	8.5	963			
6	刘婷	4	17	8.5	1179			
7	李佳奇	3	9	8.5	864			
8	彭江	1	7	8.5	738			
9	黄蒋鑫	3	15	8.5	1080			
10	黄路	2	15.5	8.5	1071			
11	杨伟刚	3	14	8.5	1044			

加班记录表 加班统计表

图3-53 查找值不可用

另外，如果在提供的查找值中没有输入数据，那么也将返回错误值。如图3-54所示的公式“=VLOOKUP($B$1,数据!$B$2:$L$35,2,0)”是根据B1单元格进行查找，但因B1单元格中没有输入数据，所以返回#N/A错误值；如果在B1单元格中输入正确的员工姓名，按【Enter】键，就能根据B1单元格输入的值进行查找，如图3-55所示。

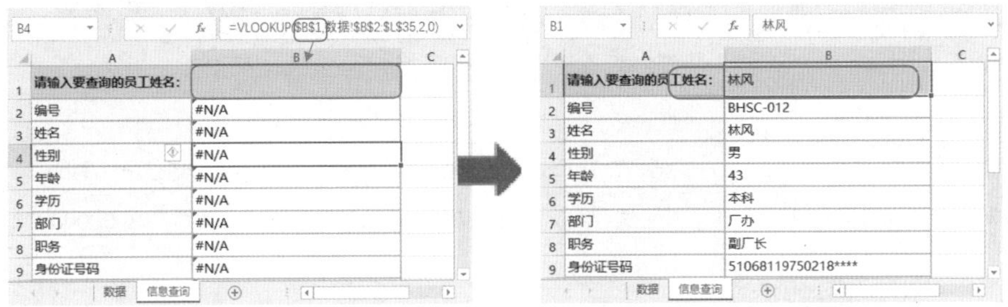

图3-54 查找值未输入数据　　图3-55 查找值输入数据

4 #NUM!错误值

如果公式或函数中使用了无效数值，或公式返回结果超出了Excel可处理的数值范围（科学记数法形式“9E+307”，相当于$9*10^{307}$），都将返回#NUM!错误值。如图3-56所示的DATE函数的第一个参数不能设置为负数；如图3-57所示为公式中的“6*10^309”超出了Excel能处理的数值范围。

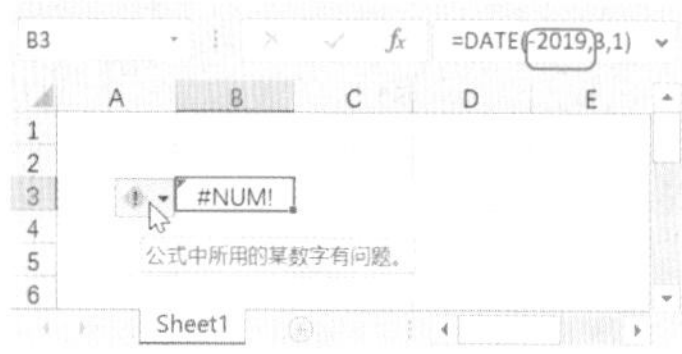

图3-56　使用了无效数值——负数

图3-57　超出了Excel处理范围

5 #REF!错误值

如果删除了已经被公式引用的单元格，计算结果就会返回#REF!错误值。例如，使用SUM函数对A2:A5单元格区域中的数据进行求和，如图3-58所示。当A列被删除后，公式引用的单元格区域就不存在了，结果就会返回#REF!错误值，且公式中原来引用的单元格区域也会变成#REF!错误值，如图3-59所示。另外，当公式中引用了一个根本不存在的单元格时，也会返回#REF!错误值。

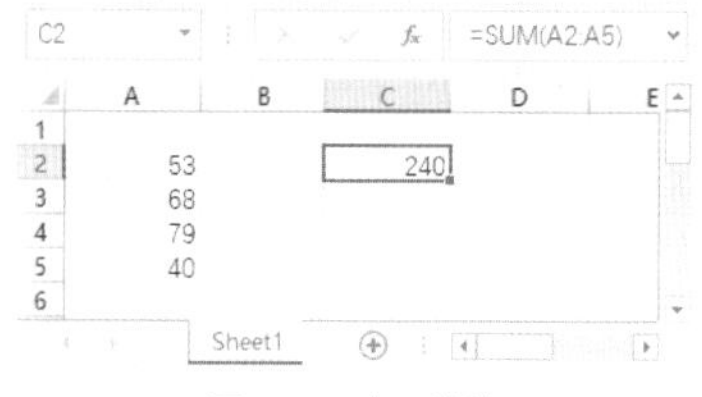

图3-58　求和计算

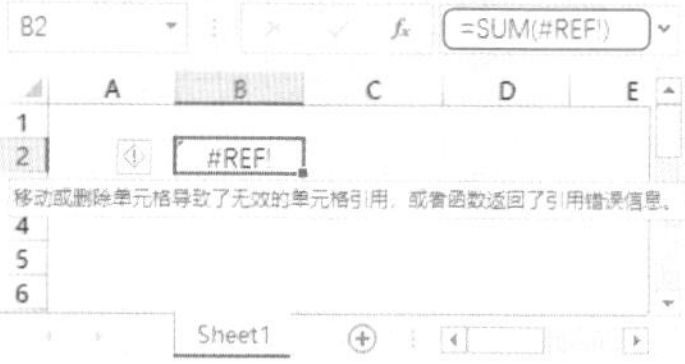

图3-59　引用的单元格区域被删除

6 #NAME?错误值

在Excel中，返回#NAME?错误值的原因有很多，主要有如表3-5所示的4种情况。

表3-5　#NAME?错误值原因

错误原因	示　　例
函数名称错误	将公式“=SUM(A3:B5)”写成了“=SUN(A3:B5)”
单元格引用错误	将公式“=SUM(A3:B5)”写成了“=SUM(A3B5)”
名称错误	将公式“=绩效考核分数*考核比例”写成了“=分数*考比例”
文本未在英文半角双引号之间	将公式“="吴霞" &13800000000”写成了“=吴霞&13800000000”

7 #NULL!错误值

如果公式返回错误值#NULL!，可能是因为在公式中使用空格运算符链接了两个不相交的单元格区域。如图3-60所示的公式“=SUM(A2:A4 C2:C4)”，A2:A4和C2:C4单元格区域之间是空格运算符，其目的是返回这两个区域的公共区域的数据之和，但因为A2:A4和C2:C4单元格区域之间不存在公共区域，所以返回#NULL!错误值。

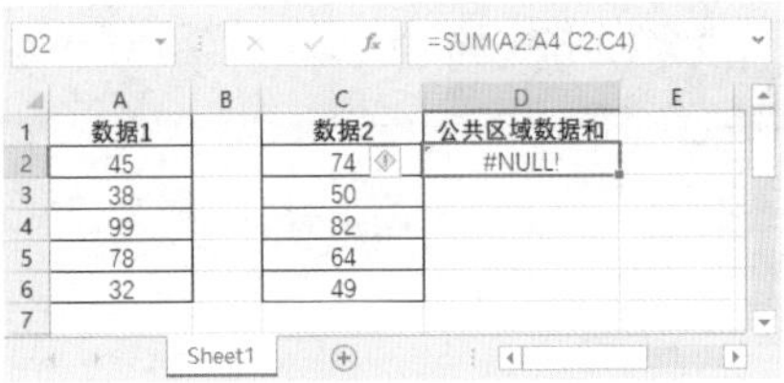
D2 =SUM(A2:A4 C2:C4)

	A	B	C	D	E
1	数据1		数据2	公共区域数据和	
2	45		74	#NULL!	
3	38		50		
4	99		82		
5	78		64		
6	32		49		
7					

Sheet1

图3-60　公式中滥用空格

8 #####错误值

在Excel中，出现#####错误值的原因只有两种。一种是输入单元格列宽不够。如果单元格中的文本内容或数值位数较多，列宽较窄，就会在单元格中显示错误值#####，如图3-61所示。对于这种情况，只需要调整这些单元格的列宽即可。另一种就是在单元格中输入了不符合逻辑的数值。例如，在设置为日期格式的单元格中输入负数，无论将列宽调整为多少，单元格中都会显示错误值，如图3-62所示。因为日期只能为正数，负数对日期而言就是不符合逻辑的数值。

J2 =DATE(YEAR(I2)+3,MONTH(

	F	G	H
1	合同签订时间	同到期时间	
2	2012/1/1	2015/1/1	
3	2016/6/8	2019/6/8	
4	2012/7/10	#######	
5	2010/5/7	2013/5/7	
6	2014/8/15	#######	
7	2013/10/11	#######	
8	2017/5/9	2020/5/9	
9	2016/4/10	#######	
10	2015/4/11	#######	
11	2012/6/12	#######	
12	2016/5/29	#######	
13	2012/4/20	#######	
14	2013/8/15	#######	
15	2016/9/16	#######	
16	2012/7/25	#######	

	I	J
1	合同签订时间	合同到期时间
2	2012/1/1	2015/1/1
3	2016/6/8	2019/6/8
4	2012/7/10	2015/7/10
5	2010/5/7	2013/5/7
6	2014/8/15	2017/8/15
7	2013/10/11	2016/10/11
8	[illegible]	2020/5/9
9	[illegible]	2019/4/10
10	2015/4/11	2018/4/11
11	2012/6/12	2015/6/12
12	2016/5/29	2019/5/29
13	2012/4/20	2015/4/20
14	2013/8/15	2016/8/15
15	2016/9/16	2019/9/16
16	2012/7/25	2015/7/25

员工合同管理 ...

图3-61　列宽太窄

J4 =-2015/7/10

	I	J	K
1	合同签订时间	合同到期时间	
2	2012/1/1	########################	
3	2016/6/8	########################	
4	2012/7/10	########################	
5	2010/5/7	日期和时间为负值或太大时会显示为 ######。	
6	2014/8/15	2017/8/15	
7	2013/10/11	2016/10/11	
8	2017/5/9	2020/5/9	
9	2016/4/10	2019/4/10	
10	2015/4/11	2018/4/11	
11	2012/6/12	2015/6/12	
12	2016/5/29	2019/5/29	
13	2012/4/20	2015/4/20	
14	2013/8/15	2016/8/15	
15	2016/9/16	2019/9/16	
16	2012/7/25	2015/7/25	

员工合同管理 ...

图3-62　数值不符合逻辑

3.3.3 分步查看公式计算结果

Excel中提供了公式求值的功能，当公式中的计算步骤比较多时，使用此功能可以在审核过程中按公式计算的顺序逐步查看公式的计算过程。具体方法如下：

Step01：执行公式求值操作。打开“招聘费用汇总表1”，选择需要逐步查看计算结果的B3单元格，单击【公式】选项卡【公式审核】组中的【公式求值】按钮，如图3-63所示。

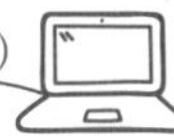

Step02：计算第一步。打开【公式求值】对话框，在【引用】下显示了当前所选单元格的引用位置，在【求职】列表框中显示了公式，并在公式第一步需要计算的部分添加了下划线。单击【求值】按钮，如图3-64所示。

招聘费用汇总表1 - Excel
文件
开始
插入
页面布局
公式
数据
审阅
视图
告诉我
共享
插入函数
自动求和
最近使用的函数
财务
逻辑
文本
日期和时间
函数库
定义的名称
公式审核
计算选项
计算
追踪引用单元格
追踪从属单元格
删除箭头
显示公式
错误检查
公式求值
监视窗口
B3
费用项目
招聘费用汇总
网站渠道费
14400
资料费
1670
现场招聘费
#VALUE!
内部推荐费
1400
人工成本
1703
调试复杂的公式，单独计算公式的各个部分。分步计算各个部分可以帮助您验证计算是否正确。
招聘成本汇总
100%

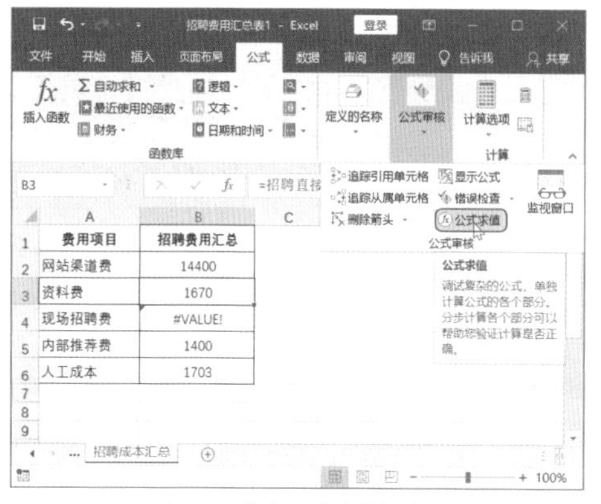

图3-63　执行公式求值操作

公式求值
引用(R):
招聘成本汇总!$B$3
求值(V):
招聘直接成本!C2+招聘直接成本!C3+招聘直接成本!C4
+招聘直接成本!C5+招聘直接成本!C6+招聘直接成本!C7
+招聘直接成本!C8+招聘直接成本!C9+招聘直接成本!C10
+招聘直接成本!C11+招聘直接成本!C12+招聘直接成本!C13
若要显示带下划线的表达式的结果，请单击"求值"。最新结果将以斜体显示。
求值(E)
步入(I)
步出(O)
关闭(C)

图3-64　计算第一步

Step03：查看第一步计算结果。显示出第一步的计算结果，并在第二步的下方添加了下划线。单击【求值】按钮，如图3-65所示。

Step04：计算第二步。显示出第二步的计算结果，并在第三步的下方添加了下划线。单击【求值】按钮，如图3-66所示。

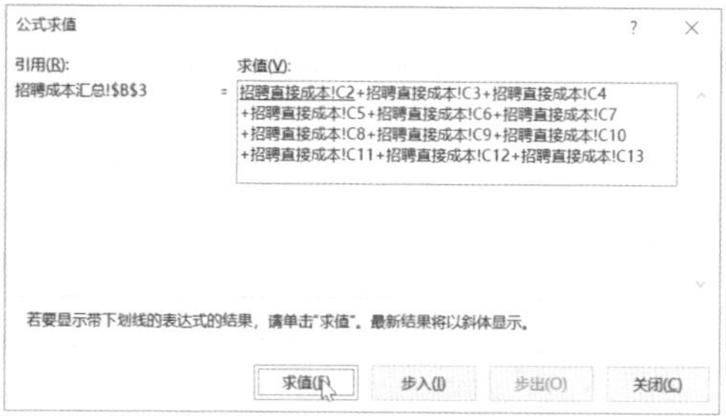

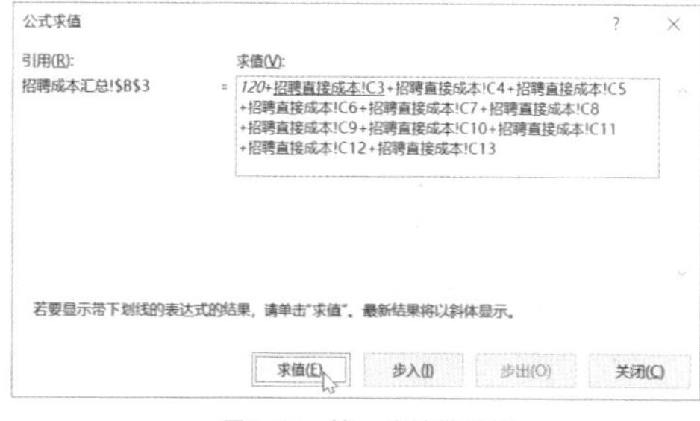

公式求值
引用(R):
招聘成本汇总!$B$3
求值(V):
120+招聘直接成本!C3+招聘直接成本!C4+招聘直接成本!C5
+招聘直接成本!C6+招聘直接成本!C7+招聘直接成本!C8
+招聘直接成本!C9+招聘直接成本!C10+招聘直接成本!C11
+招聘直接成本!C12+招聘直接成本!C13
若要显示带下划线的表达式的结果，请单击"求值"。最新结果将以斜体显示。
求值(E)
步入(I)
步出(O)
关闭(C)

图3-65　第一步计算结果

公式求值
引用(R):
招聘成本汇总!$B$3
求值(V):
120+80+招聘直接成本!C4+招聘直接成本!C5+招聘直接成本!C6
+招聘直接成本!C7+招聘直接成本!C8+招聘直接成本!C9
+招聘直接成本!C10+招聘直接成本!C11+招聘直接成本!C12
+招聘直接成本!C13
若要显示带下划线的表达式的结果，请单击"求值"。最新结果将以斜体显示。
求值(E)
步入(I)
步出(O)
关闭(C)

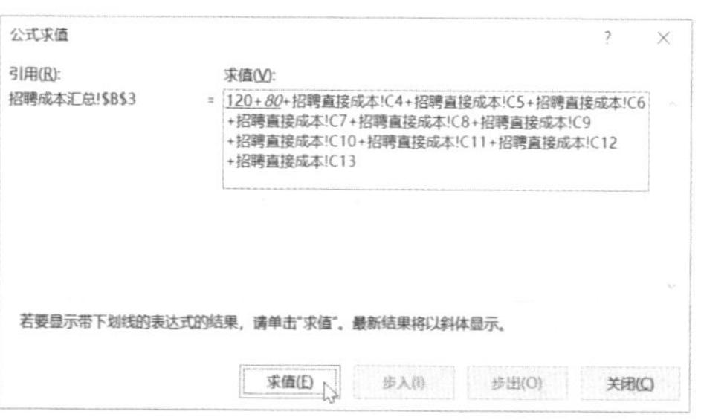

图3-66　计算第二步

Step05：继续计算。使用前面的方法继续查看该公式的其他计算步骤。计算完成后，在【求值】列表框中显示出计算结果。单击【关闭】按钮，关闭该对话框即可，如图3-67所示。

公式求值
引用(R):
招聘成本汇总!$B$3
求值(V):
1670
若要显示带下划线的表达式的结果，请单击"求值"。最新结果将以斜体显示。
重新启动(E)
步入(I)
步出(O)
关闭(C)

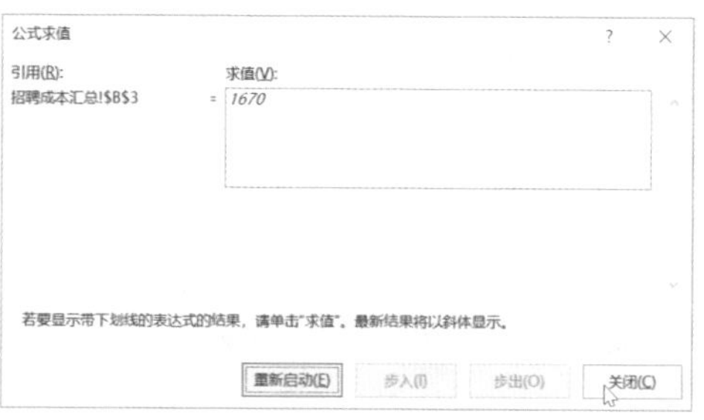

图3-67　查看最终计算结果

温馨提示

在使用公式求值功能对公式进行分步查看时，在【公式求值】对话框中单击【步入】按钮，将显示引用的详细地址以及引用单元格中的值，可以详细查看公式该步的计算过程，如图3-68所示。

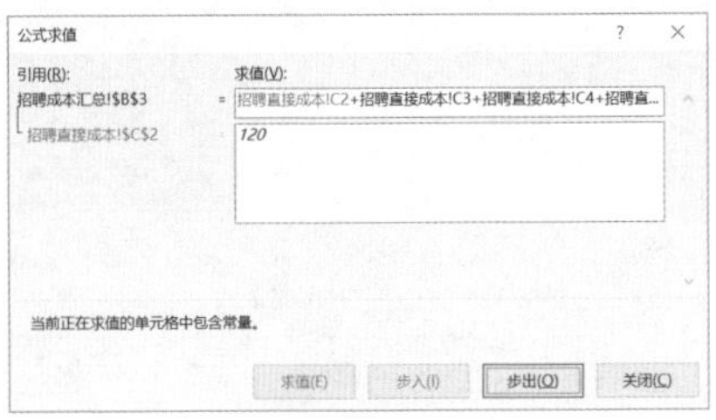

图3-68　查看详细步骤

3.3.4 对错误公式进行检查

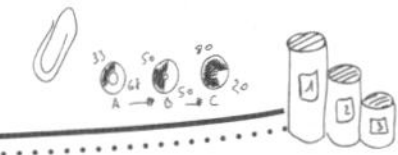

当不知道公式的哪步出错时，可以利用Excel提供的错误检查功能对公式进行检查，然后根据检查结果对公式进行修改。具体方法如下：

Step01：执行公式错误检查操作。在“招聘费用汇总表1”中单击【公式】选项卡【公式审核】组中的【错误检查】按钮，如图3-69所示。

Step02：显示表格中第一处公式错误。打开【错误检查】对话框，在其中显示了表格中第一处出错公式所在的单元格，并显示公式错误的原因。单击【显示计算步骤】按钮，如图3-70所示。

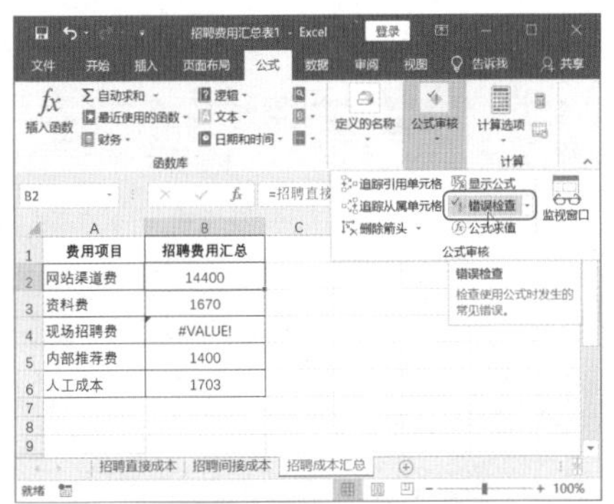

图3-69　执行错误检查

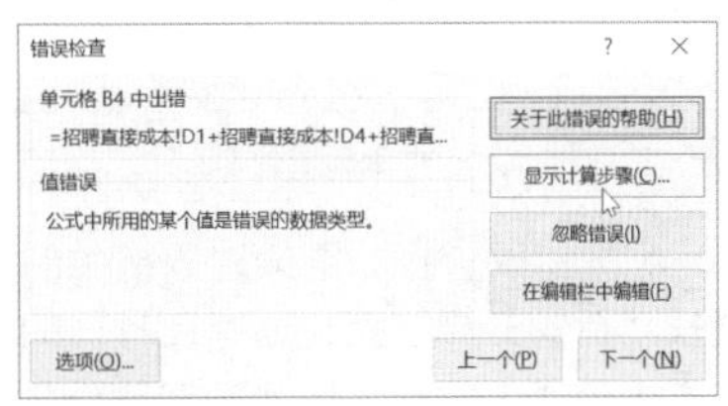

图3-70　查看公式出错原因

Step03：查看哪一步产生错误。打开【公式求值】对话框，在【求值】列表框中查看该错误运用的计算公式及出错位置，然后单击【关闭】按钮，如图3-71所示。

Step04：执行错误修改。返回【错误检查】对话框，单击【在编辑栏中编辑】按钮，如图3-72所示。

图3-71　查看出错步骤

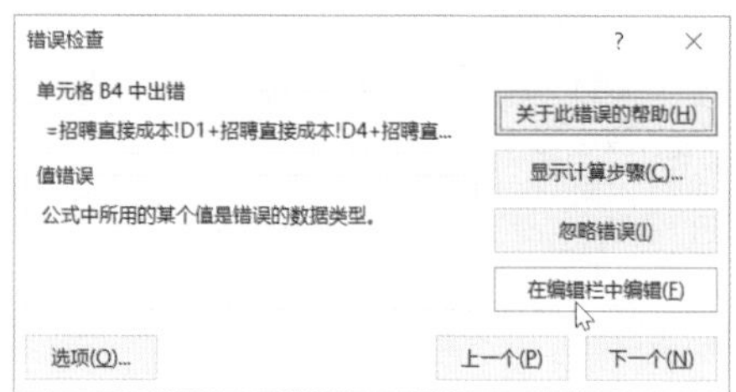

图3-72　执行错误修改

温馨提示

在【错误检查】对话框中单击【上一个】和【下一个】按钮，可以逐个显示出错单元格，供用户检查。

Step05：修改错误。在表格单元格中将显示公式，在编辑栏中将错误的D1更改为D2，如图3-73所示。

Step06：继续查找错误。按【Enter】键，计算出正确结果。单击【错误检查】对话框中的【继续】按钮，如图3-74所示。

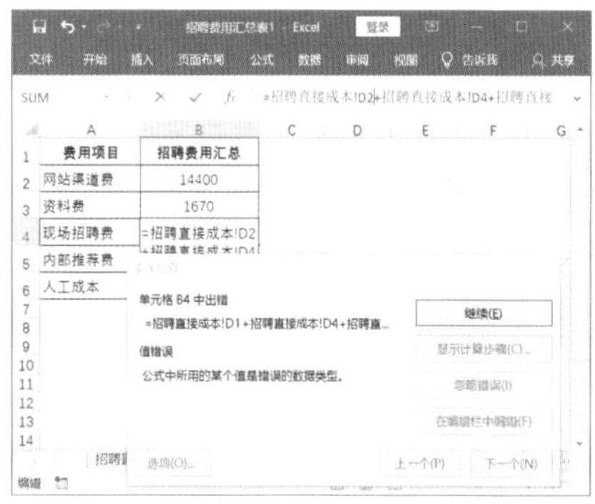

图3-73　编辑错误公式

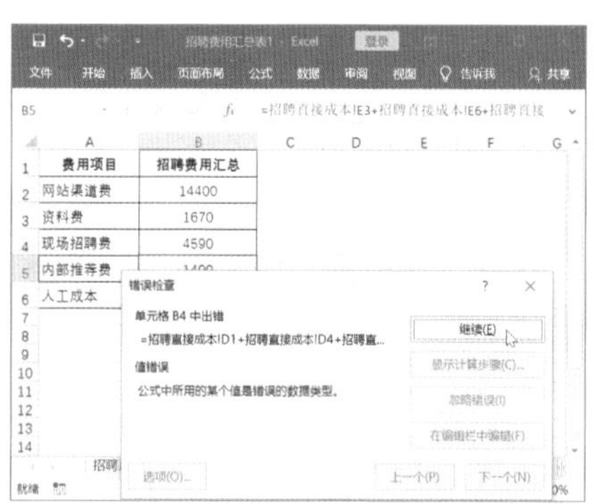

图3-74　继续查找错误公式

Step07：完成错误查找。继续对表格中的错误公式进行查找。查找并修改完成后，在打开的提示对话框中单击【确定】按钮，如图3-75所示。

图3-75　完成对错误公式的检查和修改

CHAPTER 4

函数，让HR统计数据不再手忙脚乱

不知不觉，上班快一个月了，张总监给我安排的工作也越来越多、越来越复杂，很多数据的计算仅靠简单的公式已不能完成。

听说函数可以帮上大忙，于是我开始接触函数。起初我以为函数“高不可攀”，但在不断地学习中逐渐领悟到，只要知道函数的作用、函数各参数的含义，就能快速参透它。而且，Excel中的500多个函数，并不是所有的函数都需要学会，只需要掌握我们HR经常使用的函数即可。

另外，在学习过程中，通过张总监的错误指正、王Sir的耐心指导，使我少走了很多弯路，提高了工作效率。

小 刘

函数是Excel区别于其他软件最大的特征。通过函数可实现普通公式无法实现的特殊运算，而且可以简化公式，提高运算效率。可以说，函数是更智能的公式。

很多人一开始就排斥函数，并不是因为函数有多难，而是人云亦云，轻易相信别人所说的“英语和数学不好，就学不会函数”。其实，函数比想象中更容易，只要从函数的基础知识学起，就能快速参透每个函数。

王 Sir

4.1 学好函数，打牢基础很重要

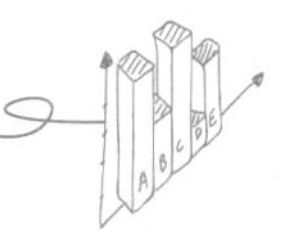

小 刘

王Sir，为什么使用函数计算数据时，不是返回各种错误值，就是弹出一个提示对话框，提示公式有问题，无法进行操作？

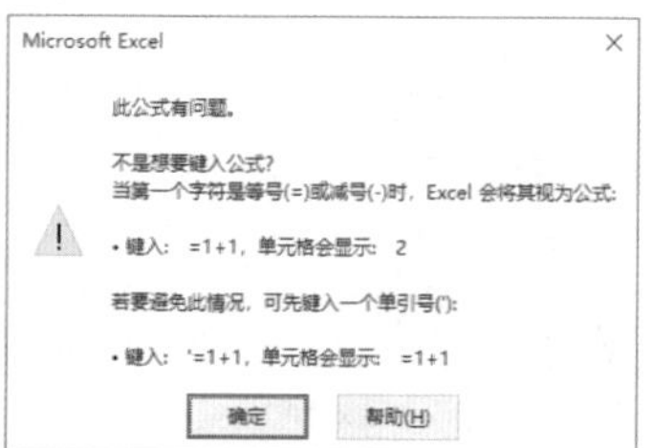

王Sir

小刘，**要学会、用好函数，必须要循序渐进，先学习函数的基础知识，如函数的基本结构、函数中可选参数和必需参数的区别、函数的分类以及插入函数的方法等。**只有基础打牢了，使用函数计算数据时才不会出现各种问题。就算出现问题，也能快速找到解决方法。

小刘

王Sir说得对，学习不能急功近利，要脚踏实地，一步一个脚印，这样才能学好函数。

4.1.1 认清函数的基本结构

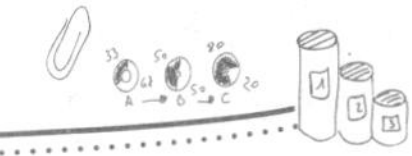

Excel中的每个函数都是一组特定的公式，都代表着一个复杂的运算过程。不同的函数，由于其计算方式不同，其组成部分会有所不同，如有些函数有多个参数，而有些函数则没有参数，但大部分函数都包含等号（=）、函数名、括号和参数等几部分，如图4-1所示。

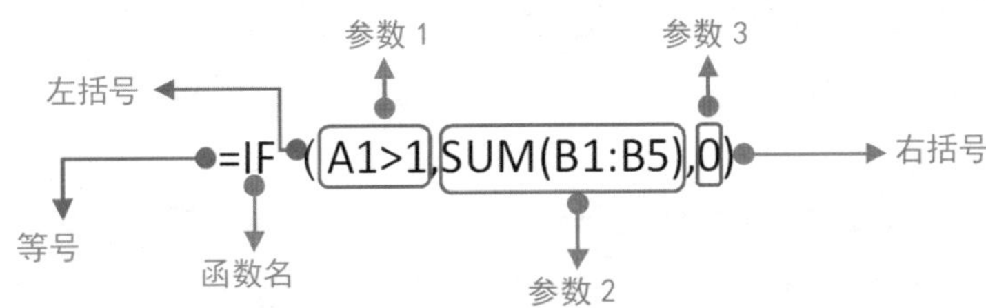

图4-1 函数的组成

函数各组成部分的含义分别介绍如下。

（1）（=）等号：函数作为一种特殊的公式，也是以“=”开始的，后面依次是函数名、左括号、参数、右括号等。

（2）函数名：即函数的名称，代表了函数的计算功能。每个函数都有唯一的函数名，如AVERAGE函数表示求平均值、MAX函数表示求最大值。函数名输入时不区分大小写，也就是说函数名中的大小写字母等效。

（3）括号：包括左括号和右括号，并且所有左括号和右括号必须成对出现。所有函数的参数都需要使用英文半角状态下的括号“()”括起来。

（4）参数：函数中用来执行操作或计算的值，可以是数值、日期、文本、TRUE 或 FALSE 等逻辑值、数组、单元格引用，还可以是公式或其他函数。当使用另外一个函数作为参数时，称之为嵌套函数。但无论使用哪种类型的参数，都必须是有效参数。

温馨提示

在Excel中，**当函数有多个参数时，各参数之间还需要使用英文半角状态下的逗号“,”将其分隔开。**

4.1.2 了解函数的两种参数

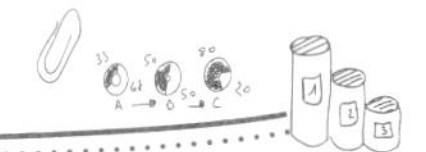

在Excel中，函数的参数包括必需参数和可选参数两种。必需参数是函数中必须要有的参数，是不能省略的。一般来说，函数的第一个参数都是必需参数。

可选参数是函数中可有可无的参数，可以省略。在函数语法结构中，可选参数一般使用一对“[]”括起来。如语法结构COUNT(value1, [value2], ...)，其中value1表示必需参数，[value2]表示可选参数。

当函数有多个可选参数时，如OFFSET函数的语法结构OFFSET(reference, rows, cols, [height], [width])，其中[height]和[width]都表示可选参数，这时可以根据实际情况进行省略。

4.1.3 函数的分类

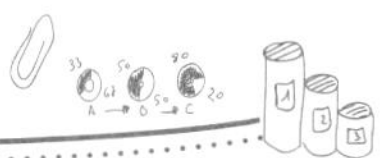

虽然HR常用的函数只有二十几种，但还是需要知道Excel中函数的分类，这样在插入函数时，就能清楚地在不同分类下找到需要的函数。

根据函数的功能，可将函数划分为11种类型。在函数使用过程中，可根据分类进行快速定位。

（1）财务函数：用于财务方面的统计，如DB函数可返回固定资产的折旧值，IPMT函数可返回投资回报的利息等。

（2）逻辑函数：该类型的函数只有7个，用于测试某个条件，返回逻辑值 TRUE或FALSE。在数值运算中，TRUE=1，FALSE=0；但在逻辑判断中，0=FALSE，所有非0数值=TRUE。

（3）文本函数：处理文本字符串的函数。其功能包括截取、查找文本中的某个特殊字符，或提取某些字符，也可以改变文本的编写状态，如将数值转换为文本。

（4）日期和时间函数：用于分析或处理公式中的日期和时间值。

（5）查找与引用函数：用于在数据清单或工作表中查询特定的数值或某个单元格引用。

（6）数学和三角函数：主要用于各种数学计算和三角计算。

（7）统计函数：用于对一定范围内的数据进行统计学分析。

（8）工程函数：用于处理复杂的数字，在不同的计数体系和测量体系之间进行转换，如将十进制数转换为二进制数。

（9）多维数据集函数：用于返回多维数据集中的相关信息，如返回多维数据集中成员属性的值。

（10）信息函数：用于确定单元格中数据的类型，还可以使单元格在满足一定的条件时返回逻辑值。

（11）数据库函数：用于对存储在数据清单或数据库中的数据进行分析，判断其是否符合某些特定的条件。这类函数在汇总符合某一条件的列表中的数据时十分有用。

4.1.4 掌握插入函数的3种方法

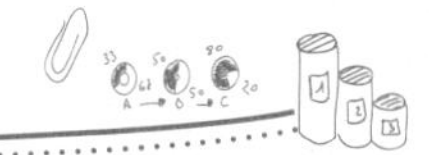

在Excel中使用函数对人事数据进行计算时，HR可以根据实际情况来选择输入函数的方法。

1 自动插入函数

HR在对数据进行求和、平均值、计数 、最小值和最大值等比较简单的计算时，可以直接通过Excel提供的自动求和功能来实现。具体方法如下：

Step01：选择自动求和选项。打开“绩效考核表”。❶选择要存放计算结果的H3单元格；❷单击【公式】选项卡【函数库】组中的【自动求和】下拉按钮▾；❸在弹出的下拉列表中选择计算选项，如选择【求和】选项，如图4-2所示。

1月	2月				6月	总分	排名
87	69	70	80	79	84		
90	68	67	79	86	83		
84	69	68	79	86	85		
81	70	76	82	84	76		
84	69	65	82	79	71		
83	75	76	88	85	73		
81	76	51	84	84	80		
86	73	55	80	85	72		
82	66	59	83	67	85		
69	76	63	81	80	87		

图4-2 选择自动求和选项

Step02：确定计算区域。Excel自动识别计算区域，并在H3单元格中显示出计算公式，如图4-3所示。

Step03：计算总分。按【Enter】键即可计算出结果；向下填充公式至H14单元格，即可计算出多名员工上半年的绩效总分，如图4-4所示。

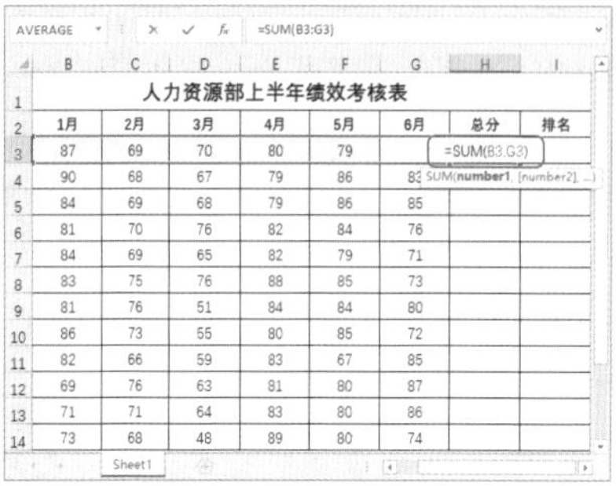

AVERAGE　=SUM(B3:G3)

	B	C	D	E	F	G	H	I
1	人力资源部上半年绩效考核表							
2	1月	2月	3月	4月	5月	6月	总分	排名
3	87	69	70	80	79		=SUM(B3:G3)	
4	90	68	67	79	86	83	SUM(number1, [number2], ...)	
5	84	69	68	79	86	85		
6	81	70	76	82	84	76		
7	84	69	65	82	79	71		
8	83	75	76	88	85	73		
9	81	76	51	84	84	80		
10	86	73	55	80	85	72		
11	82	66	59	83	67	85		
12	69	76	63	81	80	87		
13	71	71	64	83	80	86		
14	73	68	48	89	80	74		

图4-3　确定计算区域

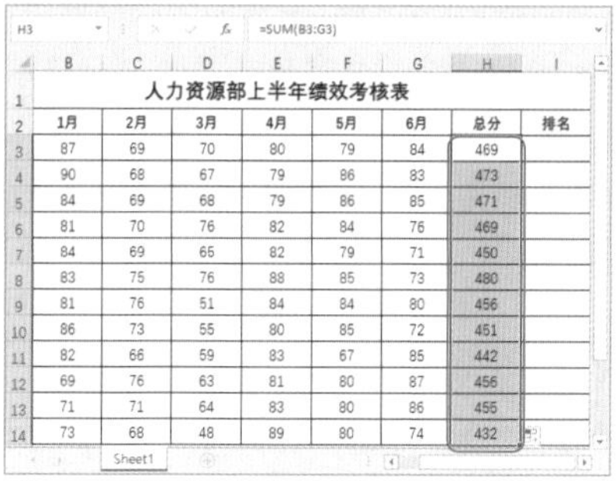

H3　=SUM(B3:G3)

	B	C	D	E	F	G	H	I
1	人力资源部上半年绩效考核表							
2	1月	2月	3月	4月	5月	6月	总分	排名
3	87	69	70	80	79	84	469	
4	90	68	67	79	86	83	473	
5	84	69	68	79	86	85	471	
6	81	70	76	82	84	76	469	
7	84	69	65	82	79	71	450	
8	83	75	76	88	85	73	480	
9	81	76	51	84	84	80	456	
10	86	73	55	80	85	72	451	
11	82	66	59	83	67	85	442	
12	69	76	63	81	80	87	456	
13	71	71	64	83	80	86	455	
14	73	68	48	89	80	74	432	

图4-4　查看计算结果

温馨提示

如果自动识别的计算区域不正确，可通过修改参数的引用区域，重新指定要参与计算的数据，提高工作效率。

2 选择合适的函数插入

如果需要进行的数据计算不能通过“自动求和”来实现，也不知道使用什么函数来完成，则可通过单击“公式”选项卡“函数库”中的“插入函数”按钮来实现。具体方法如下：

Step01：执行插入函数操作。❶选择I3单元格；❷单击【公式】选项卡【函数库】组中的【插入函数】按钮，如图4-5所示。

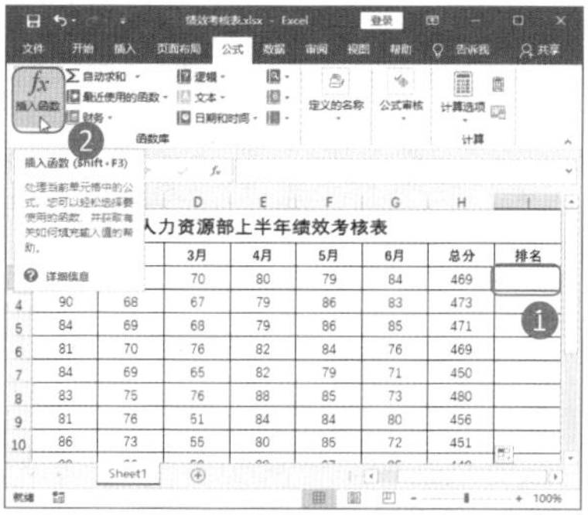

图4-5　执行插入函数操作

Step02：选择函数。打开【插入函数】对话框，❶在【或选择类别】下拉列表框中选择【全部】选项；❷在【选择函数】列表框中将显示全部的函数，从中选择需要的函数，如选择RANK；❸单击【确定】按钮，如图4-6所示。

温馨提示

在【选择函数】列表框中选择某个函数后，该列表框下方会显示所选函数的相关信息，HR可以根据这些信息来决定是否使用这个函数。另外，在【插入函数】对话框的【搜索函数】文本框中输入进行计算的关键字，如求和、排名、多条件统计等，单击【转到】按钮，即可根据输入的关键字搜索相关的函数，并显示在【选择函数】列表框中。

Step03：查看各参数的含义。打开【函数参数】对话框，在其中显示了函数的参数。将鼠标定位到参数框中，对话框下方将显示函数的定义以及参数的含义，根据提供的参数含义来设置参数（这个方法对于不熟悉函数的HR来说非常实用）。❶如将鼠标指针定位到Number参数框中；❷单击【折叠】按钮，如图4-7所示。

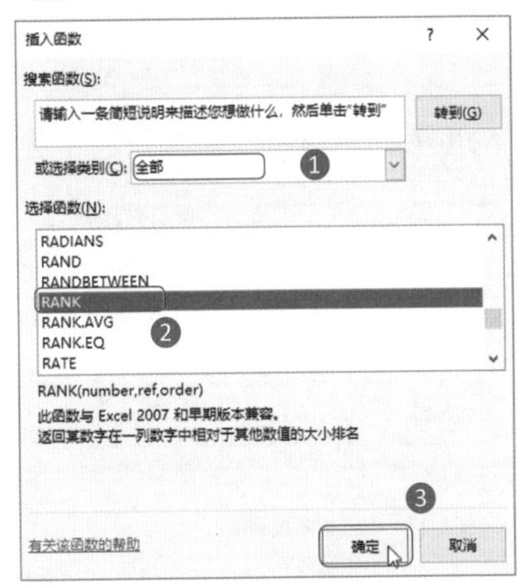

图4-6 选择需要的函数

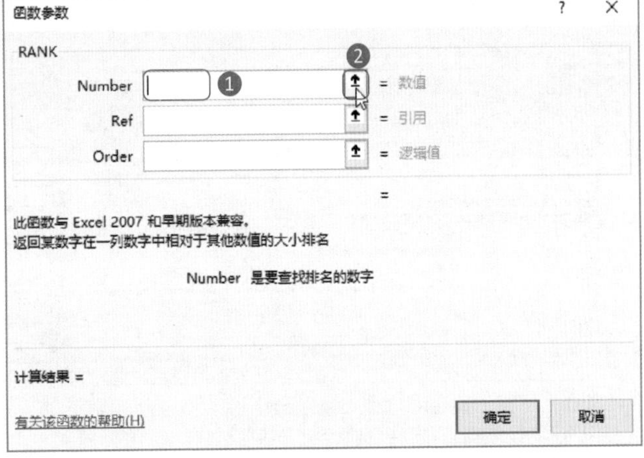

图4-7 查看参数含义

Step04：引用单元格。缩小对话框；❶在表格中单击需要引用的单元格，如单击H3单元格，参数框中将显示引用的单元格；❷单击【展开】按钮，如图4-8所示。

Step05：绝对引用单元格区域。展开对话框，将鼠标指针定位到Ref参数框中，单击【折叠】按钮缩小对话框。在表格中拖动鼠标选择H3:H14单元格区域，参数框中将显示引用的单元格区域。本例需要用到绝对引用，将鼠标指针定位到参数框中；❶按【F4】键，切换到绝对引用；❷单击【展开】按钮，如图4-9所示。

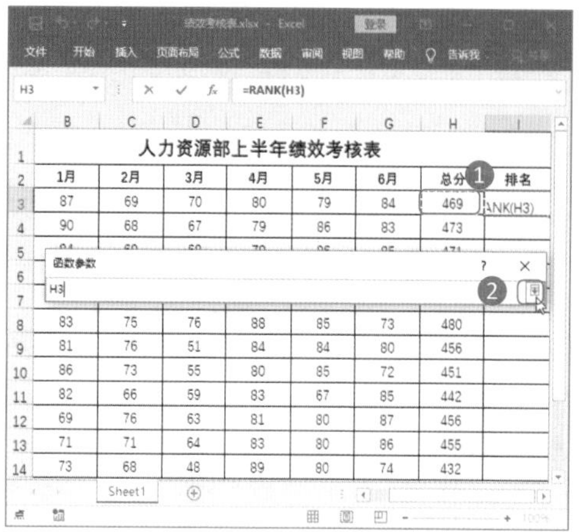

图4-8　引用单元格数据

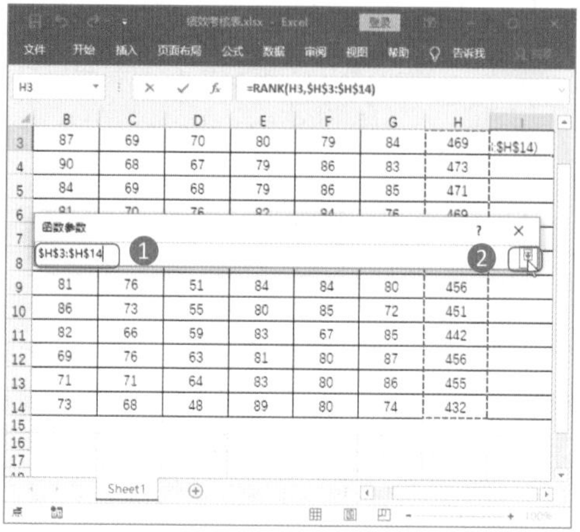

图4-9　绝对引用单元格区域

Step06：完成函数参数设置。展开【函数参数】对话框，在参数框中显示了引用的单元格和单元格区域，在参数框右侧显示了引用的单元格中的数据和单元格区域中的数据，如图4-10所示。

Step07：查看排名。单击【确定】按钮，返回工作表中，即可看到计算结果。向下填充公式至I4单元格，计算出所有员工的排名，如图4-11所示。

图4-10　查看设置的参数

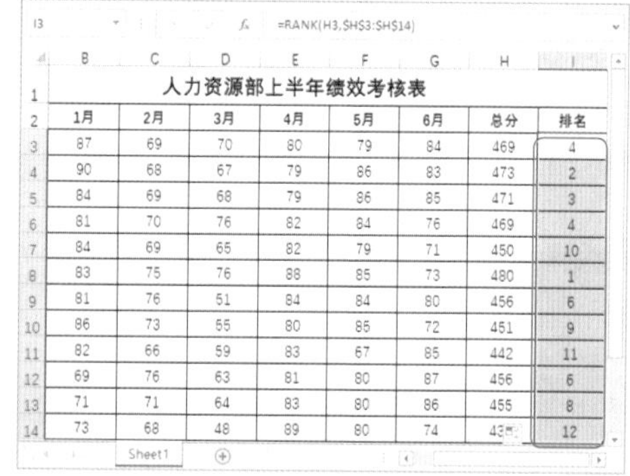

=RANK(H3,$H$3:$H$14)

人力资源部上半年绩效考核表

1月	2月	3月	4月	5月	6月	总分	排名
87	69	70	80	79	84	469	4
90	68	67	79	86	83	473	2
84	69	68	79	86	85	471	3
81	70	76	82	84	76	469	4
84	69	65	82	79	71	450	10
83	75	76	88	85	73	480	1
81	76	51	84	84	80	456	6
86	73	55	80	85	72	451	9
82	66	59	83	67	85	442	11
69	76	63	81	80	87	456	6
71	71	64	83	80	86	455	8
73	68	48	89	80	74	432	12

图4-11　查看排名效果

技能升级

通过函数分类来选择函数。如果知道要使用的函数所属的类别，那么可在【函数库】中单击函数所对应的类别，在弹出的下拉列表中将显示该类别中所包含的所有函数，从中选择需要的函数即可。

3 选择合适的函数插入

Excel具有“公式记忆式输入”功能，可以根据输入的字母为用户提供备选的函数。所以，如果HR知道函数的具体用法，并且能正确书写出函数、函数前面一个或几个字母，那么可像输入公式一样，直接在单元格或公式中输入函数，如图4-12所示。当然，输入函数的字母越多，那么提供的函数也就越少，可供选择的范围也就会越小，如图4-13所示。

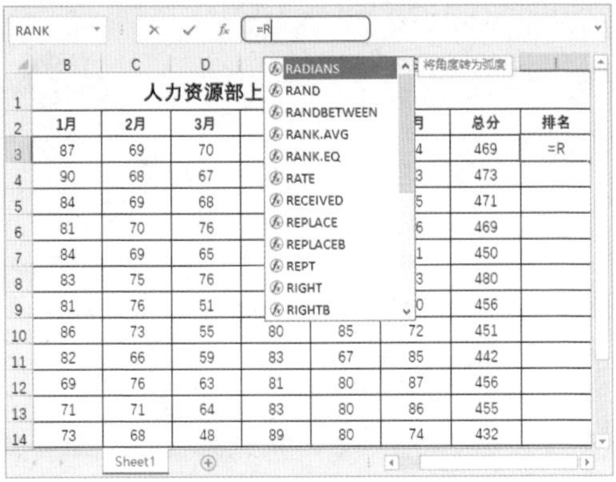

RANK　=R

RADIANS　将角度转为弧度
RAND
RANDBETWEEN
RANK.AVG
RANK.EQ
RATE
RECEIVED
REPLACE
REPLACEB
REPT
RIGHT
RIGHTB

	B	C	D	E	F	G	H	I
1	人力资源部上							
2	1月	2月	3月			月	总分	排名
3	87	69	70			4	469	=R
4	90	68	67			3	473	
5	84	69	68			5	471	
6	81	70	76			6	469	
7	84	69	65			1	450	
8	83	75	76			3	480	
9	81	76	51			0	456	
10	86	73	55	80	85	72	451	
11	82	66	59	83	67	85	442	
12	69	76	63	81	80	87	456	
13	71	71	64	83	80	86	455	
14	73	68	48	89	80	74	432	

Sheet1

图4-12　输入函数的1个字母

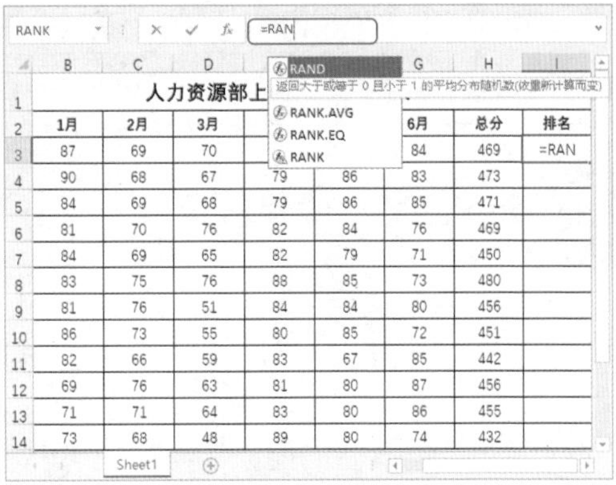

RANK　=RAN

RAND　返回大于或等于 0 且小于 1 的平均分布随机数(依重新计算而变)
RANK.AVG
RANK.EQ
RANK

	B	C	D	E	F	G	H	I
1	人力资源部上							
2	1月	2月	3月			6月	总分	排名
3	87	69	70			84	469	=RAN
4	90	68	67	79	86	83	473	
5	84	69	68	79	86	85	471	
6	81	70	76	82	84	76	469	
7	84	69	65	82	79	71	450	
8	83	75	76	88	85	73	480	
9	81	76	51	84	84	80	456	
10	86	73	55	80	85	72	451	
11	82	66	59	83	67	85	442	
12	69	76	63	81	80	87	456	
13	71	71	64	83	80	86	455	
14	73	68	48	89	80	74	432	

Sheet1

图4-13　输入函数的3个字母

4.2 求和统计函数，让统计汇总不再难

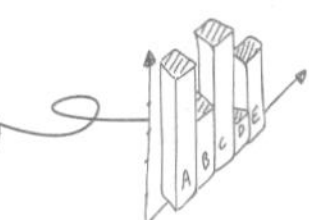

张总监

小刘，需要你根据“在职人员信息统计表”中的数据统计出各部门的总人数、各部门不同学历的人数，以及不同年龄段和工龄段的人数。统计起来有点复杂，需要运用到很多求和和统计函数。虽然对刚学函数的你来说有点难度，但我相信你能克服。

小刘

既然张总监对我这么有信心，我一定要做好。不过，前提是要先向王Sir请教，HR统计人事数据时需要用到哪些求和与统计函数。

王Sir

小刘，虽然Excel中提供的求和与统计函数很多，但对于我们HR来说，需要用到的求和与统计函数主要有进行**简单求和的SUM函数、条件求和的SUMIF函数、按指定条件计数的COUNTIF函数、多条件计数的COUNTIFS函数**，以及**分类统计的SUMPRODUCT函数**。只要学会了这些函数，就能完成大部分的人事数据统计与汇总工作。

4.2.1 SUM函数，简单求和

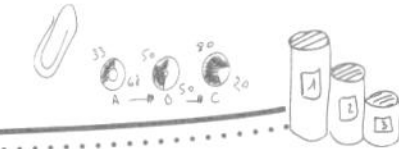

SUM函数用于对所选单元格或单元格区域进行求和计算。其语法结构为：SUM(number1,[number2],⋯)。它与HR打交道的时间最多，因为在计算各种人事费用、考核成绩、培训成绩、员工工资、考勤等方面都会用到。

使用SUM函数时，最少为函数设置一个参数，最多只能设置255个参数。需要注意的是，如果参数是文本、逻辑值和空格，都会自动被忽略，但不会忽略错误值。参数中如果包含错误值，公式将返回错误，如图4-14所示。

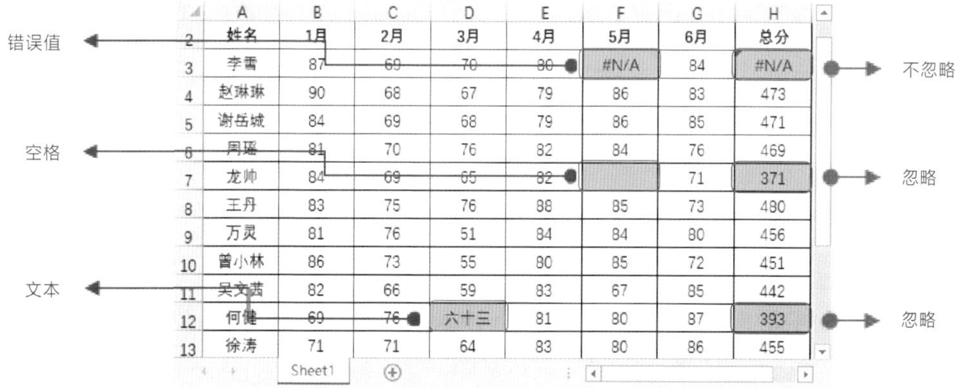

	A	B	C	D	E	F	G	H
2	姓名	1月	2月	3月	4月	5月	6月	总分
3	李雪	87	69	70	80	#N/A	84	#N/A
4	赵琳琳	90	68	67	79	86	83	473
5	谢岳城	84	69	68	79	86	85	471
6	周瑶	81	70	76	82	84	76	469
7	龙帅	84	69	65	82		71	371
8	王丹	83	75	76	88	85	73	480
9	万灵	81	76	51	84	84	80	456
10	曾小林	86	73	55	80	85	72	451
11	吴文茜	82	66	59	83	67	85	442
12	何健	69	76	六十三	81	80	87	393
13	徐涛	71	71	64	83	80	86	455

错误值 → 不忽略；空格 → 忽略；文本 → 忽略

Sheet1

图4-14 自动忽略或不忽略

SUM函数除了可对连续的单元格区域进行求和计算外，还可对不连续的单元格或单元格区域进行合并计算。具体方法如下：

Step01：选择参与计算的单元格。在数据表中选择L2单元格，在编辑栏中输入“=SUM(”，然后按住【Ctrl】键，拖动鼠标在数据表中依次选择参与计算的单元格和单元格区域（选择后，公式中的单元格或单元格区域将会用英文状态下的引号分隔开），如图4-15所示。

人力资源部上半年绩效考核表

姓名	1月	2月	3月	4月	5月	6月	总分	排名
李雪	87	69	70	80	79	84	469	4
赵琳琳	90	68	67	79	86	83	473	2
谢岳城	84	69	68	79	86	85	471	3
周瑶	81	70	76	82	84	76	469	4
龙帅	84	69	65	82	79	71	450	10
王丹	83	75	76	88	85	73	480	1
万灵	81	76	51	84	84	80	456	6
曾小林	86	73	55	80	85	72	451	9
吴文茜	82	66	59	83	67	85	442	11

图4-15　选择参与计算的单元格或单元格区域

Step02：查看计算结果。在编辑栏中的公式后输入右括号“)”，按【Enter】键，即可计算出李雪和万灵两个人1月、4月和5月的总成绩，效果如图4-16所示。

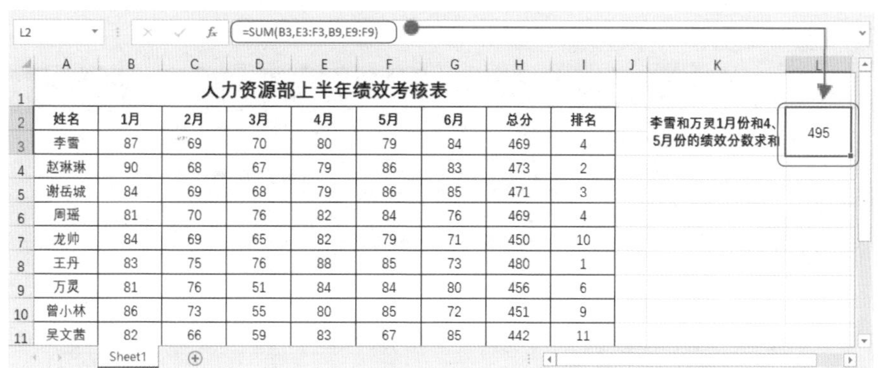

人力资源部上半年绩效考核表

姓名	1月	2月	3月	4月	5月	6月	总分	排名
李雪	87	69	70	80	79	84	469	4
赵琳琳	90	68	67	79	86	83	473	2
谢岳城	84	69	68	79	86	85	471	3
周瑶	81	70	76	82	84	76	469	4
龙帅	84	69	65	82	79	71	450	10
王丹	83	75	76	88	85	73	480	1
万灵	81	76	51	84	84	80	456	6
曾小林	86	73	55	80	85	72	451	9
吴文茜	82	66	59	83	67	85	442	11

图4-16　查看计算结果

4.2.2 SUMIF函数，条件求和

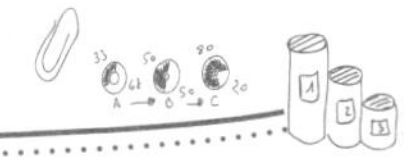

SUMIF函数与SUM函数都是求和函数，不同的是，SUMIF函数是对单元格区域中满足条件的单元格进行求和运算。其语法结构为：SUMIF (range,criteria,[sum_range])。

各参数的含义如下：

☆ range为必需参数，表示条件区域。每个区域中的单元格都必须是数字或名称、数组或包含数字的引用，空值和文本值将被忽略。所选区域也可以包含标准 Excel 格式的日期。

☆ criteria为必需参数，表示求和条件，其形式可以为数字、表达式、单元格引用、文本或函数。

☆ [sum_range]为可选参数，表示求和区域。当求和区域即为参数range所指定的区域时，可省略参数sum_range。

温馨提示

在设置criteria参数时，criteria中除数字外，其他任何文本条件或含有逻辑或数学符号的条件都必须使用英文状态下的双引号“""”括起来。另外，在criteria参数中可使用通配符——星号（*）和问号（?）代替任意的数字、字母、汉字或其他字符。两者的区别是可以代替的字符数量，一个问号（?）只能代替一个任意的字符，而一个星号（*）则可以代替任意个数的任意字符。

下面使用SUMIF函数对需要支付给各车间的加班费进行统计，具体方法如下。

Step01：选择需要的函数。选择需要计算的J3单元格；❶单击【函数库】组中的【数学和三角函数】下拉按钮；❷在弹出的下拉列表中选择需要的SUMIF选项，如图4-17所示。

Step02：选择条件区域。打开【函数参数】对话框，设置第一个条件区域参数。缩小对话框；❶在表格中选择条件区域C3:C25单元格区域，按【F4】键切换到绝对引用；❷单击【展开】按钮，如图4-18所示。

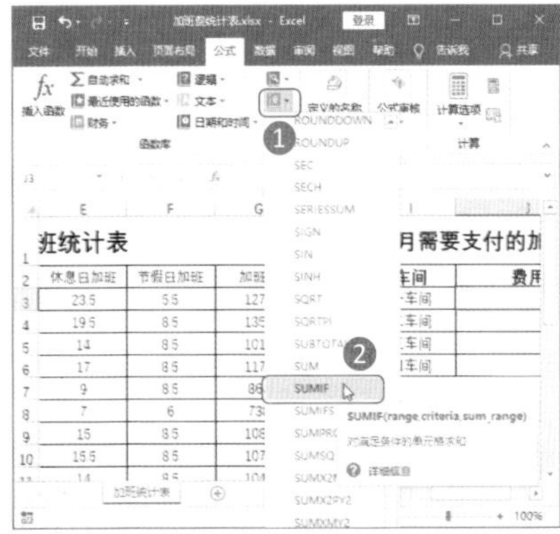

图4-17　选择需要的函数

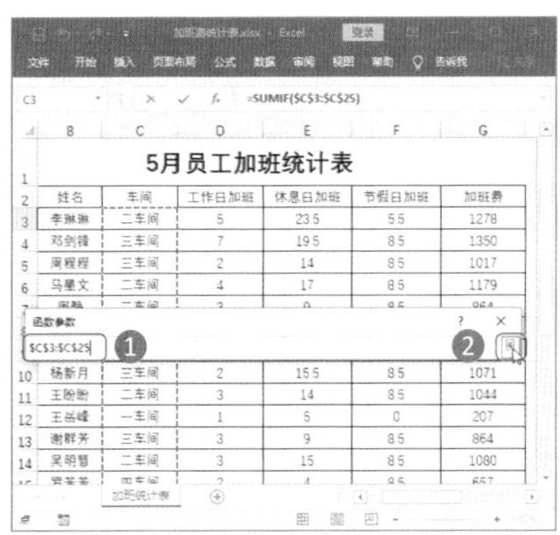

图4-18　设置条件区域

Step03：设置函数其他参数。使用相同的方法设置SUMIF函数的第2个求和条件参数和第3个求和区域参数，单击【确定】按钮，如图4-19所示。

图4-19　设置其他参数

Step04：查看计算结果。按【Enter】键，即可计算出结果。向下填充J3公式至J6单元格区域，结果如图4-20所示。

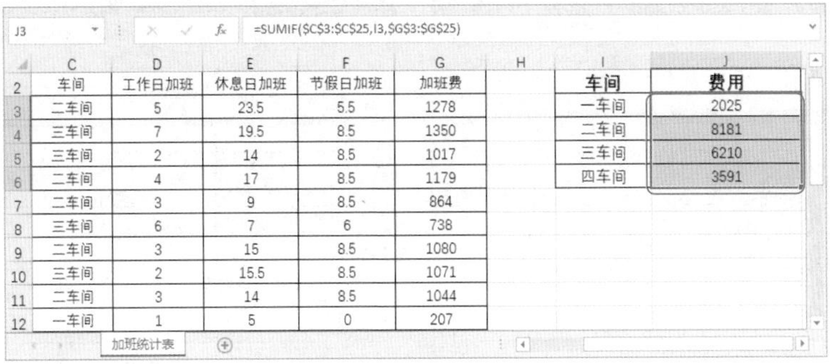

J3　=SUMIF($C$3:$C$25,I3,$G$3:$G$25)

	C	D	E	F	G	H	I	J
2	车间	工作日加班	休息日加班	节假日加班	加班费		车间	费用
3	二车间	5	23.5	5.5	1278		一车间	2025
4	三车间	7	19.5	8.5	1350		二车间	8181
5	三车间	2	14	8.5	1017		三车间	6210
6	二车间	4	17	8.5	1179		四车间	3591
7	二车间	3	9	8.5	864			
8	三车间	6	7	6	738			
9	二车间	3	15	8.5	1080			
10	三车间	2	15.5	8.5	1071			
11	二车间	3	14	8.5	1044			
12	一车间	1	5	0	207			

加班统计表

图4-20　查看计算结果

技能升级

SUMIF函数为条件求和，而SUMIFS函数为多条件求和，用于计算其满足多个条件的全部参数的总量。其语法结构为：SUMIFS(sum_range, criteria_range1, criteria1, [criteria_range2, criteria2], ...)。其中，sum_range为必需参数，表示求和区域；criteria_range1为必需参数，表示条件1区域（计算关联条件的第一个区域）；criteria1为必需参数，表示条件1；criteria_range2为可选参数，表示条件2区域；criteria2为可选参数，表示条件2，与criteria_range2成对出现……最多允许127个区域、条件对，即参数总数不超过255个。

4.2.3 COUNTIF函数，按指定的条件计数

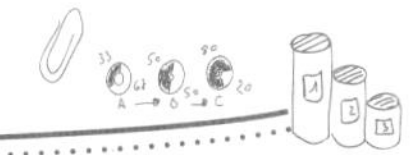

在对公司人员结构进行统计时，如各部门人数、不同学历的人数、不同性别对应的人数等，就需要用到COUNTIF函数。该函数主要用于统计满足条件的单元格个数。其语法结构为：COUNTIF(range,criteria)。

各参数的含义如下：

☆　range为必需参数，表示要统计的区域，可以包含数字、数组或数字的引用。

☆　criteria为必需参数，表示统计的条件，可以是数字、表达式、单元格引用或文本字符串。

下面使用COUNTIF函数对各部门的人数进行统计，具体方法如下。

Step01：输入计算公式。打开“人员结构统计表”；❶在“在职人员结构统计表”中选择需要计算的B4:B10单元格区域；❷在编辑栏中输入计算公式“=COUNTIF(在职人员信息统计表!$C$2:$C$68,A4)”，如图4-21所示。

Step02：查看计算结果。按【Ctrl+Enter】组合键，即可计算出各部门的人数，如图4-22所示。

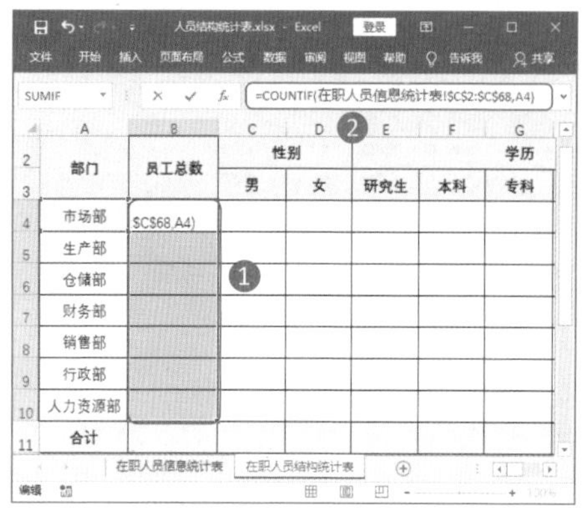

图4-21 输入计算公式

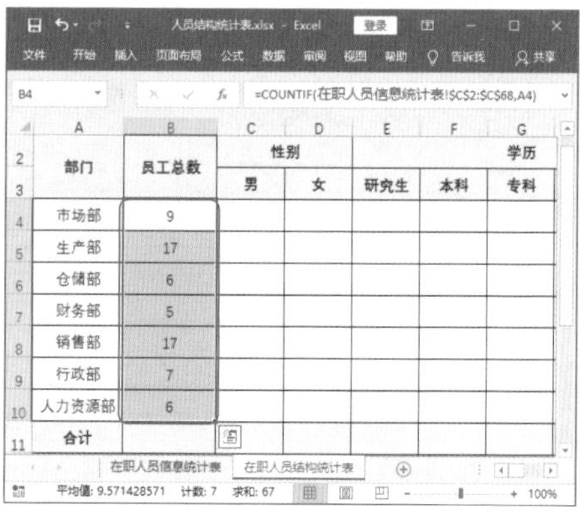

图4-22 查看计算结果

温馨提示

公式“=COUNTIF(在职人员信息统计表!$C$2:$C$68,A4)”表示在“在职人员信息统计表”工作表的C2:C68单元格区域中统计满足条件“市场部”的单元格个数。

4.2.4 COUNTIFS函数，多条件计数

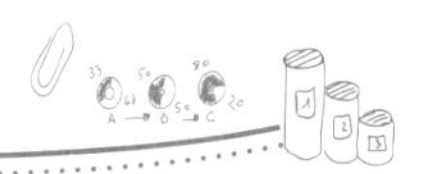

在统计人员结构时，如果要统计各部门不同性别或学历的人数，就需要用到COUNTIFS函数。因为COUNTIF函数只能统计满足单个条件的单元格个数，而COUNTIFS函数则可以计算多个区域中满足给定条件的单元格的个数。其语法结构为：COUNTIFS(criteria_range1, criteria1, [criteria_range2, criteria2],…)。

各参数的含义如下：

☆ criteria_range1为必需参数，为第一个需要计算其中满足某个条件的单元格数目的单元格区域（简称条件区域）。

☆ criteria1为必需参数，为第一个区域中将被计算在内的条件（简称条件），条件的形式为数字、表达式、单元格引用或文本，它定义了要计数的单元格范围。

☆ [criteria_range2, criteria2]为可选参数，表示第二个条件区域和条件，以此类推。

下面使用COUNTIFS函数统计各部门不同性别和学历的人数，具体方法如下。

Step01：输入计算公式。❶在“在职人员结构统计表”中选择需要计算的C4:C10单元格区域；

❷在编辑栏中输入计算公式“=COUNTIFS(在职人员信息统计表!$C$2:$C$68,A4,在职人员信息统计表!$E$2:$E$68,$C$3)”，如图4-23所示。

Step02：查看计算结果。按【Ctrl+Enter】组合键，即可计算出各部门的男员工人数，如图4-24所示。

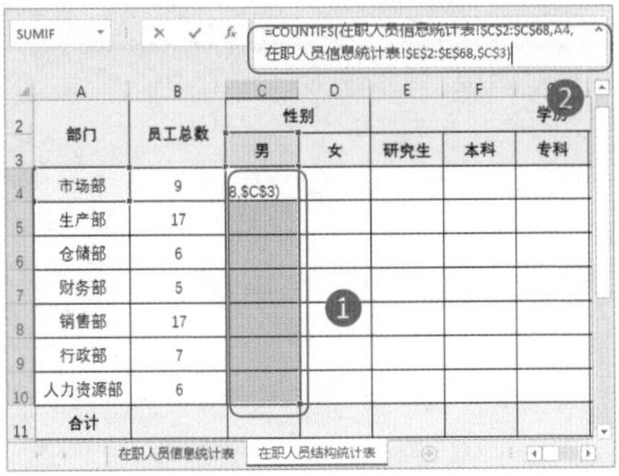

SUMIF　=COUNTIFS(在职人员信息统计表!$C$2:$C$68,A4,在职人员信息统计表!$E$2:$E$68,$C$3)

部门	员工总数	性别		学历		
		男	女	研究生	本科	专科
市场部	9	8,$C$3)				
生产部	17					
仓储部	6					
财务部	5					
销售部	17					
行政部	7					
人力资源部	6					
合计						

在职人员信息统计表　在职人员结构统计表

图4-23　输入计算公式

C4　=COUNTIFS(在职人员信息统计表!$C$2:$C$68,A4,在职人员信息统计表!$E$2:$E$68,$C$3)

部门	员工总数	性别		学历		
		男	女	研究生	本科	专科
市场部	9	7				
生产部	17	16				
仓储部	6	4				
财务部	5	3				
销售部	17	14				
行政部	7	2				
人力资源部	6	1				
合计						

在职人员信息统计表　在职人员结构统计表

图4-24　查看计算结果

温馨提示

公式“=COUNTIFS(在职人员信息统计表!$C$2:$C$68,A4,在职人员信息统计表!$E$2:$E$68,$C$3)”表示统计“在职人员信息统计表”工作表的C2:C68单元格区域中满足条件“市场部”和“在职人员信息统计表”工作表的E2:E68单元格区域中满足条件“男”两个条件的单元格个数。

Step03：计算各部门的女员工人数。选择D4:D10单元格区域，在编辑栏中输入计算公式“=COUNTIFS(在职人员信息统计表!$C$2:$C$68,A4,在职人员信息统计表!$E$2:$E$68,$D$3)”，按【Ctrl+Enter】组合键，即可计算出各部门的女员工人数，如图4-25所示。

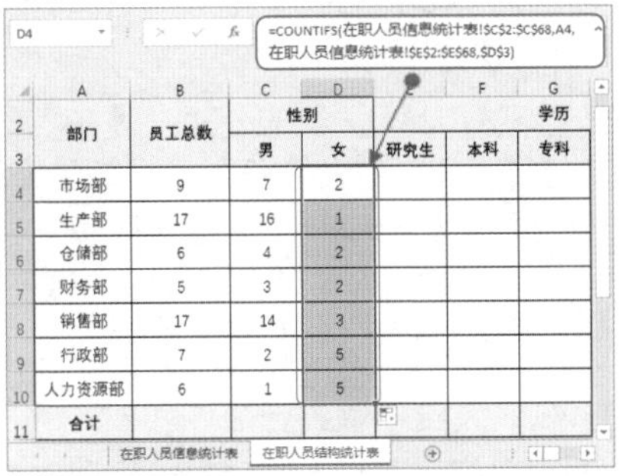

D4　=COUNTIFS(在职人员信息统计表!$C$2:$C$68,A4,在职人员信息统计表!$E$2:$E$68,$D$3)

部门	员工总数	性别		学历		
		男	女	研究生	本科	专科
市场部	9	7	2			
生产部	17	16	1			
仓储部	6	4	2			
财务部	5	3	2			
销售部	17	14	3			
行政部	7	2	5			
人力资源部	6	1	5			
合计						

在职人员信息统计表　在职人员结构统计表

图4-25　计算女员工人数

Step04：计算各部门不同学历的人数。选择E4:E10单元格区域，在编辑栏中输入计算公式“=COUNTIFS(在职人员信息统计表!$C$2:$C$68,A4,在职人员信息统计表!$I$2:$I$68,$E$3)”，按【Ctrl+Enter】组合键，即可计算出结果。然后使用相同的方法计算各部门其他学历的人数，计算完成后的效果如图4-26所示。

=COUNTIFS(在职人员信息统计表!$C$2:$C$68,A4,在职人员信息统计表!$I$2:$I$68,$I$3)

部门	员工总数	性别		学历				
		男	女	研究生	本科	专科	中专	高中
市场部	9	7	2		3	7		
生产部	17	16	1	1		5	5	3
仓储部	6	4	2	1	2	2	3	
财务部	5	3	2		6	2		1
销售部	17	14	3	1	3	9		1
行政部	7	2	5		4	1	1	2
人力资源部	6	1	5			1		1
合计								

在职人员信息统计表　在职人员结构统计表

图4-26　计算各部门不同学历的人数

4.2.5 SUMPRODUCT函数，分类统计

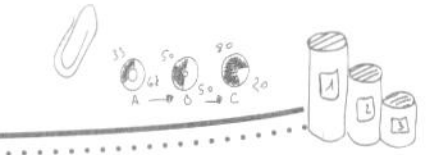

SUMPRODUCT函数因其身兼SUM、PRODUCT、COUNTIF、SUMIF、SUMIFS等函数的功能，被广泛应用在人事数据统计中。SUMPRODUCT函数用于在给定的几组数组中，将数组间对应的元素相乘，并返回乘积之和。其语法结构为：SUMPRODUCT(array1, [array2], [array3], ...)。

各参数的含义介绍如下：

☆ array1为必需参数，表示需要进行相乘并求和的第一个数组参数。数组参数必须具有相同的维数，否则函数SUMPRODUCT将返回#VALUE!错误值，并且SUMPRODUCT函数会将非数值型的数组元素作为0进行处理。

☆ [array2], [array3], ...为可选参数，表示需要进行相乘并求和的第2～255个数组参数。

例如，知道各员工的年龄和工龄，要对各部门不同年龄段和工龄段的人数进行统计，通过SUMPRODUCT函数可轻松实现。具体方法如下：

Step01：输入统计各部门20～25岁年龄段人数的公式。❶在“在职人员结构统计表”中选择J4单元格；❷在编辑栏中输入计算公式“=SUMPRODUCT((在职人员信息统计表!$C$2:$C$68=$A4)*(在职人员信息统计表!$G$2:$G$68>=20)*(在职人员信息统计表!$G$2:$G$68<=25))”，如图4-27所示。

温馨提示

公式“=SUMPRODUCT((在职人员信息统计表!$C$2:$C$68=$A4)*(在职人员信息统计表!$G$2:$G$68>=20)*(在职人员信息统计表!$G$2:$G$68<=25))”表示统计“在职人员信息统计表”工作表中市场部年龄段在20~25岁之间的人数。

Step02：向右填充公式。按【Enter】键，计算出结果。选择J4单元格，向右拖动鼠标填充公式至N4单元格，如图4-28所示。

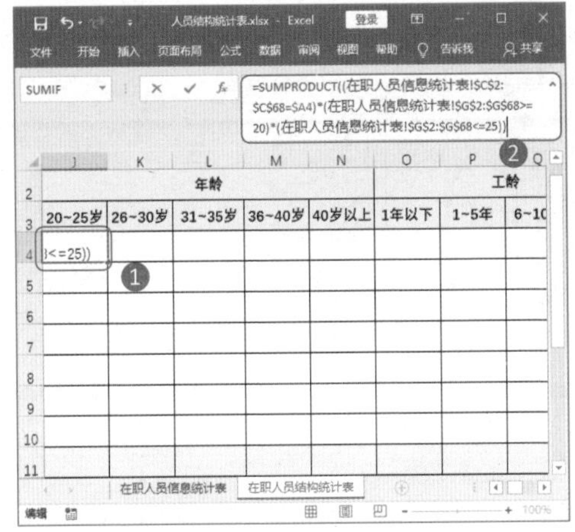

图4-27 输入计算公式

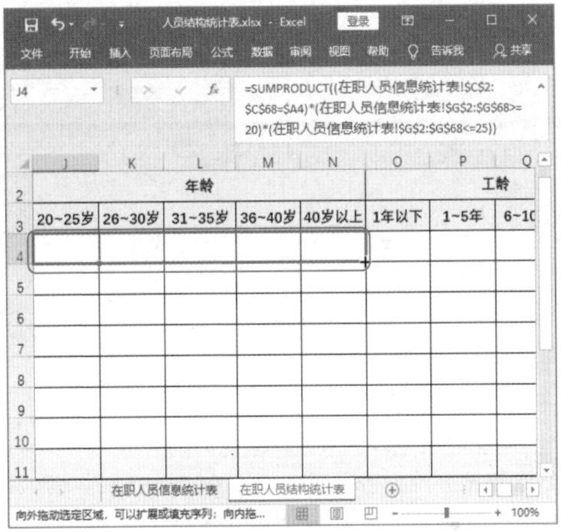

图4-28 填充公式

Step03：修改公式。向右填充到K4:N4单元格区域中的公式并不正确，因为公式条件中的年龄段不正确，这时就需要对公式进行修改。选择K4单元格，在编辑栏中将第二组数据中的“>=20”修改为“>=26”，第3组数据中的“< =25”修改为“< =30”，如图4-29所示。

Step04：查看修改公式后的正确结果。按【Enter】键，计算出正确结果。使用相同的方法对L4:N4单元格区域中的公式进行修改，效果如图4-30所示。

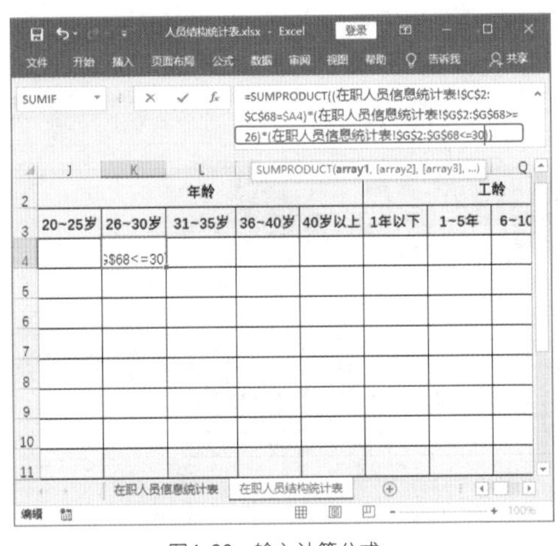

图4-29 输入计算公式

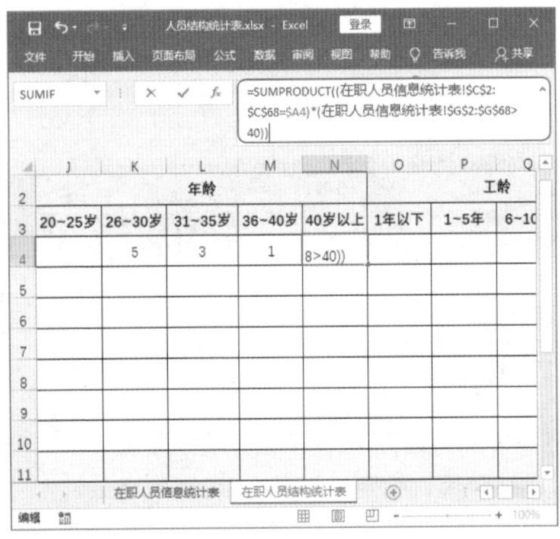

图4-30 查看正确结果

Step05：计算其他部门各年龄段人数。选择J4:N4单元格区域，向下拖动鼠标至N10单元格，即可填充公式，计算出其他部门各年龄段的人数，效果如图4-31所示。

J4 =SUMPRODUCT((在职人员信息统计表!$C$2:$C$68=$A4)*(在职人员信息统计表!$G$2:$G$68>=20)*(在职人员信息统计表!$G$2:$G$68<=25))

	J	K	L	M	N	O	P	Q
2	年龄					工龄		
3	20~25岁	26~30岁	31~35岁	36~40岁	40岁以上	1年以下	1~5年	6~10
4		5	3	1				
5	1	4	10	2				
6		2	3	1				
7	1	2	1	1				
8	4	10	2	1				
9	3	1	2		1			
10	1	3	1	1				
11								

在职人员信息统计表 在职人员结构统计表

图4-31 计算其他部门各年龄段人数

Step06：统计其他数据。使用相同的方法统计出各部门不同工龄段的人数，也就是O4:R10单元格区域；接着在B11单元格中输入公式“=SUM(B4:B10)”，按【Enter】键计算出结果；然后向右拖动鼠标，填充公式至R11单元格区域，计算出每列人数的总和，效果如图4-32所示。

B11 =SUM(B4:B10)

在职人员结构统计表

部门	员工总数	性别		学历					年龄					工龄			
		男	女	研究生	本科	专科	中专	高中	20~25岁	26~30岁	31~35岁	36~40岁	40岁以上	1年以下	1~5年	6~10年	10年以上
市场部	9	7	2		3	7				5	3	1			6	3	
生产部	17	16	1	1		5	5	3	1	4	10	2		2	11	3	1
仓储部	6	4	2	1	2	2	3			2	3	1			2	4	
财务部	5	3	2		6	2		1	1	2	1	1			5		
销售部	17	14	3	1	3	9		1	4	10	2	1		2	12	3	
行政部	7	2	5		4	1	1	2	3	1	2		1	1	5		1
人力资源部	6	1	6			1		1	1	3	1	1		1	3	2	
合计	67	47	20	3	18	27	9	8	10	27	22	7	1	6	44	15	2

在职人员信息统计表 在职人员结构统计表

图4-32 统计其他数据

4.3 逻辑函数，按条件作出正确判断

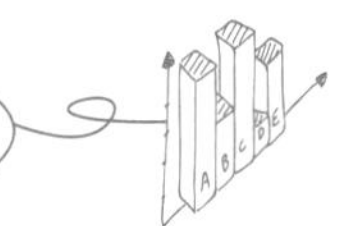

张总监

小刘，判断一下表格中哪些面试人员可以被录用。判定条件是：3位面试官的评分均在80分及以上，或者平均分在80分及以上。

面试人员	面试官1	面试官2	面试官3	平均分	是否录用
高磊	82	79	84	81.666667	
荀妲	79	87	84	83.333333	
王越名	79	76	85	80	
简单	82	84	76	80.666667	
胡萍萍	82	69	71	74	
陈魄	88	85	73	82	
冉兴才	64	84	80	76	
陈然	76	85	72	77.666667	
杨鑫	83	67	85	78.333333	

Sheet1

小 刘

王Sir，张总监给我布置了新的任务，但是好像我学过的函数中没有能对条件进行判断的，而且Excel中好像也没有判断类的函数吧？这可怎么办呀？

王Sir

小刘，不要担心，Excel中提供的IF、OR、AND、IFERROR等逻辑函数就能满足你的需求。这些函数需要你牢记，因为在对人事数据进行统计、分析时经常会用到。

小 刘

原来Excel中提供的函数就能轻松解决工作中遇到的各种问题，真是太好了，我一定要好好学习。

4.3.1 IF函数，根据条件判断返回不同结果

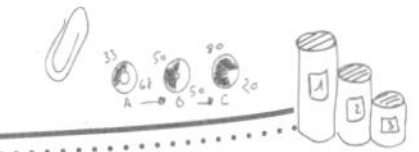

在对人事数据进行分析时，经常需要判断培训成绩是否合格、招聘人数是否达标、面试人员是否被录用、签订的劳动合同是否到期等，此时，就需要用到IF函数。

IF函数用于判断是否满足某个条件，如果满足返回一个值，不满足则返回另外一个值。其语法结构为：IF(logical_test,[value_if_true],[value_if_false])。

各参数的含义分别介绍如下：

- ☆ logical_test为必需参数，表示计算结果为TRUE或FALSE的任意值或表达式（简称判断的条件）。
- ☆ [value_if_true]为可选参数，表示为TRUE时返回的值，也就是条件成立时返回的结果。
- ☆ [value_if_false]为可选参数，表示为FALSE时返回的值，也就是条件不成立时返回的结果。

例如，使用IF函数根据笔试成绩来判断面试人员是否通过面试，具体方法如下。

Step01：输入判断公式。打开“笔试成绩表”；❶选择D2:D14单元格区域；❷在编辑栏中输入公式“=IF(C2>=60,"是","否")”，如图4-33所示。

Step02：查看判断结果。按【Ctrl+Enter】组合键，判断出笔试成绩在60分和60分以上的面试人员通过面试，效果如图4-34所示。

SUMIF =IF(C2>=60,"是","否")

面试时间	面试人员姓名	笔试成绩	是否通过面试
2019/5/14	陈岩	88	=60,"是","否")
2019/5/14	万春	56	
2019/5/14	方华	60	
2019/5/14	袁彤彤	85	
2019/5/14	李霄云	54	
2019/5/14	封醒	69	
2019/5/14	廖璐	78	
2019/5/15	高磊	51	
2019/5/15	荀妲	55	
2019/5/15	王越名	81	
2019/5/15	简单	67	
2019/5/15	胡萍萍	72	
2019/5/15	陈魄	77	

图4-33　输入判断公式

D2 =IF(C2>=60,"是","否")

面试时间	面试人员姓名	笔试成绩	是否通过面试
2019/5/14	陈岩	88	是
2019/5/14	万春	56	否
2019/5/14	方华	60	是
2019/5/14	袁彤彤	85	是
2019/5/14	李霄云	54	否
2019/5/14	封醒	69	是
2019/5/14	廖璐	78	是
2019/5/15	高磊	51	否
2019/5/15	荀妲	55	否
2019/5/15	王越名	81	是
2019/5/15	简单	67	是
2019/5/15	胡萍萍	72	是
2019/5/15	陈魄	77	是

图4-34　查看判断结果

在Excel中，一个IF函数只能进行一次判断；当需要进行多次判断时，就需要用到多个IF函数，而多个IF函数将作为第一个IF函数的参数。例如，对人力资源部各员工半年的绩效成绩进行评估，就需要使用两个IF函数，公式为“=IF(H3>=480,"优秀", IF(H3>=450,"良好","合格"))”，第一次判断是总分在480分及以上判定为“优秀”，第二次判断是总分在450分及以上、480分以下判定为“良好”，低于450分判定为合格，如图4-35所示。

I3 =IF(H3>=480,"优秀",IF(H3>=450,"良好","合格"))

姓名	1月	2月	3月	4月	5月	6月	总分	考核评估
李雪	87	76	74	82	79	84	482	优秀
赵琳琳	90	69	71	79	87	84	480	优秀
谢岳城	74	69	58	79	76	85	441	合格
周瑶	81	70	76	82	84	76	469	良好
龙帅	84	69	65	82	79	71	450	良好
王丹	83	75	76	88	85	73	480	优秀
万灵	81	76	51	84	84	80	456	良好
曾小林	86	73	55	80	85	72	451	良好
吴文茜	82	66	59	83	67	85	442	合格
何健	79	86	83	71	80	87	486	优秀
徐涛	71	71	64	83	80	86	455	良好
韩菁	73	68	48	89	80	74	432	合格

图4-35　进行多次判断

另外，IF函数还可以与SUM求和函数、AVERAGE平均值函数、OR函数、AND函数、VLOOKUP查找函数等进行嵌套使用，而嵌套的函数将作为IF函数的参数，其方法与使用多个IF函数进行判断的方法基本相同。

4.3.2 AND函数，判断多个条件是否同时成立

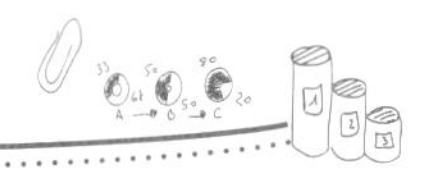

AND函数用于检测是否所有逻辑条件都满足，如果所有逻辑条件都满足，则返回TRUE；如果有一个逻辑条件不满足，则返回FALSE（相当于“并且”的意思）。其语法结构为：AND(logical1,logical2, ...)。其中，logical1, logical2, ... 表示待检测的1～30个条件，最多可以有30个条件。该函数常与IF函数嵌套使用。

例如，使用AND函数对应聘人员是否通过面试予以录用进行判断，判断条件为初试和复试必须全部通过，其判断公式为“=IF(AND(G2="是",I2="是"),"是","否")”，判断结果如图4-36所示。

J2　=IF(AND(G2="是",I2="是"),"是","否")

姓名	性别	年龄	学历	应聘岗位	初试时间	是否通过初试	复试时间	是否通过复试	是否录用
应聘者1	女	25	研究生	行政主管	20119/5/25	是	2019/5/27		否
应聘者2	女	24	专科	行政前台	20119/5/25				否
应聘者4	男	30	专科	操作员	20119/5/25	是	2019/5/27	是	是
应聘者5	男	28	本科	技术人员	20119/5/25	是	2019/5/27	是	是
应聘者8	男	24	专科	技术人员	20119/5/25				否
应聘者9	女	27	专科	技术人员	20119/5/25				否
应聘者10	女	28	本科	培训专员	20119/5/25	是	2019/5/27		否
应聘者11	男	31	研究生	培训专员	20119/5/25	是	2019/5/27	是	是
应聘者12	男	32	专科	培训专员	20119/5/25				否
应聘者13	女	30	本科	培训专员	20119/5/25	是	2019/5/27	是	是
应聘者14	男	29	研究生	销售主管	20119/5/25				否
应聘者15	女	28	本科	销售主管	20119/5/25	是	2019/5/27		否
应聘者16	女	26	专科	市场拓展员	20119/5/25	是	2019/5/27	是	是
应聘者17	男	30	研究生	销售主管	20119/5/25	是	2019/5/27	是	是

图4-36　判断两个条件同时成立

4.3.3 OR函数，判断多个条件中是否至少有一个条件成立

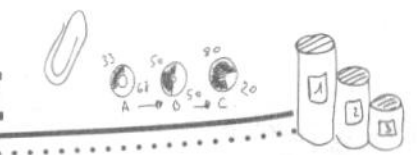

OR函数正好与AND函数相反，只要有一个逻辑条件满足，就会返回TRUE；只有当所有逻辑条件都不满足时，才会返回FALSE（相当于“或”的意思）。其语法结构为：OR(logical1,logical2, ...)。其中，logical1和logical2都表示逻辑条件。

例如，使用IF、OR函数和AND函数对面试人员是否录取进行判断，判断条件是3位面试官对面试人员的评分都在80及80分以上，或者平均分在80分及80分以上，判断公式为“=IF(OR(AND(B2>=80,C2>=80,D2>=80),E2>=80),"是","否")”，判断结果如图4-37所示。

F2　=IF(OR(AND(B2>=80,C2>=80,D2>=80),E2>=80),"是","否")

面试人员	面试官1	面试官2	面试官3	平均分	是否录用
高磊	82	79	84	81.666667	是
荀妲	79	87	84	83.333333	是
王越名	79	76	85	80	是
简单	82	84	76	80.666667	是
胡萍萍	82	69	71	74	否
陈魄	88	85	73	82	是
冉兴才	64	84	80	76	否
陈然	76	85	72	77.666667	否
杨鑫	83	67	85	78.333333	否

图4-37　判断至少有一个条件成立

温馨提示

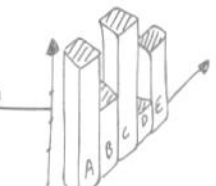

“=IF(OR(AND(B2>=80,C2>=80,D2>=80),E2>=80),"是","否")”公式中，OR的第一个条件是B2、C2和D2单元格中分数都在80分及以上，第二个条件是平均分在80分及以上。本例之所以使用IF函数嵌套OR函数，是因为OR返回的结果是逻辑值TRUE或FALSE，要想使返回的结果为“是”或“否”，就必须使用IF函数进行判断。

4.4 查找与引用函数，轻松实现其他表格数据的引用

张总监

小刘，给你分配一个比较简单的任务，将已经做好的员工工资表做成工资条。注意，每位员工的工资情况一定要与姓名完全对应，绝对不能出错。

小刘

这还简单呀！那么多数据！复制都要很久，每位员工之间还要空一行，这不是给我增加工作量吗？还是先去问问王Sir有没有什么快捷一点的方法吧！

王Sir

小刘，这工作确实很简单。数据量虽然多，但只要使用Excel提供的查找与引用函数，就能快速根据员工工资表中的数据生成工资条，还能保证每项数据与员工姓名都是对应的。是不是很简单呀?

4.4.1 VLOOKUP函数，在区域或数组的列中查找数据

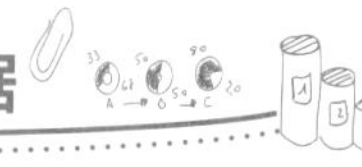

在对人事数据进行统计或查询时，经常需要根据员工姓名、员工编号等关键字进行数据的查找与引用。有了VLOOKUP函数，就能快速在数据区域或数组的列中查找符合条件的数据。

VLOOKUP函数主要用于在某个单元格区域的首列沿垂直方向查找指定的值，然后返回同一行中的其他值。其语法结构为：VLOOKUP(lookup_value,table_array,col_index_num,range _lookup)。

各参数的含义具体介绍如下：

☆ lookup_value为必需参数，表示要在表的第一列中进行查找的值，可以是数值，也可以是文本字符串或引用。

☆ table_array为必需参数，表示要在其中查找数据的数据表，可以使用区域或区域名称的引用。

☆ col_index_num为必需参数，在查找之后要返回的匹配值的列序号。

☆ range_lookup为可选参数，用于指明函数在查找时是精确匹配，还是近似匹配。如果为TRUE或1，则返回一个近似的匹配值（如果找不到匹配值，就返回一个小于查找值的最大值）；如果为FALSE或0，则返回精确匹配值，如果找不到精确匹配的值，则返回错误值#N/A；如果省略，则默认为1。

例如，当需要对某个员工的详细信息进行查询时，如果直接在数据较多的员工信息表中进行查找，会大大降低查询效率，而制作一个简单的动态查询系统，只需要输入员工的姓名或编号，就可以使用VLOOKUP函数引用员工信息表中的数据，快速显示出员工的相关信息。具体方法如下：

Step01：输入逆向查找公式。打开“员工信息表”；❶在“员工信息查询表”工作表中的B1单元格中输入员工姓名；❷选择B2单元格；❸在编辑栏中输入公式“=VLOOKUP(B1,IF({1,0},员工信息数据!B:B,员工信息数据!A:A),2,0)”，如图4-38所示。

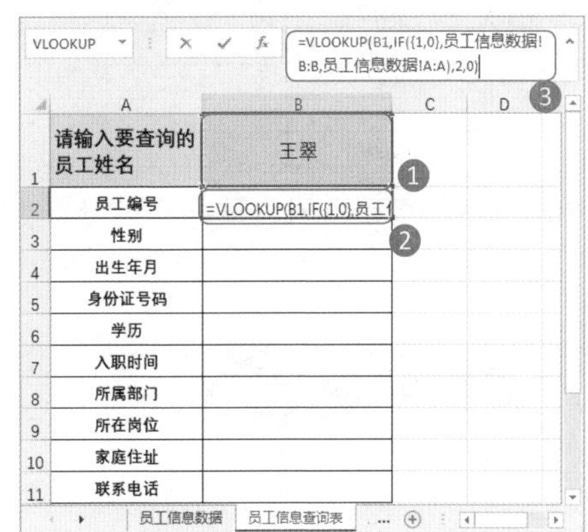

图4-38 查找公式

温馨提示

VLOOKUP函数只能从左向右查找，如果要逆向查找，也就是从右向左查找，那么就**需要利用IF函数的数组效应把两列换位重新组合后，再按正常的从左至右的顺序进行查找**。由于本例是根据员工姓名进行查找，而在“员工信息数据”工作表中，【员工编号】在【姓名】左边，所以需要结合IF函数。

在公式“=VLOOKUP(B1,IF({1,0},员工信息数据!B:B,员工信息数据!A:A),2,0)”中，IF({1,0},员工信息数据!B:B,员工信息数据!A:A)部分用于对列数据位置进行调换。{1,0}是一个一维数组，作为IF函数的条件，1代表条件为真，0代表条件为假。当为1时，它会返回IF的第一个参数（B列）；为0时，则返回第二个参数（A列）。因此，公式表示先将“员工信息数据”工作表中的B（姓名）列和A（员工编号）列数据对换，然后根据B1单元格中的员工姓名在“员工信息数据”中的A（姓名）列和B（员工编号）列中进行查找，也就是根据姓名查找，返回姓名对应的员工编号。

Step02：查看计算结果。按【Enter】键，即可根据员工姓名查找出对应的员工编号，效果如图4-39所示。

Step03：输入查询公式。❶选择B3单元格；❷在编辑栏中输入公式“=VLOOKUP($B$1,员工信息数据!$B$1:$K$34,2,0)”，如图4-40所示。

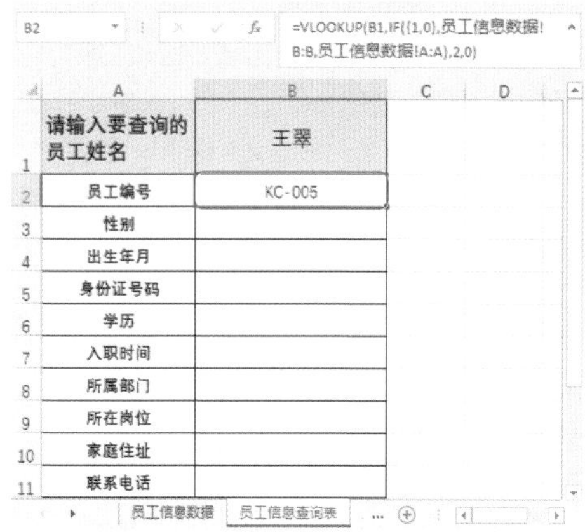

图4-39 查看计算结果

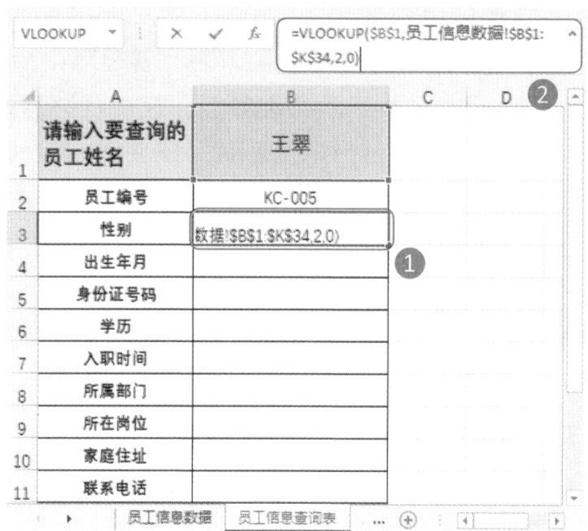

图4-40 输入查询公式

公式“=VLOOKUP($B$1,员工信息数据!$B$1:$K$34,2,0)”表示根据B1单元格的员工姓名，在“员工信息数据”工作表的B1:K34单元格区域中进行查找，返回该区域第2列中匹配的数据。

Step04：向下填充公式。按【Enter】键计算出结果，然后向下填充B3单元格的公式至B11单元格中，如图4-41所示。

Step05：修改公式。由于所填充公式中代表返回第几列数据的列标没有发生变化，所以计算结果都是一样的。此时就需要对公式中的列数据进行修改。选择B4单元格，在编辑栏中将公式中的“2”更改为“3”，表示返回B1:K34单元格区域第3列中的匹配数据，如图4-42所示。

Step06：修改其他公式。按【Enter】键，计算出正确的结果。使用相同的方法对B5:B11单元格区域公式中的列数据进行修改，修改后的效果如图4-43所示。

Step07：设置日期格式。修改后，出生年月和入职时间所对应的日期显示的是日期代码。这时将B4和B7单元格中默认的“常规”数字格式更改为“日期”格式，使其以日期格式进行显示，如图4-44所示。

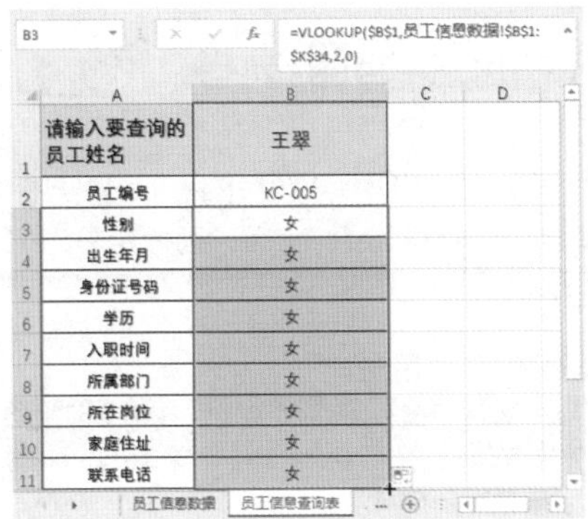

图4-41　填充公式

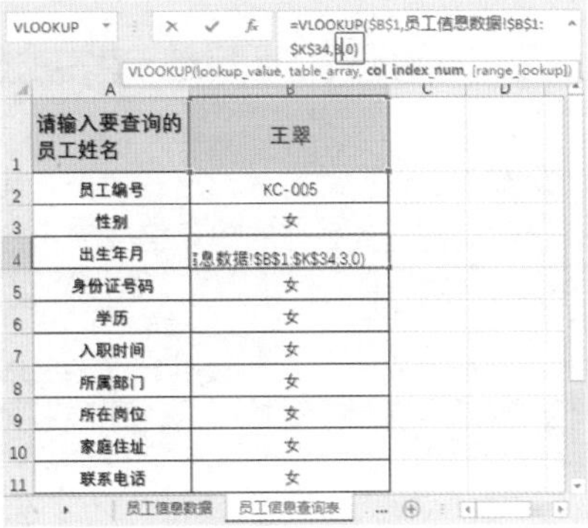

=VLOOKUP($B$1,员工信息数据!$B$1:$K$34,3,0)

请输入要查询的员工姓名	王翠
员工编号	KC-005
性别	女
出生年月	息数据!$B$1:$K$34,3,0)
身份证号码	女
学历	女
入职时间	女
所属部门	女
所在岗位	女
家庭住址	女
联系电话	女

图4-42　修改公式

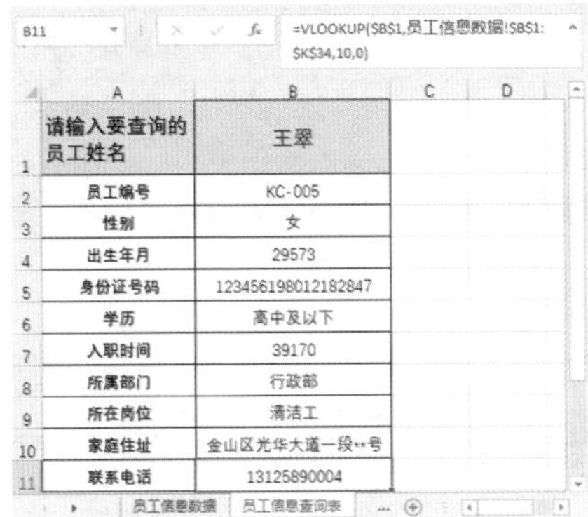

图4-43　修改公式

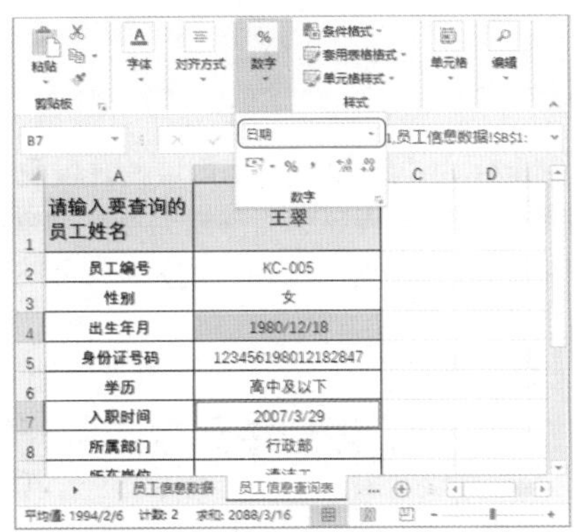

图4-44　设置日期格式

Step08：查看员工皮阳的信息。将B1单元格中的员工姓名更改为【皮阳】，按【Enter】键，即可显示员工皮阳的相关信息，如图4-45所示。

Step09：查看员工高磊的信息。将B1单元格中的员工姓名更改为【高磊】，按【Enter】键，即可显示员工高磊的相关信息，如图4-46所示。

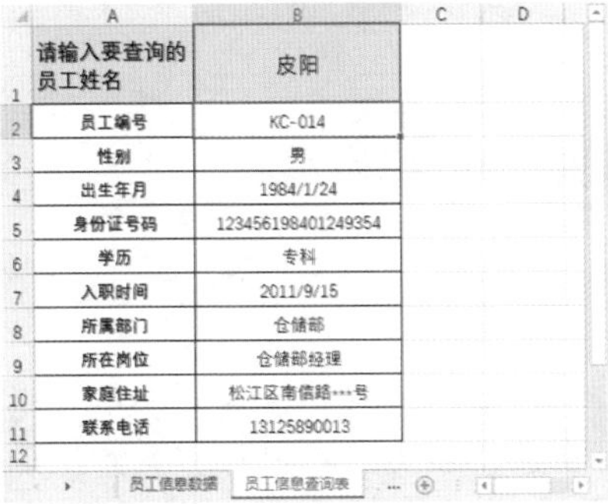

请输入要查询的员工姓名	皮阳
员工编号	KC-014
性别	男
出生年月	1984/1/24
身份证号码	123456198401249354
学历	专科
入职时间	2011/9/15
所属部门	仓储部
所在岗位	仓储部经理
家庭住址	松江区南信路***号
联系电话	13125890013

图4-45　查看员工皮阳的信息

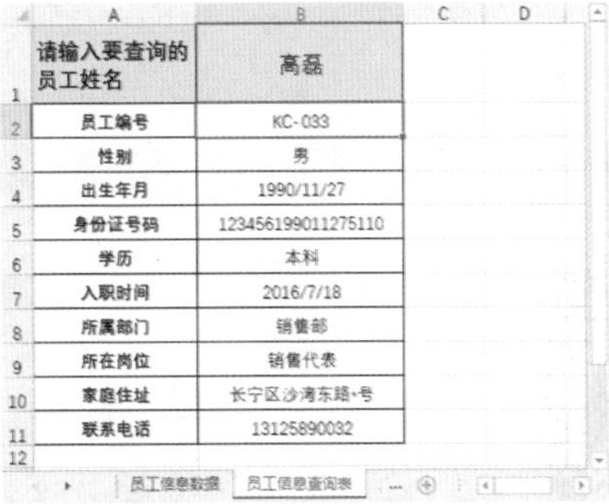

请输入要查询的员工姓名	高磊
员工编号	KC-033
性别	男
出生年月	1990/11/27
身份证号码	123456199011275110
学历	本科
入职时间	2016/7/18
所属部门	销售部
所在岗位	销售代表
家庭住址	长宁区沙湾东路*号
联系电话	13125890032

图4-46　查看员工高磊的信息

4.4.2 COLUMN函数，返回单元格或单元格区域首列的列号

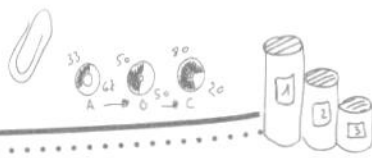

COLUMN函数用于返回给定单元格的列号。其语法结构为：COLUMN([reference])。其中reference为可选参数，表示需要得到其列号的单元格或单元格区域；如果省略reference，则假定是对COLUMN函数所在单元格的引用。COLUMN函数的具体用法如表4-1所示。

表4-1 COLUMN函数的具体用法

公　式	说明（结果）
=COLUMN()	返回公式所在列的列号
=COLUMN(G10)	引用的列为7，因为G是第7列
=COLUMN(B2:G10)	引用该区域第1个单元格所在的列号，也就是B2所在的第2列

如果 reference 为一个单元格区域，并且函数 COLUMN 作为垂直数组输入，则函数COLUMN 将 reference 的列号以垂直数组的形式返回，也就是返回引用的列数，结果为一组数字。例如，公式“=COLUMN (2:5)”表示返回2:5所在的列数{2,3,4,5}。

4.4.3 ROW函数，返回单元格或单元格区域首行的行号

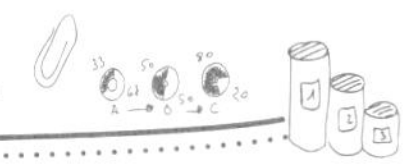

ROW函数用于返回引用的行号。其语法结构为：=ROW([reference])。reference为可选参数，表示需要得到其行号的单元格或单元格区域；如果省略reference，则假定是对ROW函数所在单元格的引用。例如，在表格第5行输入公式“=ROW()”，则返回值为5。

如果 reference 为一个单元格区域，并且函数 ROW 作为垂直数组输入，则函数 ROW 将 reference 的行号以垂直数组的形式返回，也就是返回引用的行数，结果为一组数字。例如，公式“=ROW(2:5)”表示返回2:5所在的行数{2,3,4,5}。

4.4.4 OFFSET函数，根据给定的偏移量返回新的引用区域

OFFSET函数是一个引用函数，在统计和分析人事数据时经常会用到，从复杂的数据汇总到数据透视表，再到高级动态图表，都离不开它。

OFFSET函数以指定的引用为参照系，通过给定偏移量返回新的引用。其语法结构为：OFFSET(reference, rows, cols, [height], [width])。可以简单理解为：OFFSET(参照系,行偏移量,列偏移量,返回几行,返回几列)。

☆ reference为必需参数，表示偏移量参照的起始引用区域。该区域必须为单元格或连续的单元格区域，否则返回错误值#VALUE!。

☆ rows为必需参数，表示相对于偏移量参照系的左上角单元格，向上或向下偏移的行数。行数为正数时，表示从起始单元格向下偏移；行数为负数时，表示向上偏移；0表示不偏移。

☆ cols为必需参数，表示相对于偏移量参照系的左上角单元格，向左或向右偏移的列数。列数为正数时，表示从起始单元格向右偏移；列数为负数时，表示向左偏移；0表示不偏移。

☆ height为可选参数，表示需要返回的引用区域的高度（行数）。

☆ width为可选参数，表示需要返回的引用区域的宽度（列数）。

如图4-47所示为OFFSET函数图解说明。公式“=OFFSET(B2,3,2,7,5”以B2为参照系，向下偏移3行，向右偏移2列，行数为7行，列数为5列，也就是返回D5:H11单元格区域。

参照系
公式：=OFFSET(B2,3,2,7,5)
向下偏移3行
向右偏移2列
Sheet1

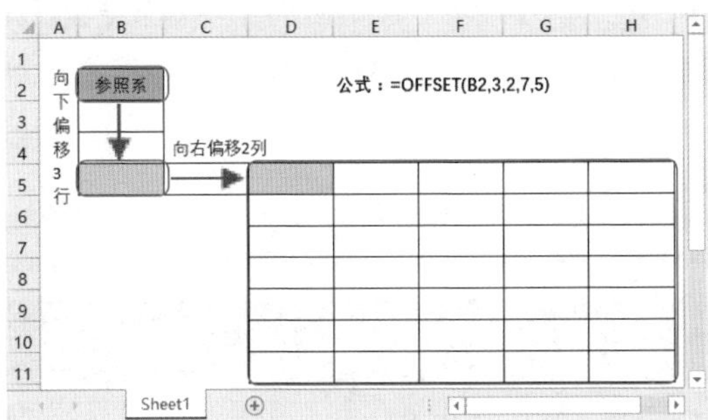

图4-47　图解说明

OFFSET函数经常结合其他函数一起使用。例如，当需要根据工资表中的数据生成工资条时，就可使用OFFSET、COLUMN和ROW函数来配合完成。具体方法如下：

Step01：设计工资条结构。打开“员工工资表”，单击【新工作表】按钮⊕，新建一张工作表。双击工作表标签，此时工作表名称呈可编辑状态，将其更改为“工资条”；然后对其结构进行设计，效果如图4-48所示。

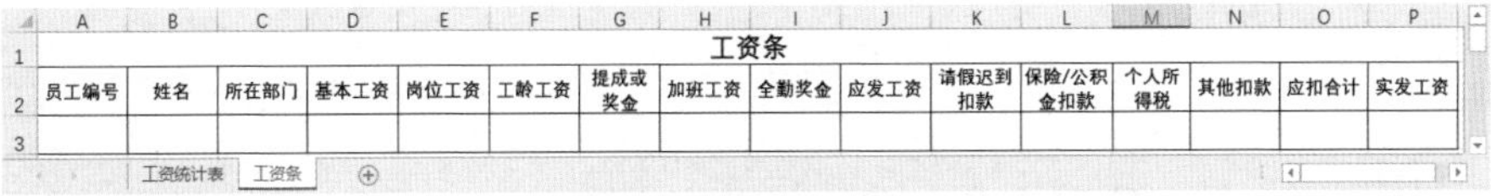

工资条
员工编号
姓名
所在部门
基本工资
岗位工资
工龄工资
提成或奖金
加班工资
全勤奖金
应发工资
请假迟到扣款
保险/公积金扣款
个人所得税
其他扣款
应扣合计
实发工资
工资统计表
工资条

图4-48　设计表格结构

Step02：输入引用公式。在A3单元格中输入公式“=OFFSET(工资统计表!$A$1,ROW()/3,COLUMN()-1)”，如图4-49所示。

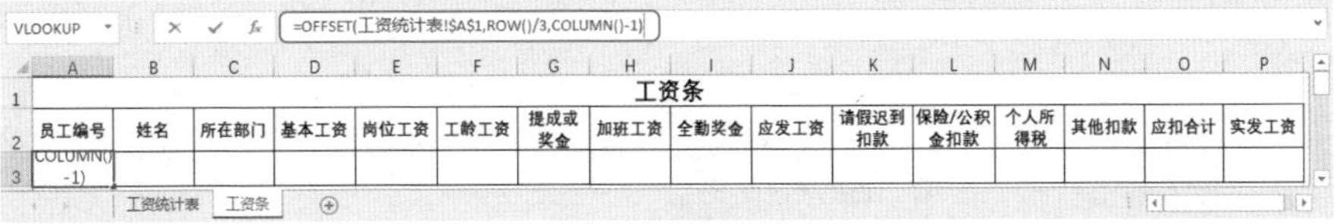

VLOOKUP
=OFFSET(工资统计表!$A$1,ROW()/3,COLUMN()-1)
工资条
员工编号
姓名
所在部门
基本工资
岗位工资
工龄工资
提成或奖金
加班工资
全勤奖金
应发工资
请假迟到扣款
保险/公积金扣款
个人所得税
其他扣款
应扣合计
实发工资
COLUMN()-1)
工资统计表
工资条

图4-49　输入引用公式

温馨提示

公式“=OFFSET(工资统计表!$A$1,ROW()/3,COLUMN()-1)”表示以“工资统计表”工作表中的A1单元格为参照系，向下偏移1行（公式所在的行为A3，所以返回3，再除以3，得到的结果就是1），向右不偏移（公式所在的列为A列，所以返回1；再减去1，得到的结果就是0），也就是引用“工资统计表”工作表A2单元格中的数据。

另外，本公式中**省略了OFFSET函数的参数height和width**，这时**系统默认引用的高度和宽度将与偏移参照的起始单元格相同**，也就是与reference参数相同。**如果reference是单元格区域，且指定了参数height或width，则会以引用区域左上角的单元格为参照系来进行区域偏移。**

另外，**height（行数）和width（列数）为正数，表示从参照系所在的位置向下或向右偏移来生成新的引用；为负数时，表示从参照系所在的位置向上或向左偏移来生成新的引用。**

Step03：向右填充公式。按【Enter】键计算出结果，然后向右填充A3单元格中的公式至P3单元格，如图4-50所示。

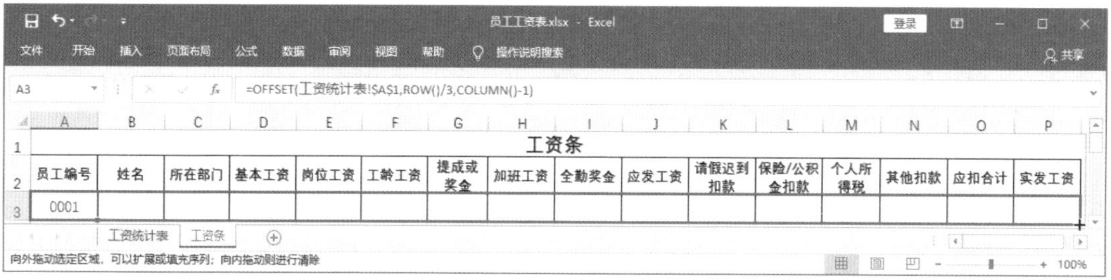

A3 =OFFSET(工资统计表!$A$1,ROW()/3,COLUMN()-1)

工资条															
员工编号	姓名	所在部门	基本工资	岗位工资	工龄工资	提成或奖金	加班工资	全勤奖金	应发工资	请假迟到扣款	保险/公积金扣款	个人所得税	其他扣款	应扣合计	实发工资
0001															

图4-50 填充公式

Step04：查看引用的数据。此时即可引用“工资统计表”中员工编号为【001】的相关数据，效果如图4-51所示。

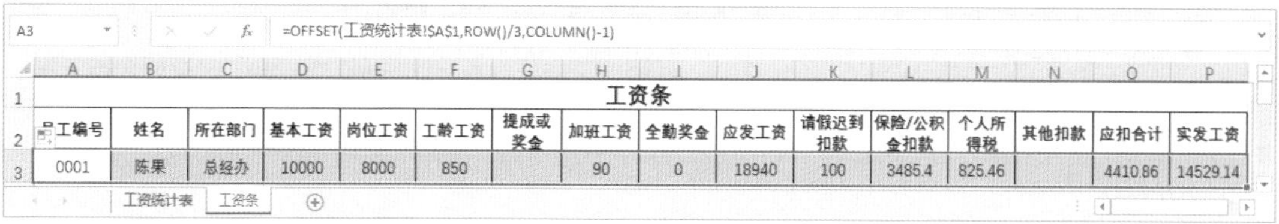

A3 =OFFSET(工资统计表!$A$1,ROW()/3,COLUMN()-1)

工资条															
员工编号	姓名	所在部门	基本工资	岗位工资	工龄工资	提成或奖金	加班工资	全勤奖金	应发工资	请假迟到扣款	保险/公积金扣款	个人所得税	其他扣款	应扣合计	实发工资
0001	陈果	总经办	10000	8000	850		90	0	18940	100	3485.4	825.46		4410.86	14529.14

图4-51 查看引用的数据

Step05：向下填充工资条。选择A1:P3单元格区域，拖动鼠标向下进行填充，如图4-52所示。

Step06：查看工资条效果。填充至P114单元格后释放鼠标，即可根据“员工统计表”工作表中的数据制作出所有员工的工资条，效果如图4-53所示。

工资条															
员工编号	姓名	所在部门	基本工资	岗位工资	工龄工资	提成或奖金	加班工资	全勤奖金	应发工资	请假迟到扣款	保险/公积金扣款	个人所得税	其他扣款	应扣合计	实发工资
0001	陈果	总经办	10000	8000	850		90	0	18940	100	3485.4	825.46		4410.86	14529.14

图4-52　填充公式

工资条															
员工编号	姓名	所在部门	基本工资	岗位工资	工龄工资	提成或奖金	加班工资	全勤奖金	应发工资	请假迟到扣款	保险/公积金扣款	个人所得税	其他扣款	应扣合计	实发工资
0001	陈果	总经办	10000	8000	850		90	0	18940	100	3485.4	825.46		4410.86	14529.14
工资条															
员工编号	姓名	所在部门	基本工资	岗位工资	工龄工资	提成或奖金	加班工资	全勤奖金	应发工资	请假迟到扣款	保险/公积金扣款	个人所得税	其他扣款	应扣合计	实发工资
0002	欧阳娜	总经办	9000	6000	550		0	200	15750	0	2913.75	573.625		3487.375	12262.63
工资条															
员工编号	姓名	所在部门	基本工资	岗位工资	工龄工资	提成或奖金	加班工资	全勤奖金	应发工资	请假迟到扣款	保险/公积金扣款	个人所得税	其他扣款	应扣合计	实发工资
0004	蒋丽程	财务部	4000	1500	1250		60	0	6810	50	1250.6	15.282		1315.882	5494.118
工资条															
员工编号	姓名	所在部门	基本工资	岗位工资	工龄工资	提成或奖金	加班工资	全勤奖金	应发工资	请假迟到扣款	保险/公积金扣款	个人所得税	其他扣款	应扣合计	实发工资
0005	王思	销售部	3000	1500	450	2170.29	451.3	0	7571.593	120	1378.545	32.1914	0	1530.736	6040.857
工资条															
员工编号	姓名	所在部门	基本工资	岗位工资	工龄工资	提成或奖金	加班工资	全勤奖金	应发工资	请假迟到扣款	保险/公积金扣款	个人所得税	其他扣款	应扣合计	实发工资
0006	胡林丽	生产部	3500	1500	850	0	1424.35	200	7474.35	0	1382.755	32.7479	0	1415.503	6058.847
工资条															
员工编号	姓名	所在部门	基本工资	岗位工资	工龄工资	提成或奖金	加班工资	全勤奖金	应发工资	请假迟到扣款	保险/公积金扣款	个人所得税	其他扣款	应扣合计	实发工资
0007	张德芳	销售部	4000	1500	550	2139.6	478.26	200	8867.861	0	1640.554	66.8192	0	1707.373	7160.488

图4-53　查看工资条效果

4.5　其他简单又实用的函数

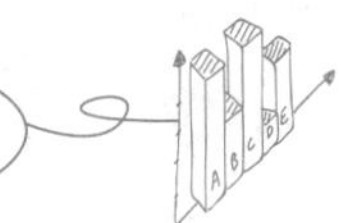

王Sir

小刘，除了前面讲解的函数外，在Excel中还有很多简单又实用的函数在统计人事数据时需要用到，如TODAY、DATEDIF、MAX、POUND、LEFT、TEXT等。

小刘

王Sir，前面那么多函数我都能快速学会，还怕这些函数？简直就是小菜一碟。

4.5.1 TODAY函数，返回当前日期

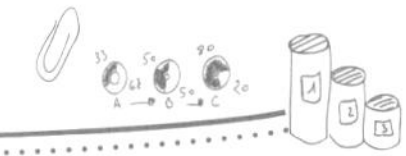

如要在人事表格中插入当前日期，或者计算当前日期与另一个日期之间间隔的天数，可以使用TODAY函数来完成。该函数用于返回当前日期的序列号（序列号是 Excel 用于日期和时间计算的日期–时间代码。如果在输入该函数之前单元格格式为“常规”，Excel会将单元格格式更改为“日期”。若要显示序列号，必须将单元格格式更改为“常规”或“数字”。），其语法结构为：TODAY()。

例如，需要在表格中插入制表日期，直接在单元格中输入公式“=TODAY()”，按【Enter】键即可插入系统当前的日期，如图4-54所示。

B1 =TODAY()

	A	B	C	D	E	F	G	H	I	J
1	制表日期	2019/5/28								
2	姓名	性别	年龄	学历	应聘岗位	初试时间	是否通过初试	复试时间	是否通过复试	是否录用
3	应聘者1	女	25	研究生	行政主管	20119/5/25	是	2019/5/27		否
4	应聘者2	女	24	专科	行政前台	20119/5/25				否
5	应聘者4	男	30	专科	操作员	20119/5/25	是	2019/5/27	是	是
6	应聘者5	男	28	本科	技术人员	20119/5/25	是	2019/5/27	是	是

Sheet1

图4-54 返回系统当前的日期

4.5.2 DATEDIF函数，计算开始和结束日期之间的时间间隔

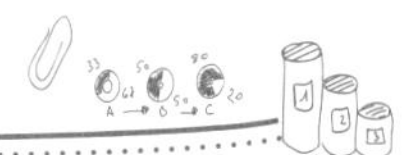

在人事数据表中，当需要计算两个日期之差时，可以用DATEDIF函数来实现。该函数用于计算两个日期值间隔的年数、月数和天数。其语法结构为：DATEDIF(start_date,end_date,unit)。

各参数的含义如下：

- ☆ start_date为必要参数，表示时间段内的第一个日期或起始日期（起始日期必须在1900年之后）。日期可以是带引号的字符串、日期序列号、单元格引用以及其他公式的计算结果等。
- ☆ end_date为必要参数，表示时间段内的最后一个日期或结束日期。需要注意的是，结束日期必须大于起始日期。

☆ unit 为所需信息的返回类型，共有6种，如表4-2所示。

表4-2 返回类型

参　数	函数返回值
“y”	返回两个日期值间隔的整年数
“m”	返回两个日期值间隔的整月数
“d”	返回两个日期值间隔的天数
“md”	返回两个日期值间隔的天数（忽略日期中的年和月）
“ym”	返回两个日期值间隔的月数（忽略日期中的年和日）
“yd”	返回两个日期值间隔的天数（忽略日期中的年）

例如，根据员工的出生日期和当前日期，计算出员工的年龄，其公式为“=DATEDIF(F2,TODAY(),"Y")”，计算结果如图4-55所示。又如，根据入职时间和当前时间或截止某个日期来计算员工工龄，其公式为“=DATEDIF(J2,DATE(2019,5,1),"Y")”，计算结果如图4-56所示。

G2　=DATEDIF(F2,TODAY(),"Y")

员工编号	姓名	部门	岗位	性别	出生年月	年龄
kg-001	余佳	销售部	销售代表	男	1995/11/1[illegible]	23
kg-002	蒋德	销售部	销售经理	男	1985/8/3	33
kg-003	方华	销售部	销售主管	男	1986/11/24	32
kg-004	李霄云	销售部	销售代表	男	1989/7/13	29
kg-005	荀妲	销售部	销售代表	女	1988/9/16	30
kg-006	向涛	销售部	销售代表	男	1994/2/14	25
kg-007	高磊	销售部	销售代表	男	1990/11/27	28
kg-008	周运通	销售部	销售主管	男	1982/4/28	37
kg-009	梦文	销售部	销售代表	男	1988/7/15	30
kg-010	高磊	销售部	销售代表	男	1990/11/27	28
kg-011	陈魄	销售部	销售代表	男	1989/7/24	29
kg-012	冉兴才	销售部	销售代表	男	1993/5/24	26
kg-013	陈然	销售部	销售代表	男	1990/2/16	29
kg-014	柯婷婷	销售部	销售代表	女	1989/3/24	30
kg-015	胡杨	销售部	销售代表	男	1992/5/23	27
kg-016	高崎	销售部	销售代表	男	1988/11/[illegible]	30

在职人员信息统计表　在职人员结构统计表

图4-55 计算年龄

K2　=DATEDIF(J2,DATE(2019,5,1),"Y")

年龄	身份证号码	学历	入职时间	工龄
23	123456199511190013	专科	2019/3/10	0
33	123456198508033517	专科	2008/12/17	10
32	123456198611245170	研究生	2012/1/14	7
29	123456198907135110	本科	2015/4/28	4
30	123456198809165120	本科	2015/6/16	3
25	123456199402141216	本科	2018/8/10	0
28	123456199011275110	专科	2016/7/18	2
37	123456198204282319	本科	2012/4/18	7
30	123456198807155170	专科	2013/4/8	6
28	123456199011275110	专科	2013/8/13	5
29	123456198907245190	本科	2014/4/29	5
26	123456199305245150	专科	2014/5/10	4
29	123456199002165170	高中	2014/6/1	4
30	123456198903245160	专科	2014/9/23	4
27	123456199205231475	专科	2015/9/1	3
30	123456198811247013	专科	2015/11/12	3

在职人员信息统计表　在职人员结构统计表

图4-56 计算工龄

温馨提示

DATEDIF是Excel中一个隐藏的函数，Excel中没有关于该函数的任何信息，所以不能通过自动和选择的方式插入，**只能手动输入完整的函数名称。**

另外，“=DATEDIF(J2,DATE(2019,5,1),"Y")”公式中的DATE函数用于返回代表特定日期的序列号。其语法结构为：DATE(year,month,day)。其中，year代表年份，month代表月份，day代表月份中第几天的数字。

4.5.3 ROUND函数，按指定位数对数字进行四舍五入

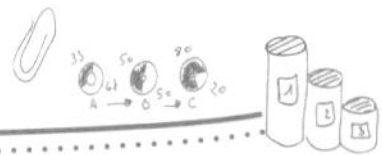

在人事数据表中处理数字型数据时，经常需要考虑带小数的数字是直接删除小数或多余的小数，还是进行四舍五入。如果要进行四舍五入，那么就需要用到ROUND函数。该函数用于将数字四舍五入到指定的位置。其语法结构为：ROUND (number, num_digits)。

各参数的含义如下：

☆ number为必需参数，表示要四舍五入的数字。

☆ num_digits为必需参数，表示要进行四舍五入运算的位置。如果 num_digits 大于 0（零），则将数字四舍五入到指定的小数位数； 如果 num_digits 等于 0，则将数字四舍五入到最接近的整数；如果 num_digits 小于 0，则将数字四舍五入到小数点左边的相应位数。

例如，如要将“员工工资表”中的实发工资四舍五入到整数，输入公式“=ROUND(J2–O2,0)”，按【Enter】键即可计算出结果；然后向下填充公式，计算出其他员工的实发工资，效果如图4–57所示。

P2　=ROUND(J2-O2,0)

	A	B	C	H	I	J	K	L	M	N	O	P
1	员工编号	姓名	所在部门	加班工资	全勤奖金	应发工资	请假迟到扣款	保险/公积金扣款	个人所得税	其他扣款	应扣合计	实发工资
2	0001	陈果	总经办	90.00		18940.00	100.00	3485.40	825.46		4410.86	14529
3	0002	欧阳娜	总经办		200.00	15750.00		2913.75	573.63		3487.38	12263
4	0004	蒋丽程	财务部	60.00		6810.00	50.00	1250.60	15.28		1315.88	5494
5	0005	王思	销售部	451.30		7571.59	120.00	1378.54	32.19		1530.74	6041
6	0006	胡林丽	生产部	1424.35	200.00	7474.35		1382.75	32.75		1415.50	6059
7	0007	张德芳	销售部	478.26	200.00	8867.86		1640.55	66.82		1707.37	7160
8	0008	欧俊	技术部	1802.17		12152.17	50.00	2238.90	276.33		2565.23	9587
9	0010	陈德格	人事部			5550.00		1026.75			1026.75	4523
10	0011	李运隆	人事部			3400.00		629.00			629.00	2771
11	0012	张孝骞	人事部			2850.00		527.25			527.25	2323
12	0013	刘秀	人事部	30.00		2830.00	120.00	501.35			621.35	2209
13	0015	胡茜茜	财务部			3250.00		601.25			601.25	2649
14	0016	李春丽	财务部	60.00		4660.00	50.00	852.85			902.85	3757
15	0017	袁娇	行政办	60.00	200.00	4710.00		871.35			871.35	3839
16	0018	张伟	行政办	60.00		3060.00	50.00	556.85			606.85	2453

工资统计表　工资条

图4–57　四舍五入计算结果

4.5.4 MAX函数，获取最大值

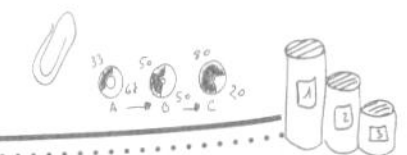

要在一组数据中获取最大值，如最高工资、最高绩效、最高奖金、最大出勤数等，使用MAX函数最合适。其语法结构为：MAX(number1,[number2],...)。另外，在员工工资表中，使用MAX函数可计算个人所得税。具体方法如下：

Step01：输入个人所得税计算公式。❶选择M2单元格；❷在编辑栏中输入个人所得税计算公式“=MAX((J2–SUM(K2:L2)–5000)*{3,10,20,25,30,35,45}%–{0,210,1410,2660,4410,7160,15160},0)”，如图4–58所示。

VLOOKUP =MAX((J2-SUM(K2:L2)-5000)*{3,10,20,25,30,35,45}%-{0,210,1410,2660,4410,7160,15160},0)

	A	B	C	F	G	H	I	J	K	L	M
1	员工编号	姓名	所在部门	工龄工资	提成或奖金	加班工资	全勤奖金	应发工资	请假迟到扣款	保险/公积金扣款	个人所得税
2	0001	陈果	总经办	850.00		90.00		18940.00	100.00	3485.40	160},0)
3	0002	欧阳娜	总经办	550.00			200.00	15750.00		2913.75	
4	0004	蒋丽程	财务部	1250.00		60.00		6810.00	50.00	1250.60	
5	0005	王思	销售部	450.00	2170.29	451.30		7571.59	120.00	1378.54	
6	0006	胡林丽	生产部	850.00		1424.35	200.00	7474.35		1382.75	
7	0007	张德芳	销售部	550.00	2139.60	478.26	200.00	8867.86		1640.55	
8	0008	欧俊	技术部	850.00		1802.17		12152.17	50.00	2238.90	
9	0010	陈德格	人事部	350.00				5550.00		1026.75	
10	0011	李运隆	人事部	100.00				3400.00		629.00	
11	0012	张孝骞	人事部	50.00				2850.00		527.25	
12	0013	刘秀	人事部			30.00		2830.00	120.00	501.35	
13	0015	胡茜茜	财务部	250.00				3250.00		601.25	
14	0016	李春丽	财务部	100.00		60.00		4660.00	50.00	852.85	
15	0017	袁娇	行政办	250.00		60.00	200.00	4710.00		871.35	

工资统计表 工资条

图4-58 个人所得税公式

Step02：查看计算结果。按【Enter】键，计算出结果；然后向下填充公式，计算出其他员工应缴纳的个人所得税，效果如图4-59所示。

M2 =MAX((J2-SUM(K2:L2)-5000)*{3,10,20,25,30,35,45}%-{0,210,1410,2660,4410,7160,15160},0)

	A	B	C	F	G	H	I	J	K	L	M
1	员工编号	姓名	所在部门	工龄工资	提成或奖金	加班工资	全勤奖金	应发工资	请假迟到扣款	保险/公积金扣款	个人所得税
2	0001	陈果	总经办	850.00		90.00		18940.00	100.00	3485.40	825.46
3	0002	欧阳娜	总经办	550.00			200.00	15750.00		2913.75	573.63
4	0004	蒋丽程	财务部	1250.00		60.00		6810.00	50.00	1250.60	15.28
5	0005	王思	销售部	450.00	2170.29	451.30		7571.59	120.00	1378.54	32.19
6	0006	胡林丽	生产部	850.00		1424.35	200.00	7474.35		1382.75	32.75
7	0007	张德芳	销售部	550.00	2139.60	478.26	200.00	8867.86		1640.55	66.82
8	0008	欧俊	技术部	850.00		1802.17		12152.17	50.00	2238.90	276.33
9	0010	陈德格	人事部	350.00				5550.00		1026.75	
10	0011	李运隆	人事部	100.00				3400.00		629.00	
11	0012	张孝骞	人事部	50.00				2850.00		527.25	
12	0013	刘秀	人事部			30.00		2830.00	120.00	501.35	
13	0015	胡茜茜	财务部	250.00				3250.00		601.25	
14	0016	李春丽	财务部	100.00		60.00		4660.00	50.00	852.85	
15	0017	袁娇	行政办	250.00		60.00	200.00	4710.00		871.35	

工资统计表 工资条

图4-59 查看计算结果

温馨提示

个人所得税=（工资薪金所得－“五险一金”－扣除数）×适用税率－速算扣除数。从2018年10月1日起，扣除数由原来的3500提升为5000。如表4-3所示为个人所得税税率。

级数	全月应纳税所得额	税率(%)	速算扣除数
1	不超过3000元的	3	0
2	超过3000元至12000元的部分	10	210
3	超过12000元至25000元的部分	20	1410
4	超过25000元至35000元的部分	25	2660
5	超过35000元至55000元的部分	30	4410
6	超过55000元至80000元的部分	35	7160
7	超过80000元的部分	45	15160

公式“=MAX((J2-SUM(K2:L2)-5000)*{3,10,20,25,30,35,45}%-{0,210,1410,2660,4410,7160,15160},0)”表示用计算出的应纳税额乘以7个等级税率，用得到的一组值减去速算扣除数，然后返回这组值中的最大值。

4.5.5 MID函数，提取指定个数的字符

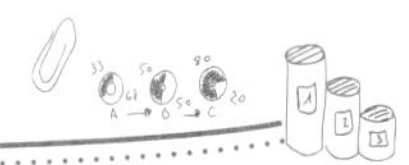

在人事管理中，很多人事数据都是根据员工信息表演变而来的，而在演变过程中经常会用到MID函数。该函数用于返回文本字符串中从指定位置开始的特定数目的字符。其语法结构为：MID(text, start_num, num_chars)。

各参数的含义如下：

☆ text为必需参数，表示包含要提取字符的文本字符串。

☆ start_num为必需参数，表示文本字符串中要提取的第一个字符的位置。如果start_num大于文本字符串长度，则MID函数返回空值("")；如果 start_num 小于文本长度，但start_num加上num_chars超过了文本的长度，则MID函数只返回至多直到文本末尾的字符；如果start_num小于1，则MID函数返回错误值#VALUE!。

☆ num_chars为必需参数，表示希望MID函数从文本中返回字符的个数。如果 num_chars 为负数，则MID函数返回错误值#VALUE!。

MID函数用得最多的场合就是在员工信息表中根据身份证号码获取性别和出生年月。获取性别时，需要结合IF函数和MOD函数。MOD函数用于返回两数相除的余数。其语法结构为：MOD(number, divisor)。其中number为被除数，divisor为除数。使用MID函数获取性别的公式为“=IF(MOD(MID(E2,17,1),2),"男","女")”，结果如图4-60所示。

使用MID函数获取出生年月时，需要结合DATE函数。获取出生年月的公式为“=DATE(MID(E2,7,4), MID(E2,11,2), MID(E2,13,2))”，结果如图4-61所示。如果公式中不用DATE函数，那么使用MID函数提取出来的出生年月是一串数字，并不会以日期格式显示。

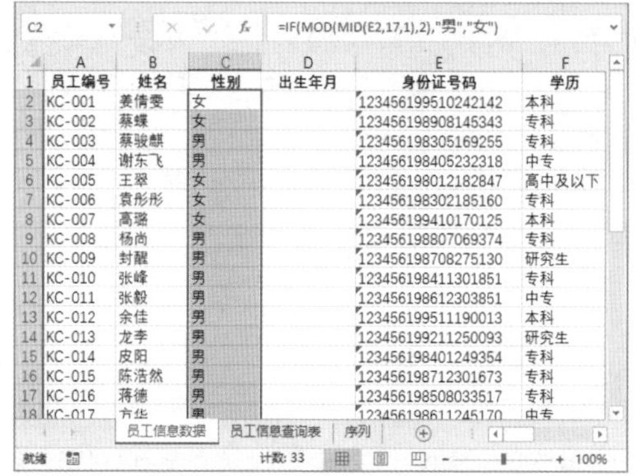

C2 =IF(MOD(MID(E2,17,1),2),"男","女")

	A	B	C	D	E	F
1	员工编号	姓名	性别	出生年月	身份证号码	学历
2	KC-001	姜倩雯	女		123456199510242142	本科
3	KC-002	蔡蝶	女		123456198908145343	专科
4	KC-003	蔡骏麒	男		123456198305169255	专科
5	KC-004	谢东飞	男		123456198405232318	中专
6	KC-005	王翠	女		123456198012182847	高中及以下
7	KC-006	袁彤彤	女		123456198302185160	专科
8	KC-007	高璐	女		123456199410170125	本科
9	KC-008	杨尚	男		123456198807069374	专科
10	KC-009	封醒	男		123456198708275130	研究生
11	KC-010	张峰	男		123456198411301851	专科
12	KC-011	张毅	男		123456198612303851	中专
13	KC-012	余佳	男		123456199511190013	本科
14	KC-013	龙李	男		123456199211250093	研究生
15	KC-014	皮阳	男		123456198401249354	专科
16	KC-015	陈浩然	男		123456198712301673	专科
17	KC-016	蒋德	男		123456198508033517	专科
18	KC-017	方华	男		123456198611245170	中专

员工信息数据 员工信息查询表 序列

就绪 计数: 33 100%

图4-60 根据身份证号码获取性别

D2 =DATE(MID(E2,7,4),MID(E2,11,2),MID(E2,13,2))

	A	B	C	D	E	F
1	员工编号	姓名	性别	出生年月	身份证号码	学历
2	KC-001	姜倩雯	女	1995/10/24	123456199510242142	本科
3	KC-002	蔡蝶	女	1989/8/14	123456198908145343	专科
4	KC-003	蔡骏麒	男	1983/5/16	123456198305169255	专科
5	KC-004	谢东飞	男	1984/5/23	123456198405232318	中专
6	KC-005	王翠	女	1980/12/18	123456198012182847	高中及以下
7	KC-006	袁彤彤	女	1983/2/18	123456198302185160	专科
8	KC-007	高璐	女	1994/10/17	123456199410170125	本科
9	KC-008	杨尚	男	1988/7/6	123456198807069374	专科
10	KC-009	封醒	男	1987/8/27	123456198708275130	研究生
11	KC-010	张峰	男	1984/11/30	123456198411301851	专科
12	KC-011	张毅	男	1986/12/30	123456198612303851	中专
13	KC-012	余佳	男	1995/11/19	123456199511190013	本科
14	KC-013	龙李	男	1992/11/25	123456199211250093	研究生
15	KC-014	皮阳	男	1984/1/24	123456198401249354	专科
16	KC-015	陈浩然	男	1987/12/30	123456198712301673	专科
17	KC-016	蒋德	男	1985/8/3	123456198508033517	专科
18	KC-017	方华	男	1986/11/24	123456198611245170	中专

员工信息数据 员工信息查询表 序列

平均值: 1987/11/21 计数: 33 求和: 4800/6/14 100%

图4-61 根据身份证号码获取出生年月

温馨提示

18位身份证号码中，第1～2位表示省、自治区或直辖市；第3～4位表示所在的市；第5～6位表示所在的县区；**第7～14位表示出生年月日**，比如19951024代表1995年10月24日；第15～16位为所在地派出所的代码；**第17位表示性别，一般男为奇数，女为偶数**；第18位为校验码，0～9和X，随机产生。

4.5.6 TEXT函数，对数字格式进行转换

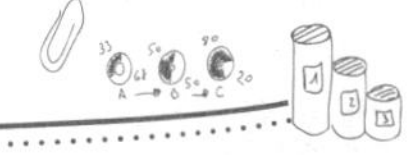

在人事数据表中，经常需要将数值转换为指定格式的数字格式。虽然通过数字格式功能可以对数据进行转换，但并不能将公式计算结果转换为需要的数字格式，因此在公式中一般使用TEXT函数。

TEXT函数用于将各种形式的数值转化为文本，并可通过特殊格式字符串来指定显示格式。其语法结构为：TEXT(value,format_text)。

各参数的含义如下：

☆ value为数值、计算结果为数值的公式，或对包含数值的单元格的引用。

☆　format_text表示使用双引号括起来作为文本字符串的数字格式，与【单元格格式】对话框【数字】选项卡下【分类】列表框中自定义的数字格式相同，如图4-62所示。

图4-62　单元格格式代码

例如，在考勤表中使用TEXT函数将D3:AG3单元格区域中的日期转换为星期，只需要在D2单元格中输入公式“=TEXT(D3,"AAA")”，按【Enter】键计算出结果，然后向右填充公式，即可将日期转换为对应的星期，效果如图4-63所示。

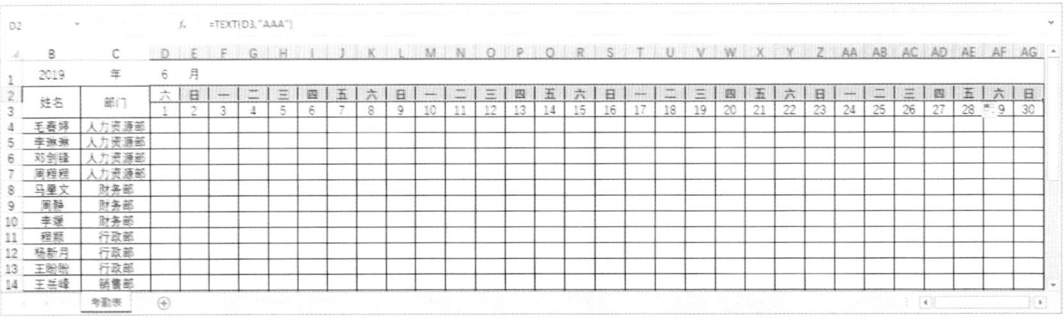

D2　=TEXT(D3,"AAA")

2019 年 6 月

姓名	部门	六	日	一	二	三	四	五	六	日	一	二	三	四	五	六	日	一	二	三	四	五	六	日	一	二	三	四	五	六	日
		1	2	3	4	5	6	7	8	9	10	11	12	13	14	15	16	17	18	19	20	21	22	23	24	25	26	27	28	9	30
毛春婷	人力资源部																														
李淼淼	人力资源部																														
邓剑锋	人力资源部																														
周程程	人力资源部																														
马星文	财务部																														
周静	财务部																														
李媛	财务部																														
程颖	行政部																														
杨新月	行政部																														
王盼盼	行政部																														
王岳峰	销售部																														

考勤表

图4-63　将日期转换为星期

温馨提示

公式“=TEXT(D3,"AAA")”中的“AAA”表示星期几的简称，如一、二等。如果要返回星期几的全称，如星期一、星期二等，那么数字格式为“AAAA”。另外，数字格式中的字母不分大小写，也就是“aaa”和“AAA”表示相同的数字格式。

CHAPTER 5

揭秘HR都爱的Excel分析工具

经过前段时间的努力，如今张总监安排的各种数据统计任务我都能轻而易举地完成。但张总监说，作为一名合格的HR，光会统计还不够，对统计的数据进行分析也是必须掌握的技能。于是，我又开始学习如何对数据进行分析。

刚开始，我以为会学SPSS、Access等专业的数据分析工具，后面经过王Sir的点拨才知道，对HR来说，Excel中提供了很多数据分析工具，使用它们就能完成很多人事数据的分析工作。

小 刘

正如小刘所言，一提到数据分析，很多人首先想到的便是SPSS、Access等这些专门的数据分析工具。实际上，数据分析工具的选择需要根据从事的行业和分析的需要来决定。对数据分析师来说，专门的数据分析工具更适合；但对HR来说，使用Excel就能完成数据的分析工作。

Excel中提供了很多分析工具，如排序、筛选、分类汇总、合并计算、条件格式等。这些工具深受HR们的喜爱。

王 Sir

5.1 数据排序，轻松搞定

张总监

小刘，对员工的工资数据进行分析时，需要用到“2019上半年工资数据”表，但里面的数据排序混乱，无法进行分析。你按照以下要求对表格中的数据进行排序。

（1）先按照部门进行排序。

（2）各部门下再按照3月份实发工资从高到低进行排序。

（3）同时还有几百项商品的订单信息统计。

小 刘

王Sir，80多条数据，这要排到什么时候呀？而且好像使用排序函数也不能实现呀！这可怎么办呀？

王Sir

小刘，不要着急，排序函数虽然不能实现，但还有Excel提供的排序工具呀！它提供了多种排序方法，我们可以根据自己的需要进行选择，快速完成对表格的排序哟！

小刘

那真是太好了，这样我就能按照张总监的要求对表格中的数据进行排序了。

5.1.1 简单排序

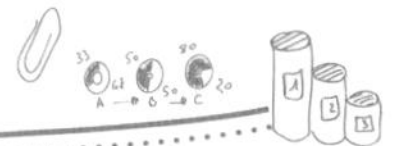

简单排序是Excel中最简单，也是最常用的一种排序方法，它是按一个条件对数据区域进行排序。如果是对文本进行简单排序，则按照文本拼音第一个字母的先后顺序进行排序；如果是对数字进行排序，则按照数字的大小进行排序。简单排序的具体方法如下：

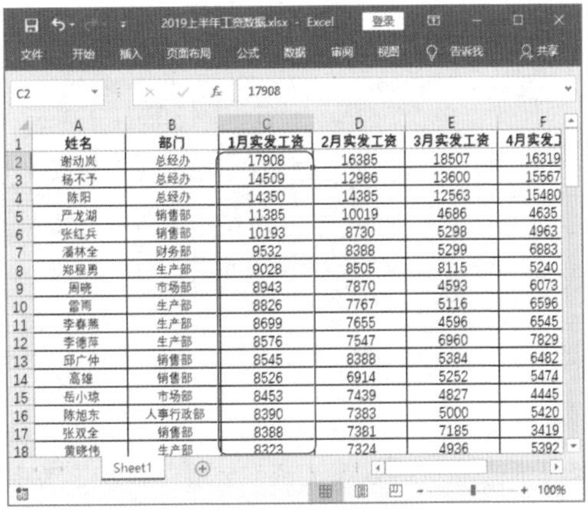

Step01：单击排序按钮。❶选择需要进行排序的列中的任意单元格，如选择C2单元格；❷单击【数据】选项卡【排序和筛选】组中的【降序】按钮，如图5-1所示。

Step02：查看降序排序效果。此时即可将C列中的数字按照从高到低的顺序进行排序，效果如图5-2所示。

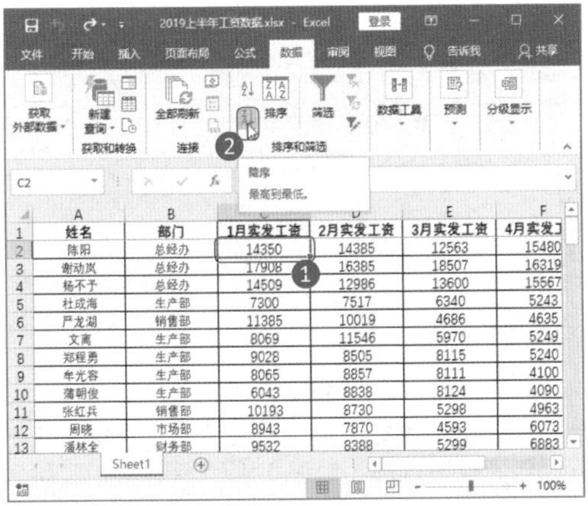

图5-1 单击【降序】按钮

图5-2 查看排序效果

温馨提示

单击【排序和筛选】组中的【升序】按钮，数字将按照从低到高的顺序排列，文本将按照首字拼音的字母从后往前排列，也就是倒序排列。

5.1.2 多条件排序

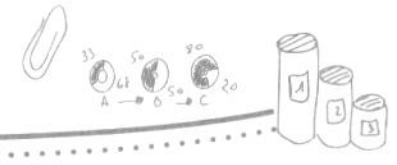

HR对人员结构、招聘、工资等包含多个部门的数据进行排序时，经常会遇到这种情况：需要先将相同部门的数据排在一起，相同部门的数据再按照从高到低或从低到高的顺序进行排列。这时使用简单排序是不能完成的，需要设置多个条件来排序。具体方法如下：

Step01：单击排序按钮。单击【数据】选项卡【排序和筛选】组中的【排序】按钮，如图5-3所示。

Step02：设置第一个排序条件。打开【排序】对话框；❶在【主要关键字】下拉列表框中选择排序列，如选择【部门】选项；❷在【次序】下拉列表框中选择排列顺序，如选择【升序】选项；❸单击【添加条件】按钮，如图5-4所示。

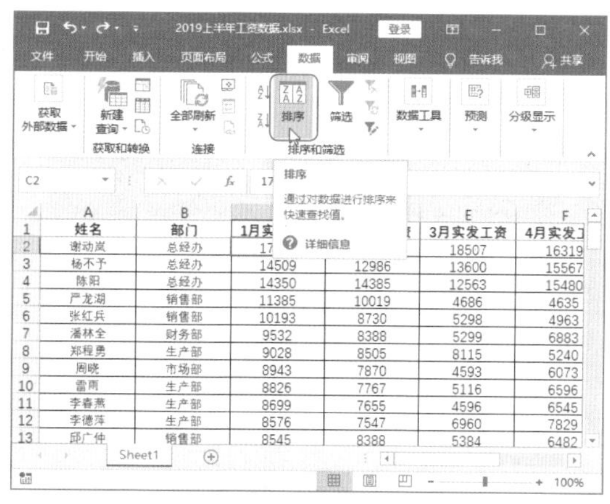

图5-3 单击【排序】按钮

图5-4 设置第一个排序条件

Step03：设置第二个排序条件。在主要排序条件下添加一个次要条件；❶在【次要关键字】下拉列表框中选择【3月实发工资】选项；❷在【次序】下拉列表框中选择【降序】选项；❸单击【确定】按钮，如图5-5所示。

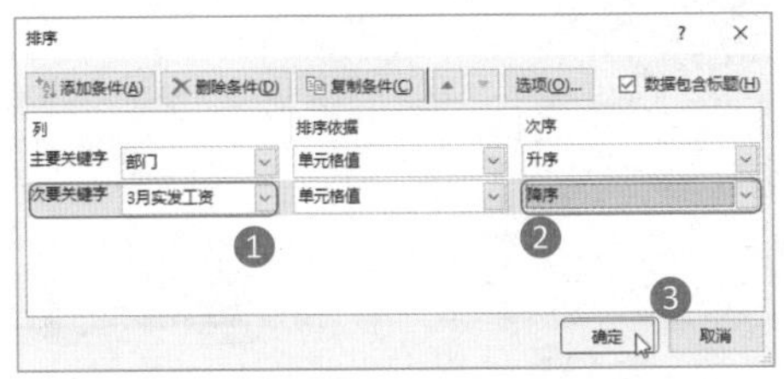

图5-5 设置第二个排序条件

Step04：查看排序效果。返回表格中，即可看到C列中相同部门的数据排列在了一起，而且【3月实发工资】列数据是按照各部门从高到低进行排列的，效果如图5-6所示。

	A	B	C	D	E	F	G	H
1	姓名	部门	1月实发工资	2月实发工资	3月实发工资	4月实发工资	5月实发工资	6月实发工资
2	符光秋	财务部	7036	6192	6966	7314	5348	6424
3	贺安仁	财务部	7908	6385	6019	6319	7862	6815
4	郭娟	财务部	6275	5522	5600	6561	5769	5728
5	潘林全	财务部	9532	8388	5299	6883	7244	8708
6	李继伟	品控部	7259	6388	6414	4960	5517	6628
7	刘军	品控部	5620	6943	5504	4138	7724	6284
8	刘福鹏	品控部	5473	5581	5396	5453	6439	7739
9	王俊胜	品控部	6715	6553	5352	6552	6623	7960
10	乔万健	品控部	6231	8123	4981	5761	7015	8432
11	李剑	品控部	6332	5572	4685	5584	4812	5780
12	王平	品控部	7415	6525	4586	5024	5635	6771
13	陈强	品控部	6297	5541	4003	6570	4785	5748
14	郭海涛	人事行政部	5160	6307	7921	5910	5454	6542
15	李翠娟	人事行政部	4946	4352	5527	6022	3758	4512
16	肖建华	人事行政部	5510	6609	5299	6062	5708	6858
17	陈旭东	人事行政部	8390	7383	5000	5420	6376	7663
18	伍秋蓉	人事行政部	4553	7047	4948	5109	9541	4720

Sheet1

图5-6 查看排序效果

温馨提示

使用多条件进行排序时，一定要分清关键条件和次要条件。**关键条件是第一条件，只能有一个；次要条件是第二条件，可以有一个或多个。**

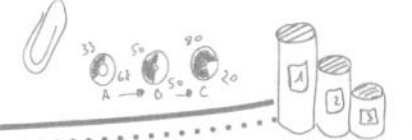

5.1.3 自定义排序

当需要按照指定顺序进行排序时，简单排序和多条件排序并不能满足要求，此时HR就需要通过自定义排序来对人事表格中的数据进行排序。

例如，让表格中的【部门】列数据按照【总经办】【人事行政部】【财务部】【市场部】【生产部】【品控部】【销售部】这样的顺序排序，具体方法如下。

Step01：选择【自定义序列】选项。打开“2019上半年工资数据”；选择数据区域中的任意单元格，单击【排序】按钮；打开【排序】对话框，在【次序】下拉列表框中选择【自定义序列】选项，如图5-7所示。

图5-7　选择【自定义序列】选项

Step02：输入序列。打开【自定义序列】对话框；❶在【输入序列】列表框中按照指定的顺序输入序列；❷单击【添加】按钮，如图5-8所示。

Step03：选择自定义的序列。输入的序列将添加到【自定义序列】列表框中；❶选择该序列；❷单击【确定】按钮，如图5-9所示。

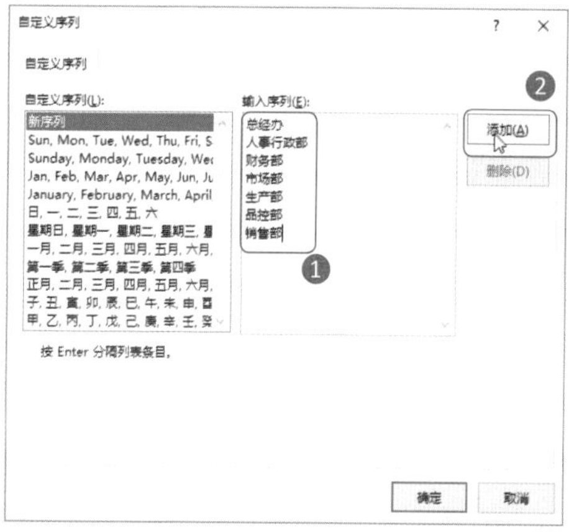

图5-8　输入序列

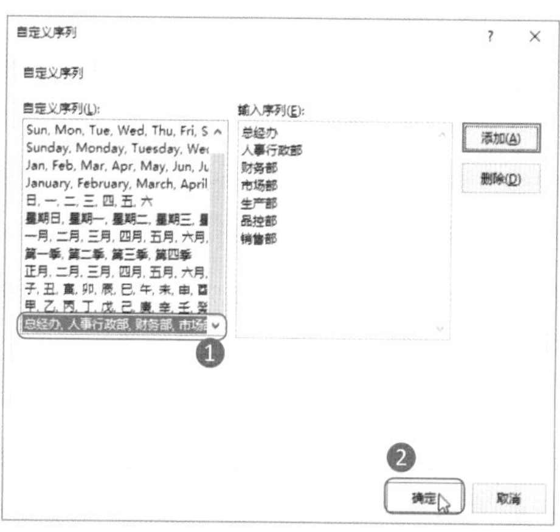

图5-9　选择自定义序列

Step04：设置排序关键字。返回【排序】对话框，在【次序】下拉列表框中选择自定义的序列；❶在【主要关键字】下拉列表框中选择【部门】选项；❷单击【确定】按钮，如图5-10所示。

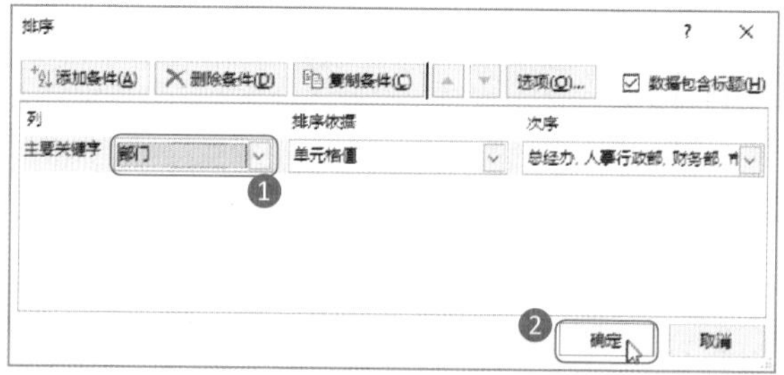

图5-10　设置排序关键字

Step05：查看排序效果。返回表格中，即可看到表格中的数据已按照【部门】列中指定的顺序排列，效果如图5-11所示。

	A	B	C	D	E	F	G	H
1	姓名	部门	1月实发工资	2月实发工资	3月实发工资	4月实发工资	5月实发工资	6月实发工资
2	陈阳	总经办	14350	14385	12563	15480	14862	17908
3	谢动岚	总经办	17908	16385	18507	16319	14862	16815
4	杨不予	总经办	14509	12986	13600	15567	11463	13416
5	张玉鸣	人事行政部	5753	7703	4744	3566	6653	7995
6	陈旭东	人事行政部	8390	7383	5000	5420	6376	7663
7	蒲刚	人事行政部	5914	6964	4338	5226	6014	7227
8	刘勇祥	人事行政部	5514	6612	4507	5064	5710	6861
9	肖建华	人事行政部	5510	6609	5299	6062	5708	6858
10	郭海涛	人事行政部	5160	6307	7921	5910	5454	6542
11	张金平	人事行政部	6863	6039	4748	4800	5215	6266
12	伍秋蓉	人事行政部	4553	7047	4948	5109	9541	4720
13	李翠娟	人事行政部	4946	4352	5527	6022	3758	4512
14	潘林全	财务部	9532	8388	5299	6883	7244	8708
15	贺安仁	财务部	7908	6385	6019	6319	7862	6815
16	符光秋	财务部	7036	6192	6966	7314	5348	6424
17	郭娟	财务部	6275	5522	5600	6561	5769	5728
18	周晓	市场部	8943	7870	4593	6073	6797	8943

Sheet1

图5-11 查看排序效果

技能升级

按颜色进行排序：一般情况下，对表格数据进行排序时，其排序依据是“单元格数值”，但其实在【排序】对话框的【排序依据】下拉列表框中还提供了【单元格颜色】【字体颜色】【条件格式图标】等3种排序方式。如果在表格中设置了单元格颜色或字体颜色，那么排序时可将排序依据设置为【单元格颜色】或【字体颜色】。例如，按照红色、黄色和紫色的先后顺序进行排序，如图5-12所示。

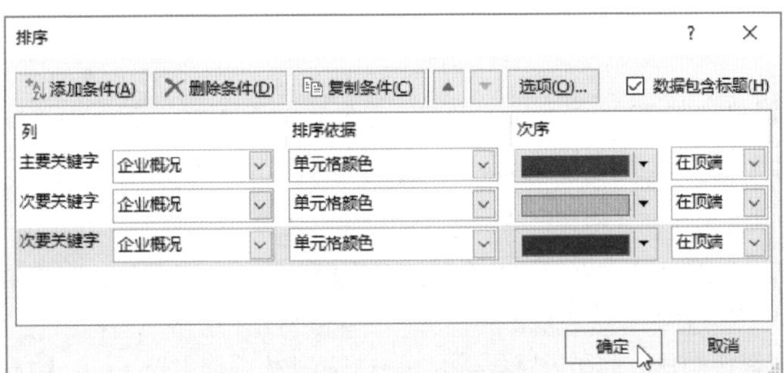

图5-12 按单元格颜色排序

5.2 数据筛选，保留符合条件的数据

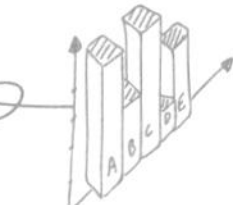

小刘

王Sir，如果我想把表格中符合条件的数据显示出来，不符合条件的数据不显示，应该怎么做呢？需要用到Excel中的哪个分析工具呢？

王Sir

小刘，有进步，知道根据自己的需求来提问了。Excel中的数据筛选工具就能满足你的要求。**在Excel中，数据筛选工具提供了颜色筛选、数字筛选、文本筛选、模糊筛选和高级筛选等多种筛选方式，我们可以根据数据的特点和需求来选择合适的筛选方式。**

小刘

那真是太棒了，这么多筛选方式，想怎么筛选都可以。

5.2.1 颜色筛选

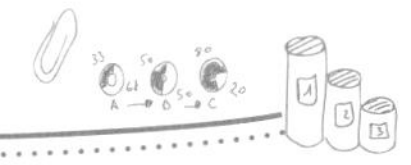

颜色筛选就是将表格中指定的单元格颜色或字体颜色筛选出来，但前提是表格中有单元格和数据设置了颜色，该筛选方式才会出现。按颜色筛选数据的具体方法如下：

Step01：进入筛选状态。打开“加班统计表”；❶选择表格区域中的任意单元格；❷单击【数据】选项卡【排序和筛选】组中的【筛选】按钮，如图5-13所示。

Step02：选择筛选颜色。此时表字段单元格中将添加【筛选】按钮▾；❶在需要筛选列中单击【筛选】按钮▾，如单击【加班类别】单元格中的【筛选】按钮▾；❷在弹出的下拉列表中选择【按颜色筛选】选项；❸在弹出的子列表中显示了筛选颜色，选择需要筛选的颜色【红色】，如图5-14所示。

Step03：查看筛选出来的效果。此时即可将【加班类别】中字体颜色为红色的数据筛选出来，并且在状态栏中将显示在数据记录中找到的个数，效果如图5-15所示。

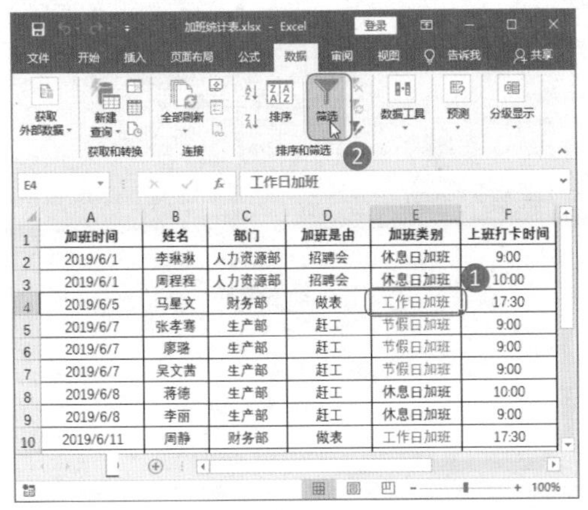

图5-13　进入筛选状态

图5-14　选择筛选颜色

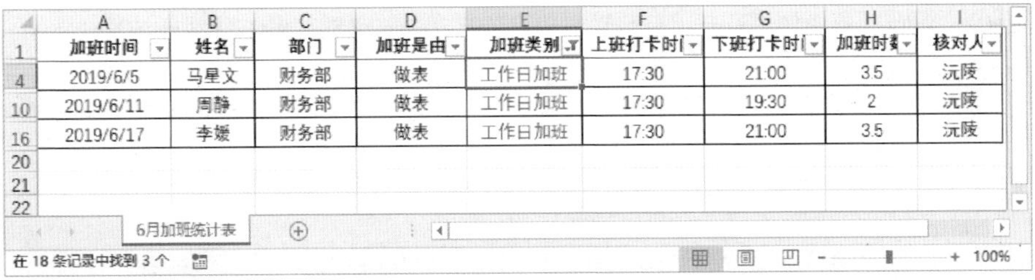

	A	B	C	D	E	F	G	H	I
1	加班时间	姓名	部门	加班是由	加班类别	上班打卡时间	下班打卡时间	加班时数	核对人
4	2019/6/5	马星文	财务部	做表	工作日加班	17:30	21:00	3.5	沅陵
10	2019/6/11	周静	财务部	做表	工作日加班	17:30	19:30	2	沅陵
16	2019/6/17	李嫒	财务部	做表	工作日加班	17:30	21:00	3.5	沅陵
20									
21									
22									

6月加班统计表

在 18 条记录中找到 3 个

图5-15　查看筛选效果

温馨提示

按颜色进行筛选时，如果筛选列中设置的是字体颜色，那么就会按字体颜色进行筛选；如果筛选列中设置的是单元格颜色，就会按单元格颜色进行筛选。

5.2.2 数字筛选

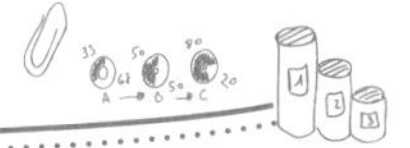

当需要筛选的数据是数字型时，那么就可以使用数字筛选。它是最常用的筛选方式，因为对人事数据进行分析时，大部分是对数字进行筛选。例如，下面使用数字筛选方式筛选出“加班统计表”中加班小时数大于等于8的数据记录，具体方法如下。

Step01：设置数字筛选。打开“加班统计表”，单击【筛选】按钮，进入筛选状态；❶单击【加班时数】单元格中的【筛选】按钮▾；❷在弹出的下拉列表中选择【数字筛选】选项；❸在弹出的子列表中选择【大于或等于】选项，如图5-16所示。

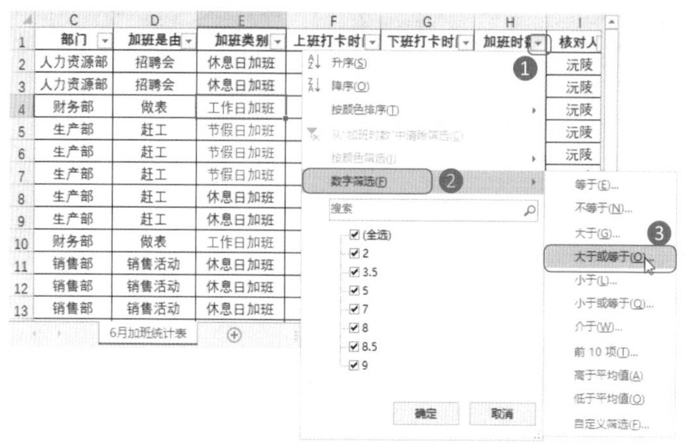

图5-16　设置数字筛选

Step02：设置筛选条件。打开【自定义自动筛选方式】对话框，❶在【大于或等于】下拉列表框右侧的组合框中输入“8”；❷单击【确定】按钮，如图5-17所示。

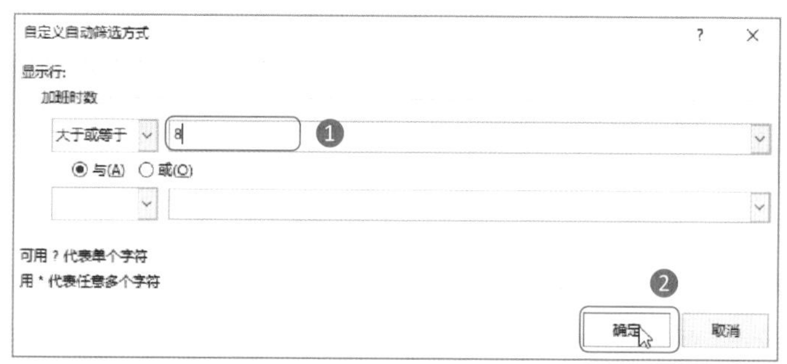

图5-17　设置筛选条件

温馨提示

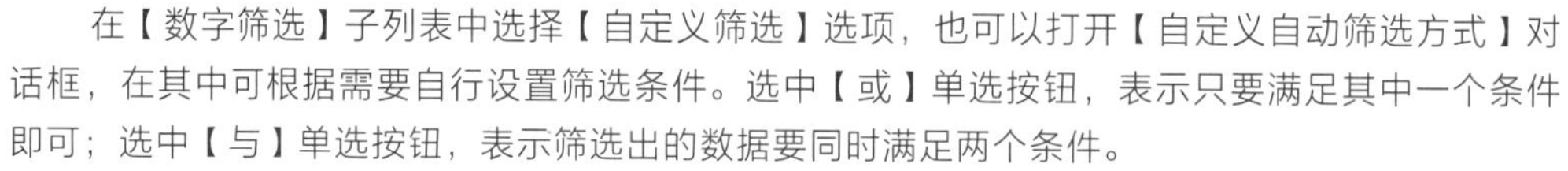
在【数字筛选】子列表中选择【自定义筛选】选项，也可以打开【自定义自动筛选方式】对话框，在其中可根据需要自行设置筛选条件。选中【或】单选按钮，表示只要满足其中一个条件即可；选中【与】单选按钮，表示筛选出的数据要同时满足两个条件。

Step03：查看筛选结果。此时即可将“加班时数”列中数值大于或等于8的记录筛选出来，效果如图5-18所示。

	A	B	C	D	E	F	G	H	I
1	加班时间	姓名	部门	加班是由	加班类别	上班打卡时	下班打卡时	加班时	核对人
5	2019/6/7	张孝骞	生产部	赶工	节假日加班	9:00	17:30	8.5	沅陵
6	2019/6/7	廖璐	生产部	赶工	节假日加班	9:00	17:30	8.5	沅陵
7	2019/6/7	吴文茜	生产部	赶工	节假日加班	9:00	17:30	8.5	沅陵
8	2019/6/8	蒋德	生产部	赶工	休息日加班	10:00	18:00	8	沅陵
9	2019/6/8	李丽	生产部	赶工	休息日加班	9:00	18:00	9	沅陵
11	2019/6/15	王新艳	销售部	销售活动	休息日加班	9:00	17:00	8	沅陵
12	2019/6/15	林薇薇	销售部	销售活动	休息日加班	9:00	17:00	8	沅陵
13	2019/6/15	杜敏	销售部	销售活动	休息日加班	9:00	17:00	8	沅陵
14	2019/6/15	周东阳	销售部	销售活动	休息日加班	9:00	17:00	8	沅陵
15	2019/6/15	陈伟	销售部	销售活动	休息日加班	9:00	17:00	8	沅陵
20									

6月加班统计表

在 18 条记录中找到 10 个　100%

图5-18　查看筛选结果

技能升级

如果对筛选的结果不满意，可以取消筛选。如果要取消整个工作表中的筛选，那么可直接单击【数据】组中的【筛选】按钮，取消【筛选】按钮的选择状态即可。如果要清除某列中的筛选，单击单元格中的按钮，在弹出的下拉列表中选择【从“(列名称)”列中清除筛选】选项即可。

5.2.3 文本筛选

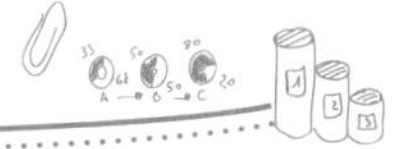

文本筛选与数字筛选的方法一样，只是筛选的数据类型不同。具体方法如下：

Step01：设置文本筛选。打开“加班统计表”，单击【筛选】按钮，进入筛选状态；❶单击【部门】单元格中的【筛选】按钮；❷在弹出的下拉列表中选择【文本筛选】选项；❸在弹出的子列表中选择【包含】选项，如图5-19所示。

图5-19　设置文本筛选

Step02：设置筛选条件。❶打开【自定义自动筛选方式】对话框，在【包含】下拉列表框右侧的组合框中输入“生产部”；❷单击【确定】按钮，如图5-20所示。

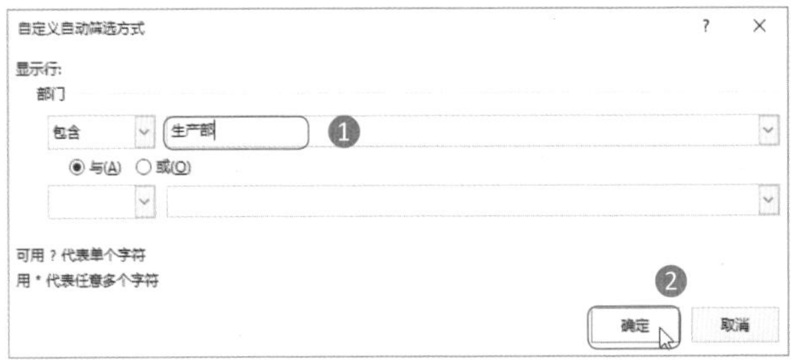

图5-20　设置筛选条件

Step03：查看筛选结果。此时即可将【部门】列中包含【生产部】的数据记录筛选出来，效果如图5-21所示。

	A	B	C	D	E	F	G	H	I
1	加班时间	姓名	部门	加班是由	加班类别	上班打卡时间	下班打卡时间	加班时数	核对人
5	2019/6/7	张孝骞	生产部	赶工	节假日加班	9:00	17:30	8.5	沅陵
6	2019/6/7	廖璐	生产部	赶工	节假日加班	9:00	17:30	8.5	沅陵
7	2019/6/7	吴文茜	生产部	赶工	节假日加班	9:00	17:30	8.5	沅陵
8	2019/6/8	蒋德	生产部	赶工	休息日加班	10:00	18:00	8	沅陵
9	2019/6/8	李丽	生产部	赶工	休息日加班	9:00	18:00	9	沅陵
17	2019/6/22	余加	生产部	赶工	休息日加班	9:00	14:00	5	沅陵
18	2019/6/22	刘涛	生产部	赶工	休息日加班	9:30	16:30	7	沅陵
20									

6月加班统计表

在 18 条记录中找到 7 个　100%

图5-21　查看筛选结果

技能升级

对于筛选列中类别较少的数据，可以通过复选框直接筛选。进入筛选状态后，在筛选下拉列表中将显示筛选列中的数据。选中某一复选框，即可筛选出相应的数据记录；如果取消选中某一复选框，则隐藏相应的数据记录。然后单击【确定】按钮即可，如图5-22所示。

	A	B	C	D	E	F	G
1	加班时间	姓名	部门	加班是由	加班类别	上班打卡时间	下班打卡时间
2	2019/6/1	李琳琳	人力资源部	招聘会	休息日加班	9:00	16:00
3	2019/6/1	周程程	人力资源部	招聘会	休息日加班	10:00	17:00
11	2019/6/15	王新艳	销售部	销售活动	休息日加班	9:00	17:00
12	2019/6/15	林薇薇	销售部	销售活动	休息日加班	9:00	17:00
13	2019/6/15	杜敏	销售部	销售活动	休息日加班	9:00	17:00
14	2019/6/15	周东阳	销售部	销售活动	休息日加班	9:00	17:00
15	2019/6/15	陈伟	销售部	销售活动	休息日加班	9:00	17:00
20							

图5-22　通过复选框筛选

5.2.4 模糊筛选

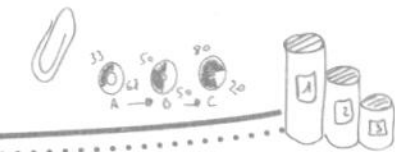

当筛选条件不明确时，可以借助星号（*）和问号（?）两个通配符进行模糊筛选。在输入的筛选条件中，星号（*）表示多个字符，问号（?）表示一个字符。例如，将“加班统计表”【姓名】列中姓【李】，且姓名只有两个字的数据记录筛选出来，具体方法如下。

Step01：输入筛选条件“姓”。打开“加班统计表”，进入筛选状态；❶单击【姓名】单元格中的【筛选】按钮▼；❷在弹出的下拉列表的搜索框中输入姓“李”，在下方的列表框中将自动显示搜索到的结果，如图5-23所示。

Step02：输入通配符。搜索的结果中姓名有两个字的，也有3个字的，此时就需要使用通配符问号（?）进行筛选。❶在搜索框中的【李】后面输入英文状态下的“?”，下方的列表框中将自动筛选出姓【李】且姓名为两个字的数据；❷单击【确定】按钮，如图5-24所示。

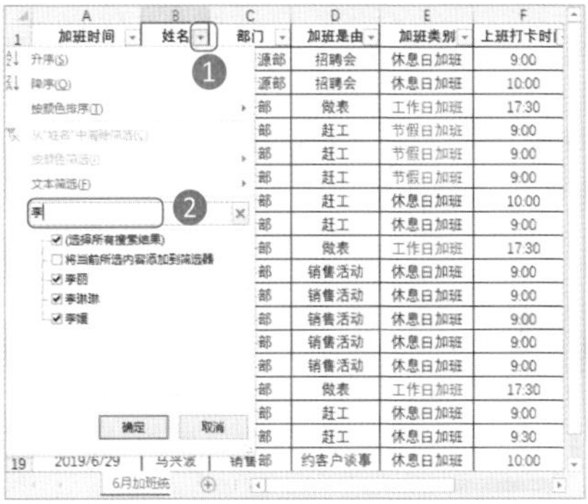

图5-23 输入筛选条件“姓”

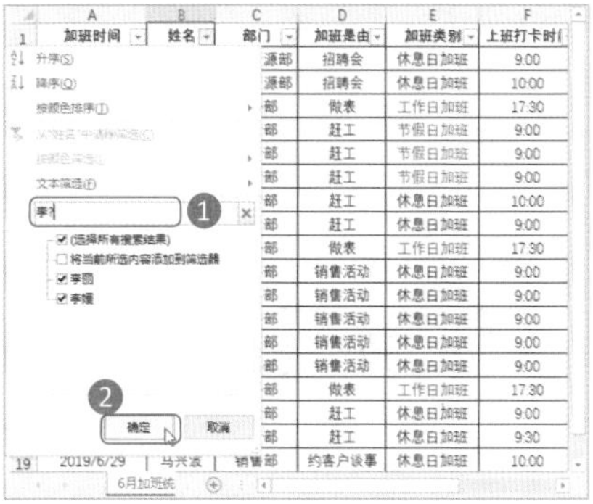

图5-24 输入通配符

Step03：查看筛选结果。此时即可将表格【姓名】列中姓【李】，且姓名为两个字的数据记录筛选出来，效果如图5-25所示。

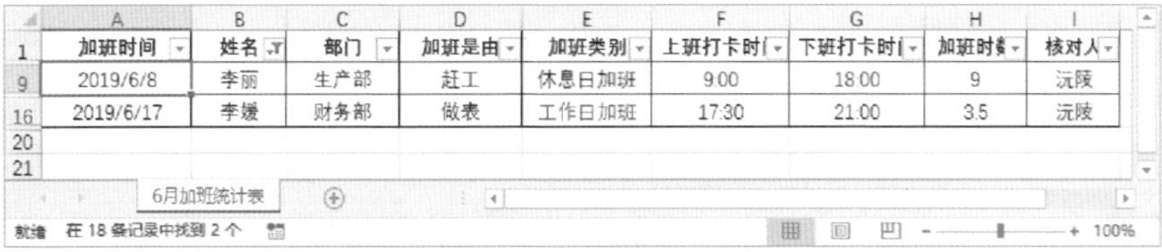

	A	B	C	D	E	F	G	H	I
1	加班时间	姓名	部门	加班是由	加班类别	上班打卡时间	下班打卡时间	加班时数	核对人
9	2019/6/8	李丽	生产部	赶工	休息日加班	9:00	18:00	9	沅陵
16	2019/6/17	李媛	财务部	做表	工作日加班	17:30	21:00	3.5	沅陵
20									
21									

6月加班统计表

就绪 在 18 条记录中找到 2 个 100%

图5-25 查看筛选结果

5.2.5 高级筛选

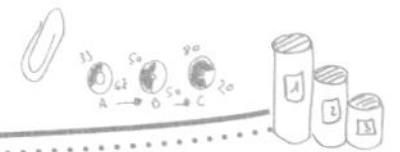

颜色、文本、数字和模糊等筛选方式都是对单列的单元格字段进行筛选，当需要对人事表格中的多

列进行筛选，且筛选条件较复杂时，就需要通过高级筛选来完成。

使用高级筛选功能进行筛选时，既可以将筛选结果显示在原始数据区域中，也可以筛选到其他单元格区域或其他工作表中。

例如，使用Excel高级筛选功能在“加班统计表”中筛选出生产部在休息日加班，且加班时数大于5的数据记录，并将筛选结果显示在表格数据区域外，具体方法如下：

Step01：输入筛选条件。打开“加班统计表”；❶在A22:C23单元格区域中输入筛选条件；❷单击【数据】选项卡【排序和筛选】组中的【高级】按钮，如图5-26所示。

温馨提示

在输入高级筛选条件时，运算符“=”“>”和“<”等只能通过键盘输入，而且设置大于等于或小于等于时，要分开输入，如“>=”或“<=”，否则Excel不能识别。

Step02：设置筛选方式。打开【高级筛选】对话框，默认选中【在原有区域显示筛选结果】单选按钮，表示在原有的数据区域显示筛选结果。❶这里选中【将筛选结果复制到其他位置】单选按钮；❷单击【列表区域】参数框右侧的【折叠】按钮，如图5-27所示。

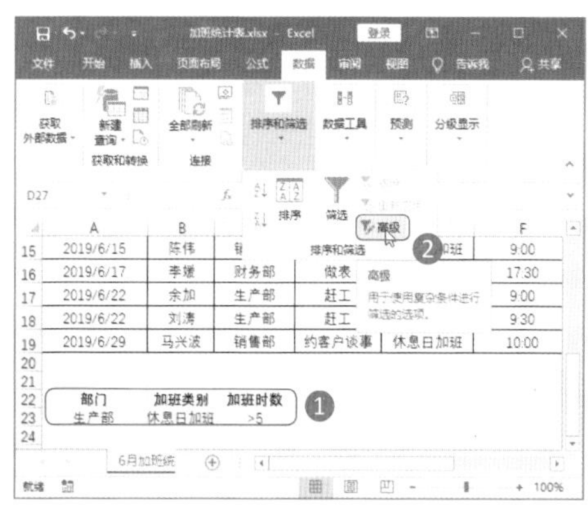

图5-26　执行高级筛选操作

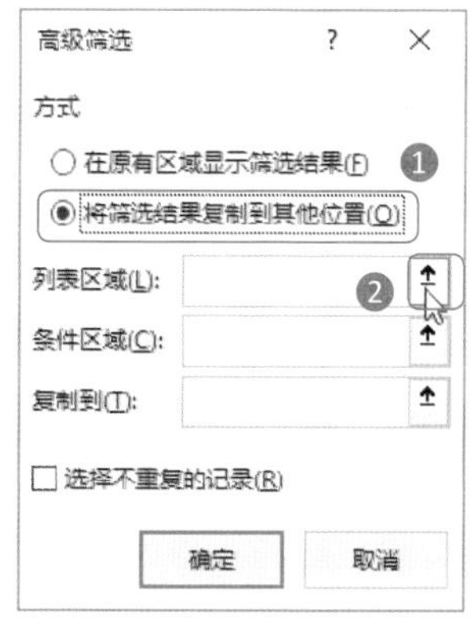

图5-27　设置筛选方式

Step03：选择数据区域。折叠对话框；❶拖动鼠标选择表格数据区域；❷单击【展开】按钮，如图5-28所示。

Step04：设置条件区域和放置位置。❶使用相同的方法对筛选条件所在的区域和筛选结果放置的位置进行设置；❷完成后单击【确定】按钮，如图5-29所示。

Step05：查看筛选结果。此时即可将生产部休息日加班，且加班时数大于5的数据记录筛选出来，效果如图5-30所示。

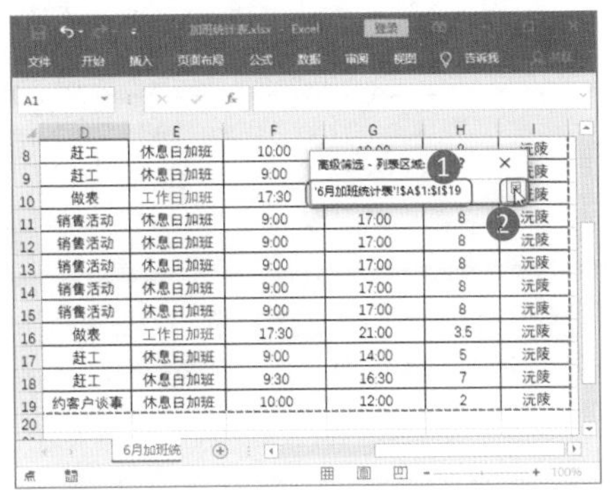

图5-28 设置筛选区域

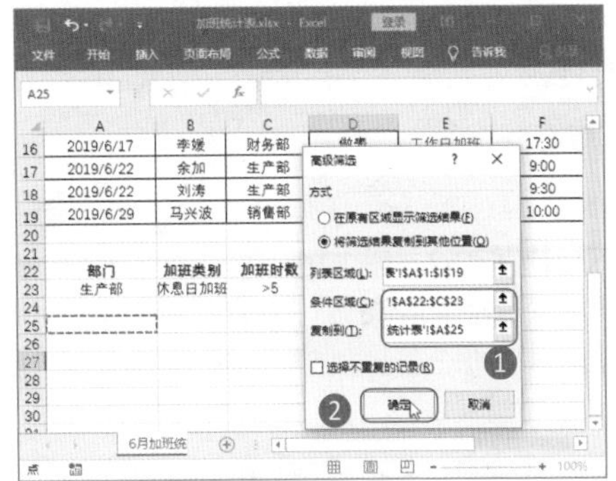

图5-29 设置筛选条件所在的区域和筛选结果放置的位置

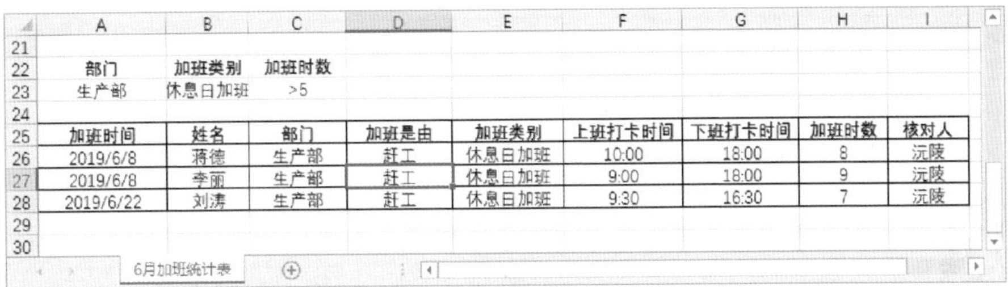

部门	加班类别	加班时数
生产部	休息日加班	>5

加班时间	姓名	部门	加班是由	加班类别	上班打卡时间	下班打卡时间	加班时数	核对人
2019/6/8	蒋德	生产部	赶工	休息日加班	10:00	18:00	8	沅陵
2019/6/8	李丽	生产部	赶工	休息日加班	9:00	18:00	9	沅陵
2019/6/22	刘涛	生产部	赶工	休息日加班	9:30	16:30	7	沅陵

图5-30 查看筛选结果

5.3 数据汇总好帮手

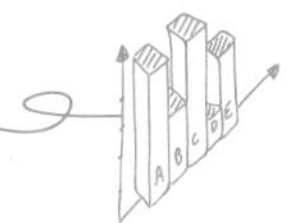

张总监

小刘，如果让你对“2019上半年工资数据”表中各部门各月份的工资总额进行汇总，你会怎么做？

小 刘

张总监，这有什么难的？使用SUMIF函数就能统计出各部门各月份的工资总额。

张总监

小刘，其实很多工作可以通过多种方法来完成，我们应该根据数据的特点来选择最快捷的方法，这样才能高效完成工作。

就拿汇总各部门各月份的工资总额来说，除了你说的使用函数外，还可使用Excel提供的分类汇总和合并计算分析工具来完成。这些分析工具都是汇总人事数据时经常使用的，所以也需要我们HR学习和掌握。

小 刘

谢谢张总监的指点，我会认真学习的，不懂的我会向王Sir请教的。

5.3.1 分类汇总

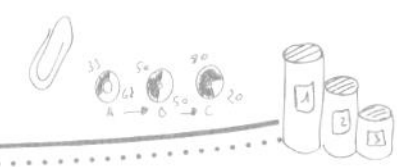

当需要对招聘人数、招聘费用、培训费用、工资等按照一定的类别，如月份、部门等进行汇总时，使用分类汇总可快速完成。在Excel中，分类汇总分为单重分类汇总和多重分类汇总两种，单重分类汇总是对一个类别进行汇总，而多重分类汇总则是对多个类别进行汇总。

1 单重分类汇总

例如，当需要对各部门的招聘人数进行统计时，使用单重分类汇总就能实现。但执行分类汇总时，相同的分类字段必须排列在一起；如果相同分类字段没有排列在一起，那么需要先执行排序，再执行分类汇总。具体方法如下：

Step01：降序排列数据。打开“招聘需求统计表”；❶选择【部门】列中任一单元格；❷单击【数据】选项卡【排序和筛选】组中的【降序】按钮，如图5-31所示。

Step02：执行分类汇总操作。Excel将把相同部门的数据排列在一起。单击【数据】选项卡【分级显示】组中的【分类汇总】按钮，如图5-32所示。

Step03：按部门汇总需求人数。打开【分类汇总】对话框；❶在【分类字段】下拉列表框中设置分类类别，如设置为【部门】；❷在【汇总方式】下拉列表框中选择汇总方式，如设置为【求和】；❸在【选定汇总项】列表框中选择汇总字段，如设置为【需求人数】；❹单击【确定】按钮，如图5-33所示。

Step04：执行分级显示。在工作表中可查看到分类汇总结果，单击左侧代表级别的2图标，如图5-34所示。

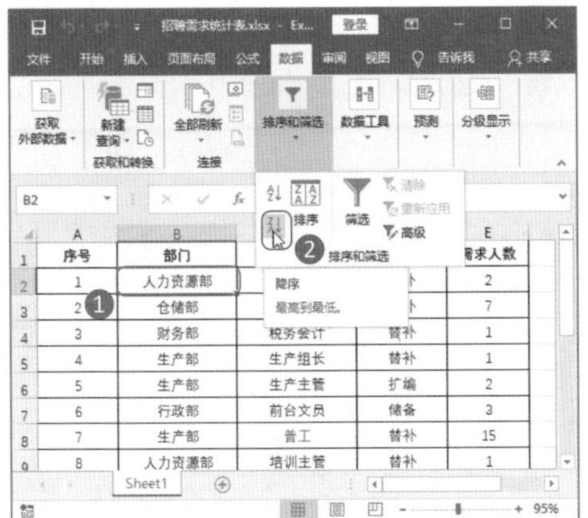

图5-31 排序数据

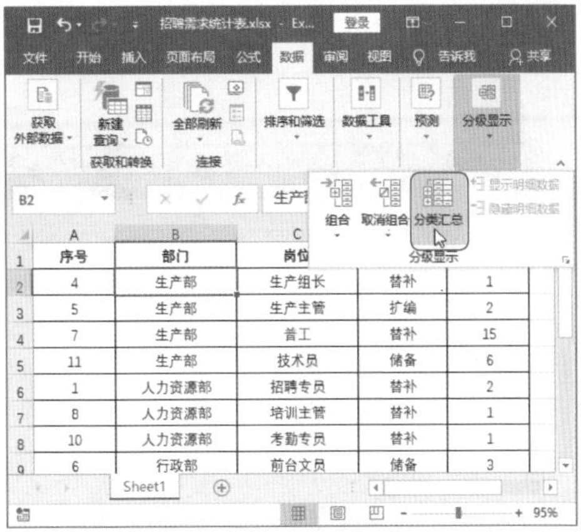

图5-32 执行分类汇总

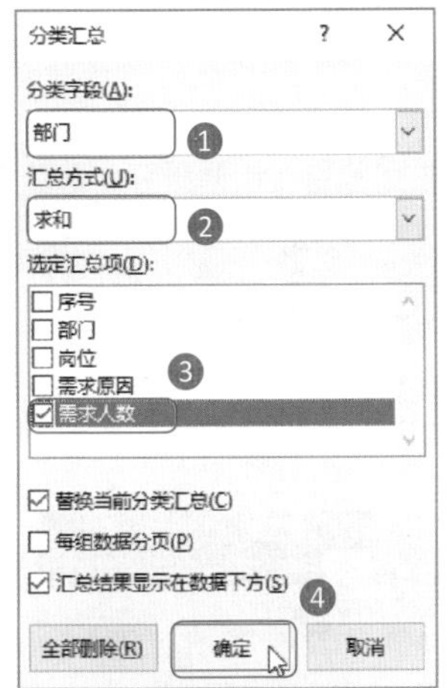

图5-33 设置分类汇总

序号	部门	岗位	需求原因	需求人数
4	生产部	生产组长	替补	1
5	生产部	生产主管	扩编	2
7	生产部	普工	替补	15
11	生产部	技术员	储备	6
	生产部 汇总			24
1	人力资源部	招聘专员	替补	2
8	人力资源部	培训主管	替补	1
10	人力资源部	考勤专员	替补	1
	人力资源部 汇总			4
6	行政部	前台文员	储备	3
15	行政部	保洁	扩编	1
16	行政部	保安	储备	2
	行政部 汇总			6
2	仓储部	送货员	替补	7
9	仓储部	理货员	替补	8
14	仓储部	仓管	替补	3
	仓储部 汇总			18

图5-34 查看分类汇总效果

温馨提示

在【分类汇总】对话框的【汇总方式】下拉列表框中提供了**求和、计数、平均值、最大值、最小值和乘积**等多种汇总方式，在进行汇总时可根据实际需要选择不同的汇总方式。

Step05：设置汇总项效果。此时在工作表中将只显示第1级和第2级数据。❶按住【Ctrl】键，选择汇总行；❷在【字体】组中为选择的区域添加所有框线；❸然后为其填充【白色,背景1,深色15%】颜色，如图5-35所示。

Step06：查看分类汇总效果。展开所有级别的数据，可看到分类汇总的数据有浅灰色的底纹填充，如图5-36所示。

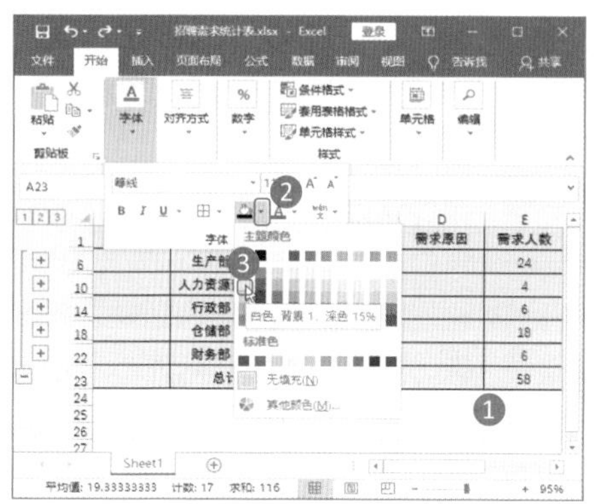

图5-35 设置汇总项效果

图5-36 分类汇总效果

2 多重分类汇总

多重分类汇总就是执行多次汇总操作。例如，在“2019上半年工资数据”中使用分类汇总先对各部门的人数进行统计，然后对各部门各月份的工资总额进行汇总统计，具体方法如下。

Step01：按部门排序数据。打开“2019上半年工资数据”；❶选择【部门】列中任一单元格；❷单击【排序和筛选】组中的【降序】按钮 ，如图5-37所示。

Step02：执行分类汇总。将相同的部门数据排列在一起后，单击【分级显示】组中的【分类汇总】按钮，如图5-38所示。

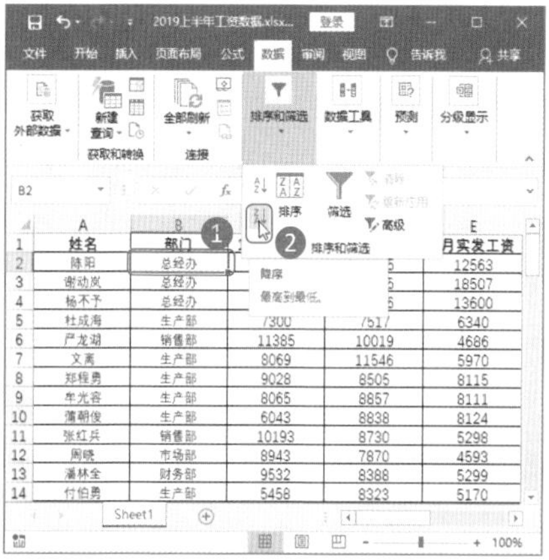

图5-37 按部门排序数据

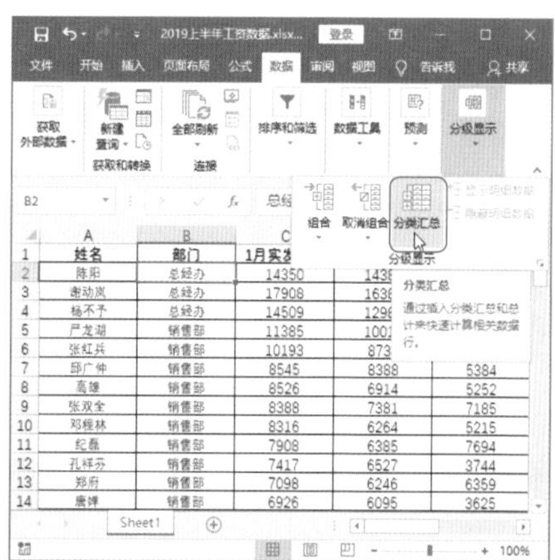

图5-38 执行分类汇总

Step03：执行第一次分类汇总。打开【分类汇总】对话框；❶设置【分类字段】为【部门】；❷设置【汇总方式】为【计数】；❸设置【选定汇总项】为【部门】；❹单击【确定】按钮，如图5-39所示。

Step04：执行第二次分类汇总。再次打开【分类汇总】对话框；❶设置【分类字段】为【部门】；❷设置【汇总方式】为【求和】；❸设置【选定汇总项】为【1月实发工资】【2月实发工资】【3月实发工资】……【6月实发工资】；❹取消选中【替换当前分类汇总】复选框；❺单击【确定】按钮，如图5-40所示。

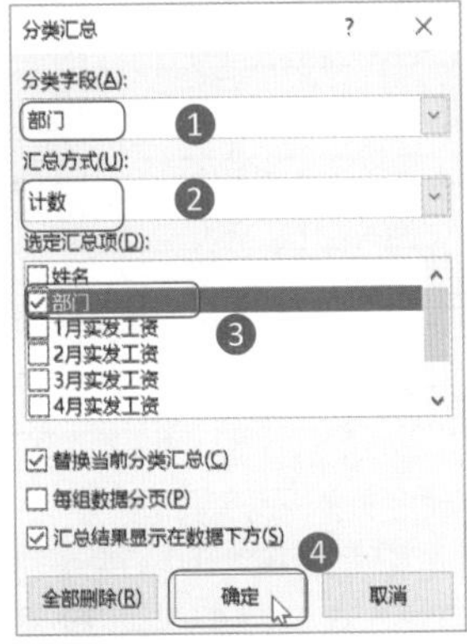

图5-39 执行第一次分类汇总

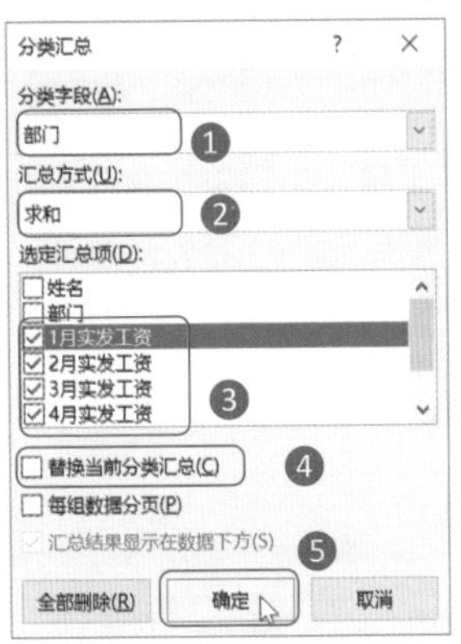

图5-40 执行第二次分类汇总

温馨提示

对数据进行多重分类汇总时，从执行第二重分类汇总开始，必须在【分类汇总】对话框中取消选中【替换当前分类汇总】复选框，表示当前分类汇总不会替换掉前一重分类汇总；如果选中该复选框，则表示当前分类汇总会替换掉前一重分类汇总，最后只会保留最后一重分类汇总。

Step05：查看多重分类汇总效果。返回工作表中，即可查看多重分类汇总后的效果，如图5-41所示。

Step06：查看3级数据。单击3图标，即可查看分类下的3级数据，效果如图5-42所示。

技能升级

如果当前的分类汇总不对，或者不再需要分类汇总，那么可以将其删除。打开【分类汇总】对话框，单击【全部删除】按钮，即可清除表格中的分类汇总。

	A	B	C	D	E	F	G	H
1	姓名	部门	1月实发工资	2月实发工资	3月实发工资	4月实发工资	5月实发工资	6月实发工资
2	陈阳	总经办	14350	14385	12563	15480	14862	17908
3	谢动岚	总经办	17908	16385	18507	16319	14862	16815
4	杨不予	总经办	14509	12986	13600	15567	11463	13416
5		总经办 汇总	46767	43756	44670	47366	41187	48139
6	总经办 计数	3						
7	严龙湖	销售部	11385	10019	4686	4635	8653	10403
8	张红兵	销售部	10193	8730	5298	4963	9267	9143
9	邱广仲	销售部	8545	8388	5384	6482	6495	7805
10	高雄	销售部	8526	6914	5252	5474	6480	7787
11	张双全	销售部	8388	7381	7185	3419	6374	7661
12	邓程林	销售部	8316	6264	5215	4389	6320	7595
13	纪磊	销售部	7908	6385	7694	6319	7862	6815
14	孔祥芬	销售部	7417	6527	3744	6024	5637	6773
15	郑府	销售部	7098	6246	6359	5895	5394	6481
16	唐婵	销售部	6926	6095	3625	4825	5264	6323
17	李小平	销售部	6866	6042	6030	5801	5218	6268
18	赵勇	销售部	6731	5923	4339	5746	5115	6145
19	熊兴平	销售部	6707	5902	6254	5736	5097	6123
20	廖梅	销售部	6377	5612	5485	5602	4847	5821
21	岳俊成	销售部	5949	5235	4239	5428	4521	5429
22	罗春燕	销售部	5921	5210	4378	5417	4499	5404
23	罗启明	销售部	5733	5045	4761	5341	4357	5232
24	杨景琴	销售部	5340	4699	5259	6181	4058	4872
25		销售部 汇总	134326	116617	95187	97677	105458	122080
26	销售部 计数	18						

图5-41　查看多重分类汇总效果

	A	B	C	D	E	F	G	H
1	姓名	部门	1月实发工资	2月实发工资	3月实发工资	4月实发工资	5月实发工资	6月实发工资
5		总经办 汇总	46767	43756	44670	47366	41187	48139
6	总经办 计数	3						
25		销售部 汇总	134326	116617	95187	97677	105458	122080
26	销售部 计数	18						
37		市场部 汇总	70488	67069	51047	55361	59650	69504
38	市场部 计数	10						
69		生产部 汇总	215177	225950	179019	166360	207705	225251
70	生产部 计数	30						
80		人事行政部 汇总	52603	59016	47032	47179	54429	58644
81	人事行政部 计数	9						
90		品控部 汇总	51342	51226	40921	44042	48550	55342
91	品控部 计数	8						
96		财务部 汇总	30751	26487	23884	27077	26223	27675
97	财务部 计数	4						
98		总计	601454	590121	481760	485062	543202	606635
99	总计数	88						

图5-42　查看3级数据

5.3.2 合并计算

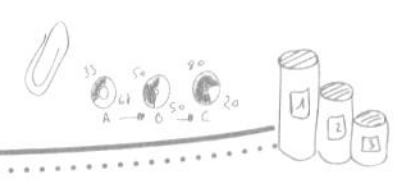

在对人事数据进行汇总分析的过程中，当需要将相似结构或内容的多个表格进行合并汇总时，可以使用Excel提供的合并计算功能轻松实现。

1 对多个数据类别进行合并汇总

在很多人事数据表中，数据区域会使用相同的类别，但并不会将相同的类别排列在一起。当需要对同类别的数据进行汇总时，除了可以使用函数完成外，还可以通过合并计算功能来实现。具体方法如下：

Step01：执行合并计算。打开“2019上半年工资数据”，选择需要放置汇总结果的单元格，如选择J1单元格，单击【数据】选项卡【数据工具】组中的【合并计算】按钮，如图5-43所示。

	E	F		
1	3月实发工资	4月实发工资		
2	12563	15480	14862	17908
3	18507	16319	14862	16815
4	13600	15567	11463	13416
5	6340	5243	9994	10947
6	4686	4635	8653	10403
7	5970	5249	10023	9760
8	8115	5240	9982	9350
9	8111	4100	7649	9195
10	8124	4090	7633	9175
11	5298	4963	9267	9143
12	4593	6073	6797	8943

图5-43 执行合并计算

Step02：添加引用区域。打开【合并计算】对话框；❶在【函数】下拉列表框中选择需要进行的计算，如选择【求和】选项；❷在【引用位置】参数框中设置引用的单元格区域；❸单击【添加】按钮，如图5-44所示。

Step03：设置标签位置。将设置的引用位置设置到【所有引用位置】列表框中；❶在【标签位置】栏中设置标签位置，选中【首行】和【最左列】复选框；❷单击【确定】按钮，如图5-45所示。

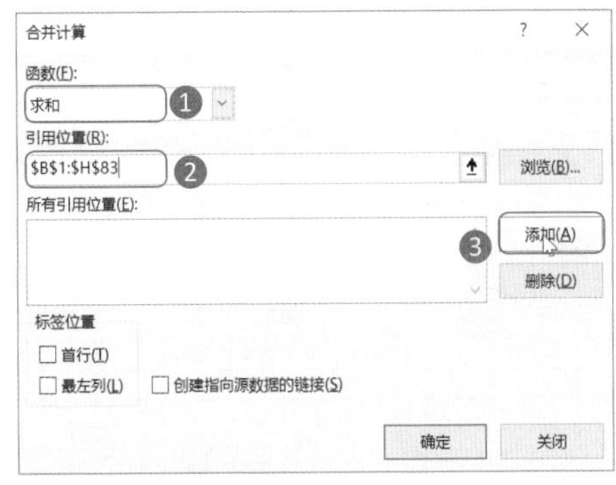

图5-44 添加引用区域

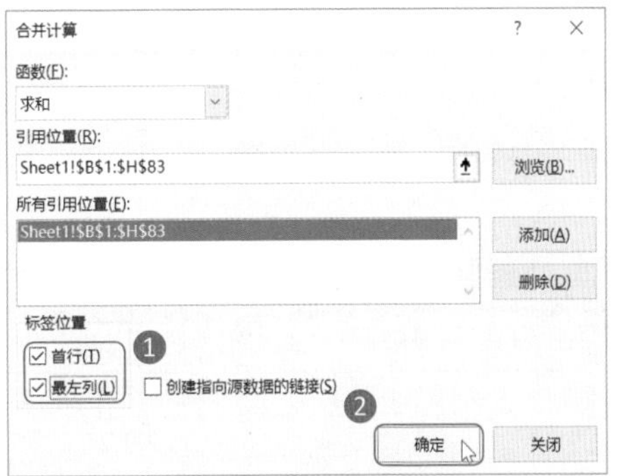

图5-45 设置标签位置

温馨提示

默认情况下，合并计算的结果是以数值的形式显示，当数据源区域的数据发生变化时，合并计算结果不会自动更改。要想使合并计算结果随着源数据的变化而自动变化，在【合并计算】对话框中选中【创建指向源数据的链接】复选框，合并计算结果将自带公式。

Step04：查看计算结果。此时即可根据引用区域最左列中的数据类别，计算出各部门各月份的实发工资总额，效果如图5-46所示。

	1月实发工资	2月实发工资	3月实发工资	4月实发工资	5月实发工资	6月实发工资
总经办	46767	43756	44670	47366	41187	48139
生产部	215177	225950	179019	166360	207705	225251
销售部	134326	116617	95187	97677	105458	122080
市场部	70488	67069	51047	55361	59650	69504
财务部	30751	26487	23884	27077	26223	27675
品控部	51342	51226	40921	44042	48550	55342
人事行政部	52603	59016	47032	47179	54429	58644

图5-46　查看合并计算结果

2 对多个表格数据进行合并汇总

对多个表格数据进行合并汇总是指将多个表格中相同类别的数据汇总到一个表格中，这个表格既可以与多个表格同处于一个工作表中，也可以分属于同一工作簿的不同工作表，或者分属于不同的工作簿。

例如，使用合并计算功能汇总各部门上半年计划招聘的人数和实际招聘的人数，具体方法如下。

Step01：查看各月招聘数据。打开"招聘数据汇总"，如图5-47所示为各工作表对应的数据，可以看出工作表中包含的数据记录条数并不一样。

部门	计划招聘人数	实际招聘人数
业务部	5	3
行政部	2	1
财务部	1	
设计部	3	3

部门	计划招聘人数	实际招聘人数
业务部	8	7
行政部	2	2
财务部	1	2
人力资源部	3	1
设计部	4	2
策划部	2	2

部门	计划招聘人数	实际招聘人数
业务部	3	3
行政部	1	1
财务部	2	2
人力资源部	3	1
设计部	2	2
策划部	3	2

部门	计划招聘人数	实际招聘人数
业务部	3	
财务部	2	1
策划部	1	

部门	计划招聘人数	实际招聘人数
业务部	2	1
行政部	3	3
财务部	1	1
人力资源部	2	1
设计部	3	2
策划部	1	1

部门	计划招聘人数	实际招聘人数
业务部	5	4
行政部	1	1
人力资源部	2	1
设计部	4	2

图5-47　查看工作表数据

Step02：执行合并计算。切换到"上半年汇总"工作表中；❶选择放置汇总结果的A1单元格；❷单击【数据】选项卡【数据工具】组中的【合并计算】按钮，如图5-48所示。

Step03：设置引用位置。打开【合并计算】对话框，单击【引用位置】参数框右侧的【折叠】按钮；❶折叠对话框，引用【1月】工作表中的数据区域；❷单击【展开】按钮，如图5-49所示。

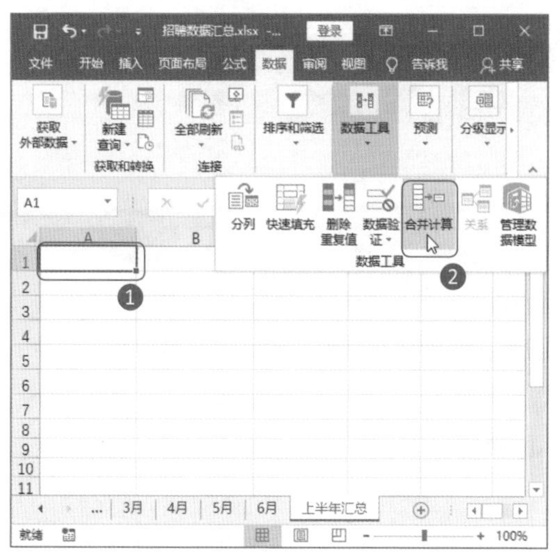

图5-48 执行合并计算

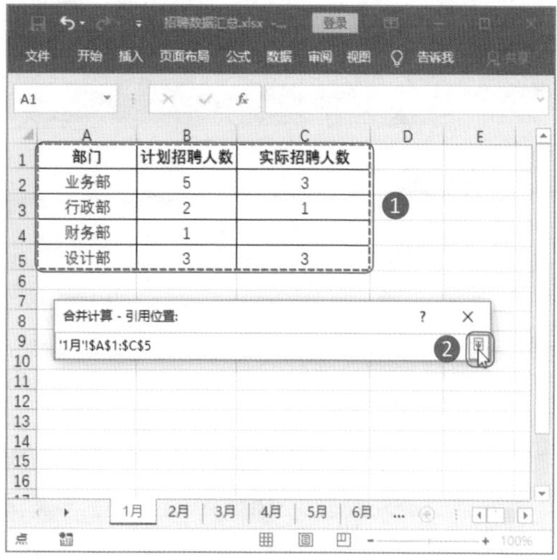

部门	计划招聘人数	实际招聘人数
业务部	5	3
行政部	2	1
财务部	1	
设计部	3	3

图5-49 设置引用位置

Step04：添加引用区域。展开对话框，单击【添加】按钮，将引用区域添加到【所有引用位置】列表框中。使用相同的方法将【2月】【3月】【4月】【5月】和【6月】对应的数据区域添加到该列表框中，选中【首行】和【最左列】复选框，单击【确定】按钮，如图5-50所示。

Step05：查看合并计算效果。返回工作表中，即可查看到上半年各部门的计划招聘人数和实际招聘人数，效果如图5-51所示。

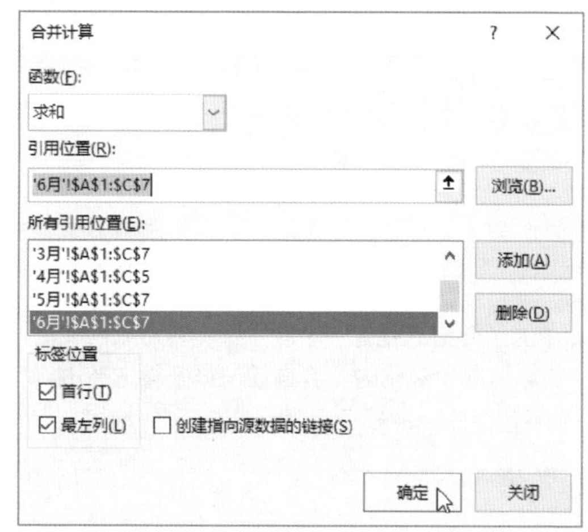

图5-50 添加引用区域

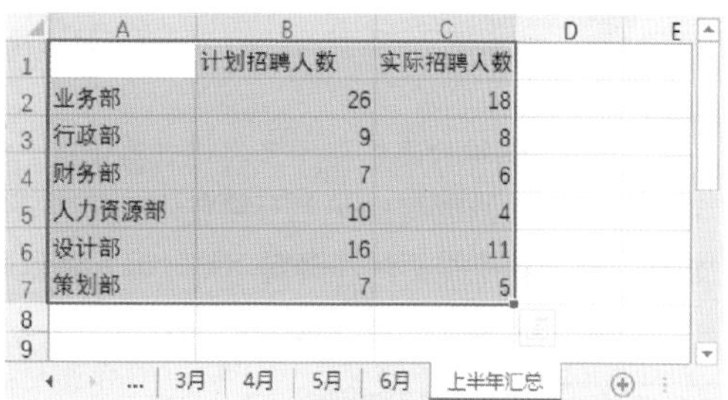

	计划招聘人数	实际招聘人数
业务部	26	18
行政部	9	8
财务部	7	6
人力资源部	10	4
设计部	16	11
策划部	7	5

图5-51 查看合并计算效果

5.4　条件格式，Excel魔法师

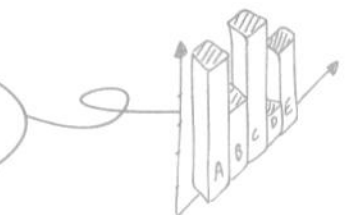

小刘

王Sir，这种效果在Excel中是怎么实现的？不管年份和月份怎么变化，周六都会自动以浅绿色的底纹进行突出显示，而周日则自动以浅蓝色的底纹进行突出显示。

	A	B	C	D	E	F	G	H	I	J	K	L	M	N	O	P	Q	R	S	T	U	V	W	X	Y	Z	AA	AB	AC	AD	AE	AF	AG
1	输入年月	2019	年	5	月																												
2	员工编号	姓名	三	四	五	六	日	一	二	三	四	五	六	日	一	二	三	四	五	六	日	一	二	三	四	五	六	日	一	二	三	四	五
3			1	2	3	4	5	6	7	8	9	10	11	12	13	14	15	16	17	18	19	20	21	22	23	24	25	26	27	28	29	30	31
4	kg-001	余佳																											年	年	年		
5	kg-002	蒋德																															
6	kg-003	方华																															
7	kg-004	李霄云												事																			
8	kg-005	荀妲																															
9	kg-006	向涛																			婚	婚	婚										
10	kg-007	高磊																															
11	kg-008	周运通																															
12	kg-009	梦文																											事				
13	kg-010	高磊						事																									
14	kg-011	陈魄			病																												
15	kg-012	冉兴才																								事							
16	kg-013	陈然																															
17	kg-014	柯婷婷																															
18	kg-015	胡杨																															
19	kg-016	高崎							病																					事			
20	kg-017	胡萍萍																															
21	kg-018	方华																															
22	kg-019	陈明																															
23	kg-020	杨鑫												年	年	年	年																
24	kg-021	廖曦				事															病	病											
25	kg-022	李霄云																															

休假情况统计表

王Sir

小刘，这种效果是使用条件格式实现的。**Excel中的条件格式就像一个魔法师，它可以让表格中满足条件的数据有成千上万种变化，且当表格中的数据发生变化时，会自动根据条件重新进行评估，并应用设置的条件格式**，是分析人事数据时必不可少的一种分析工具。

5.4.1　5种内置的条件格式

在对人事数据进行一些比较简单的分析时，可以使用Excel内置的5种条件格式来完成。

突出显示单元格规则

当需要突出显示表格中满足某个条件的数据时，如大于某个值的数据、小于某个值的数据、等于某个值的数据等，可以使用【条件格式】组中的【突出显示单元格规则】功能，基于比较运算符设置这些特定单元格的格式。

在【突出显示单元格规则】子列表中提供了多个选项，选择不同的选项，可以实现不同的突出效果。各选项的含义如表5-1所示。

表5-1　突出显示单元格规则

显示规则	说　明
大于	为大于某个值的单元格设置指定的单元格格式
小于	为小于某个值的单元格设置指定的单元格格式
介于	为介于某个值之间的单元格设置指定的单元格格式
等于	为等于某个值的单元格设置指定的单元格格式
文本包含	为包含某个文本的单元格设置指定的单元格格式
发生日期	为包含某个发生日期的单元格设置指定的单元格格式
重复值	为重复值或唯一值的单元格设置指定的单元格格式

例如，使用【条件格式】组中的【突出显示单元格规则】功能突出显示表格中绩效总分介于450～470之间的数据，具体方法如下。

Step01：选择【突出显示单元格规则】选项。打开“绩效考核表”，❶选择A2:H14单元格区域；❷单击【开始】选项卡【样式】组中的【条件格式】下拉按钮；❸在弹出的下拉列表中选择【突出显示单元格规则】选项；❹在弹出的子列表中选择【介于】选项，如图5-52所示。

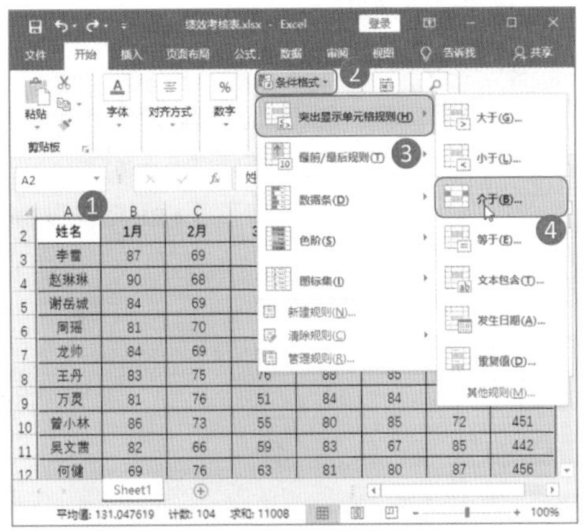

图5-52　选择【突出显示单元格规则】选项

Step02：设置条件格式。打开【介于】对话框；❶在参数框中输入介于的两个值；❷在【设置为】下拉列表框中选择满足条件的单元格格式，如选择【绿填充色深绿色文本】选项；❸单击【确定】按钮，如图5-53所示。

Step03：查看突出显示效果。返回工作表中，表格区域中满足条件的单元格将以绿色底纹填充，文本颜色为深绿色，效果如图5-54所示。

图5-53　设置条件格式

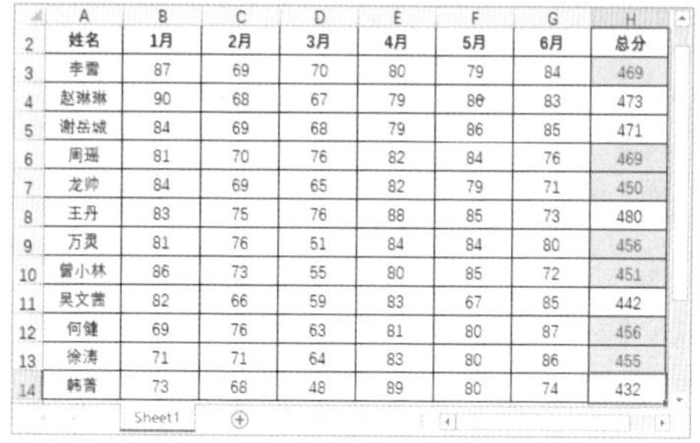

	A	B	C	D	E	F	G	H
2	姓名	1月	2月	3月	4月	5月	6月	总分
3	李雪	87	69	70	80	79	84	469
4	赵琳琳	90	68	67	79	86	83	473
5	谢岳城	84	69	68	79	86	85	471
6	周瑶	81	70	76	82	84	76	469
7	龙帅	84	69	65	82	79	71	450
8	王丹	83	75	76	88	85	73	480
9	万灵	81	76	51	84	84	80	456
10	曾小林	86	73	55	80	85	72	451
11	吴文茜	82	66	59	83	67	85	442
12	何健	69	76	63	81	80	87	456
13	徐涛	71	71	64	83	80	86	455
14	韩菁	73	68	48	89	80	74	432

图5-54　查看效果

2 最前/最后规则

当需要突出显示靠前或靠后，低于或高于平均值数据时，则可以使用【最前/最后规则】功能来实现。具体方法如下：

Step01：选择【最前/最后规则】选项。打开“绩效考核表”；❶选择H3:H14单元格区域；❷单击【开始】选项卡【样式】组中的【条件格式】下拉按钮；❸在弹出的下拉列表中选择【最前/最后规则】选项；❹在弹出的子列表中选择【前10项】选项，如图5-55所示。

Step02：设置条件格式。打开【前10项】对话框；❶在数值框中输入突出显示的项数，如输入“3”；❷在【设置为】下拉列表框中选择【自定义格式】选项，如图5-56所示。

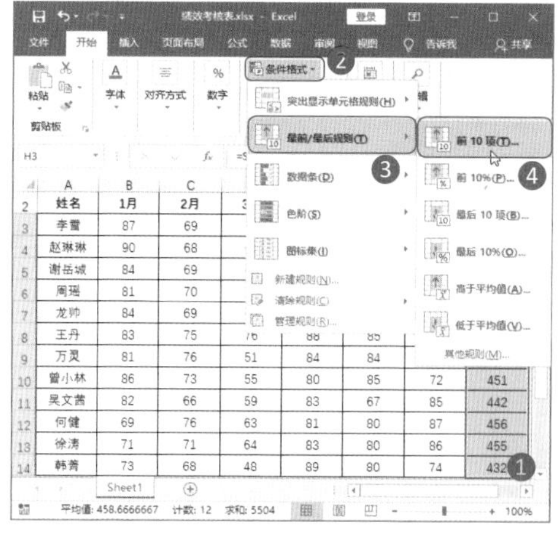

图5-55　选择【最前/最后规则】选项

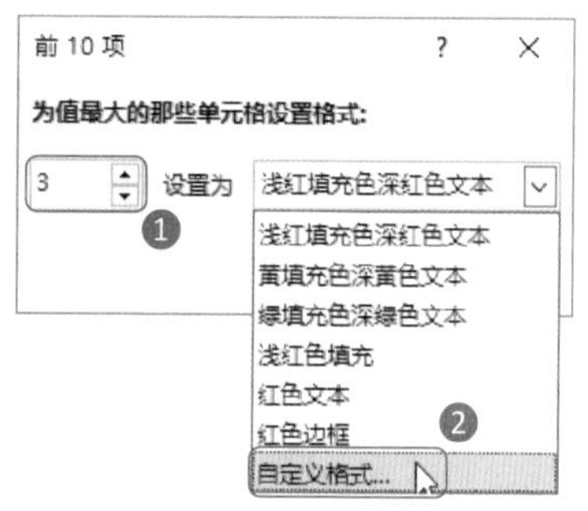

图5-56　设置条件格式

Step03：设置字体格式。打开【设置单元格格式】对话框；❶选择【字体】选项卡；❷在【字形】列表框中选择【加粗】选项；❸在【颜色】下拉列表框中选择【白色,背景1】选项，如图5-57所示。

Step04：设置底纹填充。❶选择【填充】选项卡；❷设置填充颜色为【橙色,个性色2】；❸单击【确定】按钮，如图5-58所示。

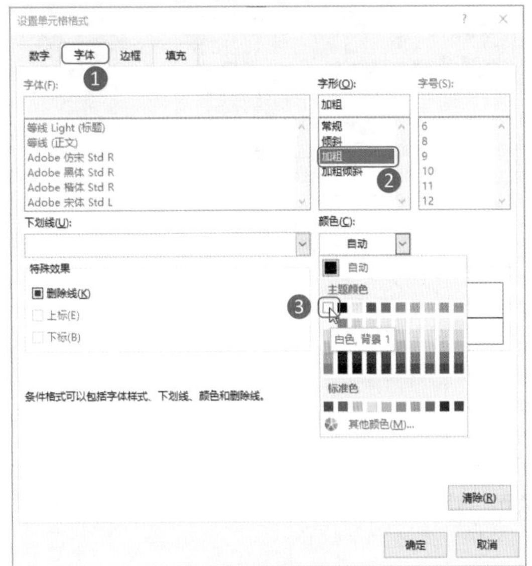

图5-57 设置字体格式

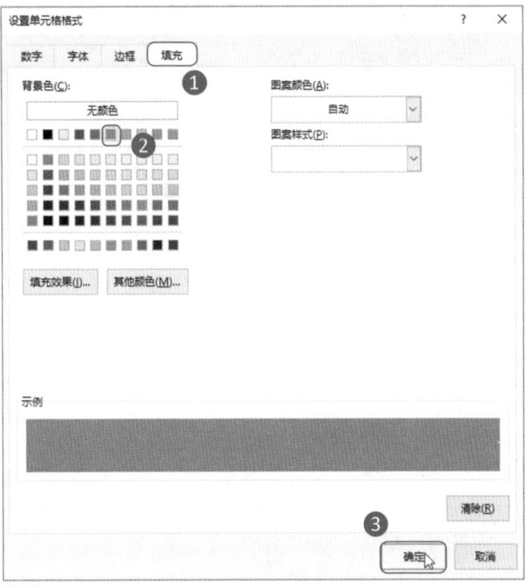

图5-58 设置底纹填充

Step05：查看突出显示效果。返回【前10项】对话框，单击【确定】按钮，返回工作表中，所选区域中最大的3项数据将突出显示，效果如图5-59所示。

	A	B	C	D	E	F	G	H
2	姓名	1月	2月	3月	4月	5月	6月	总分
3	李雪	87	69	70	80	79	84	469
4	赵琳琳	90	68	67	79	86	83	473
5	谢岳城	84	69	68	79	86	85	471
6	周瑶	81	70	76	82	84	76	469
7	龙帅	84	69	65	82	79	71	450
8	王丹	83	75	76	88	85	73	480
9	万灵	81	76	51	84	84	80	456
10	曾小林	86	73	55	80	85	72	451
11	吴文茜	82	66	59	83	67	85	442
12	何健	69	76	63	81	80	87	456
13	徐涛	71	71	64	83	80	86	455
14	韩菁	73	68	48	89	80	74	432

Sheet1

图5-59 查看突出显示效果

温馨提示

使用最前/最后规则突出显示满足条件的数据时，如果所选单元格数据有重复值，那么突出显示的项数可能会比实际的项数有所增加。

如图5-60所示是突出显示前4项最大的数据，但由于第4项数据“469”有重复值，所以突出显示的项数是5项。如果是第3项数据有重复值，那么突出显示的项数有4项，因为第3项的重复值会直接替代第4项。

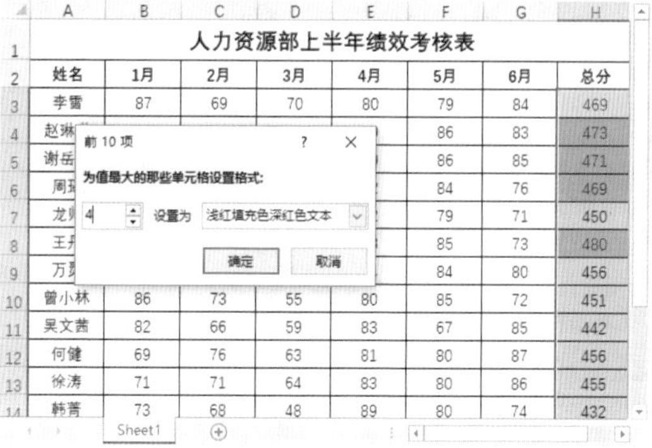

图5-60　突出显示的项数

3 数据条

当需要在大量的人事数据中分析较高值或较低值时，使用数据条分析尤为方便。数据条的长度代表单元格中的值，数据条越长，表示值越高；反之，则表示值越低。

例如，使用数据条对招聘过程分析表中的数据进行分析，具体方法如下。

Step01：选择数据条。❶选择C2:K21数据区域；❷单击【开始】选项卡【样式】组中的【条件格式】下拉按钮；❸在弹出的下拉列表中选择【数据条】选项；❹在弹出的子列表中选择【实心填充】栏中的【蓝色数据条】选项，如图5-61所示。

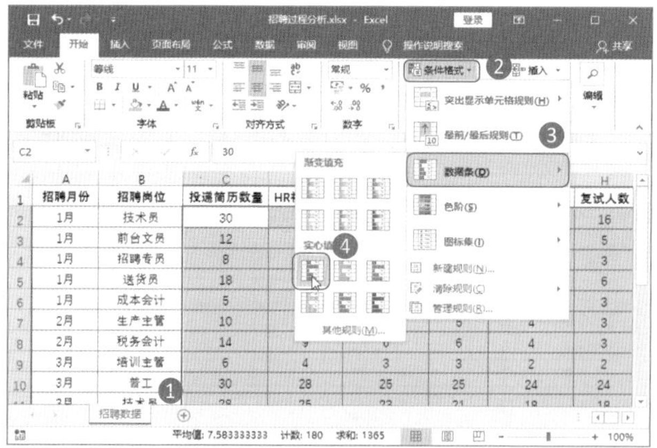

图5-61　选择数据条

Step02：查看数据条标识数据大小效果。此时即可为选择的数据区域应用蓝色实心数据条来标识大小，效果如图5-62所示。

	A	B	C	D	E	F	G	H	I	J	K
1	招聘月份	招聘岗位	投递简历数量	HR初步筛选	用人部门筛选	初试人数	初试通过人数	复试人数	复试通过人数	通知入职人数	实际入职人数
2	1月	技术员	30	26	24	24	18	16	12	12	12
3	1月	前台文员	12	8	7	7	5	5	3	3	2
4	1月	招聘专员	8	8	5	5	3	3	1	1	
5	1月	送货员	18	13	10	9	6	6	6	6	5
6	1月	成本会计	5	4	4	4	3	3	2	2	1
7	2月	生产主管	10	6	5	5	4	3	2	2	2
8	2月	税务会计	14	9	6	6	4	3	2	2	1
9	3月	培训主管	6	4	3	3	2	2	1	1	1
10	3月	普工	30	28	25	25	24	24	20	20	17
11	3月	技术员	28	25	23	21	18	18	12	12	10
12	3月	会计	5	5	4	4	3	3	1	1	1
13	4月	考勤专员	6	4	3	3	2	2	1	1	1
14	4月	保洁	4	4	3	3	3	3	2	2	2
15	5月	普工	25	23	18	18	17	17	15	15	15
16	5月	仓管	9	7	5	5	3	3	3	3	3

招聘数据

图5-62　用数据条标识数值大小

4 色阶

当需要对不同范围内的数值进行直观分析时，可以使用色阶来完成。色阶按阈值将单元格数据分为多个类别，其中每种颜色代表一个数值范围，可以快速对数据的分布和变化进行分析。

在Excel中，可以使用双色刻度和三色刻度两种色阶方式。双色刻度使用两种颜色的渐变来比较某个区域的单元格，颜色的深浅表示值的高低。三色刻度使用3种颜色的渐变来比较某个区域的单元格。颜色的深浅表示值的高、中、低。如图5-63所示为使用双色刻度对数据进行分析。

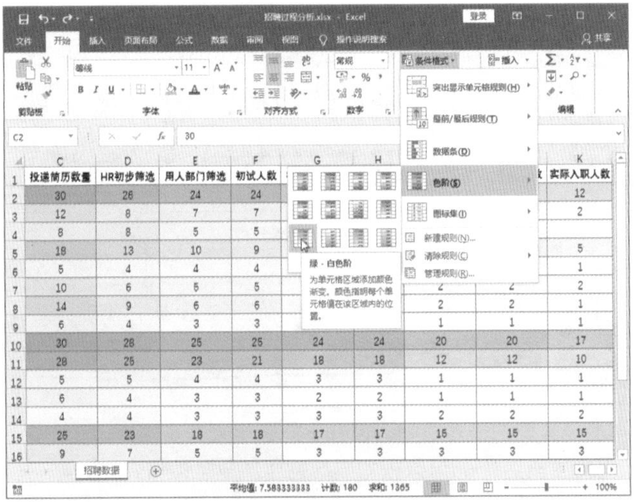

图5-63　使用双色刻度分析数据

技能升级

当应用于表格中的条件格式不再需要时，可以将其清除。在【条件格式】下拉列表中选择【清除规则】选项，在弹出的子列表中选择【清除所选单元格的规则】选项，即可清除所选单元格区域中包含的所有条件格式规则；选择【清除整个工作表的规则】选项，则清除该工作表中的所有条件格式规则；选择【清除此数据透视表的规则】选项，则清除该数据透视表中设置的条件格式规则。

5 图标集

当需要展现出一组数据中的等级范围时，可以使用图标集对数据进行标识。

图标集中的图标是以不同的形状或颜色来表示数据的大小。使用图标集可以按阈值将数据分为3～5个类别，每个图标代表一个数值范围。例如，在三向箭头图标集中，向上箭头代表较高值，横向箭头代表中间值，向下箭头代表较低值，如图5-64所示。

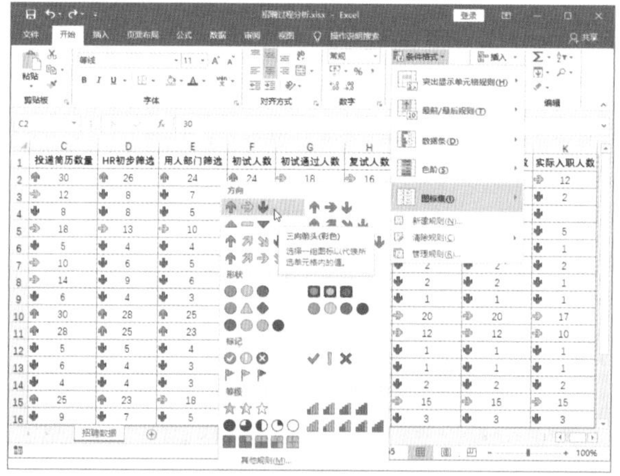

图5-64 使用图标集分析数据

5.4.2 自定义格式规则

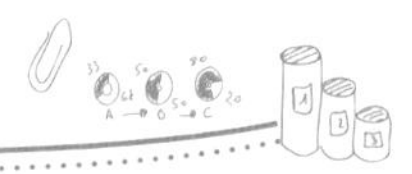

尽管Excel中内置了多种类型的格式规则，但并不能满足人力资源管理工作中的各种需求。为了让条件格式适用范围更广，使用更灵活，HR可以根据实际需要新建条件格式规则。

新建条件格式规则需要通过【新建格式规则】对话框来完成，在该对话框中提供了6种规则类型，HR可以根据不同的条件来设置新的条件规则。

1 基于各值设置所有单元格的格式

可以根据所选单元格区域中的具体值，使用数据条、色阶和图标集表示单元格中数值的大小。

例如，使用图标集中的红旗标识出值大于等于85的单元格，具体方法如下。

Step01：选择【新建规则】选项。打开“绩效考核表”；❶选择B2:G14单元格区域；❷单击【开始】选项卡【样式】组中的【条件格式】下拉按钮；❸在弹出的下拉列表中选择【新建规则】选项，如图5-65所示。

Step02：设置规则类型和格式样式。打开【新建格式规则】对话框；❶在【选择规则类型】列表框中选择【基于各自值设置所有单元格的格式】选项；❷在【格式样式】下拉列表框中选择【图标集】选项，如图5-66所示。

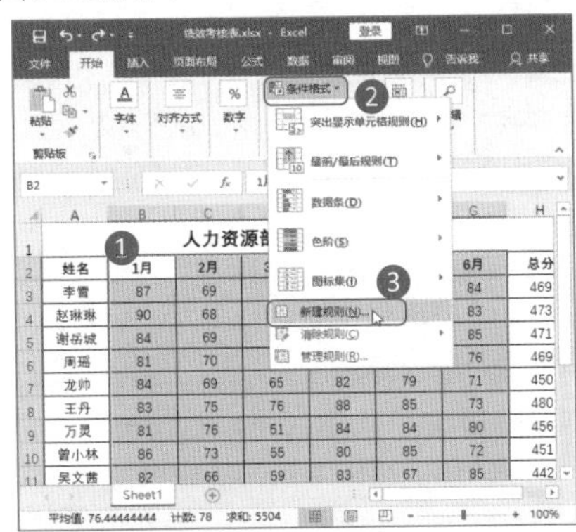

图5-65 选择【新建规则】选项

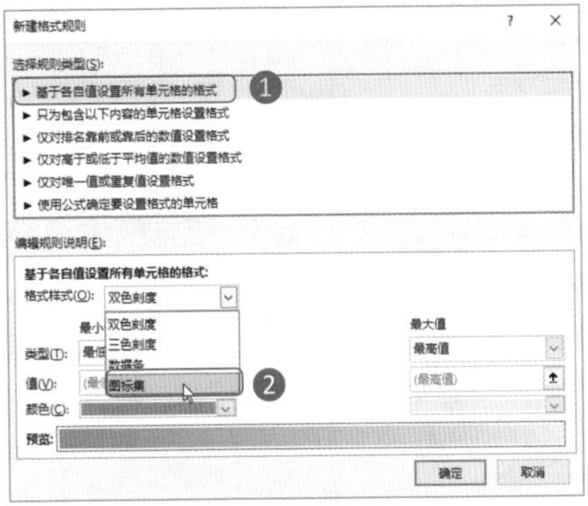

图5-66 设置规则类型格式样式

Step03：设置图标样式。此时将显示图标集相关设置选项，在绿色圆下拉列表框中选择需要的图标样式，如选择【红旗】选项，如图5-67所示。

Step04：设置图标集格式。❶在右侧的【类型】下拉列表框中选择【数字】选项；❷在对应的【值】参数框中输入“85”；❸在黄色圆和红色圆下拉列表框中选择【无单元格图标】选项；❹单击【确定】按钮，如图5-68所示。

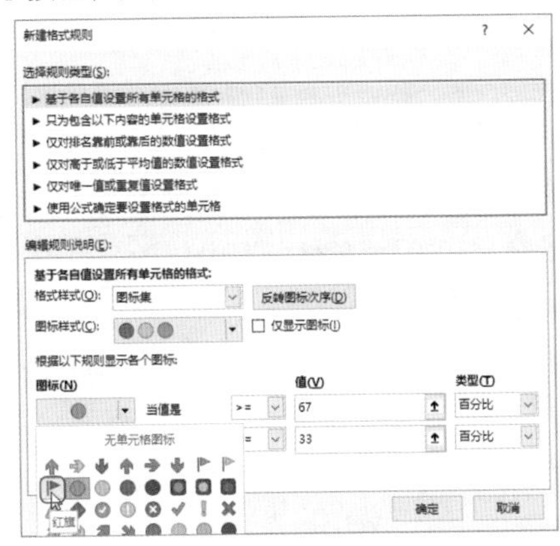

图5-67 设置图标样式

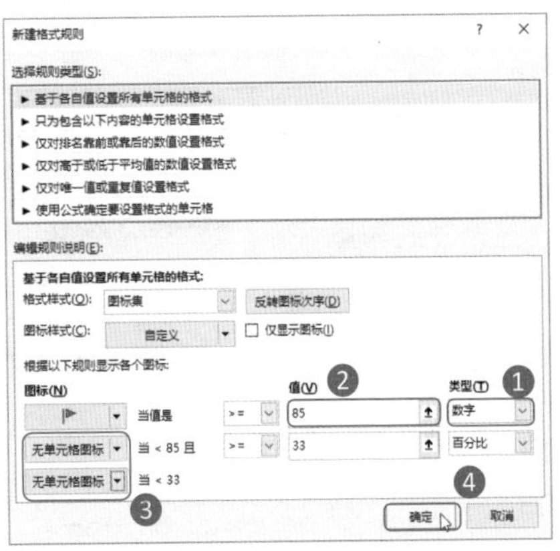

图5-68 设置图标集格式

Step05：查看设置图标集条件格式效果。返回表格中，即可看到1～6月绩效考核分数大于等于85的单元格使用红旗突出显示，效果如图5-69所示。

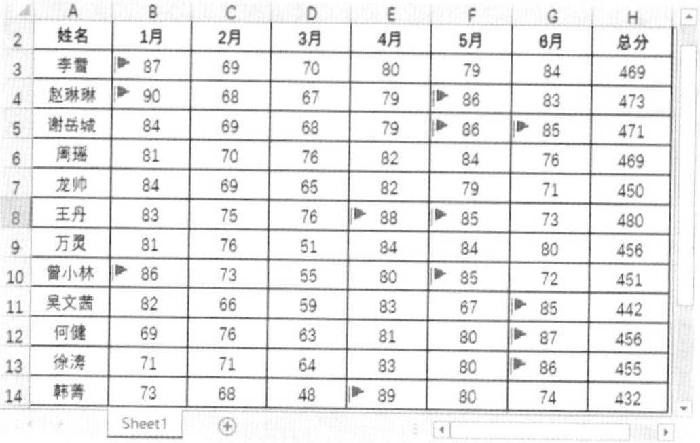

	A	B	C	D	E	F	G	H
2	姓名	1月	2月	3月	4月	5月	6月	总分
3	李雪	87	69	70	80	79	84	469
4	赵琳琳	90	68	67	79	86	83	473
5	谢岳城	84	69	68	79	86	85	471
6	周瑶	81	70	76	82	84	76	469
7	龙帅	84	69	65	82	79	71	450
8	王丹	83	75	76	88	85	73	480
9	万灵	81	76	51	84	84	80	456
10	曾小林	86	73	55	80	85	72	451
11	吴文茜	82	66	59	83	67	85	442
12	何健	69	76	63	81	80	87	456
13	徐涛	71	71	64	83	80	86	455
14	韩菁	73	68	48	89	80	74	432

Sheet1

图5-69　查看设置图标集条件格式效果

② 只为包含以下内容的单元格设置格式

可以为单元格值、特定文本、发生日期、空值、无空值、错误和无错误等单元格设置指定的条件格式。例如，突出显示“培训费用预算表”中的空值单元格，具体方法如下。

Step01：选择【新建规则】选项。打开“培训费用预算表”；❶选择A1:G14单元格区域；❷单击【开始】选项卡【样式】组中的【条件格式】下拉按钮；❸在弹出的下拉列表中选择【新建规则】选项，如图5-70所示。

Step02：设置条件。打开【新建格式规则】对话框；❶在【选择规则类型】列表框中选择【只为包含以下内容的单元格设置格式】选项；❷在【只为满足以下条件的单元格设置格式】下拉列表框中选择【空值】选项；❸单击【格式】按钮，如图5-71所示。

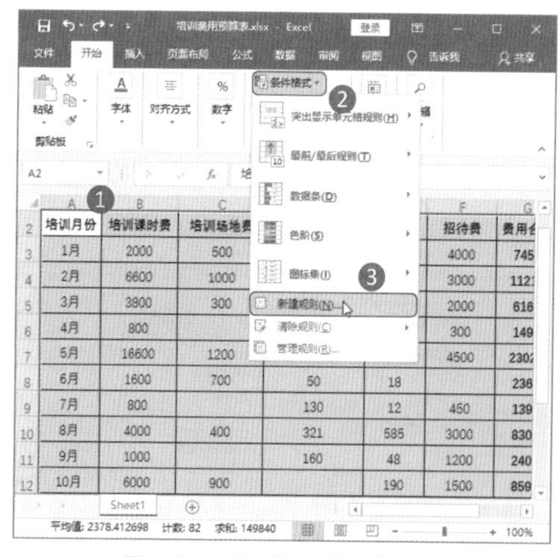

图5-70　选择“新建规则”选项

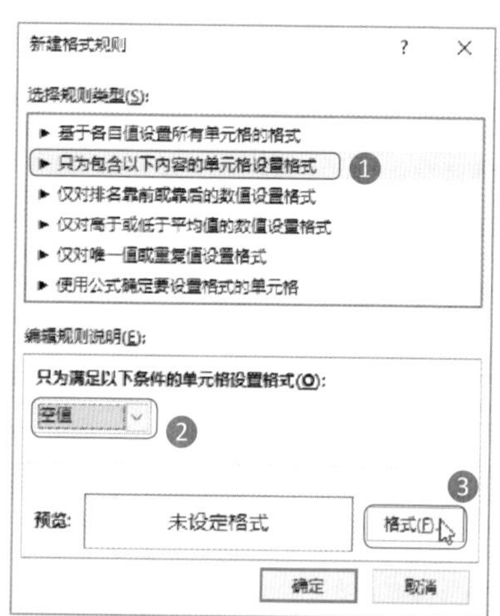

图5-71　设置条件

Step03：设置满足条件单元格的格式。打开【设置单元格格式】对话框；❶选择【填充】选项卡；❷设置填充颜色为浅黄色；❸单击【确定】按钮，如图5-72所示。

Step04：预览效果。返回【新建格式规则】对话框，查看预览效果，确认无误后单击【确定】按钮，如图5-73所示。

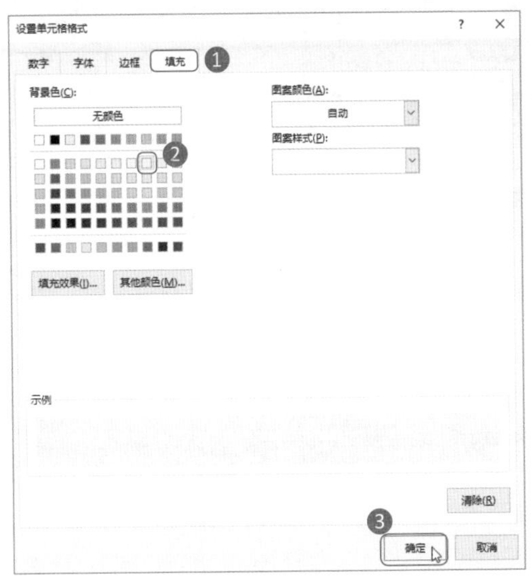

图5-72　设置单元格格式

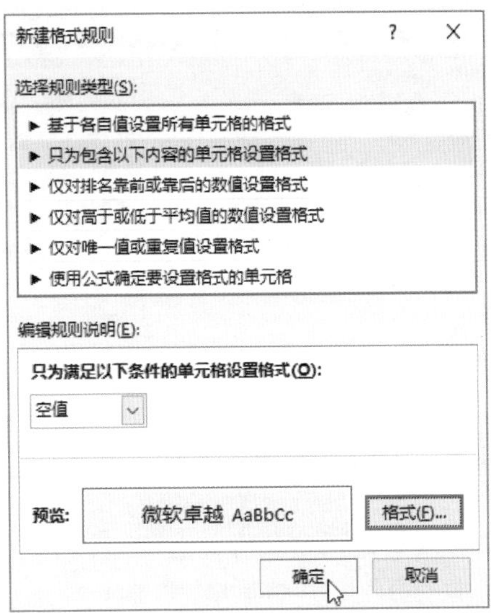

图5-73　预览效果

Step05：查看空值单元格效果。返回表格中，即可看到空白单元格将以浅黄色底纹进行填充，效果如图5-74所示。

	A	B	C	D	E	F	G
2	培训月份	培训课时费	培训场地费	办公用品成本费	制作费	招待费	费用合
3	1月	2000	500	280	670	4000	745
4	2月	6600	1000	395	223	3000	1121
5	3月	3800	300	68		2000	616
6	4月	800		134	256	300	149
7	5月	16600	1200	508	220	4500	2302
8	6月	1600	700	50	18		236
9	7月	800		130	12	450	139
10	8月	4000	400	321	585	3000	830
11	9月	1000		160	48	1200	240
12	10月	6000	900		190	1500	859
13	11月	800		120	56		976
14	12月	800		149	277	300	152

Sheet1

图5-74　查看单元格效果

3　仅对排名靠前或靠后的数值设置格式

只为所选表格区域中最高的几项或最低的几项数值设置格式，与最前/最后规则中的【前10项】和【后10项】选项的作用和设置方法相同，只需要在【新建格式规则】对话框的【选择规则类型】列表框

中选择【仅对排名靠前或靠后的数值设置格式】选项，然后对最高和最低的项数进行设置，再对格式进行设置即可，如图5-75所示。

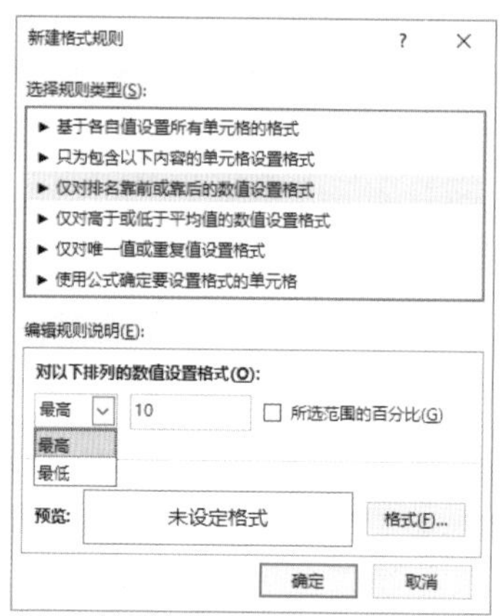

图5-75　仅对排名靠前或靠后的数值设置格式

温馨提示

在【新建格式规则】对话框中若选中【所选范围的百分比】复选框，则会根据所选择的单元格总数的百分比进行单元格数量的选择。

4 仅对高于或低于平均值的数值设置格式

如要高于、低于、等于或高于、等于或低于、标准偏差高于或低于选定范围的平均值的数值设置格式，在【新建格式规则】对话框的【选择规则类型】列表框中选择【仅对高于或低于平均值的数值设置格式】选项，然后在对应的下拉列表框中选择需要满足的条件选项，再对格式进行设置即可，如图5-76所示。

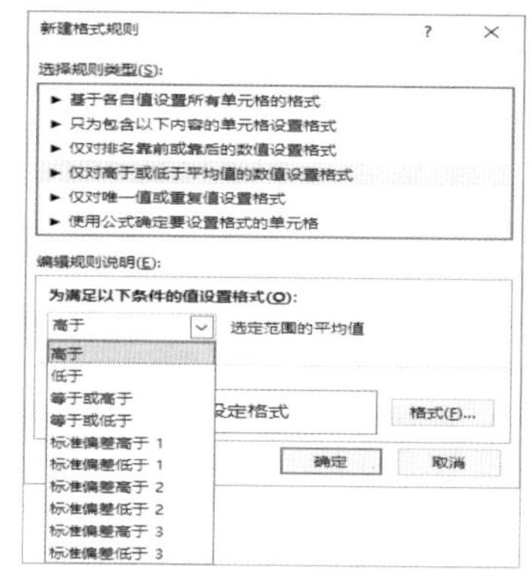

图5-76　仅对高于或低于平均值的数值设置格式

5 仅对唯一值或重复值设置格式

如仅对所选区域中的唯一值或重复值设置格式，在【新建格式规则】对话框的【选择规则类型】列表框中选择【仅对唯一值或重复值设置格式】选项，然后在对应的下拉列表框中选择需要满足的条件选项，再对格式进行设置即可，如图5-77所示。如图5-78所示是对【员工编号】列中的重复值设置格式后的效果。

图5-77 设置重复值格式

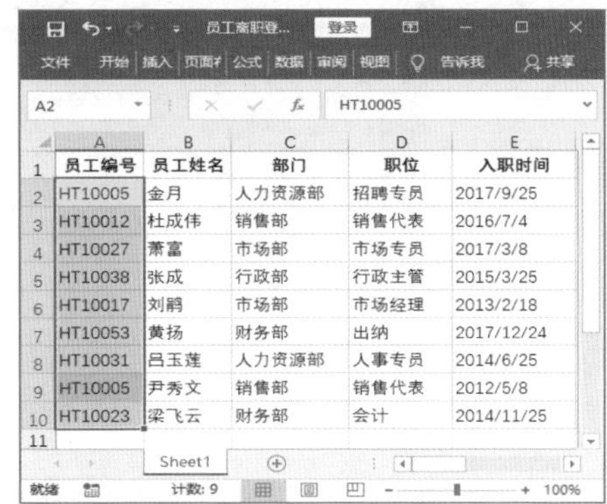

	A	B	C	D	E
1	员工编号	员工姓名	部门	职位	入职时间
2	HT10005	金月	人力资源部	招聘专员	2017/9/25
3	HT10012	杜成伟	销售部	销售代表	2016/7/4
4	HT10027	萧富	市场部	市场专员	2017/3/8
5	HT10038	张成	行政部	行政主管	2015/3/25
6	HT10017	刘鹃	市场部	市场经理	2013/2/18
7	HT10053	黄扬	财务部	出纳	2017/12/24
8	HT10031	吕玉莲	人力资源部	人事专员	2014/6/25
9	HT10005	尹秀文	销售部	销售代表	2012/5/8
10	HT10023	梁飞云	财务部	会计	2014/11/25

图5-78 查看效果

6 使用公式确定要设置格式的单元格

当通过Excel内置的条件格式和前面讲解的选择规则类型无法实现时，可以通过公式来自定义条件格式，这在人事表格中被广泛使用。例如，使用公式自定义突出显示“休假情况统计表”中的【周六】和【周日】列数据，具体方法如下。

Step01：选择【新建规则】选项。打开“休假情况统计表”；❶选择C2:AG25单元格区域；❷单击【开始】选项卡【样式】组中的【条件格式】下拉按钮；❸在弹出的下拉列表中选择【新建规则】选项，如图5-79所示。

Step02：输入条件公式。打开【新建格式规则】对话框；❶在【选择规则类型】列表框中选择【使用公式确定要设置格式的单元格】选项；❷在【为符合此公式的值设置格式】参数框中输入“=C$2="六"”；❸单击【格式】按钮，如图5-80所示。

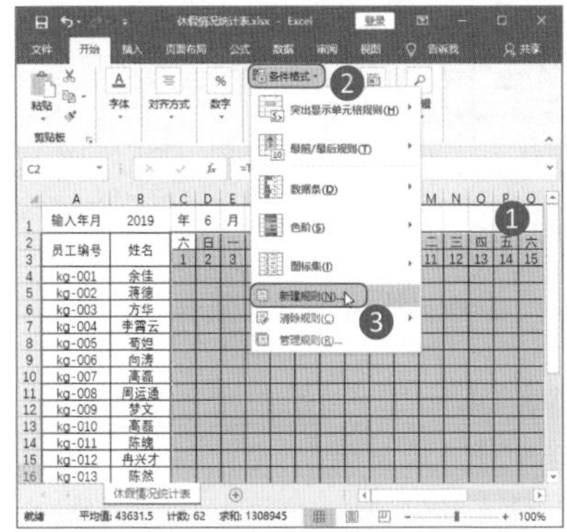

图5-79 选择【新建规则】选项

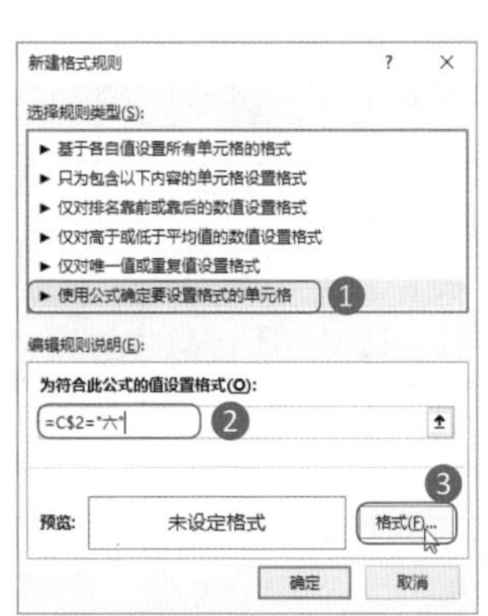

图5-80 输入条件公式

Step03：设置底纹填充效果。打开【设置单元格格式】对话框；❶选择【填充】选项卡；❷设置填充颜色；❸单击【确定】按钮，如图5-81所示。

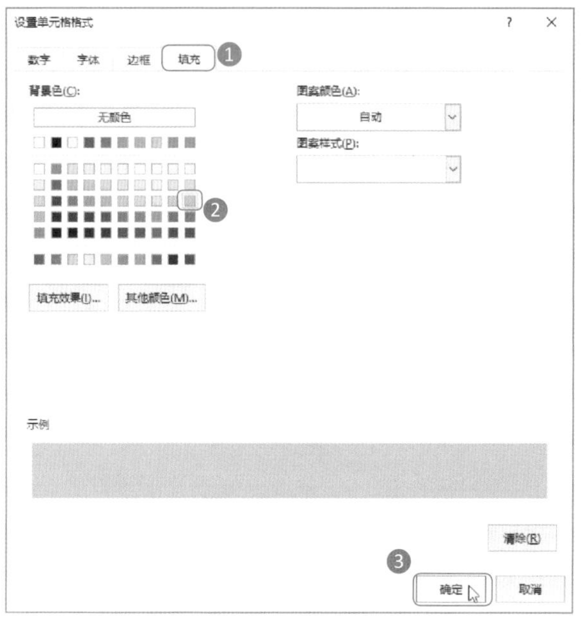

图5-81 设置单元格格式

Step04：查看突出显示周六效果。返回【新建格式规则】对话框，单击【确定】按钮。返回表格中，即可看到【六】列的单元格将以绿色底纹填充，效果如图5-82所示。

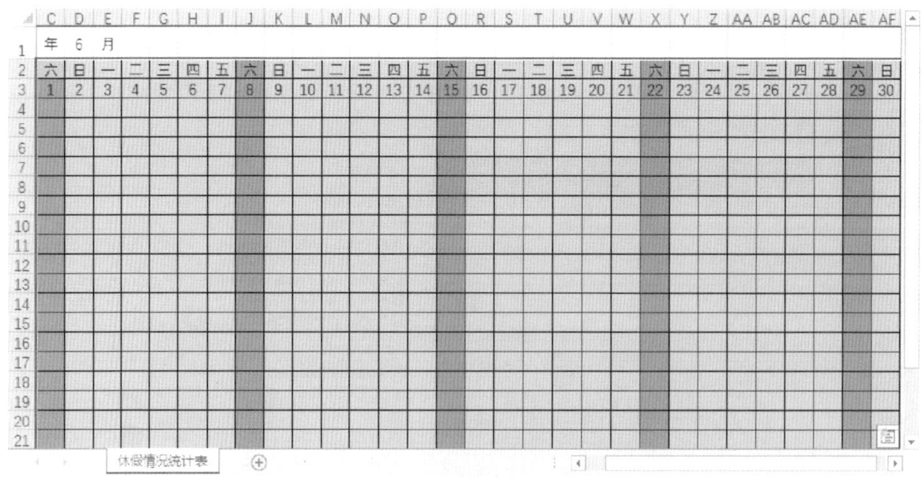

图5-82 查看突出显示效果

Step05：设置周日条件格式。使用相同的方法对周日的条件格式进行设置，如图5-83所示。

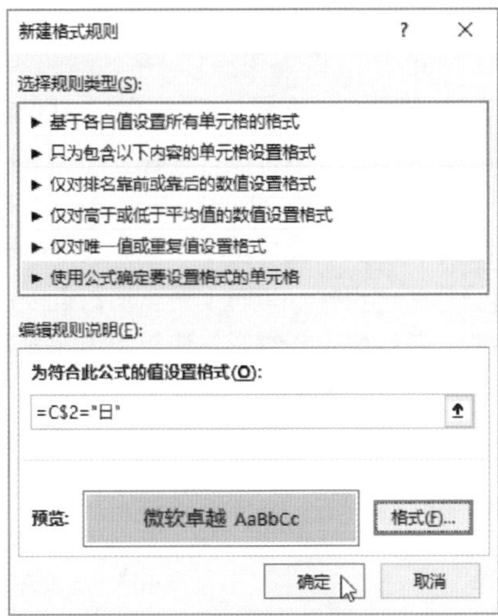

图5-83　设置周日条件格式

Step06：查看突出显示周日效果。返回表格中，即可看到【日】列的单元格将以蓝色底纹填充，效果如图5-84所示。

	A	B	C	D	E	F	G	H	I	J	K	L	M	N	O	P	Q	R	S	T	U	V	W	X	Y	Z	AA	AB	AC	AD	AE	AF	AG
1	输入年月	2019	年	6	月																												
2	员工编号	姓名	六	日	一	二	三	四	五	六	日	一	二	三	四	五	六	日	一	二	三	四	五	六	日	一	二	三	四	五	六	日	
3			1	2	3	4	5	6	7	8	9	10	11	12	13	14	15	16	17	18	19	20	21	22	23	24	25	26	27	28	29	30	
4	kg-001	余佳																															
5	kg-002	蒋德																															
6	kg-003	方华																															
7	kg-004	李霄云																															
8	kg-005	荀妲																															
9	kg-006	向涛																															
10	kg-007	高磊																															
11	kg-008	周运通																															
12	kg-009	梦文																															
13	kg-010	高磊																															
14	kg-011	陈魄																															
15	kg-012	冉兴才																															
16	kg-013	陈然																															
17	kg-014	柯婷婷																															
18	kg-015	胡杨																															
19	kg-016	高崎																															
20	kg-017	胡萍萍																															
21	kg-018	方华																															
22	kg-019	陈明																															
23	kg-020	杨鑫																															
24	kg-021	廖曦																															
25	kg-022	李霄云																															

休假情况统计表

图5-84　查看突出显示效果

技能升级

为单元格应用条件格式后，如果感觉不满意，还可以在【条件格式规则管理器】对话框中对其进行编辑。其方法为：单击【条件格式】下拉按钮，在弹出的下拉列表中选择【管理规则】选项，打开【条件格式规则管理器】对话框，如图5-85所示。在其中可以查看当前所选单元格或当前工作表中应用的条件规则。在【显示其格式规则】下拉列表框中可以选择相应的工作表或数据透视表，以显示出需要进行编辑的条件格式。单击【编辑规则】按钮，可以在打开的【编辑格式规则】对话框中对选择的条件格式进行编辑，编辑方法与新建规则的方法相同。在【应用于】参数框中可设置条件格式应用的范围（单元格区域）。

图5-85 【条件格式规则管理器】对话框

CHAPTER 6

图表，HR分析数据的利器

在招聘总结会上，人事主管对“金三银四”这个招聘黄金期的招聘情况进行了分析。看到屏幕上展示的一张张图表，我惊讶不已，原来图表竟然可以这么直观地展现出各数据之间的关系！

我开始思考：是不是我分析过的很多数据，使用图表会更直观呢？于是我就去向王Sir请教，怎么使用图表来分析数据呢？经过王Sir的耐心教导，我终于会用图表分析数据了，而且第一次就得到了张总监的肯定，大大缩短了获取有效数据的时间。

小 刘

在分析人事数据时，图表确实是一大利器，可以更直观地展现出各项数据之间的差异、构成比例和变化趋势等，能更有效地传递信息。

Excel中提供了15种图表类型，每种类型下又包含多种子类型。要想正确地展现出数据之间的关系，必须选对图表类型，还要保证图表规范、展示的内容完整，这样才能达到使用图表分析数据的目的。

王 Sir

6.1　从零开始学习图表

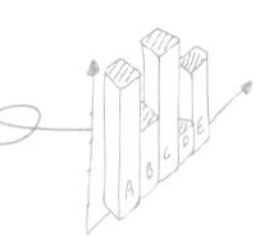

王Sir

小刘，Excel中提供了很多图表类型，但对HR来说，有些图表根本用不上，如股价图。因此，在学习图表时，首先要知道哪些图表是HR必须掌握的、图表由哪些部分组成以及需要避免的一些错误等；其次才是学习如何创建图表。

小 刘

王Sir，我知道学习知识不能求快，要由浅入深，这样才能掌握得更牢固，理解得更透彻。

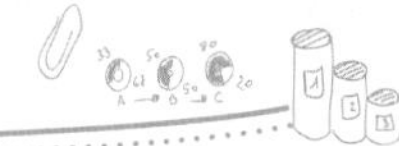

6.1.1 HR必须掌握的图表类型

对人事数据进行分析时，并不会用到所有的图表类型。对HR来说，只需要掌握常用的几种图表类型即可，如柱形图、折线图、饼图、条形图、雷达图、漏斗图、箱形图和组合图等。

1 柱形图

柱形图用于显示一段时间内数据的变化或说明各项之间数据的比较情况，利用柱子的高度反映不同数据的差距，如图6-1所示。另外，柱形图还可以同时显示不同时期、不同类别数据的变化和差异，如图6-2所示。

在对人事数据进行分析时，柱形图用得特别多，但大部分是使用柱形图中的簇状柱形图和堆积柱形图（如图6-3所示），三维柱形图（如图6-4所示）一般不会使用。因为三维柱形图增加了空间维度，容易分散观众对数据本身的注意力。三维柱形图的类别越多，越不容易查看。

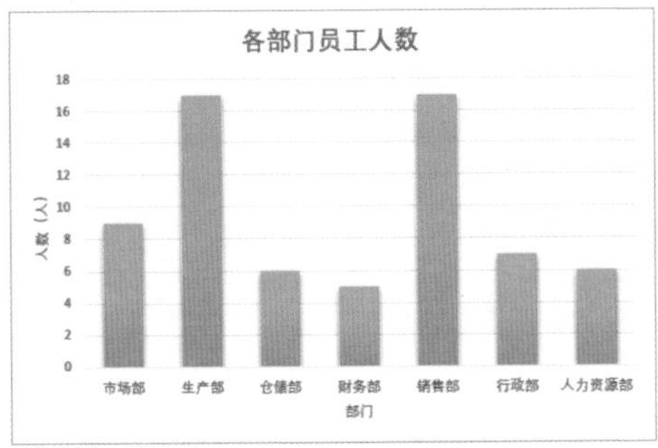

图6-1　不同类别之间的差距

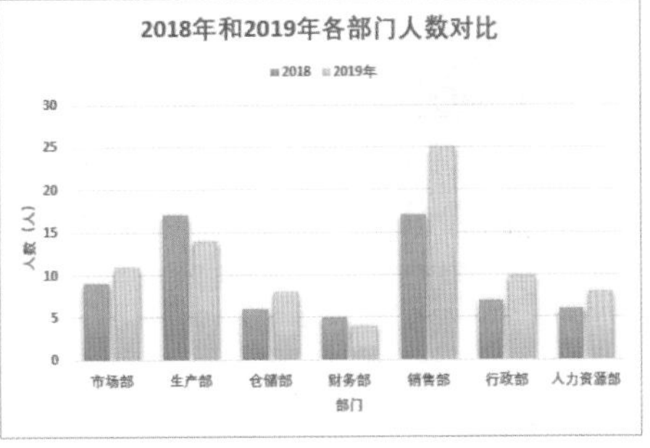

图6-2　不同时期、不同类别之间的差距

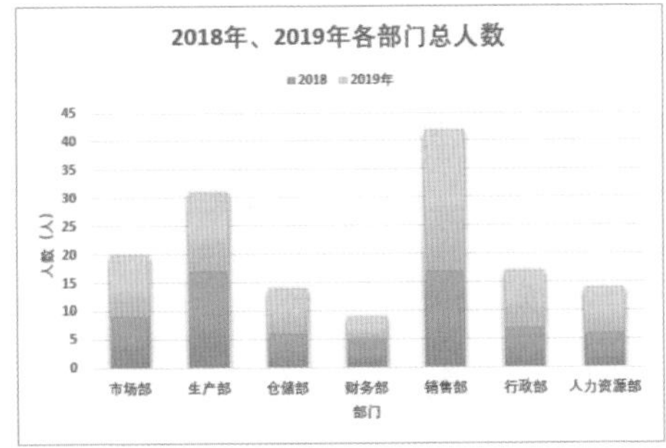

图6-3　堆积柱形图

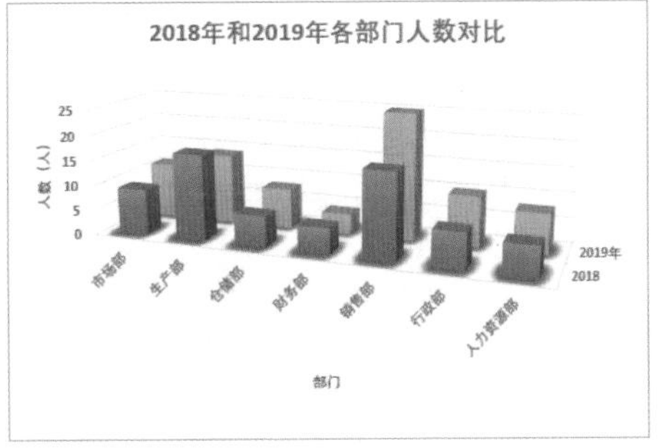

图6-4　三维柱形图

2 折线图

在对人员结构、人员招聘情况进行分析时，经常会用到折线图。它用于将同一数据系列的数据点在图上用直线连接起来，以等间隔显示数据的变化趋势。通过折线图的线条波动趋势，可以轻松判断在不同时间段内，数据是呈上升趋势还是下降趋势，数据变化是呈平稳趋势还是波动趋势，同时可以根据折

线的高点和低点找到数据的波动峰顶和谷底，非常适合显示在相等时间间隔下数据的变化趋势。例如，使用折线图对上半年员工入职、离职率变化进行分析，如图6-5所示。

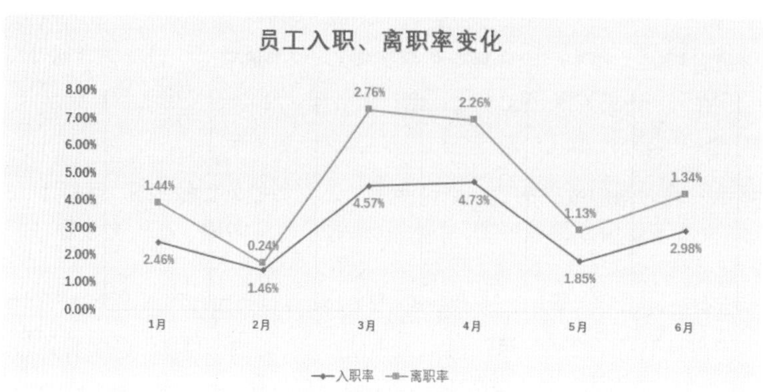

图6-5 使用折线图分析数据

温馨提示

折线图的横坐标只能是时间，主要强调的是趋势的变化。

饼图

使用饼图可以展示各数据项占总数据项大小的比例，多用于对人事数据中的各类占比情况进行分析。

饼图包括饼图、三维饼图、复合饼图、复合条饼图和圆环图5种，但在人事数据分析中，饼图和圆环图使用最多。饼图主要用来展示各数据项的比例，如图6-6所示为使用饼图对员工职级分布情况进行分析；圆环图也可以展示各数据项的比例，但增加了层数，还可以展现各数据项随时间或其他因素变化时的比例，如图6-7所示为使用圆环图对员工年龄分布情况进行分析。

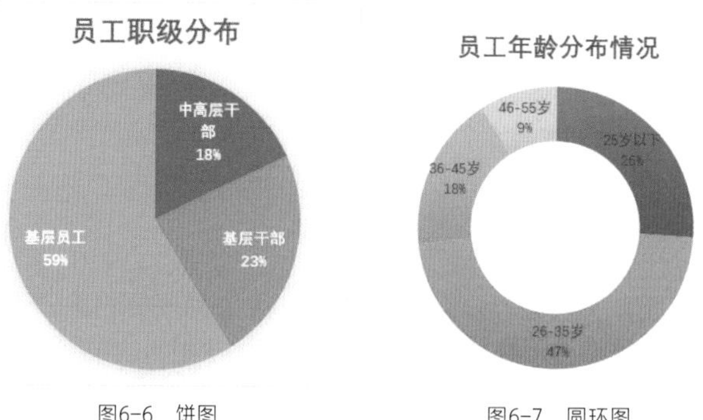

图6-6 饼图

图6-7 圆环图

4 条形图

条形图用于展示不同类别数据之间的差异情况，帮助HR迅速对各类数据做出比较，快速查清各类数据所处次序。例如，对各部门人数进行分析时，可以使用条形图按照一定的高低顺序进行直观展示，这样能快速看清楚哪个部门的人少，哪个部门的人多，如图6-8所示。

5 雷达图

雷达图又称为戴布拉图、蜘蛛网图，主要用于显示独立数据系列之间以及某个特定系列与其他系列的整体关系。每个分类都拥有自己的数值坐标轴，这些坐标轴由中心点向外辐射，并由折线将同一系列中的值连接起来。如图6-9所示为使用雷达图对各部门招聘的人数进行分析。

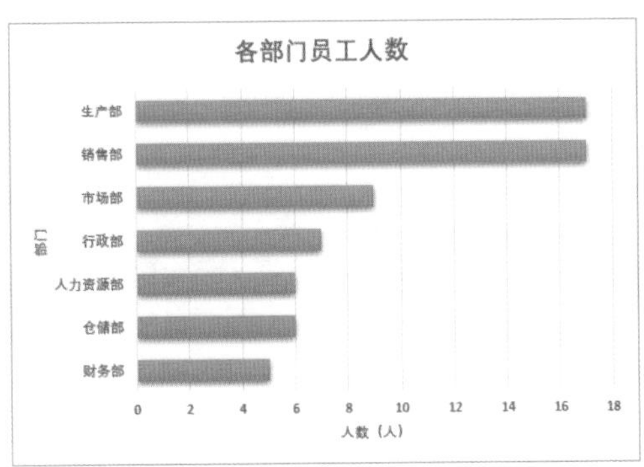

图6-8 折线图

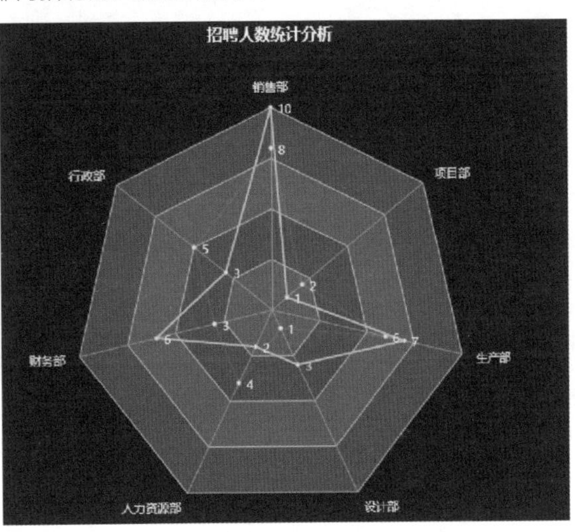

图6-9 雷达图

6 漏斗图

漏斗图又称倒三角图，是由堆积条形图演变而来的，主要功能是对业务各个流程的数据进行对比。当业务流程数据有明显变化，周期长、环节多等时，漏斗图就派上了用场，能直观地发现和说明问题出在哪里。对HR来说，招聘工作的过程数据以及人员结构都可以用漏斗图进行分析。如图6-10所示为使用漏斗图对招聘过程进行分析。

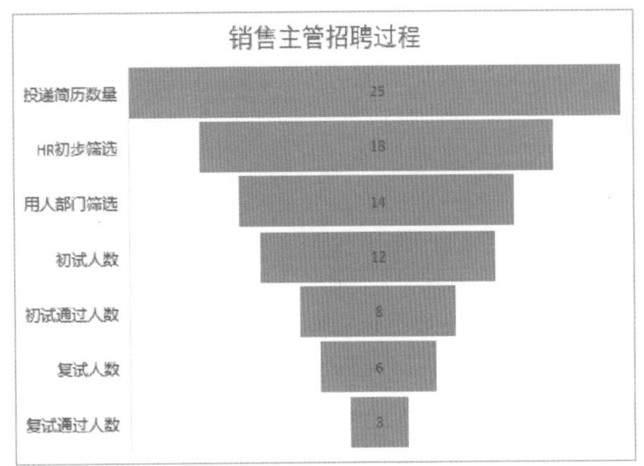

图6-10 漏斗图

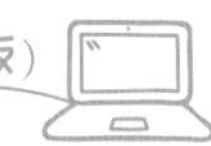

7 箱形图

箱形图又称为盒须图、盒式图或箱线图，是一种用于显示一组数据分散情况的统计图。如图6-11所示为使用箱形图对不同职位员工的薪酬等级进行分析。

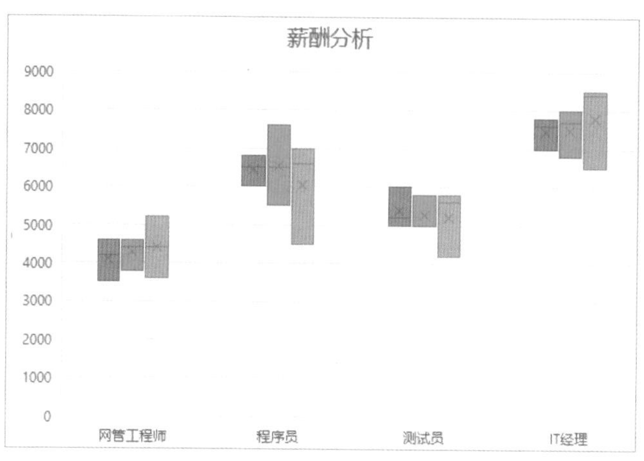

图6-11 箱形图

8 组合图

组合图是指在一个图表中应用了两种或两种以上的图表类型来同时展示多组数据。组合图使得图表类型更加丰富，还可以更好地区别不同的数据，并强调不同数据关注的侧重点。组合图的最佳组合形式是“柱形图+折线图”，常用来展现同一变量的绝对值和相对值。如图6-12所示为使用柱形图和折线图一起分析员工人数净增长变化。

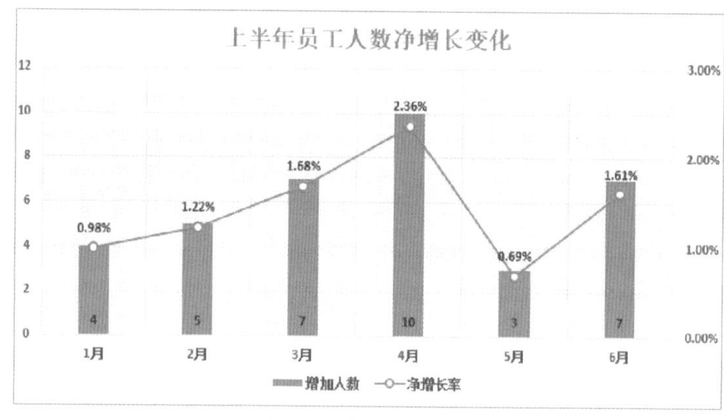

图6-12 柱形图+折线图

6.1.2 了解图表的组成部分

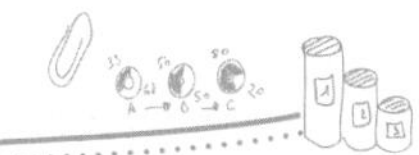

虽然图表的种类不同，但每一种图表的绝大部分组件是相同的，主要包括图表区、图表标题、坐标轴、绘图区、数据系列、数据标签、网格线和图例等几部分。如图6-13所示是以柱形图为例讲解图表的组成。

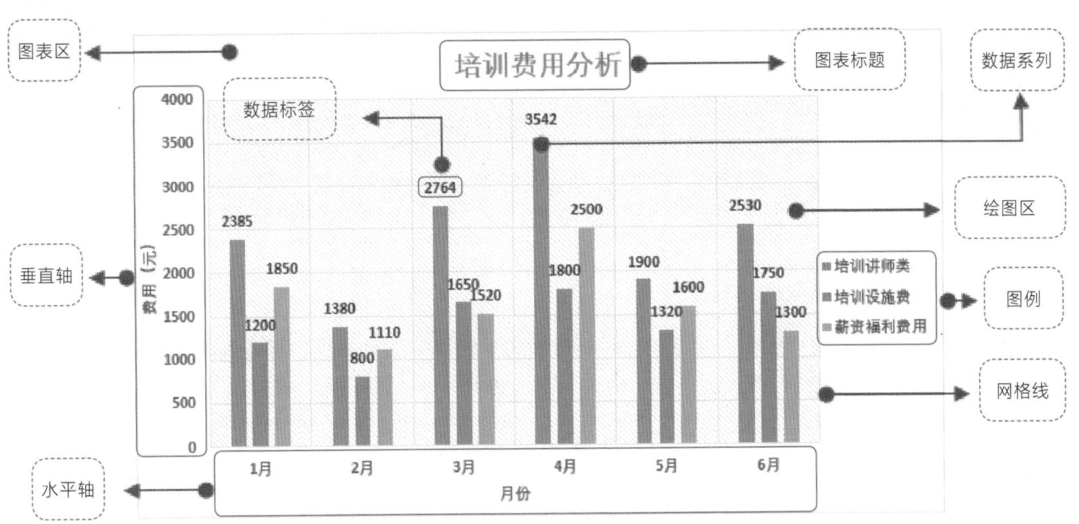

图6-13　图表的组成

（1）图表区：在Excel中，图表是以一个整体的形式插入表格中的，类似于一个图片区域，故称之为图表区。图表及图表相关的元素均存在于图表区中。在Excel中可以为图表区设置不同的背景颜色或背景图像。

（2）绘图区：在图表区中通过横坐标轴和纵坐标轴界定的矩形区域，用于绘制数据系列和网格线，图表中用于表示数据的图形元素也将出现在绘图区中。轴标签、刻度线和轴标题在绘图区外、图表区内的位置。

（3）图表标题：图表上显示的名称，用于简要概述该图表的作用或目的。图表标题在图表区中以一个文本框的形式呈现，可以对其进行各种调整或修饰。

（4）垂直轴：即图表中的纵（Y）坐标轴。通常为数值轴，用来标识各类别的数值大小。为了使刻度的表示更明确，还可以为垂直轴添加标题，以指明垂直轴代表的类别和数据单位。

（5）水平轴：即图表中的横（X）坐标轴。通常为分类轴，主要用于显示文本标签。

（6）数据系列：在数据区域中，同一列（或同一行）数据的集合构成一组数据系列，也就是图表中相关数据点的集合，这些数据源自数据表的行或列。它是根据用户指定的图表类型以系列的方式显示在图表中的可视化数据。图表中可以有一组到多组数据系列，多组数据系列之间通常采用不同的图案、颜色或符号来区分。

（7）数据标签：在各数据系列数据点上还可以标注出该系列数据的具体值，即数据标签。

（8）图例：列举各系列表示方式的方框图，用于指出图表中不同的数据系列采用的标识方式，通常列举不同系列在图表中应用的颜色。图例由图例标识和图例项两部分构成，图例标识代表数据系列的图案，即不同颜色的小方块；图例项表示与图例标识对应的数据系列名称，一种图例标识只能对应一种图例项。

（9）网格线：贯穿绘图区的线条，用作估算数据系列所示值的标准。

6.1.3 图表的这些误区要规避

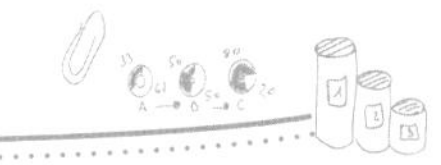

很多HR在制作图表时，都只考虑使用什么类型的图表才能展现出数据，并不会考虑图表的规范性，这就导致图表传递的信息错误或不直观。所以，在制作图表时，就需要规避一些错误，避开图表使用的一些误区。

1 倾斜的水平轴标签

在对离职原因、招聘过程、人员结构等进行分析时，经常会遇到水平轴标签太长的情况。当使用柱形图来展现数据时，如果图表的宽度不够，则会导致这些水平轴标签倾斜，如图6-14所示。

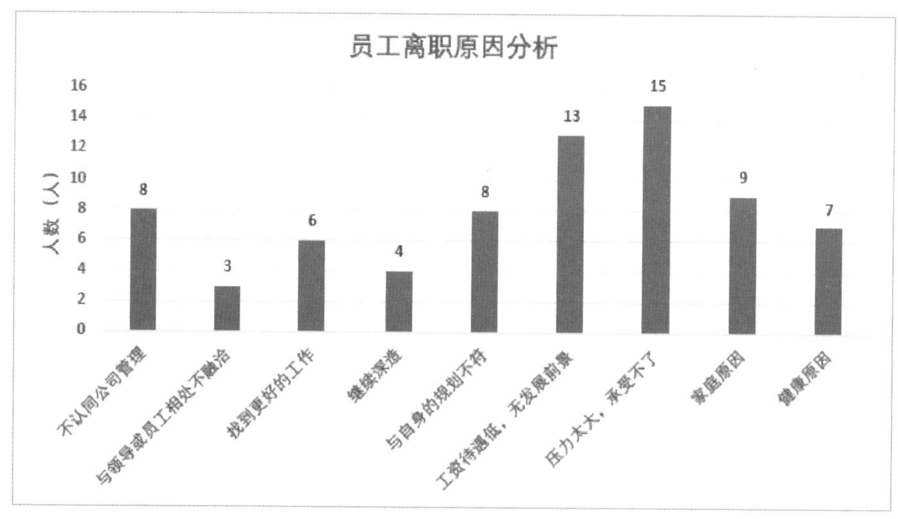

图6-14 水平轴标签倾斜

这种倾斜的标签并不符合人眼的视觉角度，无法直观地体现出图表的类别，看起来非常吃力。当遇到这种情况时，使用条形图来展现数据更直观，如图6-15所示。

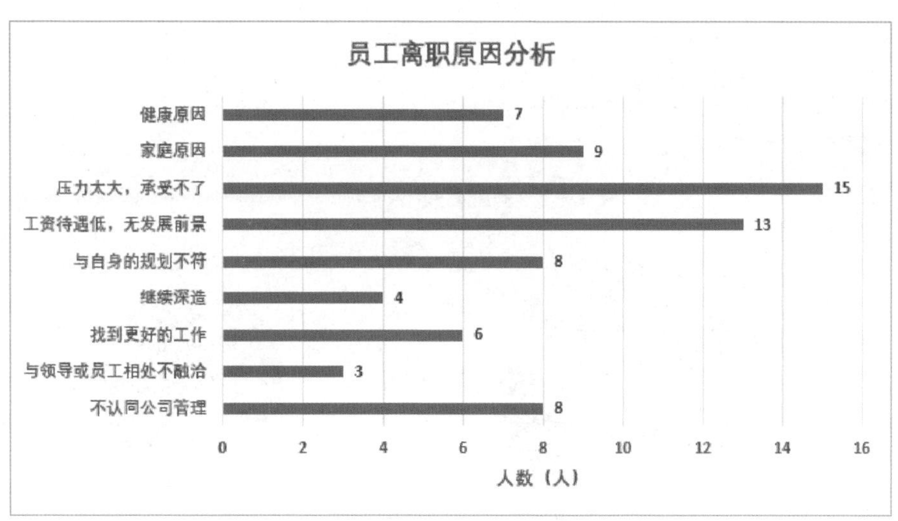

图6-15 使用条形图展现数据

2 饼图类别过多

分析人事数据时，只要一涉及占比，HR们就直接使用饼图进行分析。实际上，使用饼图分析数据时，不仅需要考虑数据的特性，还要考虑数据类别的多少，因为一个饼图分隔的扇区太多，反而会显得复杂，不直观，如图6-16所示。一般情况下，一个饼图分隔的扇区最好不要超过5块。

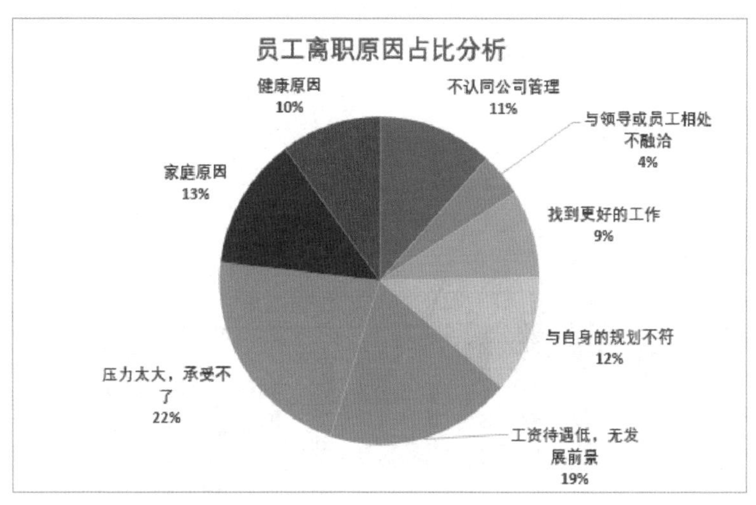

图6-16 饼图类别过多

当需要通过饼图来分析占比，并且类别过多时，可以考虑使用子母饼图来展示。子母饼图又称为复合饼图，可以展示各个大类以及某个主要分类的占比情况。如图6-17所示是将图6-16所示饼图中的数据通过一个饼图来展示5部分，然后将大饼图中的“其他”类别再使用小饼图进行展示，这样相对于把全部类别用一个饼图来展示更直观。

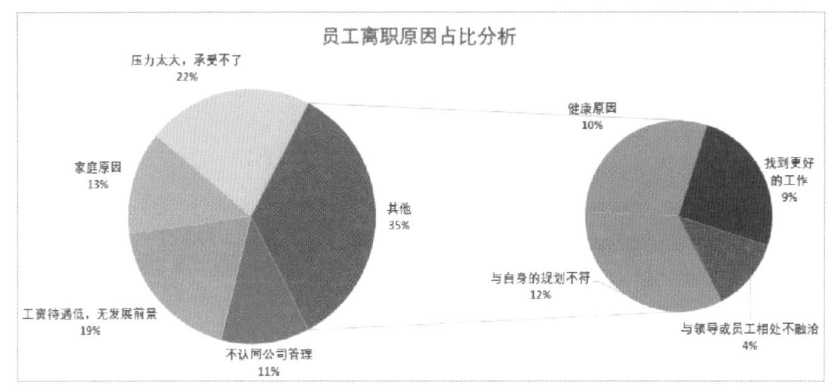

图6-17 子母饼图

3 主次坐标轴刻度不对称

使用组合图对人事数据进行分析时，图表有主要坐标轴和次要坐标轴之分。主要坐标轴位于图表左侧，次要坐标轴位于图表的右侧。很多HR对主要坐标轴和次要坐标轴的刻度进行设置时，忽略了主要坐标轴与次要坐标轴刻度的对称性。在图6-18所示的图表中，主要坐标轴使用了9个刻度，而次要坐标轴的刻度只有7个。由于次要坐标轴的刻度与主要坐标轴的刻度不对等，导致图表的主要坐标轴与次要坐标轴不对称。

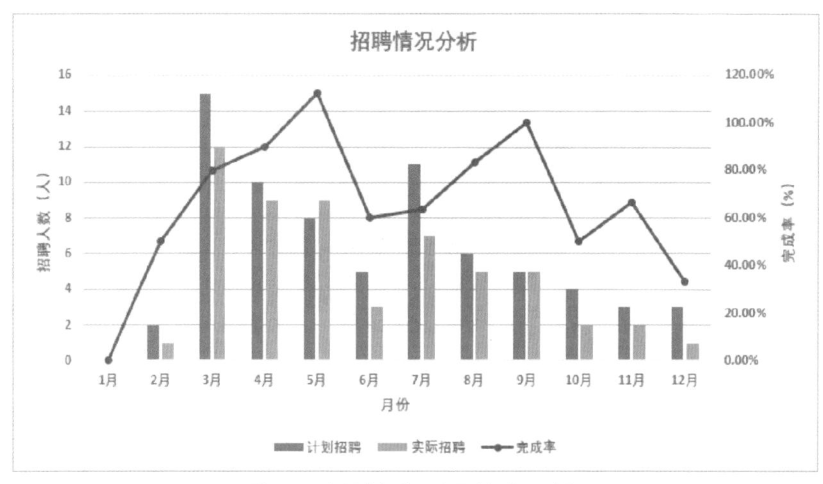

图6-18 主要坐标轴和次要坐标轴不对称

在专业的图表中，这种情况是不允许的。此时需要调整主要坐标轴和次要坐标轴的垂直轴刻度大小与刻度单位，让其对称。如图6-19所示是调整主要坐标轴和次要坐标轴后的效果。

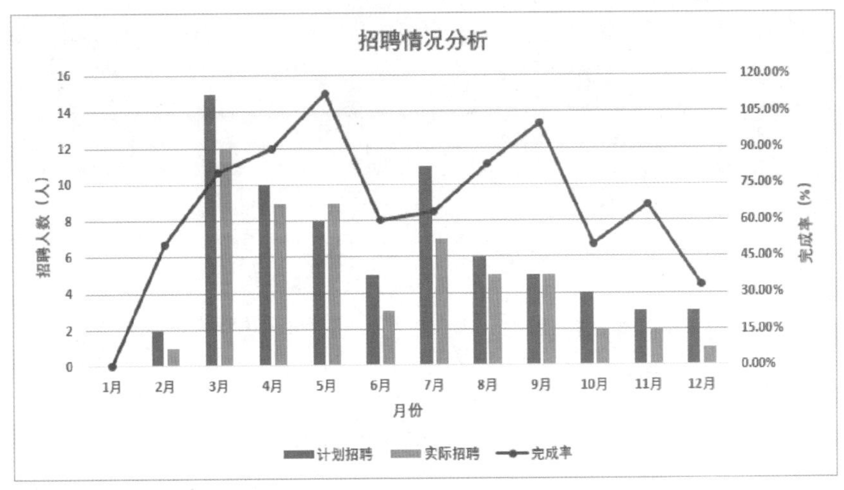

图6-19 调整后的效果

4 折线图中趋势线太多

使用折线图分析人事数据时，经常需要同时体现多项数据的趋势。当数据项数较多时，如果在一个折线图中体现，那么就有多条趋势线，这些线条就可能"缠绕"在一起，不利于图表数据的读取，如图6-20所示。

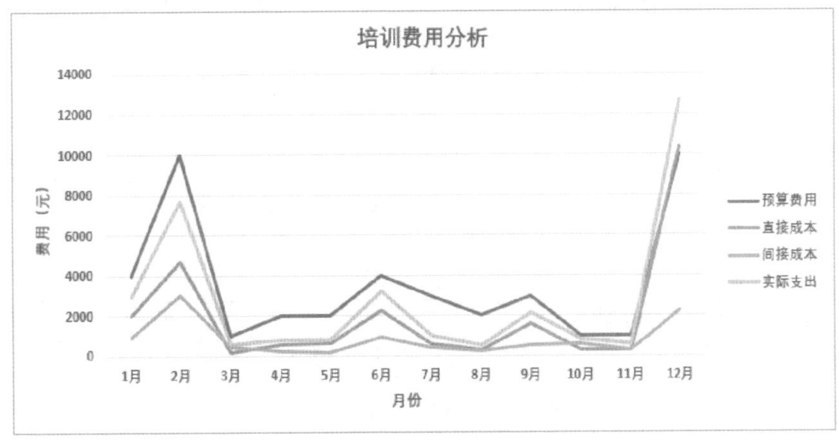

图6-20 折线图项目太多

为了不让折线图中的多条趋势线"缠绕"在一起，当折线图中的项目类别超过3种时，可以对折线图进行拆分，用不同的折线图来展示不同项目类别的数据。如图6-21所示就是对图6-20进行拆分后的效果。

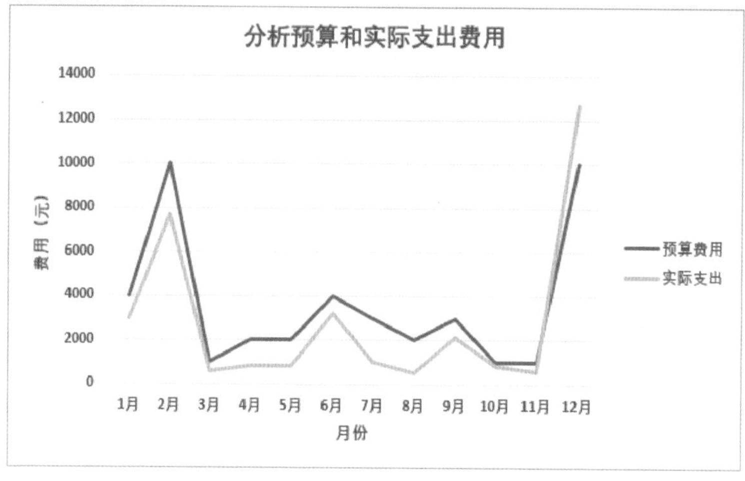

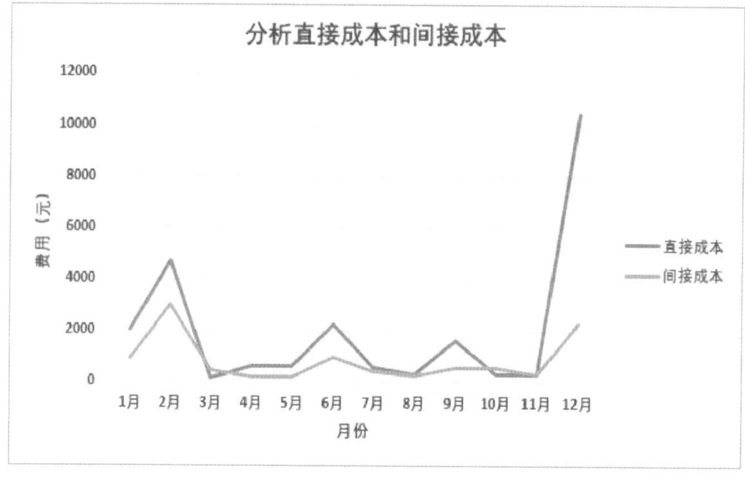

图6-21 拆分后的折线图

6.1.4 图表创建的3种方法

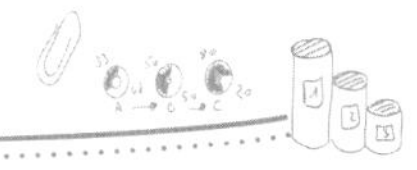

在Excel中创建图表的方法有通过推荐功能创建、通过图表类型按钮创建和通过对话框创建3种，HR们可以根据对图表的了解程度来选择图表的创建方法。

1 通过推荐功能创建

当不知道表格中的数据使用什么类型的图表来展示更直观时，可以使用Excel提供的“推荐的图表”功能来创建，它可以根据当前选择的数据推荐合适的图表。具体方法如下：

Step01：单击【推荐的图表】按钮。打开“各招聘网站统计分析表”；❶选择需要使用图表分析的A1:D6单元格区域；❷单击【插入】选项卡【图表】组中的【推荐的图表】按钮，如图6-22所示。

Step02：选择需要的图表。打开【插入图表】对话框；❶在【推荐的图表】选项卡的左侧显示了根据选择的表格数据推荐的图表，选择需要的【簇状柱形图】选项；❷单击【确定】按钮，如图6-23所示。

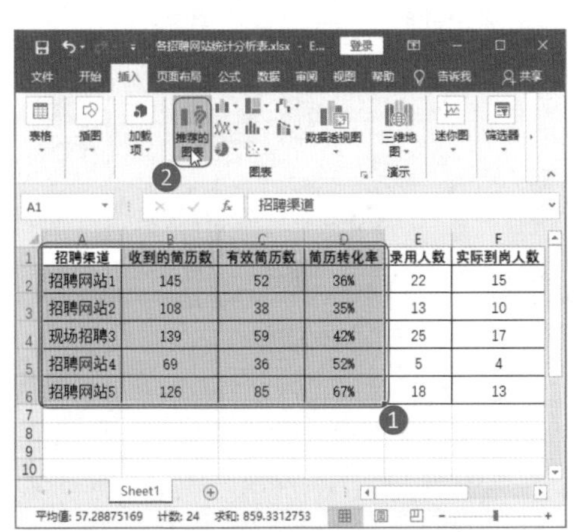

图6-22 单击【推荐的图表】按钮

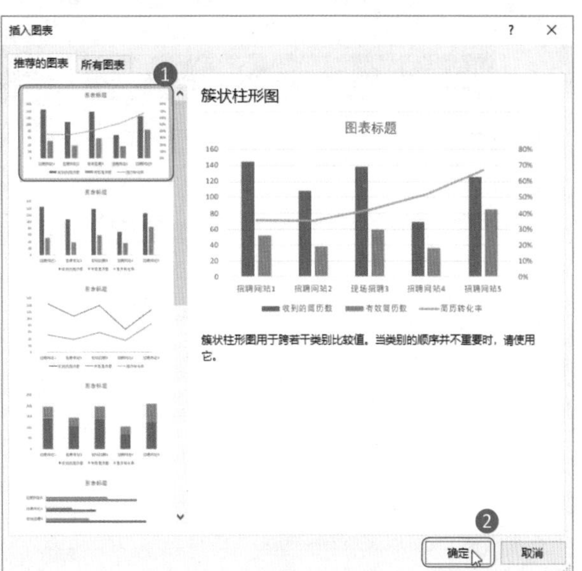

图6-23 选择需要的图表

Step03：查看图表效果。此时即可在表格中插入选择的图表。选择图表中的图表标题，将其更改为【各招聘网站简历分析】，效果如图6-24所示。

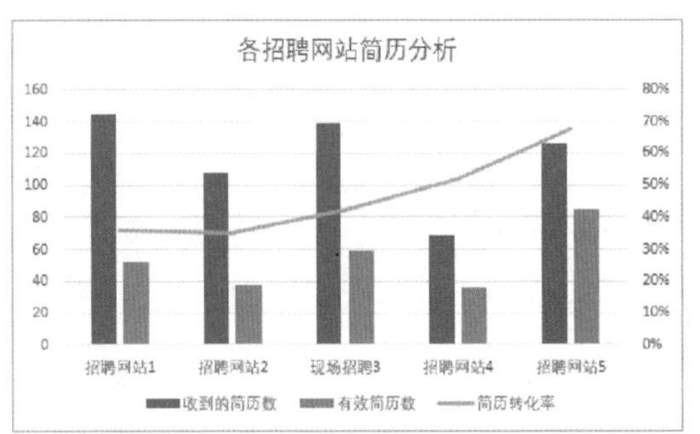

图6-24 查看图表效果

2 通过图表类型按钮创建

如果HR对Excel中的图表非常熟悉，知道什么样的数据使用什么类型的图表最合适，可以通过【图

表】组中的图表类型按钮创建图表。具体方法如下：

Step01：选择图表类型。❶在表格中按住【Ctrl】键选择A1:A6单元格区域和E1:F6单元格区域；❷在【插入】选项卡【图表】组中单击图表类型对应的按钮，如单击【插入柱形图或条形图】对应按钮 ▥▾；❸在弹出的下拉列表中选择该类型下需要的图表，如选择【簇状柱形图】选项，如图6-25所示。

Step02：查看插入的图表。插入图表后，将图表标题更改为【各招聘网站招聘人数分析】，效果如图6-26所示。

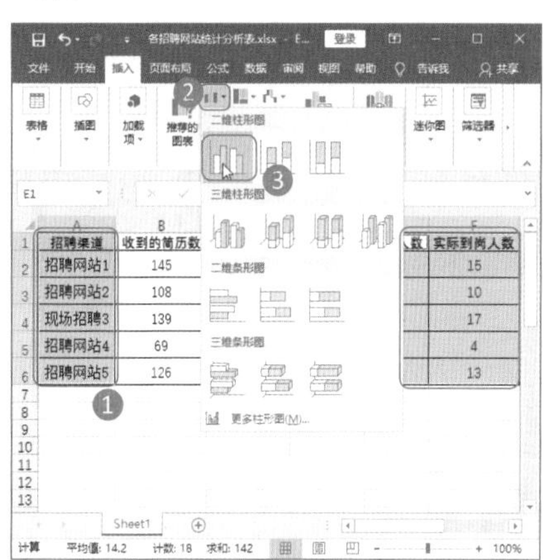

图6-25 选择图表类型

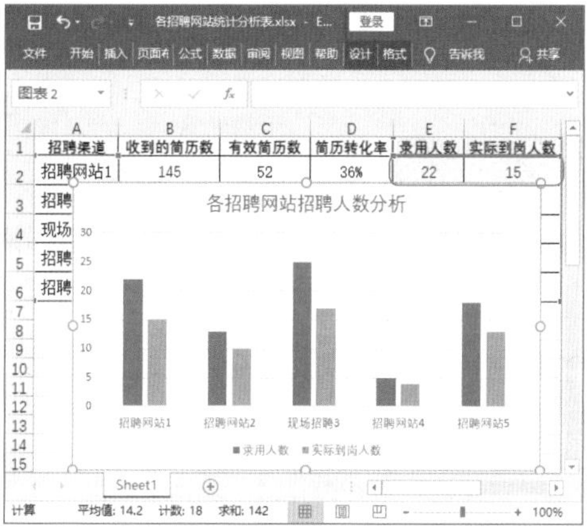

图6-26 查看图表效果

3 通过对话框创建

通过对话框创建图表是HR最常用的图表创建方法。在【插入图表】对话框中提供了各种类型图表，并且可以提前预览图表的效果，如图6-27所示。当选择的图表不能直观地展现出数据时，可以继续选择该类型下的其他图表或其他类型下的图表进行预览，直到选择合适的图表后再创建。

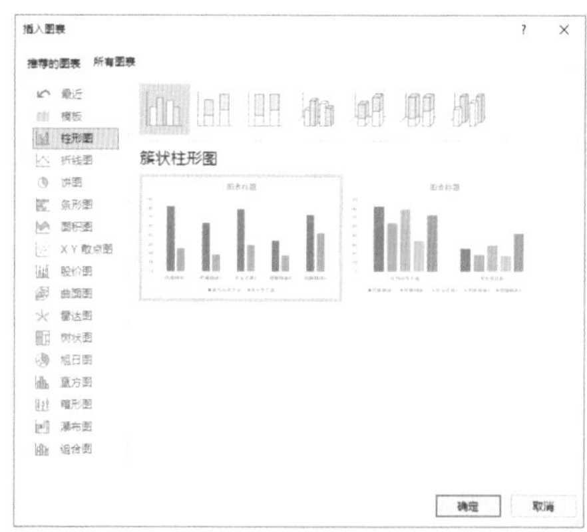

图6-27 通过对话框插入图表

6.2 图表也需要“讲究”

张总监

小刘，你做的图表一塌糊涂。图表标题都没有，我怎么知道这个图表要展现什么？第一个图表类别的数据系列怎么是空白的？另外，看到图表根本不知道每个数据系列代表的人数。好好重新做一份。

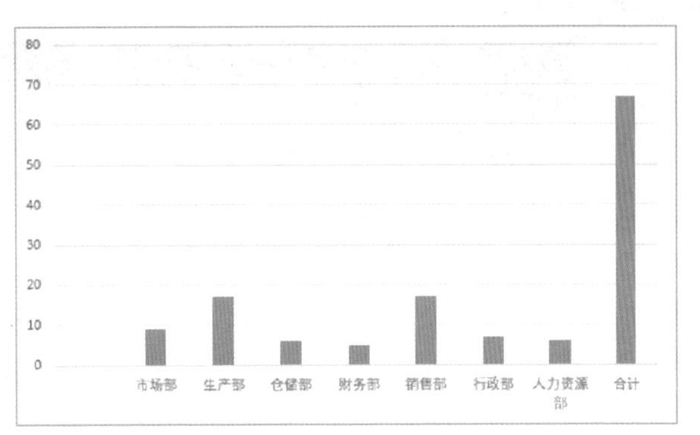

小刘

我以为只要展现出数据就可以了，现在才知道制作图表还有这么多要求！

王Sir

小刘，用图表分析数据，并不是为数据插入合适的图表就可以了，制作图表也是有讲究的。插入图表后，**首先需要检查图表中的元素是否缺少或多余、图表引用的数据区域是否正确；其次，还需要对图表进行美化，让图表既要专业，也要有“颜值”**。

6.2.1 添加图表元素

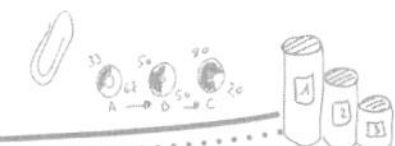

很多HR为了保持图表的完整性，将图表中的所有组成元素都显示出来，其实这没有必要。一般专业的图表都不会将图表的所有组成元素都显示出来，而是根据实际需

要只显示需要的图表元素，这样更利于图表数据的高效传递。添加图表元素的方法如下：

Step01：添加图表标题。打开“人员结构统计表”；❶选择“在职人员结构统计表”工作表中的图表；❷单击【图表工具-设计】选项卡【图表布局】组中的【添加图表元素】下拉按钮；❸在弹出的下拉列表中选择【图表标题】选项；❹在弹出的子列表中选择【图表上方】选项，如图6-28所示。

Step02：输入图表标题。此时即可在图表区内、绘图区上方添加一个标题文本框。标题文本框中的内容将根据表格中的数据自动获取，不过自动获取的标题一般不能满足需要，故将其更改为【各部门员工人数分析】，如图6-29所示。

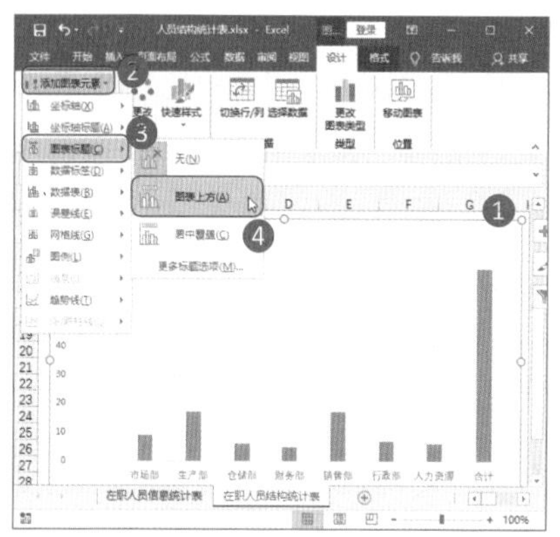

图6-28 添加图表标题

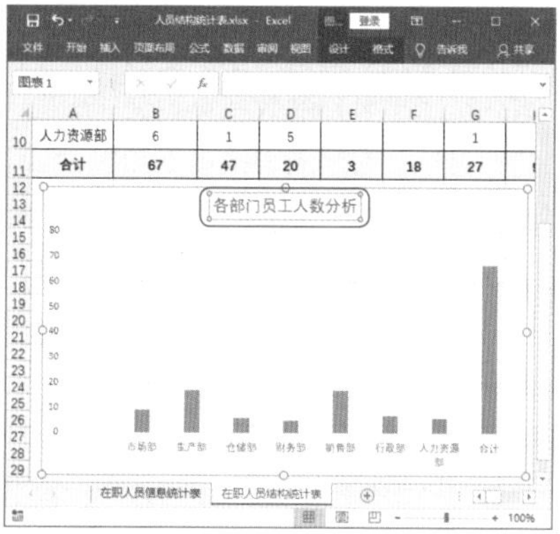

图6-29 输入图表标题

Step03：添加主要横坐标轴。保持图表的选择状态；❶单击【图表布局】组中的【添加图表元素】下拉按钮；❷在弹出的下拉列表中选择【坐标轴标题】选项；❸在弹出的子列表中选择【主要横坐标轴】选项，如图6-30所示。

Step04：添加主要纵坐标轴。❶在添加的【坐标轴标题】文本框中输入“部门”；❷在【添加图表元素】下拉列表中选择【坐标轴标题】选项；❸在弹出的子列表中选择【主要纵坐标轴】选项，如图6-31所示。

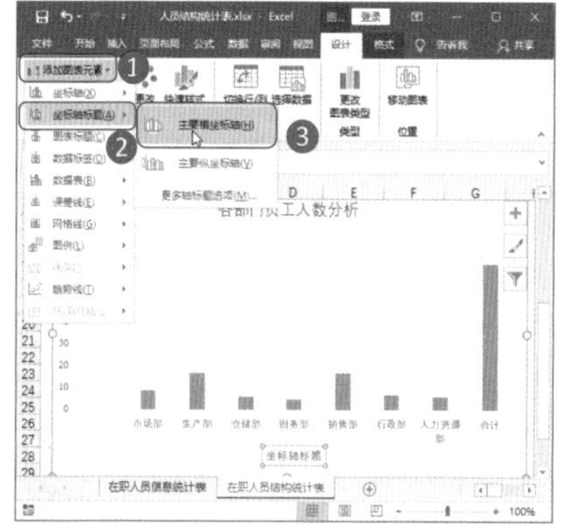

图6-30 添加主要横坐标轴

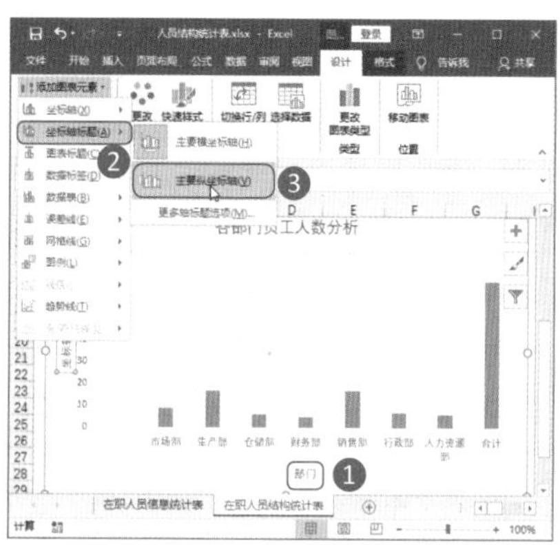

图6-31 添加主要纵坐标轴

Step05：添加数据标签。在添加的【坐标轴标题】文本框中输入“人数（元）”；❶选择图表中的数据系列；❷在【添加图表元素】下拉列表中选择【数据标签】选项；❸在弹出的子列表中选择数据标签所在的位置，如选择【数据标签外】选项，即可在数据系列上方添加对应的数据标签，如图6-32所示。

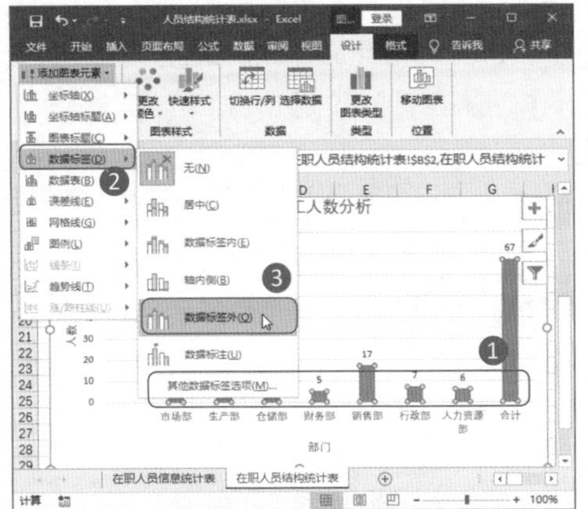

图6-32　添加数据标签

技能升级

通过【图表元素】按钮可快速添加图表元素。选择图表后，将出现一个【图表元素】按钮+。单击该按钮，在弹出的下拉列表中将显示图表中可变动的元素。选中某一复选框，表示添加该元素；取消选中某一复选框，表示不显示该元素。另外，将鼠标指针移到某一元素上，单击右侧出现的▶按钮，在弹出的下拉列表中将显示对应的子选项，如图6-33所示。

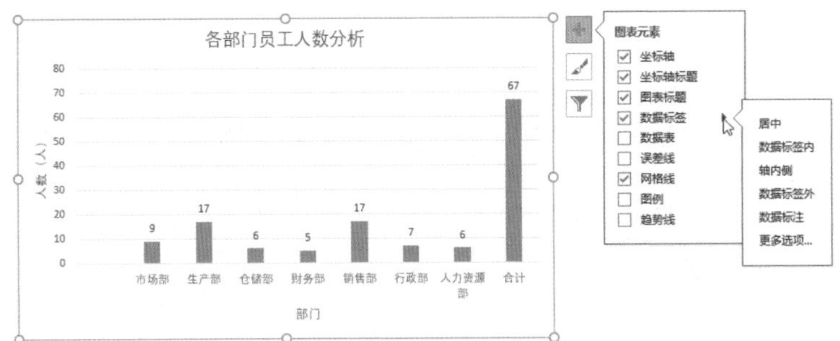

图6-33　通过【图表元素】按钮添加图表元素

6.2.2 编辑图表数据

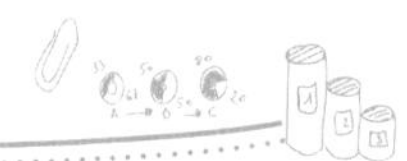

如果图表中引用的数据区域不正确，那么就不能从图表中获取到正确的数据信息。此时，就需要对图表引用的数据区域进行编辑。具体方法如下：

Step01：执行选择数据操作。❶选择图表；❷单击【图表工具-设计】选项卡【数据】组中的【选择数据】按钮，如图6-34所示。

Step02：缩小对话框。打开【选择数据源】对话框，单击【图表数据区域】参数框右侧的【折叠】按钮，如图6-35所示。

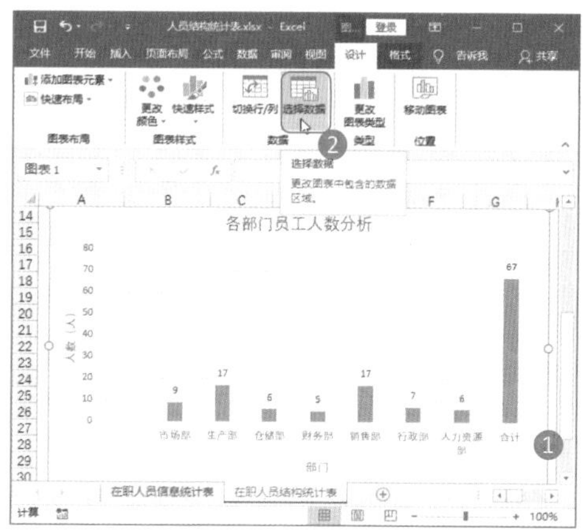

图6-34 执行选择数据操作

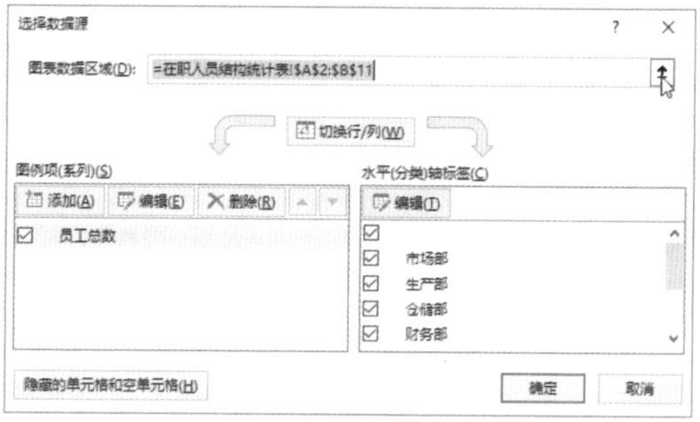

图6-35 查看图表数据区域

Step03：选择数据区域。折叠对话框；❶在表格中拖动鼠标选择A2:B10单元格区域；❷单击对话框中的【展开】按钮，如图6-36所示。

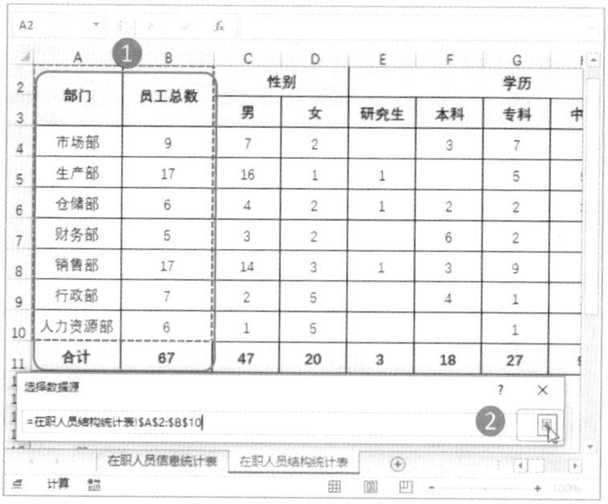

部门	员工总数	性别		学历		
		男	女	研究生	本科	专科
市场部	9	7	2		3	7
生产部	17	16	1	1		5
仓储部	6	4	2	1	2	2
财务部	5	3	2		6	2
销售部	17	14	3	1	3	9
行政部	7	2	5		4	1
人力资源部	6	1	5			1
合计	67	47	20	3	18	27

图6-36 选择图表数据区域

Step04：查看图表效果。此时可发现图表中的【合计】数据系列已被删除。由于A1:A2单元格是合并单元格，导致图表数据系列前面有空白。此时需要对【水平(分类)轴标签】进行修改，单击【编辑】按钮，如图6-37所示。

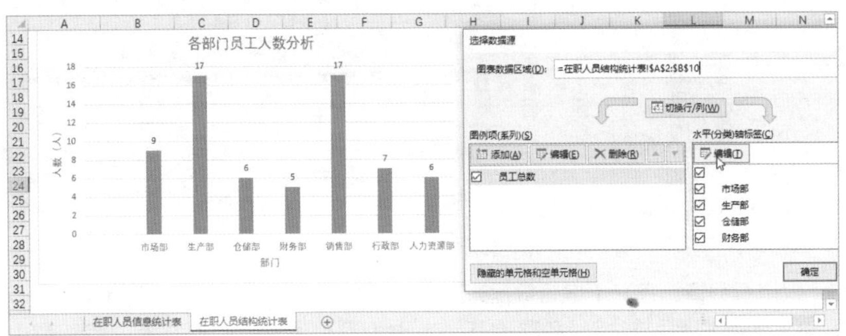

图6-37 编辑水平（分类）轴标签

温馨提示

一般来说，设置【图表数据区域】就能使图表引用正确的表格数据区域。由于本例表格区域中的表字段含有合并单元格，所以设置【图表数据区域】不能使图表合理展现出表格数据。此时，就需要在【选择数据源】对话框中对图表的图例项(系列)和水平(分类)轴标签进行设置。

Step05：查看轴标签区域。打开【轴标签】对话框。由于【轴标签区域】引用的表格区域不正确，所以才导致图表中有空白数据系列。单击【轴标签区域】参数框后的【折叠】按钮，如图6-38所示。

Step06：选择轴标签区域。折叠对话框；❶拖动鼠标选择A4:A10单元格区域；❷单击对话框中的【展开】按钮，如图6-39所示。

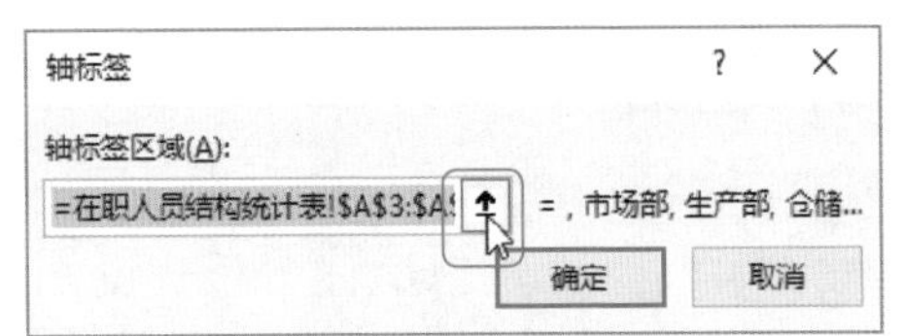

图6-38 查看轴标签区域

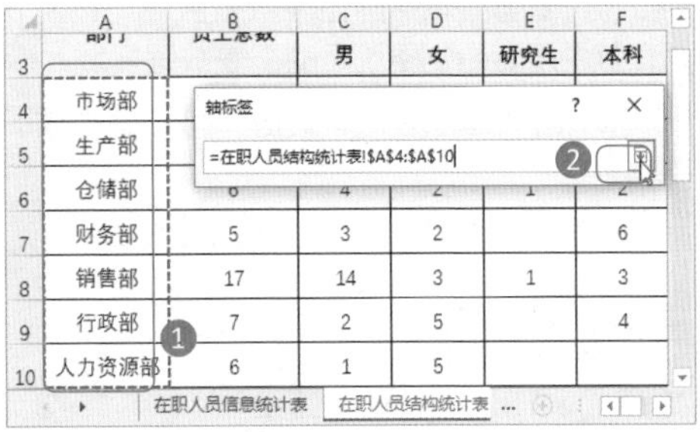

图6-39 选择轴标签区域

Step07：执行编辑图例项操作。在展开的对话框中单击【确定】按钮，返回【选择数据源】对话框中。由于图例项引用的区域有合并单元格，所以导致图表中的数据系列与部门关联不上。此时需要对图例项进行编辑，单击【图例项（系列）】栏中的【编辑】按钮，如图6-40所示。

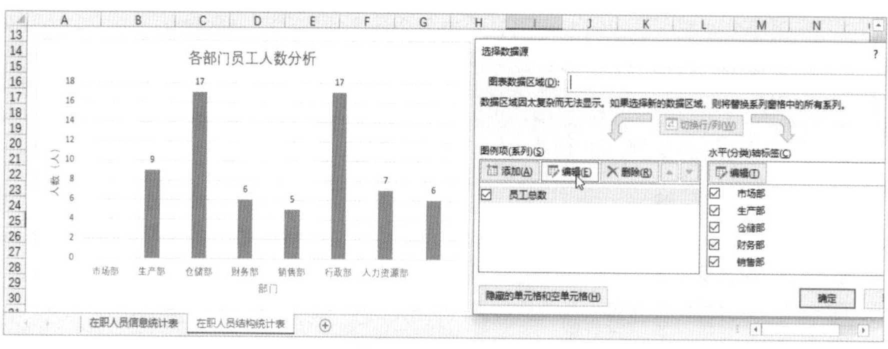

图6-40　编辑图例项

Step08：编辑系列值。打开【编辑数据系列】对话框。由于【系列值】引用的表格区域不正确，所以才导致图表中的数据系列与部门名称错开。单击【系列值】参数框右侧的【折叠】按钮，如图6-41所示。

Step09：选择系列值引用区域。折叠对话框；❶拖动鼠标选择B4:B10单元格区域；❷单击对话框中的【展开】按钮，如图6-42所示。

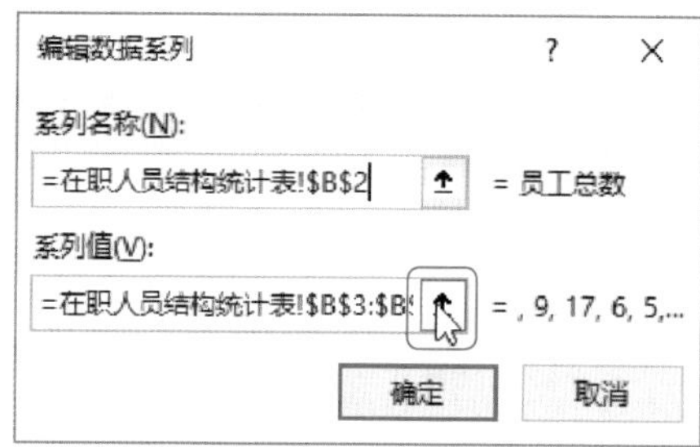

图6-41　编辑系列值

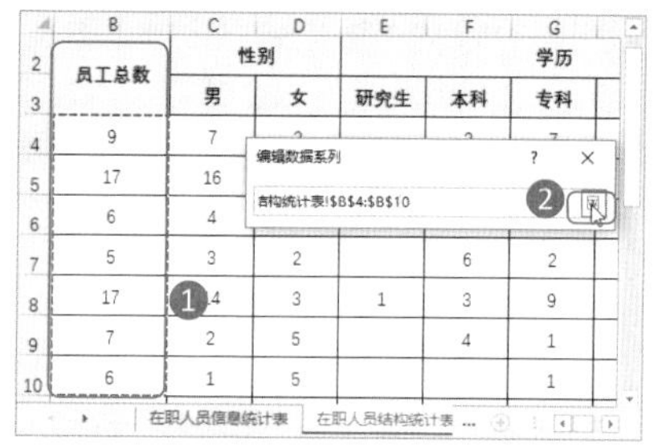

图6-42　引用数据区域

Step10：查看编辑后的图表数据区域。在展开的对话框中单击【确定】按钮，返回【选择数据源】对话框，在其中可查看到更改后的图表数据区域。确认无误后，单击【确定】按钮，如图6-43所示。

Step11：查看图表效果。此时即可看到更改图表数据区域后的效果，如图6-44所示。

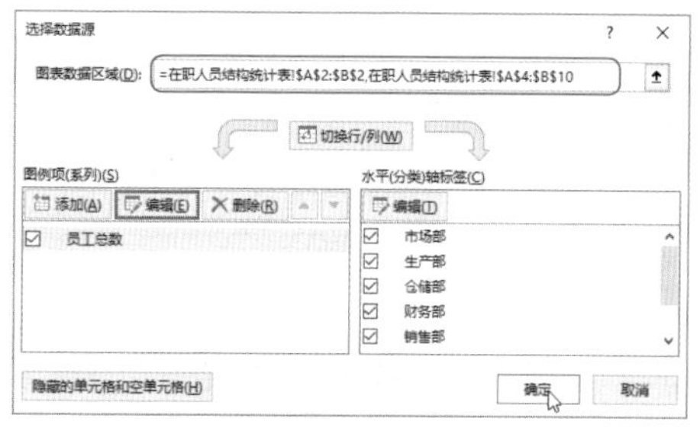

图6-43　确认图表数据区域

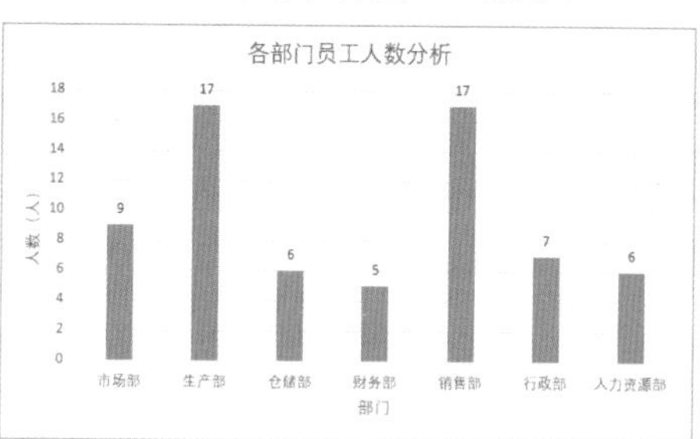

图6-44　查看图表效果

技能升级

调换图表水平(分类)轴标签和图例项的位置：如果表格数据区域中的行和列位置颠倒，那么制作出来的图表的水平(分类)轴标签和图例项位置也是颠倒的。如果需要调换图表水平(分类)轴标签和图例项的位置，那么直接在【选择数据源】对话框中单击【切换行/列】按钮，或在【图表工具/设计】选项卡【数据】组中单击【切换行/列】按钮即可。

6.2.3 图表布局一步到位

在Excel中，除了通过添加图表元素对图表进行布局外，还可通过Excel提供的布局样式来快速实现图表的布局。具体方法为：在表格中选择图表，单击【图表工具-设计】选项卡【图表布局】组中的【快速布局】下拉按钮，在弹出的下拉列表中选择需要的布局样式即可，如图6-45所示。

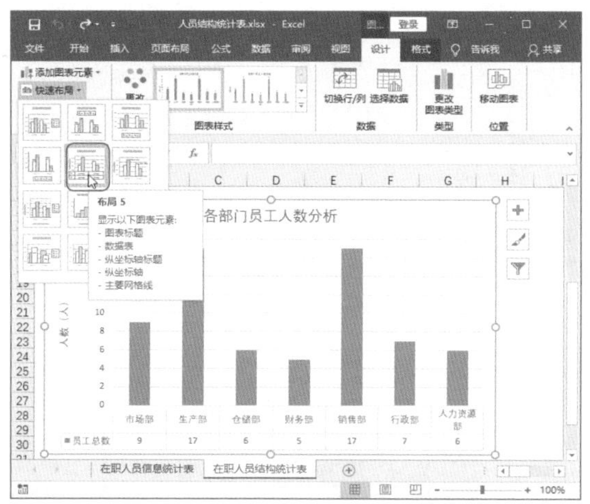

图6-45 选择布局样式

6.2.4 合理设置图表格式

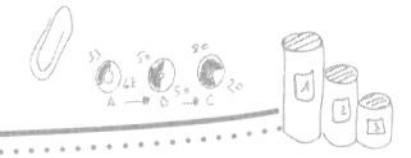

使用图表对人事数据进行分析时，很多时候还需要对图表组成部分的格式进行设置，让图表中的数据展示更直观，图表整体效果也更美观。

1 设置坐标轴格式

坐标轴直接影响着图表中数据的直观展示，是图表中非常重要的一个元素，但很多HR会采用默认的坐标轴刻度，更不要说对坐标轴的单位和数字格式进行设置了。其实，要想制作出专业的图表效果，坐标轴的设置不容忽视。

下面将对折线图中的垂直坐标轴刻度和数字格式进行设置，对水平轴的标签位置进行设置，具体方法如下。

Step01：选择右键菜单命令。打开“培训费用统计表”，选择第一个图表中的垂直轴，右击鼠标，在弹出的快捷菜单中选择【设置坐标轴格式】命令，如图6-46所示。

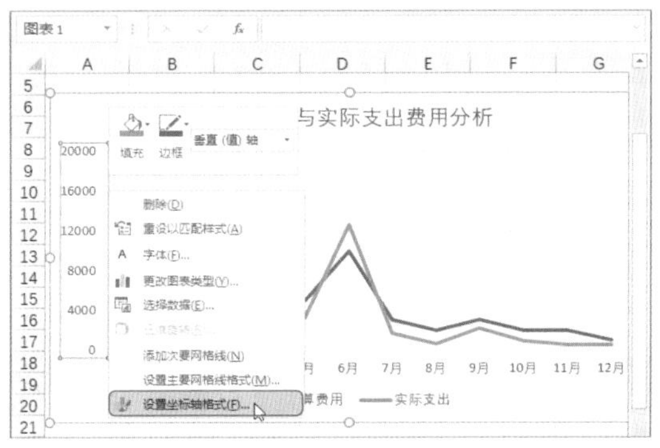

图6-46 选择菜单命令

Step02：设置坐标轴刻度。打开【设置坐标轴格式】任务窗格；❶在【坐标轴选项】栏下的【最大值】文本框中输入刻度最大值，如“16000”；❷在【大】文本框中输入刻度单位，也就是每个刻度之间相隔的最大值，如输入“2000”，按【Enter】键确认，图表中坐标轴的刻度将发生变化，折线的位置也会随之变化，如图6-47所示。

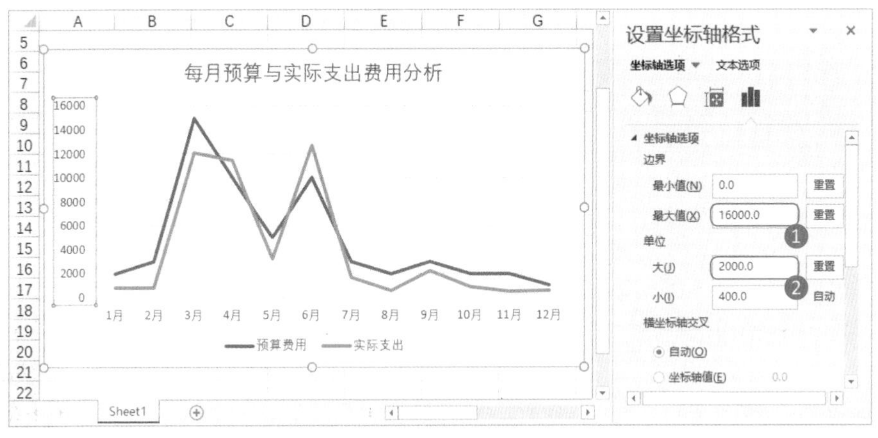

图6-47 设置垂直轴刻度

Step03：选择【货币】格式。向下拖动【设置坐标轴格式】任务窗格右侧的滚动条，显示出【数字】栏，双击展开该栏；❶打开【类别】下拉列表框；❷从中选择需要的数字格式，如选择【货币】选项，如图6-48所示。

Step04：设置【货币】格式。❶在【小数位数】文本框中设置小数位数，这里设置为【0】；❷在【符号】下拉列表框中选择需要的货币符号；❸在【负数】列表框中选择负值显示的格式，这里选择带负号的红色文字选项，如图6-49所示。

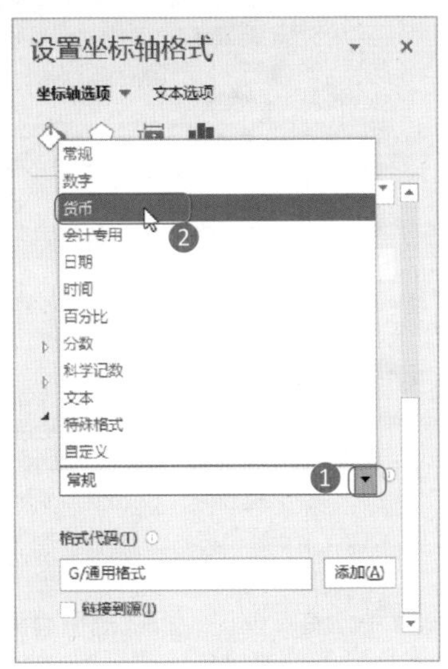

图6-48 选择【货币】格式

图6-49 设置【货币】格式

Step05：查看图表效果。此时图表中坐标轴的数字格式将发生变化。使用相同的方法设置第二个图表垂直轴的数字格式，效果如图6-50所示。

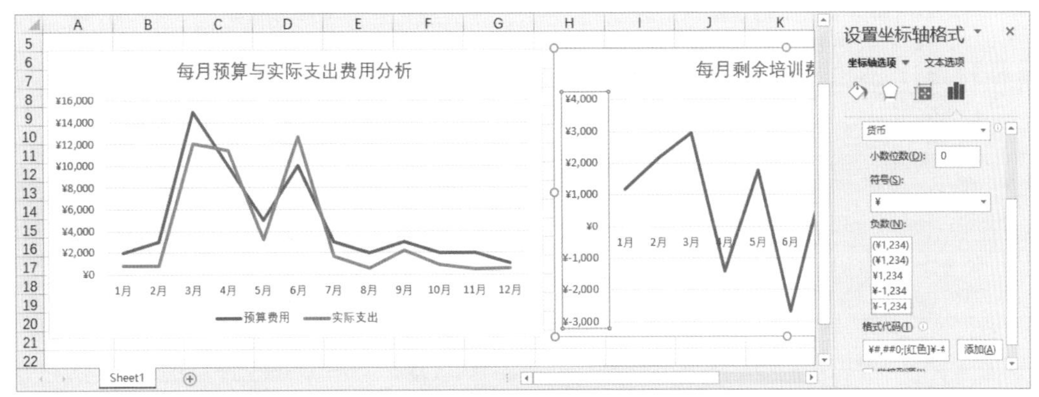

图6-50 查看图表坐标轴格式

技能升级

为坐标轴添加单位：如果图表中带刻度的坐标轴中的数据比较大，如十几万、上百万、上千万，肉眼无法快速看出具体是多少，那么可以为图表坐标轴添加单位。在【设置坐标轴格式】任务窗格的【坐标轴选项】栏下的【显示单位】下拉列表框中为较大的数值提供了单位，从中选择需要的单位即可，如图6-51所示。

图6-51 设置坐标轴单位

Step06：设置文本标签位置。当图表的坐标轴刻度中含有负值时，折线图中趋势线负数部分将显示在文本标签下方，这样很不直观。此时就需要对文本标签的位置进行设置。❶选择图表中的文本标签；❷在【设置坐标轴格式】任务窗格中切换到【坐标轴选项】面板，在【标签】栏下的【标签位置】下拉列表框中选择标签的位置，如选择【低】选项，如图6-52所示。

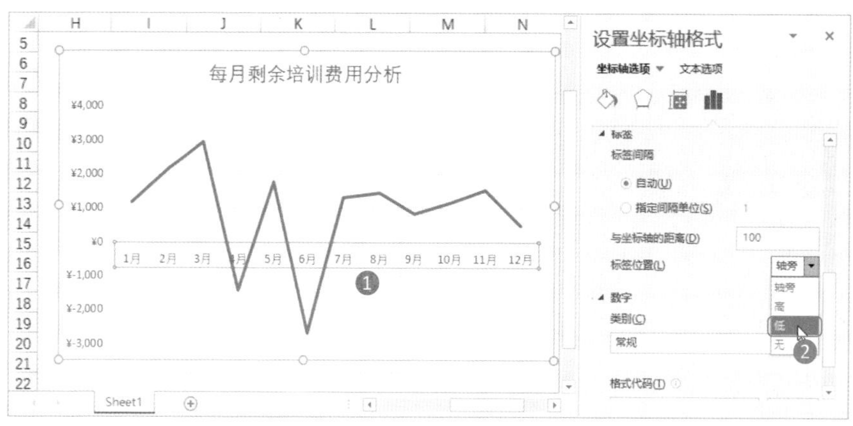

图6-52 设置文本标签位置

Step07：查看图表效果。图表中的文本标签将移动到与垂直轴对应负值下方，效果如图6-53所示。

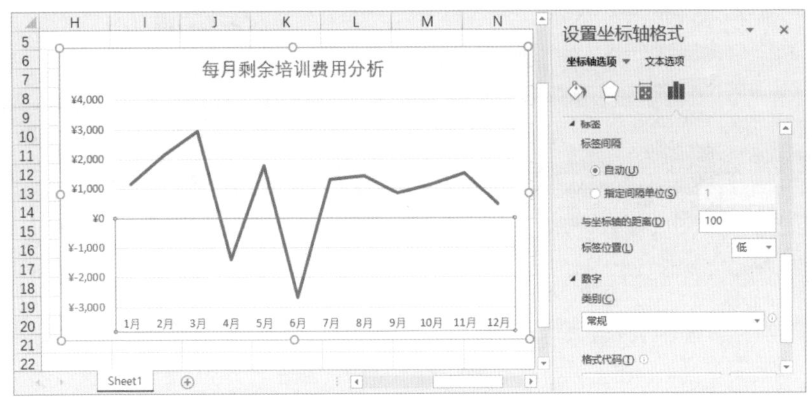

图6-53 查看图表效果

2 设置数据系列格式

对各部门人数、招聘的人数等进行分析时，其对象主要是“人”。为了使图表更直观、形象，可以将与“人”相关的图片或图标填充到数据系列中。另外，还可以对各数据系列之间的间隙进行调整，使图表整体效果更合理。

下面分别使用代表男和女的图片对数据系列进行填充，并对各数据系列之间的间隙进行调整，具体方法如下。

Step01：插入条形图。在“在职人员结构统计表”中插入条形图，对各部门男女人数进行分析，如图6-54所示。

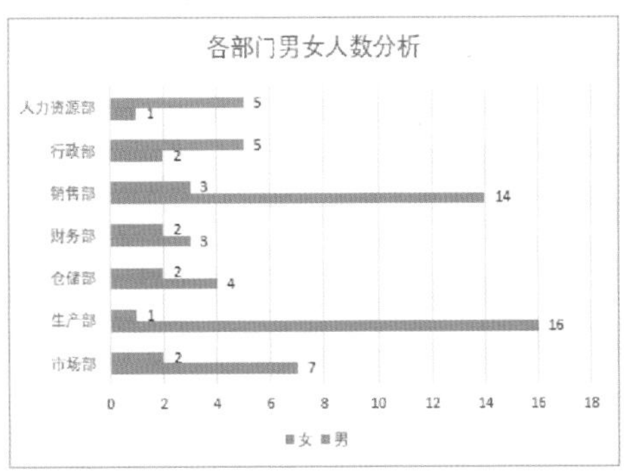

图6-54 条形图

Step02：在任务窗格中切换面板。❶选择图表中的黄色数据系列；❷右击鼠标，在弹出的快捷菜单中选择【设置数据系列格式】命令，打开【设置数据系列格式】任务窗格，单击【填充与线条】按钮，如图6-55所示。

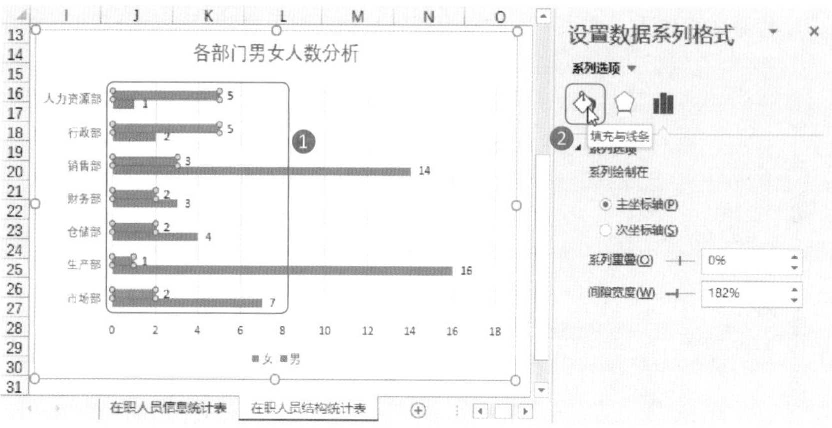

图6-55 切换面板

Step03：选择图片填充方式。❶在【填充与线条】面板中的填充方式栏中选中【图片或纹理填充】单选按钮，此时数据系列将使用默认的纹理进行填充；❷单击【插入图片来自】栏中的【文件】按钮，如图6-56所示。

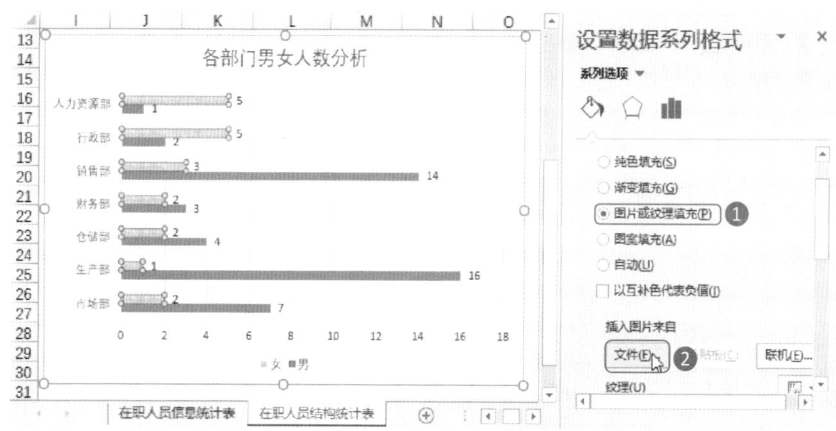

图6-56 选择【图片或纹理填充】

Step04：选择需要的图片。❶打开【插入图片】对话框，在地址栏中选择图片所在的位置；❷选择填充数据系列需要的图片【女生.png】；❸单击【插入】按钮，如图6-57所示。

Step05：查看填充效果。此时即可将选择的图片填充到代表【女】的数据系列中，效果如图6-58所示。

Step06：选择图片填充方式。保持数据系列的选择状态，在任务窗格的填充方式栏中选中需要的图片填充方式，这里选中【层叠并缩放】单选按钮，图片将以层叠的形式进行填充，并根据数据系列间距对图片进行缩放，如图6-59所示。

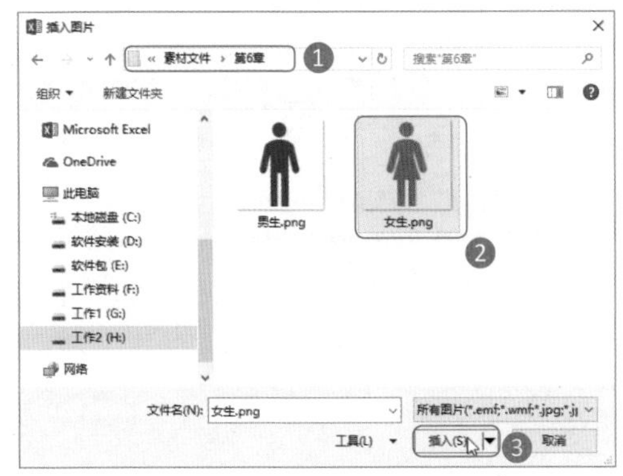

图6-57 选择需要的图片

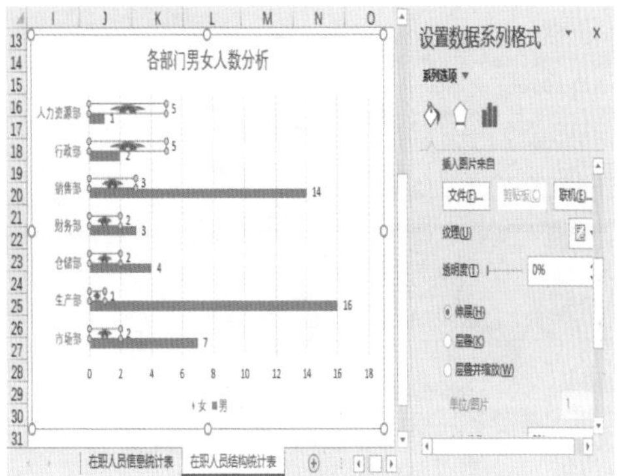

图6-58 查看填充效果

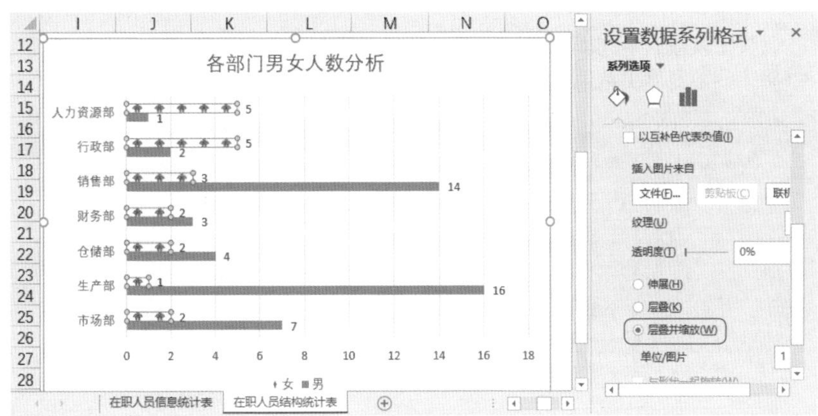

图6-59 选择图片填充方式

温馨提示

图片填充数据系列的方式有伸展、层叠、层叠并缩放3种。伸展是默认的填充方式，将用一张图片填满一个数据系列；层叠表示图片以正常的比例进行填充，并根据数据系列值的大小来决定图片填充的张数；层叠并缩放表示根据数据系列值的大小来决定图片填充的张数，但会根据数据系列的间距对图片进行相应的缩放。

Step07：填充【男】数据系列。使用相同的方法，使用“男生”图片对图表中代表【男】的数据系列进行【层叠并缩放】填充，然后单击任务窗格中的【系列选项】按钮，如图6-60所示。

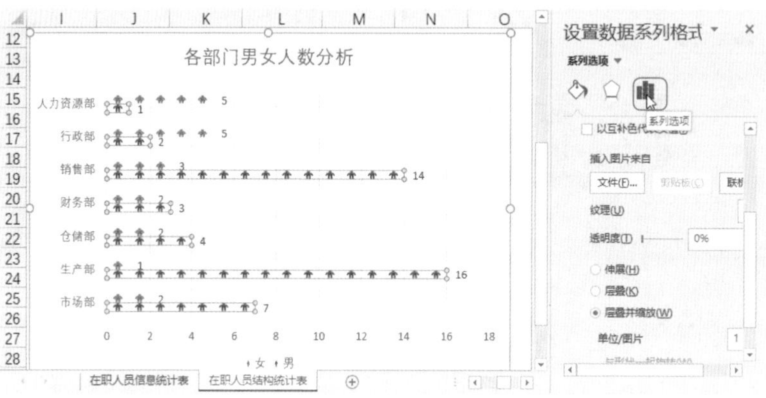

图6-60　填充“男”数据系列

Step08：调整图表数据系列间距。切换到【系列选项】面板中；❶将【系列重叠】数值框中的值更改为-6%；❷将【间隙宽度】数值框中的值更改为42%，效果如图6-61所示。

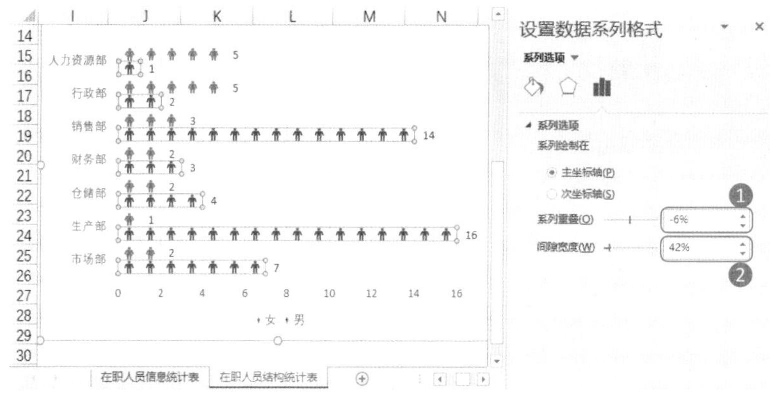

图6-61　调整数据系列间距

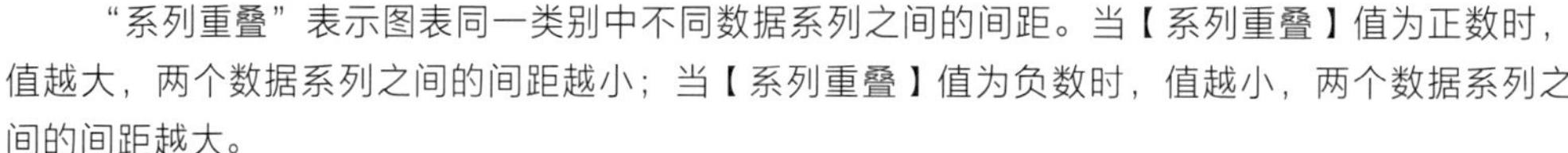

“系列重叠”表示图表同一类别中不同数据系列之间的间距。当【系列重叠】值为正数时，值越大，两个数据系列之间的间距越小；当【系列重叠】值为负数时，值越小，两个数据系列之间的间距越大。

【间隙宽度】表示图表不同类别之间数据系列的间距，也就是对整个图表中不同类别之间数据系列的间距进行调整。当【间隙宽度】值越大时，不同类别之间的数据系列间距越大。

3 设置数据标签格式

对图表的数据标签格式进行设置，主要是对数据标签包含的内容以及格式进行设置。具体方法如下：

Step01：插入饼图。在“在职人员结构统计表”中插入饼图，对公司员工的学历进行分析，效果如图6-62所示。

Step02：选择菜单命令。❶选择饼图中的数据系列；❷右击鼠标，在弹出的快捷菜单中选择【设置数据标签格式】命令，如图6-63所示。

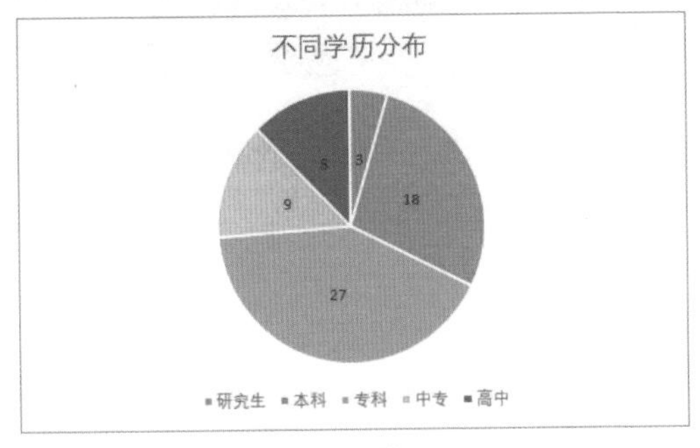

图6-62 插入饼图

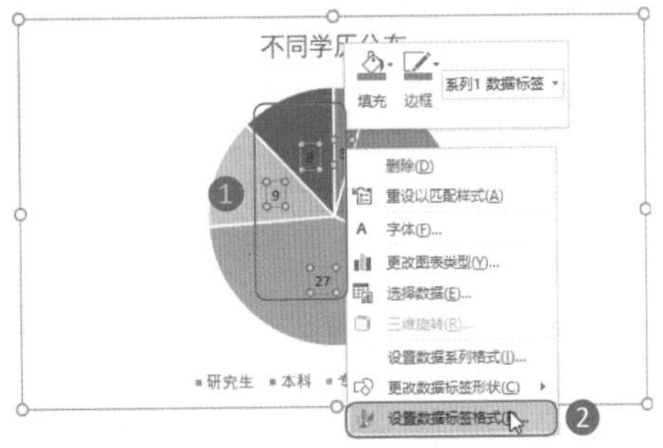

图6-63 选择菜单命令

Step03：设置数据标签包含的内容。打开【设置数据标签格式】任务窗格；❶在【标签选项】面板的【标签选项】栏下取消选中【值】复选框，选中【类别名称】和【百分比】复选框；❷打开【分隔符】下拉列表框；❸从中选择数据标签中分隔内容用的分隔符，如选择【(新文本行)】选项，如图6-64所示。

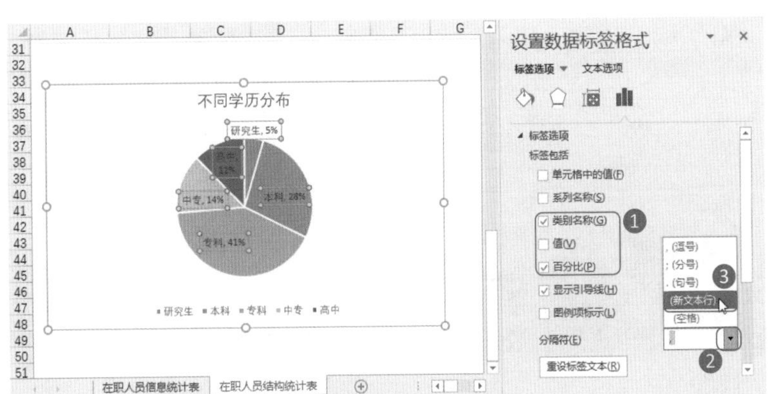

图6-64 设置数据标签包含的内容和分隔符

Step04：设置数据标签位置。向下拖动滚动条，显示出【标签位置】栏。选择标签在图表中的位置，这里选中【最佳匹配】单选按钮，图表中的数据标签将按照设置的标签位置进行显示，如图6-65所示。

Step05：删除图例。在饼图中，如果数据标签中显示了类别名称，那么图表中的图例就会显得多余。此时就可选择图例，按【Delete】键删除，效果如图6-66所示。

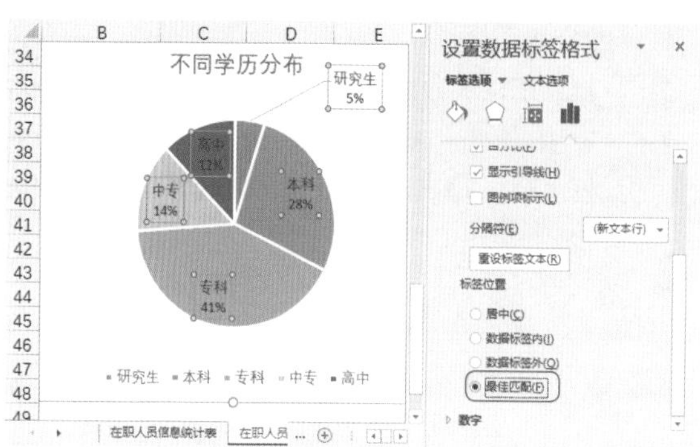

图6-65 调整数据标签位置

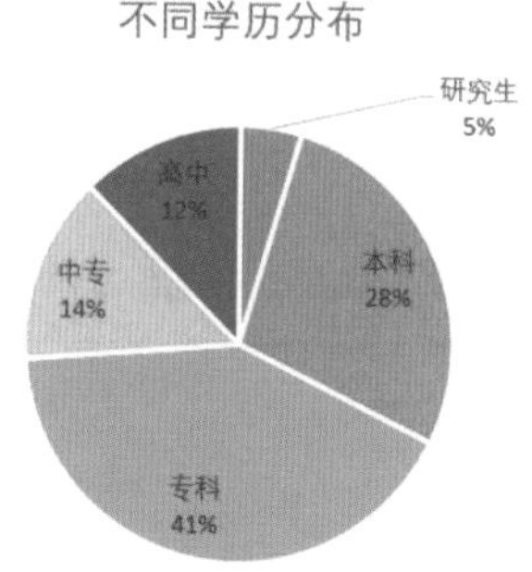

图6-66 删除图例效果

技能升级

设置饼图各扇区之间的距离：使用饼图分析数据时，为了使饼图各扇区之间的区分更明显，可以调整饼图各扇区之间的距离。

方法为：选择饼图扇区，在【设置数据系列格式】任务窗格的【系列选项】面板中调整【饼图分离】值的大小即可，如图6-67所示。

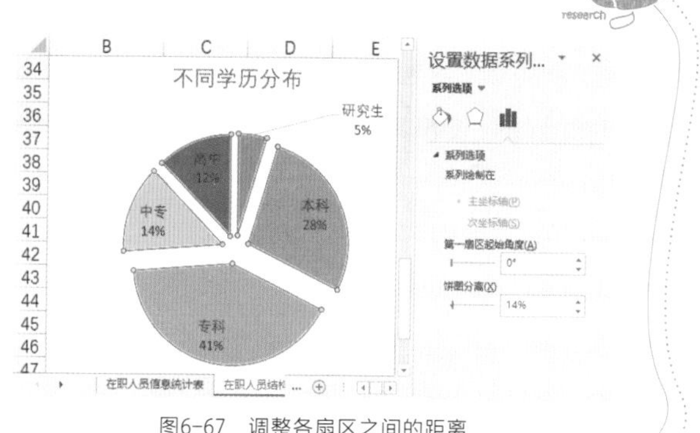

图6-67 调整各扇区之间的距离

6.2.5 图表一键换装

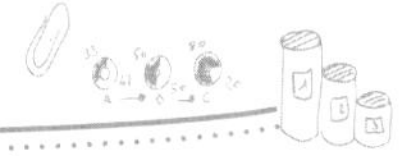

如果想改变图表的整体效果和颜色，可通过Excel中提供的图表样式和颜色方案快速实现。具体方法如下：

Step01：选择图表样式。选择图表；❶单击【图表工具-设计】选项卡【图表样式】组中的【快速样式】下拉按钮；❷在弹出的下拉列表中选择需要的图表样式，如选择【样式16】，即可将选择的样式应用到图表中，如图6-68所示。

Step02：选择图表配色方案。保持图表的选择状态；❶单击【图表工具-设计】选项卡【图表样式】组中的【更改颜色】下拉按钮；❷在弹出的下拉列表中选择需要的图表配色方案，如选择【彩色调色板3】，即可将选择的配色方案应用到图表中，如图6-69所示。

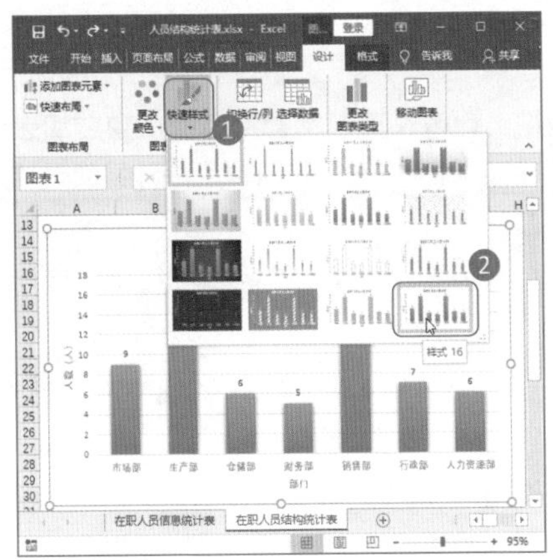

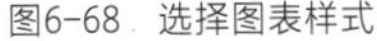

图6-68 选择图表样式

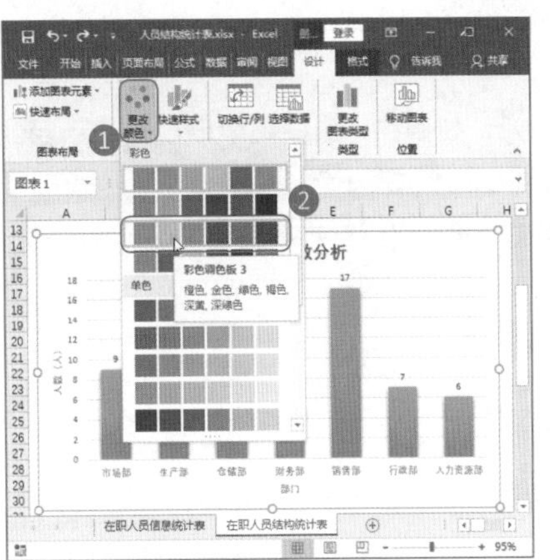

图6-69 选择图表配色方案

6.3 让静止的图表“动”起来

小刘

王Sir，张总监让我用一个图表对今年每月的招聘过程进行分析，但是用折线图进行分析，太多趋势线“缠绕”在一起，连我都看不明白，这要是交给张总监，肯定是要挨批评的。王Sir，有没有什么办法来解决呢？

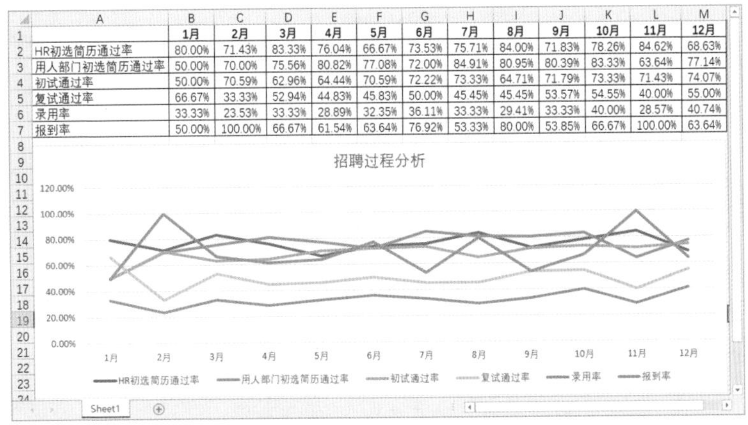

	1月	2月	3月	4月	5月	6月	7月	8月	9月	10月	11月	12月
HR初选简历通过率	80.00%	71.43%	83.33%	76.04%	66.67%	73.53%	75.71%	84.00%	71.83%	78.26%	84.62%	68.63%
用人部门初选简历通过率	50.00%	70.00%	75.56%	80.82%	77.08%	72.00%	84.91%	80.95%	80.39%	83.33%	63.64%	77.14%
初试通过率	50.00%	70.59%	62.96%	64.44%	70.59%	72.22%	73.33%	64.71%	71.79%	73.33%	71.43%	74.07%
复试通过率	66.67%	33.33%	52.94%	44.83%	45.83%	50.00%	45.45%	45.45%	53.57%	54.55%	40.00%	55.00%
录用率	33.33%	23.53%	33.33%	28.89%	32.35%	36.11%	33.33%	29.41%	33.33%	40.00%	28.57%	40.74%
报到率	50.00%	100.00%	66.67%	61.54%	63.64%	76.92%	53.33%	80.00%	53.85%	66.67%	100.00%	63.64%

王Sir

小刘，如**要在一个图表中展现多个项目的数据，且每个项目的数据需要单独在图表中展示出来，可以通过动态图表来实现**。在Excel中，制作动态图表的方法有两种，**一种是通过筛选来实现，另一种是通过控件来实现**。

小刘

原来Excel还能制作动态图表，真是太牛了，不愧是HR必学的办公软件。

6.3.1 通过筛选实现动态图表制作

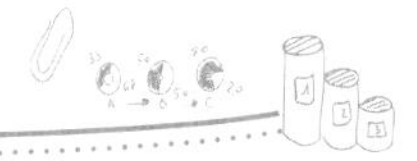

在对培训费用、招聘费用、各部门人员结构、招聘过程进行分析时，经常需要通过图表来展现多个项目的数据。如果所有项目的数据同时在图表中显示出来，肯定不利于查看。这时就可以通过筛选表格中的数据，来减少图表中显示的项目。当需要在图表中展示某个项目的数据时，直接将其对应的表格数据筛选出来即可。

因为图表引用的是表格中的数据，当表格中的数据减少时，图表中引用的数据区域范围也会随之减少，所以能通过筛选实现动态图表的制作。具体方法如下：

Step01：插入带数据标记的折线图。打开“招聘过程分析”，选择A1:M7单元格区域，插入带数据标记的折线图，删除图表中的图例，如图6-70所示。

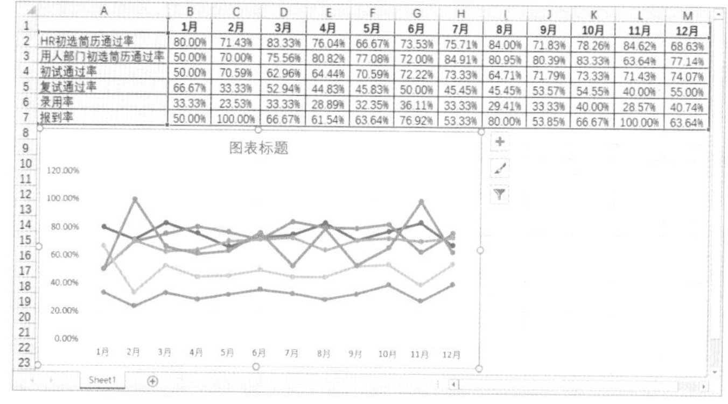

	1月	2月	3月	4月	5月	6月	7月	8月	9月	10月	11月	12月
HR初选简历通过率	80.00%	71.43%	83.33%	76.04%	66.67%	73.53%	75.71%	84.00%	71.83%	78.26%	84.62%	68.63%
用人部门初选简历通过率	50.00%	70.00%	75.56%	80.82%	77.08%	72.00%	84.91%	80.95%	80.39%	83.33%	63.64%	77.14%
初试通过率	50.00%	70.59%	62.96%	64.44%	70.59%	72.22%	73.33%	64.71%	71.79%	73.33%	71.43%	74.07%
复试通过率	66.67%	33.33%	52.94%	44.83%	45.83%	50.00%	45.45%	45.45%	53.57%	54.55%	40.00%	55.00%
录用率	33.33%	23.53%	33.33%	28.89%	32.35%	36.11%	33.33%	29.41%	33.33%	40.00%	28.57%	40.74%
报到率	50.00%	100.00%	66.67%	61.54%	63.64%	76.92%	53.33%	80.00%	53.85%	66.67%	100.00%	63.64%

图6-70 带数据标记的折线图

Step02：筛选数据。选择A1单元格，单击【数据】选项卡【排序和筛选】组中的【筛选】按钮，进入筛选状态；❶单击A1单元格中的【筛选】按钮▾，❷在弹出的下拉列表中取消选中除【HR初选简历通过率】复选框外的所有复选框；❸单击【确定】按钮，如图6-71所示。

Step03：添加数据标签。此时即可筛选出【HR初选简历通过率】相关数据，图表中也将只展示该数据，并自动为图表添加对应的标题。选择图表；❶单击【图表工具-设计】选项卡【图表布局】组中的【添加图表元素】下拉按钮；❷在弹出的下拉列表中选择【数据标签】选项；❸在弹出的子列表中选择【上方】选项，在数据系列上方添加数据标签，如图6-72所示。

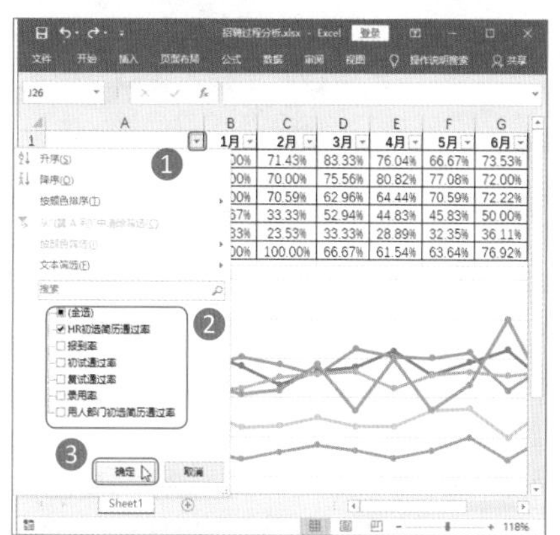

图6-71 筛选数据

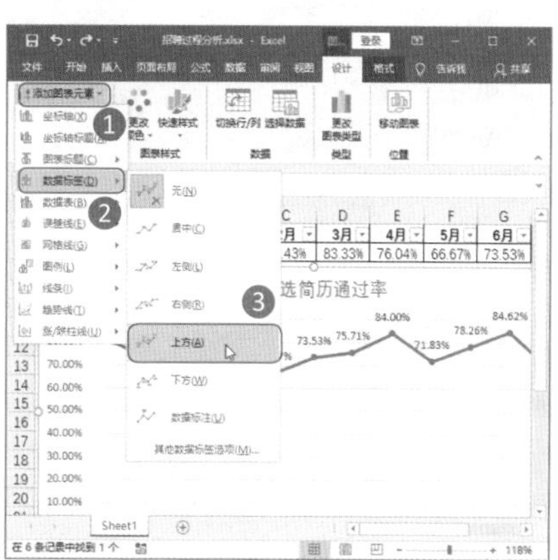

图6-72 添加数据标签

Step04：取消/添加网格线。选择图表；❶单击【图表工具-设计】选项卡【图表布局】组中的【添加图表元素】按钮；❷在弹出的下拉列表中选择【网格线】选项；❸在弹出的子列表中取消选中【主轴主要水平网格线】，选择【主轴主要垂直网格线】选项，如图6-73所示。

Step05：将折线图设置为平滑线。选择折线图中的数据系列，在【设置数据系列格式】任务窗格的【填充与线条】面板中选中【平滑线】复选框，将折线设置为平滑线，如图6-74所示。

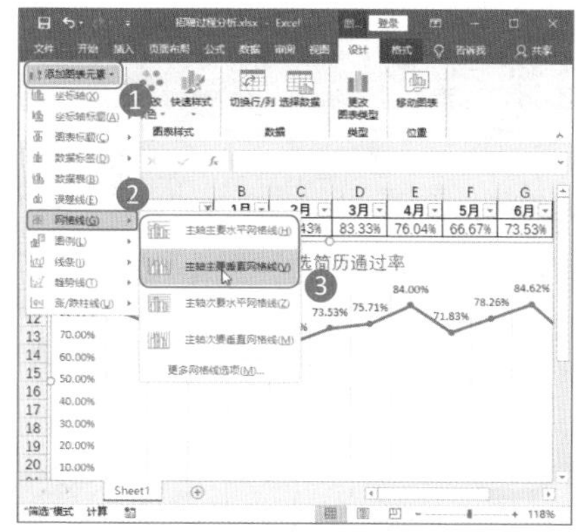

图6-73 取消/添加网格线

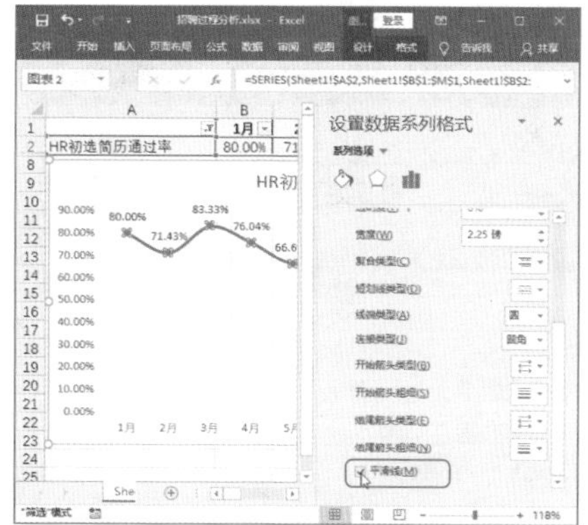

图6-74 将折线设置为平滑线

Step06：设置坐标轴刻度。❶选择垂直轴；❷在【设置坐标轴格式】任务窗格的【系列选项】面板中将边界【最大值】设置为1.0，如图6-75所示。

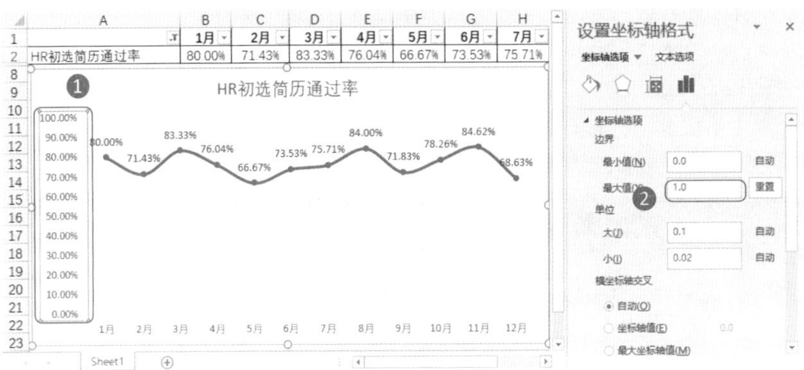

图6-75 设置坐标轴刻度

温馨提示

默认的垂直轴刻度是根据图表中数据的变化而自动变化的，但本例如果要区别出每个招聘过程之间的差距变化，那么最好设置为固定的刻度。这样，就算图表中展现的数据发生变化，但垂直轴的刻度值不会发生变化。

Step07：筛选其他数据。❶在A1单元格的筛选下拉列表中选择需要筛选数据对应的类别名称；❷单击【确定】按钮，如图6-76所示。

Step08：查看筛选效果。此时即可在表格区域筛选出满足条件的数据，图表中也将只展示筛选出的数据，效果如图6-77所示。

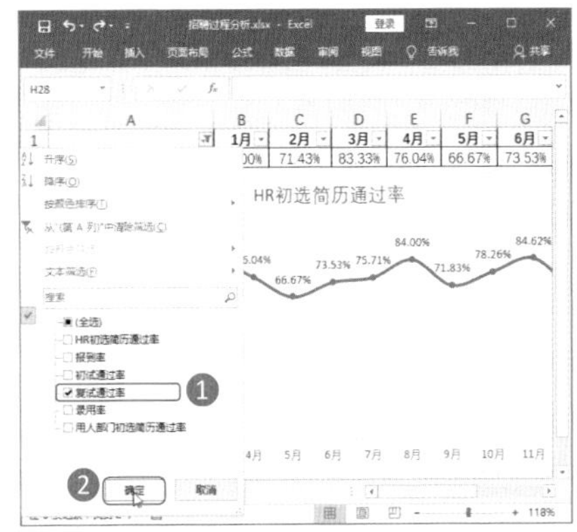

图6-76 筛选其他数据

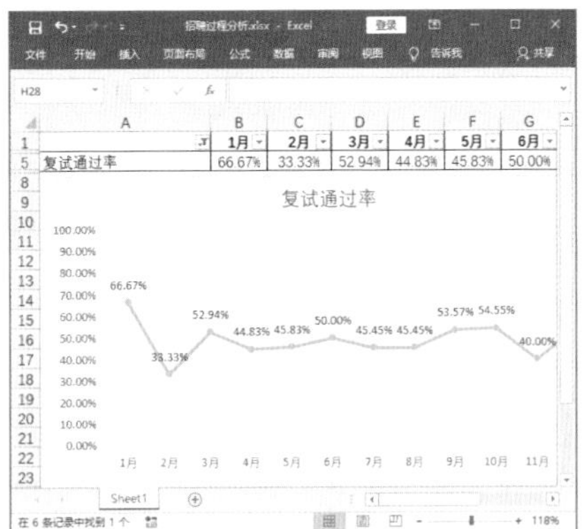

图6-77 查看筛选效果

温馨提示

通过筛选实现图表的动态展示时，最好每次只筛选出一个类别的数据，因为筛选出多个类别数据时，图表的标题不会自动变化；另外，多个类别的数据如果相近，添加数据标签后，数据标签就可能重叠在一起，不利于查看。

6.3.2 通过控件实现动态图表制作

与通过筛选制作动态图表相比，通过控件创建动态图表更复杂，需要结合名称和OFFSET函数来完成。具体方法如下：

Step01：插入组合框控件。打开“招聘过程分析”；❶在A10单元格中输入参照的行数“1”；❷单击【开发工具】选项卡【控件】组中的【插入】下拉按钮；❸在弹出的下拉列表中选择【表单控件】栏中的【组合框（窗体控件）】选项，如图6-78所示。

Step02：选择菜单命令。拖动鼠标在A11:B13单元格区域中绘制一个组合框，在其上右击鼠标，在弹出的快捷菜单中选择【设置控件格式】命令，如图6-79所示。

图6-78 选择组合框控件

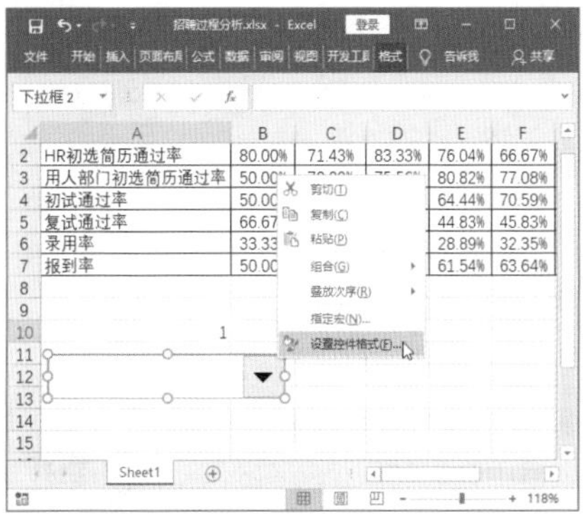

图6-79 选择菜单命令

技能升级

在功能区中显示出【开发工具】选项卡：如果在Excel功能区中未显示【开发工具】选项卡，可单击【文件】菜单项，在弹出的下拉菜单中选择【选项】命令，打开【Excel选项】对话框；选择【自定义功能区】选项卡，在右侧的【自定义功能区】列表框中选中【开发工具】复选框，单击【确定】按钮即可。

Step03：设置控件格式。打开【设置控件格式】对话框；❶对【数据源区域】【单元格链接】和【下拉显示项数】进行设置；❷单击【确定】按钮，如图6-80所示。

Step04：查看组合框选项。单击组合框控件下拉按钮▾，在弹出的下拉列表框中将显示A2:M7单元格区域中的图例项，如图6-81所示。其作用和数据验证中的【允许】下拉列表相同。

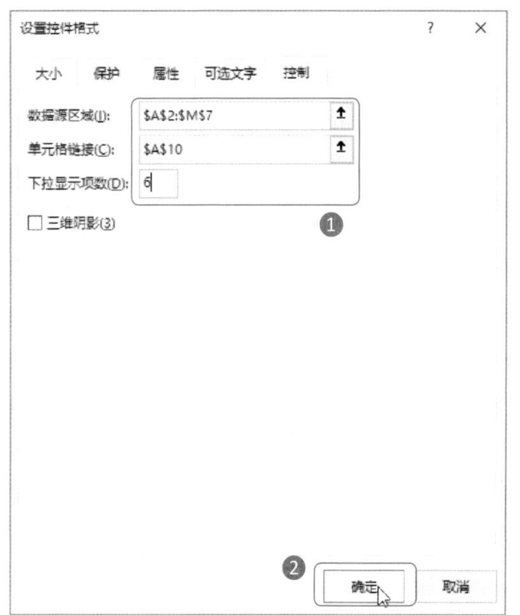

图6-80　设置控件格式

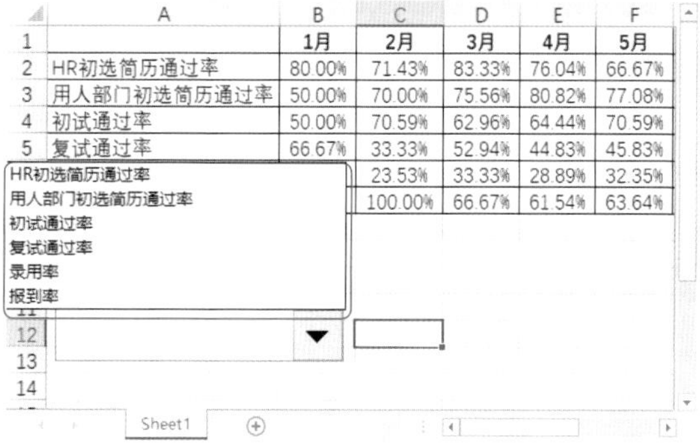

	A	B	C	D	E	F
1		1月	2月	3月	4月	5月
2	HR初选简历通过率	80.00%	71.43%	83.33%	76.04%	66.67%
3	用人部门初选简历通过率	50.00%	70.00%	75.56%	80.82%	77.08%
4	初试通过率	50.00%	70.59%	62.96%	64.44%	70.59%
5	复试通过率	66.67%	33.33%	52.94%	44.83%	45.83%
			23.53%	33.33%	28.89%	32.35%
			100.00%	66.67%	61.54%	63.64%

HR初选简历通过率
用人部门初选简历通过率
初试通过率
复试通过率
录用率
报到率

图6-81　查看组合框中的选项

温馨提示

如果将【数据源区域】设置为A1:M7单元格区域，那么单击组合框控件下拉按钮，在弹出的下拉列表框中会增加一个空白选项，从而导致下拉列表框显示的项数与实际项数对不上。

Step05：新建【类别】名称。选择A10单元格，单击【公式】选项卡【定义的名称】组中的【定义名称】按钮，打开【新建名称】对话框；❶在【名称】文本框中输入“类别”；❷在【引用位置】参数框中输入公式“=OFFSET(Sheet1!$A$1,Sheet1!$A$10,0)”；❸单击【确定】按钮，如图6-82所示。

Step06：新建【数据】名称。单击【公式】选项卡【定义的名称】组中的【定义名称】按钮，打开【新建名称】对话框；❶在【名称】文本框中输入“数据”；❷在【引用位置】参数框中输入公式“=OFFSET(Sheet1!$A$1,Sheet1!$A$10,1,1,12)”；❸单击【确定】按钮，如图6-83所示。

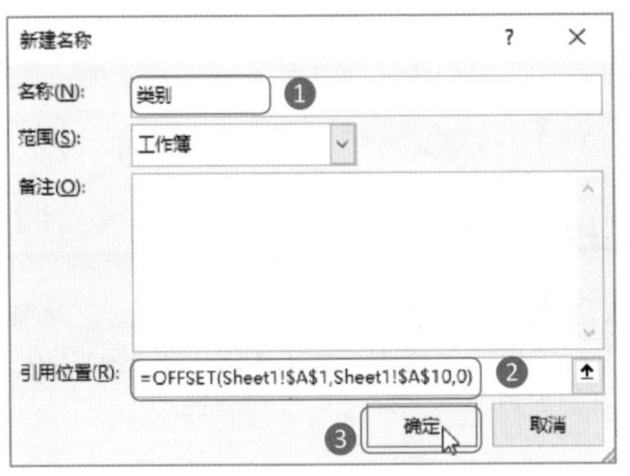

图6-82 新建【类别】名称

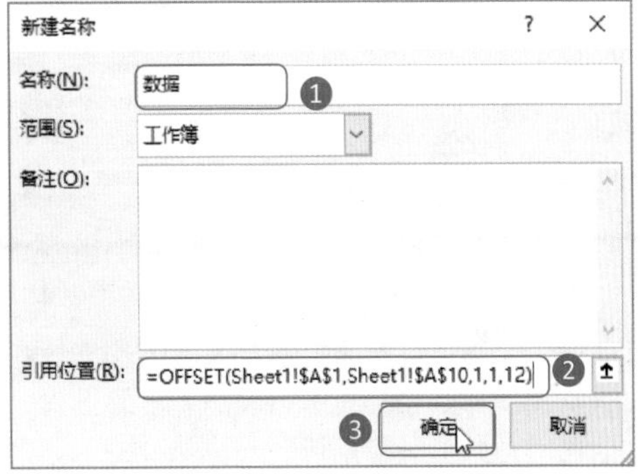

图6-83 新建【数据】名称

温馨提示

公式“=OFFSET(Sheet1!$A$1,Sheet1!$A$10,0)”表示以A1为参照系，向下偏移4行（A10单元格中显示的值是多少，就表示向下偏移多少行），向右不偏移。公式“=OFFSET(Sheet1!$A$1,Sheet1!$A$10,1,1,12)”表示以A1为参照系，向下偏移4行，向右偏移1列，返回的行数为1，列数为12。

Step07：删除图例项。选择A1:M7单元格区域，插入折线图进行分析。选择图表，单击【图表工具-设计】选项卡【数据】组中的【选择数据】按钮；❶打开【选择数据源】对话框，在【图例项（系列）】列表框中选择【用人部门初选简历通过率】选项；❷单击【删除】按钮，如图6-84所示。

Step08：编辑图例项。使用相同的方法删除其他图例项，只保留第一个；❶选择保留的图例项；❷单击【编辑】按钮，如图6-85所示。

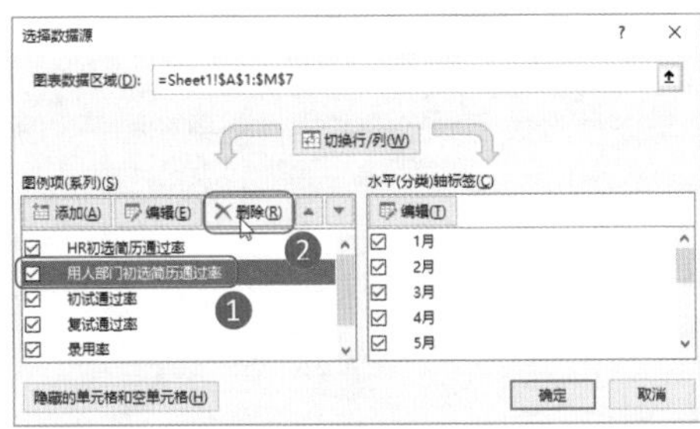

图6-84 删除图例项

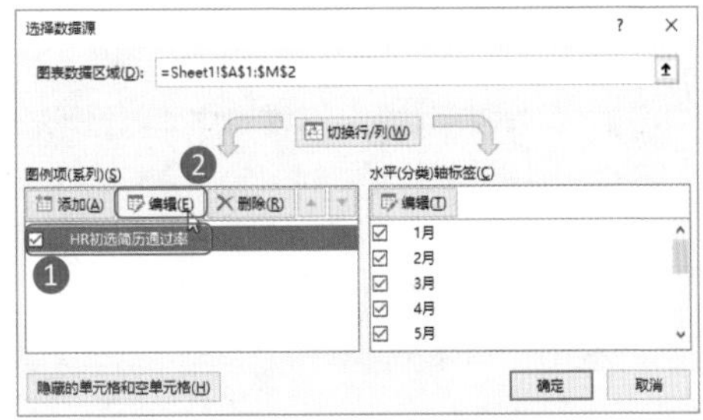

图6-85 编辑图例项

Step09：编辑数据系列。打开【编辑数据系列】对话框；❶将【系列名称】参数框中引用的单元格区域更改为定义的名称【类别】；❷将【系列值】参数框中引用的单元格区域更改为名称【数据】；❸单击【确定】按钮，如图6-86所示。

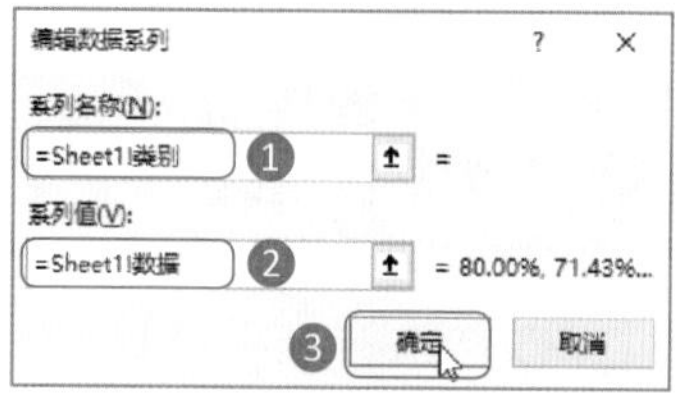

图6-86 编辑数据系列

Step10：选择查看的类别。返回【选择数据源】对话框，单击【确定】按钮。返回表格中，对图表的坐标轴刻度和数据标签进行设置，删除图例，然后在组合框中选择需要查看的类别，如选择【复试通过率】选项，如图6-87所示。

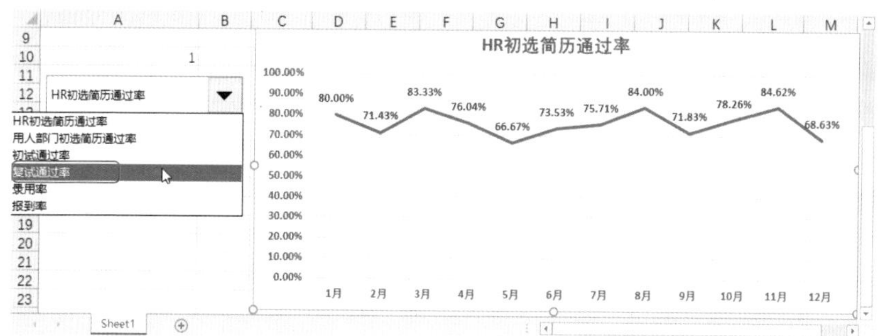

图6-87 选择项目类别

温馨提示

图表数据源通过名称与组合框控件关联起来的，所以，图表会随着组合框中的文本变化而变化。

Step11：查看图表效果。在图表中即可显示在组合框中所选类别对应的数据，效果如图6-88所示。

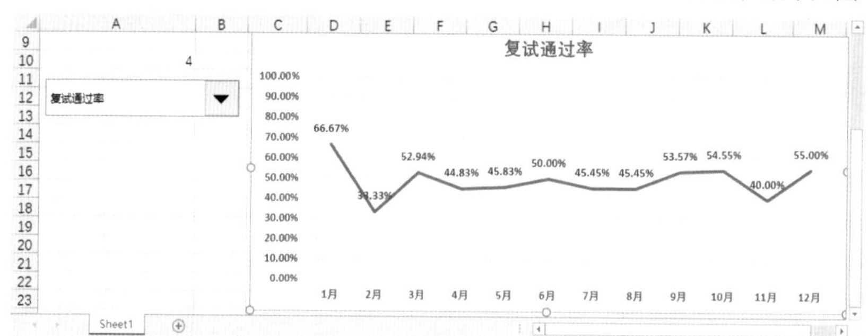

图6-88 查看图表效果

6.4 迷你图，让数据表格可视化

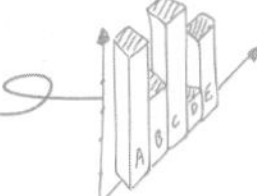

张总监

小刘，你现在分析数据时，图表运用得非常好。但是图表是以对象的形式置于表格中的，如果想要将图表置于单元格中，你知道该怎么做吗？

小刘

王Sir，置于单元格中的图表是什么图表，我怎么没听说过呢？

王Sir

小刘，**迷你图就是一种存放于单元格中的小型图表，通常用在数据表内对一系列数值的变化趋势进行标识，如季节性增加或减少、经济周期，或者可以突出显示最大值和最小值。**相对于图表来说，迷你图最大的优势是可以像填充公式一样方便地创建一组相似的图表。

6.4.1 创建迷你图

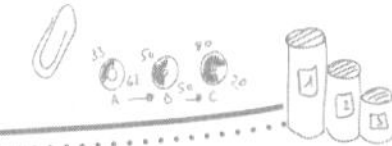

Excel中的迷你图包含折线迷你图、柱形迷你图和盈亏迷你图3种，其创建方法与普通图表的创建方法基本类似。具体方法如下：

Step01：创建迷你图。打开“绩效考核表”，单击【插入】选项卡【迷你图】组中的【柱形】按钮，如图6-89所示。

Step02：设置数据范围和位置。打开【创建迷你图】对话框；❶在【数据范围】参数框中设置需要创建迷你图的数据区域【B3:G3】；❷在【位置范围】参数框中设置迷你图放置的位置，如【$H$3】；❸单击【确定】按钮，如图6-90所示。

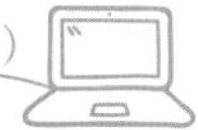

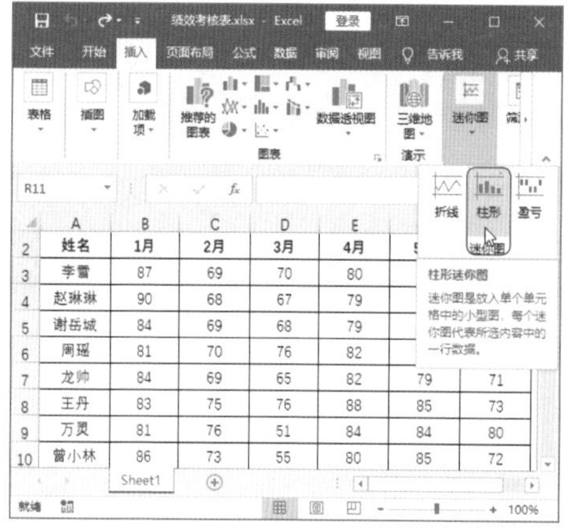

图6-89 创建迷你图

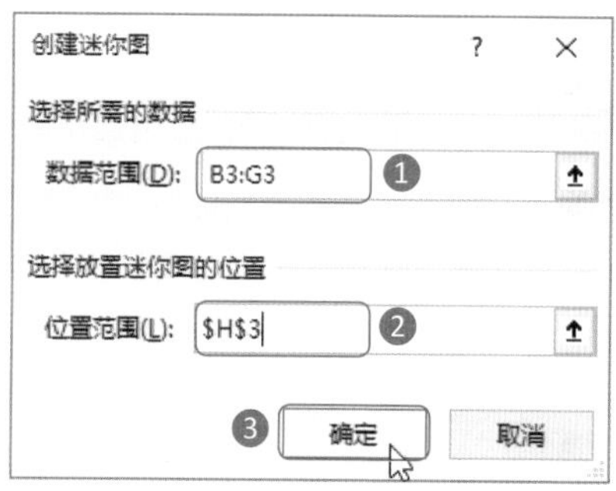

图6-90 设置数据范围和放置位置

温馨提示

单个迷你图只能使用一行或一列数据作为源数据，如果使用多行或多列数据创建单个迷你图，则Excel会打开提示对话框，提示数据引用出错。

Step03：填充迷你图。此时即可在H3单元格中显示创建的迷你图。选择H3单元格，按住鼠标左键向下拖动填充至H14单元格，如图6-91所示。

Step04：查看填充效果。释放鼠标左键，即可看到填充后的迷你图效果，如图6-92所示。

姓名	1月	2月	3月	4月	5月	6月
李雷	87	69	70	80	79	84
赵琳琳	90	68	67	79	86	83
谢岳城	84	69	68	79	86	85
周瑶	81	70	76	82	84	76
龙帅	84	69	65	82	79	71
王丹	83	75	76	88	85	73
万灵	81	76	51	84	84	80
曾小林	86	73	55	80	85	72
吴文茜	82	66	59	83	67	85
何健	69	76	63	81	80	87
徐涛	71	71	64	83	80	86
韩菁	73	68	48	89	80	74

图6-91 填充迷你图

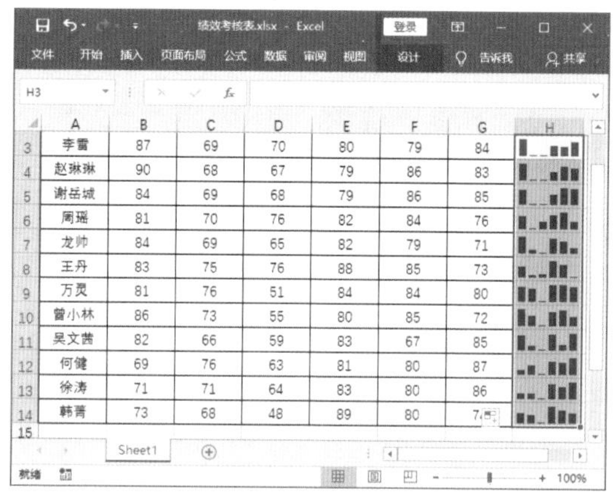

图6-92 查看填充效果

6.4.2 编辑迷你图

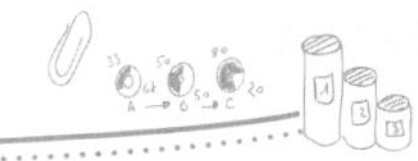

创建迷你图后，在功能区中会增加一个【设计】选项卡。在该选项卡中可对迷你图类型、迷你图的样式、显示效果等进行编辑，使迷你图效果更直观。编辑迷你图的具体方法如下：

Step01：更改迷你图类型。❶选择表格中的迷你图；❷单击【迷你图工具-设计】选项卡【类型】组中的【折线】按钮，如图6-93所示。

Step02：显示出迷你图标记。保持迷你图的选择状态，在【显示】组中选中迷你图需要显示点对应的复选框，如选中【标记】复选框，迷你图中将显示出各点的标记，如图6-94所示。

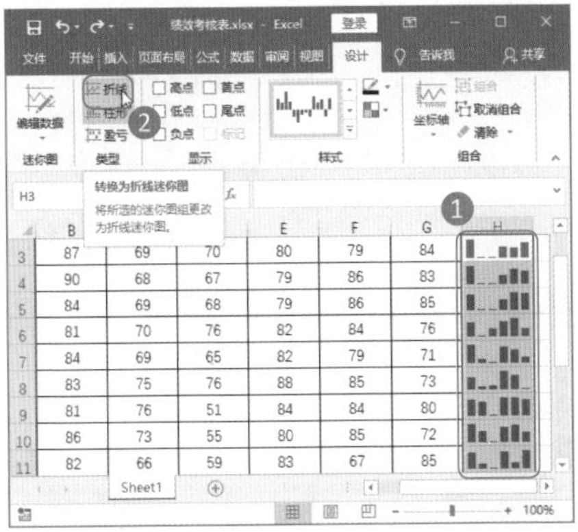

图6-93 更改迷你图类型

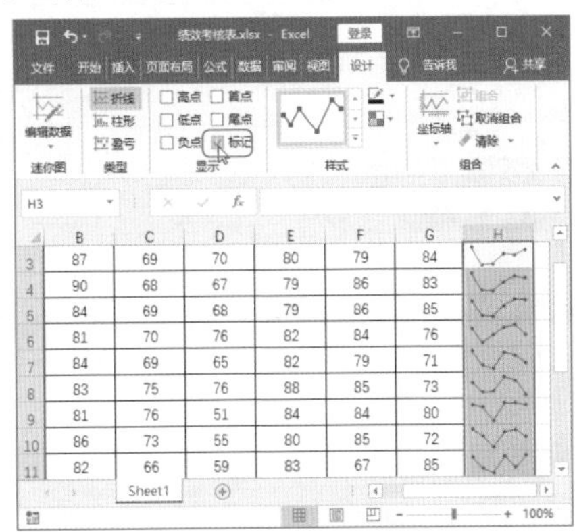

图6-94 显示迷你图标记

Step03：应用迷你图样式。保持迷你图的选择状态，在【样式】组中的列表框中选择需要的迷你图样式，如选择【橙色，迷你图样式着色2，（无深色或浅色）】选项，如图6-95所示。

Step04：设置标记颜色。保持迷你图的选择状态；❶单击【样式】组中的【标记颜色】下拉按钮；❷在弹出的下拉列表中选择相应的点，如选择【标记】选项；❸在弹出的子列表中选择需要的颜色，如图6-96所示。

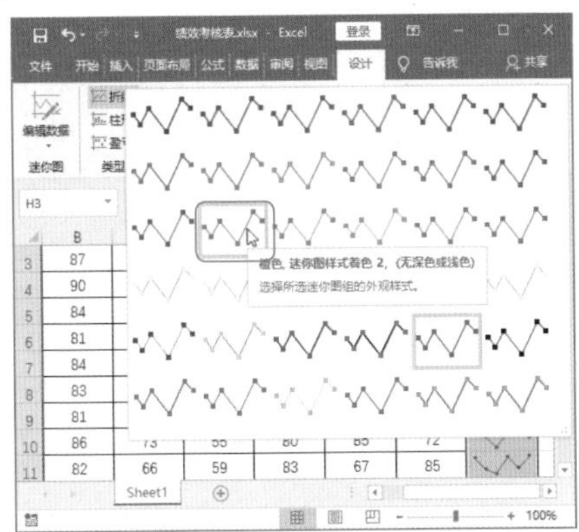

图6-95 应用迷你图样式

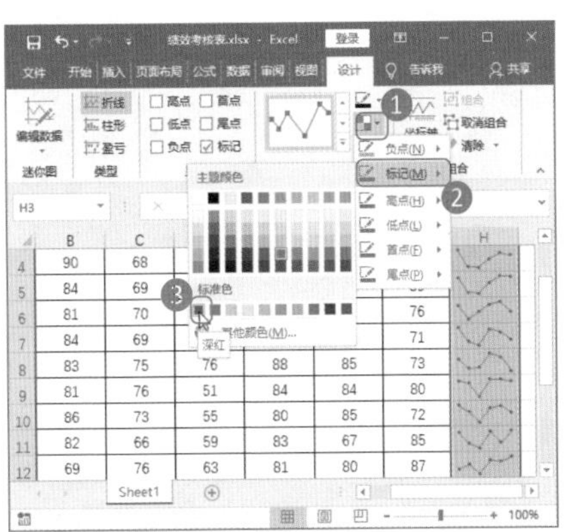

图6-96 更改迷你图标记颜色

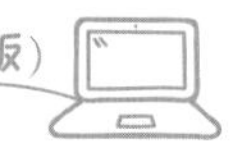

Step05：查看迷你图效果。此时即可更改迷你图标记的颜色，效果如图6-97所示。

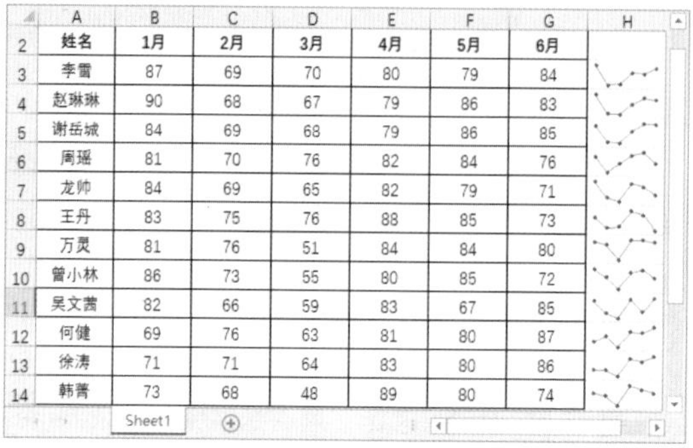

	A	B	C	D	E	F	G	H
2	姓名	1月	2月	3月	4月	5月	6月	
3	李雷	87	69	70	80	79	84	
4	赵琳琳	90	68	67	79	86	83	
5	谢岳城	84	69	68	79	86	85	
6	周瑶	81	70	76	82	84	76	
7	龙帅	84	69	65	82	79	71	
8	王丹	83	75	76	88	85	73	
9	万灵	81	76	51	84	84	80	
10	曾小林	86	73	55	80	85	72	
11	吴文茜	82	66	59	83	67	85	
12	何健	69	76	63	81	80	87	
13	徐涛	71	71	64	83	80	86	
14	韩菁	73	68	48	89	80	74	

Sheet1

图6-97　查看迷你图效果

温馨提示

如果是通过填充创建的迷你图，那么Excel会自动将填充创建的迷你图组合起来，并且组合的迷你图效果将由第一个迷你图的效果来决定。也就是说，更改组合的迷你图时，对第一个迷你图进行更改后，组合的其他迷你图也将随之改变。

如果要取消迷你图的组合，则直接选择单元格中的迷你图，单击【组合】组中的【取消组合】按钮即可。

CHAPTER 7

数据透视表，帮HR轻松实现数据的多角度分析

没有深入学习数据透视表之前，我觉得数据透视表很简单，只需要将字段拖曳到相应的列表框中就可以了。经过王Sir的指导后才发现，数据透视表看似简单，但其实兼具了数据的排序、筛选、分类、汇总等常用的数据分析方法，可以从不同的角度、以不同的方式来展现数据，得到不同的汇总结果。特别是对海量的人事数据进行分析时，是个非常不错的分析工具，极大地提高了工作效率。

小 刘

HR经常需要面对大量的人事数据，想要从中得到我们想要的数据，全靠大脑记忆和手动输入来完成，是不现实的。这时就需要借助各种数据分析工具来完成。数据透视表是必不可少的工具之一，它不仅可以快速生成需要的报表，并且可以通过切片器、日程表、数据透视图等工具，对数据透视表中的数据进行筛选和分析，让数据透视表中的数据更直观、形象地展现出来。

日常工作中，很多人会用数据透视表，但却因为不能灵活运用，总是得不到想要的结果。所以，在学习数据透视表时，一定要全面、深入地学习，不能只学一点皮毛，就说自己会使用数据透视表。

王 Sir

7.1 数据透视表原来是这么回事

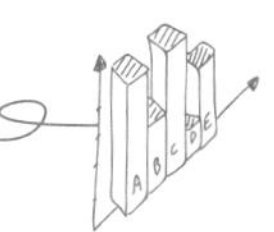

张总监

小刘，引用“在职人员信息统计表”中的数据，通过数据透视表对各部门的人数分布、性别分布、年龄分布、学历分布、工龄分布等进行分析。其中，分析年龄和工龄时，要划分不同的年龄段和工龄段进行分析。半个小时后交给我。

小刘

王Sir，我只是听说有数据透视表，还不知道它有哪些作用呢，张总监就给我分配了这方面的任务，还要在半个小时内完成，这可怎么办呀？

王Sir

小刘，不用苦恼！虽然在职人员数据有点多，但使用数据透视表在半个小时内完成是完全没问题的，相对于使用函数来统计更高效。而且，**只要透彻了解数据透视表后，就能从不同的维度和不同的层面来分析数据，这是普通图表无法实现的。可以说，数据透视表是分析海量人事数据不可缺少的工具之一。**

7.1.1 悉数数据透视表的作用

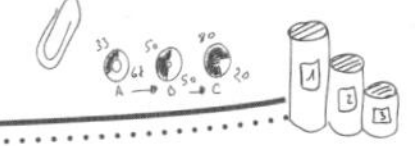

数据透视表之所以强大，是因为它的“透视”功能，可以通过重新排列和定位字段来动态地改变数据间的版面布置，按照不同方式查看、分析数据。

1 查询数据

查询数据是数据透视表最基本的功能之一，可以根据选择字段的不同选择性地查看数据。例如，要查看各部门有哪些员工，那么只需要选中【部门】【姓名】两个字段即可，如图7-1所示；如果要查看各部门男员工有哪些人，女员工有哪些人，只需要选中【部门】【性别】和【姓名】3个字段即可，如图7-2所示。

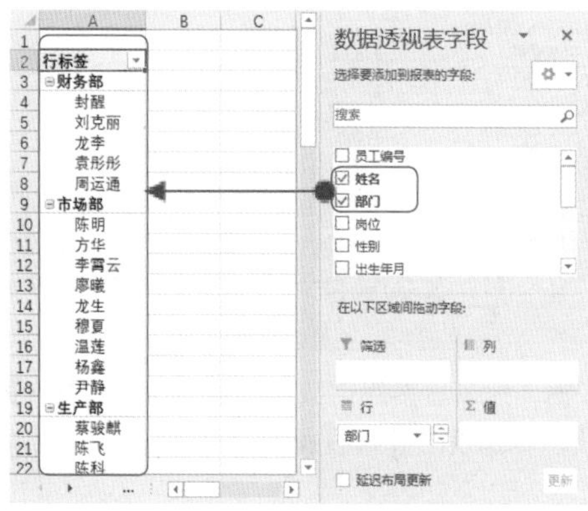

图7-1　查看各部门员工

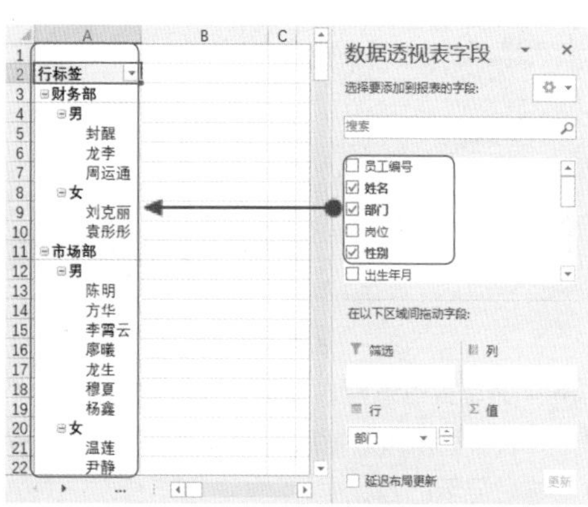

图7-2　查看各部门男女员工

2 分类汇总数据

分类汇总数据是数据透视表最主要的作用，它可以采用计数、求和、平均值、最大值、最小值、乘积、方差、偏差等汇总方式，按分类和子分类对数据进行汇总。例如，要查看各部门男、女人数，就需要按部门、性别对员工编号进行计数，如图7-3所示。如果要对各部门员工的最大年龄、最小年龄和平均年龄进行汇总，就需要对年龄进行最大值、最小值和平均值计算，如图7-4所示。

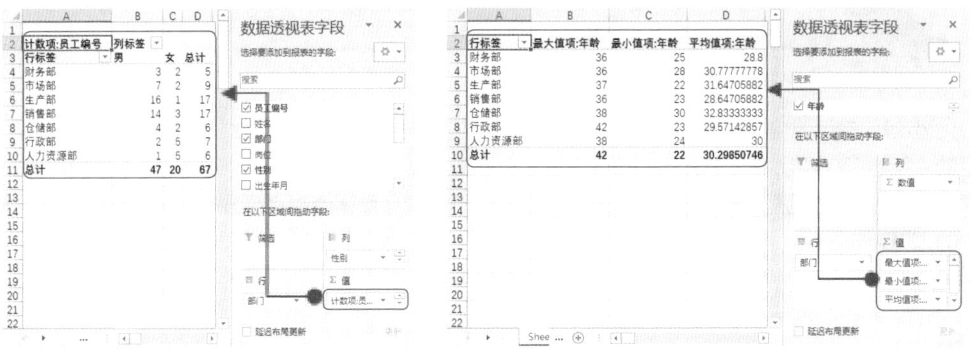

图7-3　计算各部门男女人数　　　　图7-4　计算年龄

3 选择性查看数据

当需要重点查看某些数据时，可以将不需要查看的数据折叠起来，将需要查看的数据展开，这样可以将注意力放在重点查看的数据上。例如，如果不需要查看财务部的各岗位学历的明细数据，那么可单击如图7-5所示的折叠按钮，将该字段对应的详细数据隐藏起来，如图7-6所示。

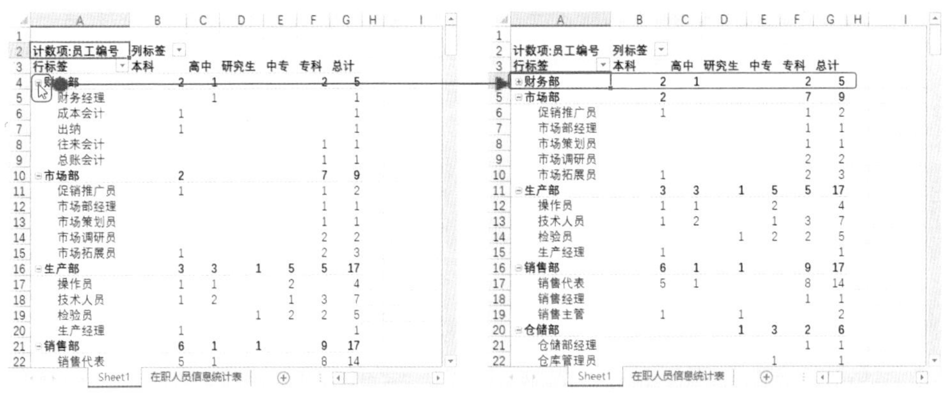

图7-5　折叠字段数据　　　　图7-6　折叠后的效果

另外，如果要查看数据透视表中某数据引用的源数据，那么直接双击数据透视表中的数据，即可在新增的工作表中显示该数据所引用的源数据。如图7-7所示就是双击数据透视表中统计出的财务部本科人数B4单元格后显示的源数据。

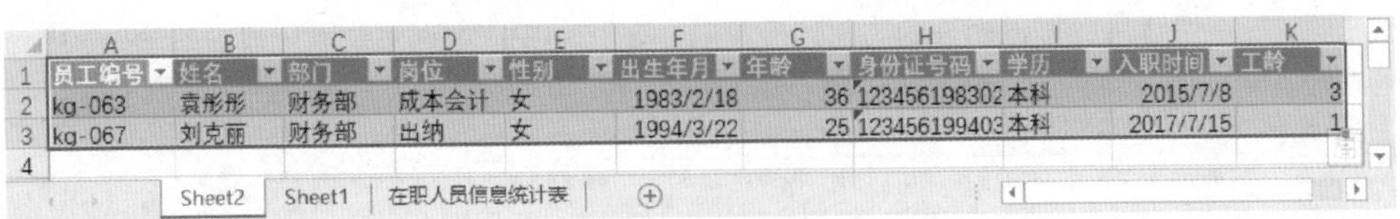

员工编号	姓名	部门	岗位	性别	出生年月	年龄	身份证号码	学历	入职时间	工龄
kg-063	袁彤彤	财务部	成本会计	女	1983/2/18	36	123456198302	本科	2015/7/8	3
kg-067	刘克丽	财务部	出纳	女	1994/3/22	25	123456199403	本科	2017/7/15	1

图7-7 查看源数据

4 分析数据

在数据透视表中，可以根据实际需要对数据进行排序、筛选分析，还可以使用切片器、日程表和数据透视图等工具进行分析。如图7-8所示是对【总计】列中的数据进行降序（从高到低）排列后的效果。如图7-9所示是使用数据透视图分析数据透视表数据的效果。

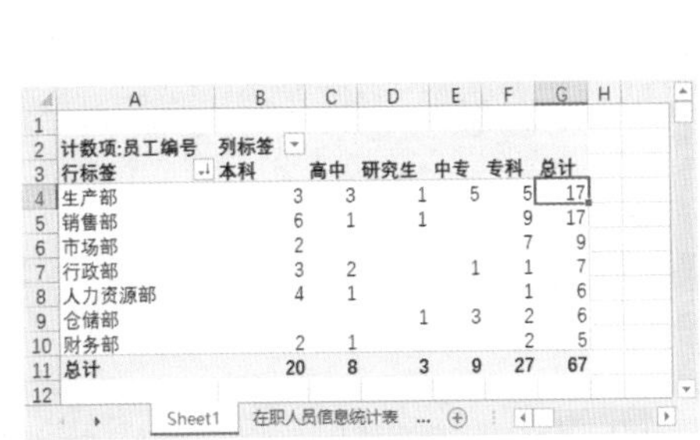

计数项:员工编号	列标签					
行标签	本科	高中	研究生	中专	专科	总计
生产部	3	3	1	5	5	17
销售部	6	1	1		9	17
市场部	2				7	9
行政部	3	2		1	1	7
人力资源部	4	1			1	6
仓储部			1	3	2	6
财务部	2	1			2	5
总计	20	8	3	9	27	67

图7-8 排序数据

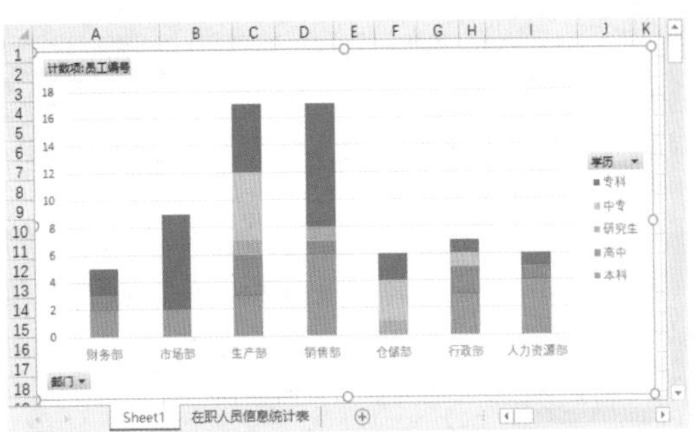

图7-9 使用数据透视图分析数据

5 交互式汇报数据

因为数据透视表是一种可以对大量数据进行快速汇总和建立交叉列表的交互式表格，所以可以实现交互式汇报数据的功能。数据透视表相当于一个基于原始数据生成的动态数据库，当汇报需求发生变化后，不用改动数据源，直接调整数据透视表即可。如图7-10和图7-11所示是选择不同的字段时，数据透视表呈现的效果。

行标签	计数项:员工编号
本科	20
高中	8
研究生	3
中专	9
专科	27
总计	67

图7-10 汇总学历人数

计数项:员工编号	列标签							
行标签	财务部	市场部	生产部	销售部	仓储部	行政部	人力资源部	总计
男	3	7	16	14	4	2	1	47
女	2	2	1	3	2	5	5	20
总计	5	9	17	17	6	7	6	67

图7-11 汇总男女人数

7.1.2 认识数据透视表各组成部分

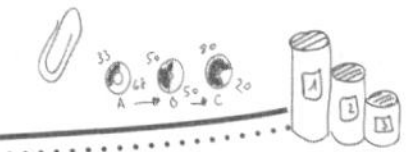

在使用数据透视表之前，首先需要知道一个完整的数据透视表由哪几部分组成，了解各组成部分的

作用，这样才能灵活运用数据透视表的功能分析数据。在Excel中，数据透视表一般由如图7-12所示的几部分组成。

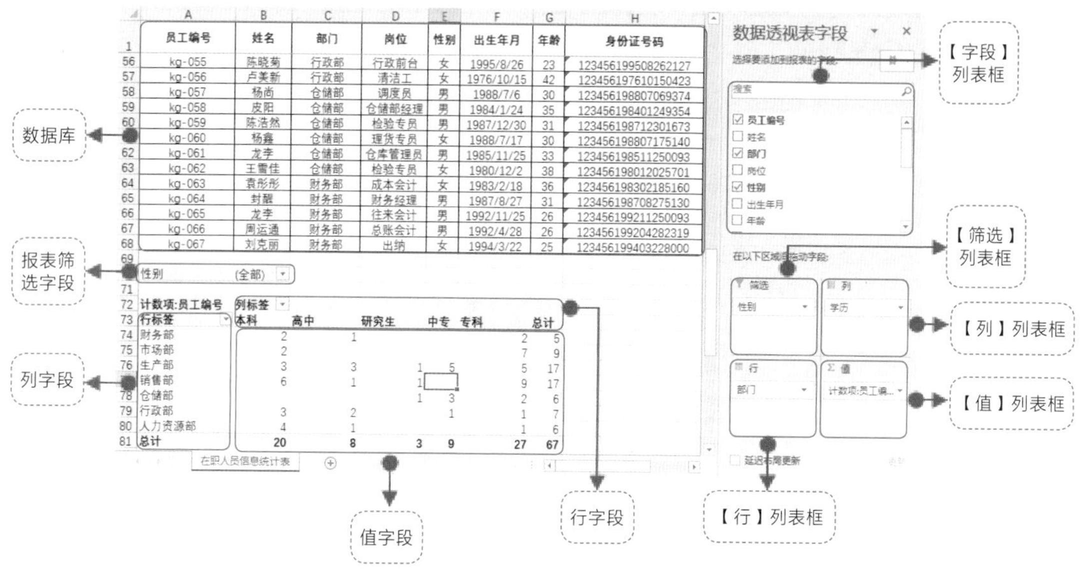

图 7-12 数据透视表的组成

各部分的含义分别介绍如下。

☆ 数据库：也称为数据源，是从中创建数据透视表的数据清单、多维数据集。数据透视表的数据库可以与数据透视表在同一工作表中、同一工作簿的不同工作表中，或在不同工作簿中。

☆ 报表筛选字段：又称为页字段，用于筛选表格中需要保留的项。项是组成字段的成员。

☆ 列字段：信息的种类，等价于数据清单中的列。

☆ 值字段：根据设置的求值函数对选择的字段项进行求值。数值和文本的默认汇总函数分别是SUM（求和）和COUNT（计数）。

☆ 行字段：信息的种类，等价于数据清单中的行。

☆ 【字段】列表框：其中包含数据透视表中所需要的数据的字段（也称为列）。在该列表框中选中或取消选中字段标题对应的复选框，可以对数据透视表进行透视。

☆ 【筛选】列表框：移动到该列表框中的字段即为报表筛选字段，将在数据透视表的报表筛选区域显示。

☆ 【列】列表框：移动到该列表框中的字段即为列字段，将在数据透视表的列字段区域显示。

☆ 【行】列表框：移动到该列表框中的字段即为行字段，将在数据透视表的行字段区域显示。

☆ 【值】列表框：移动到该列表框中的字段即为值字段，将在数据透视表的求值项区域显示。

7.1.3 正确创建数据透视表

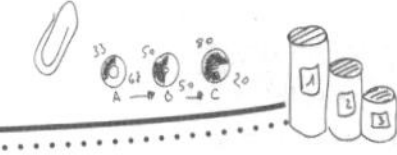

使用数据透视表分析数据时，首先需要正确创建数据透视表。在Excel中，既可以通过推荐功能创建，也可以手动创建，HR可以根据需要选择合适的创建方法。

1 使用推荐功能创建

使用推荐功能创建数据透视表时，会根据源数据特点，自动生成不同的数据透视表样式，选择需要的数据透视表样式，即可创建该样式的数据透视表。具体方法如下：

Step01：执行插入推荐的数据透视表操作。打开“人员结构统计表”；❶选择工作表中的数据源；❷单击【插入】选项卡【表格】组中的【推荐的数据透视表】按钮，如图7-13所示。

Step02：选择需要的数据透视表样式。打开【推荐的数据透视表】对话框；❶在左侧选择需要的数据透视表样式，在右侧将显示所选数据透视表的效果；❷单击【确定】按钮，如图7-14所示。

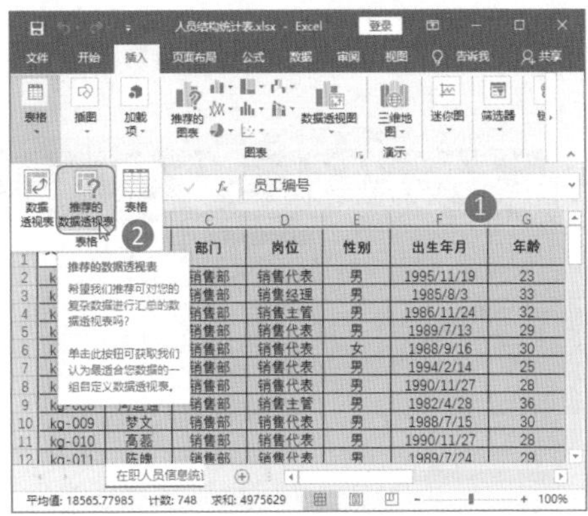

图7-13 执行插入推荐的数据透视表操作

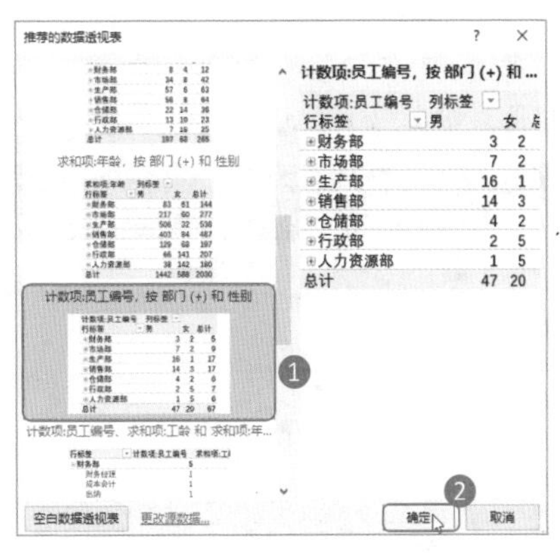

图7-14 选择需要的数据透视表样式

Step03：查看创建的数据透视表效果。此时即可新建一张名为Sheet1的工作表，在该工作表中将显示创建的数据透视表，效果如图7-15所示。

图7-15 查看数据透视表效果

温馨提示

数据源是创建数据透视表的关键。数据源必须规范、统一，如数据源中不能包含空白行或合并单元格、不能有重复值和重复的字段，否则会导致数据汇总结果出错。

2 手动创建

使用数据透视表分析人事数据时，手动创建是最常用的方法，因为可以根据实际需要自己指定数据源、创建的位置和创建的报表效果。具体方法如下：

Step01：执行创建数据透视表操作。在“人员结构统计表”的“在职人员信息统计表”工作表中单击【插入】选项卡【表格】组中的【数据透视表】按钮，如图7-16所示。

Step02：设置数据源和存放位置。打开【创建数据透视表】对话框；❶在【表/区域】参数框中设置要创建数据透视表的数据源；❷选中【现有工作表】单选按钮；❸在【位置】参数框中设置数据透视表存放的位置；❹单击【确定】按钮，如图7-17所示。

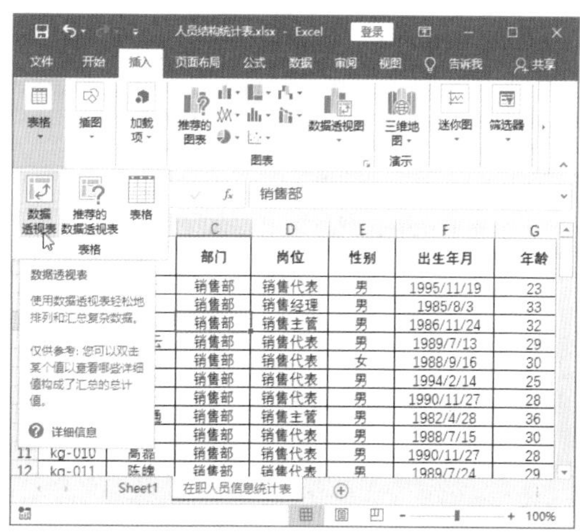

图7-16 执行创建数据透视表操作

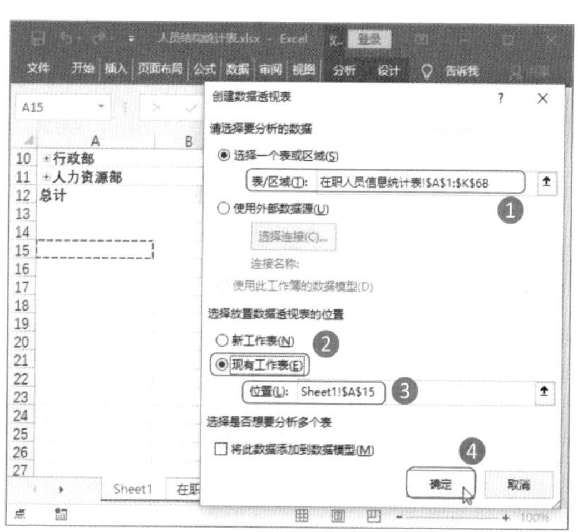

图7-17 设置数据源和存放位置

Step03：选中和拖动字段。此时即在指定的位置创建一个空白数据透视表，并显示出【数据透视表字段】任务窗格。在【字段】列表框中选中字段对应的复选框，如选中【部门】复选框，将【部门】字段拖动到【行】列表框中；在【字段】列表框中选中【员工编号】复选框，将【员工编号】字段拖动到【值】列表框中，如图7-18所示。

Step04：查看数据透视表效果。此时即可创建出各部门人数汇总的数据透视表，效果如图7-19所示。

图7-18 选中和拖动字段

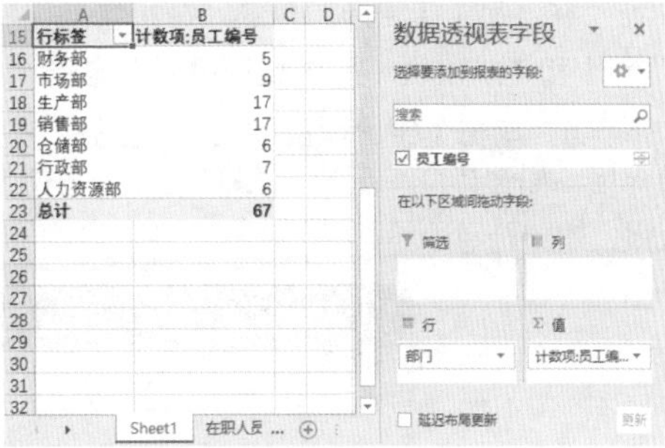

图7-19 查看数据透视表效果

技能升级

如果要创建数据透视表的数据源未在当前的工作簿中，则需要通过连接外部数据源来创建。 方法是，单击【插入】选项卡【表格】组中的【数据透视表】按钮，打开【创建数据透视表】对话框；选中【使用外部数据源】单选按钮，单击【选择连接】按钮，打开【现有连接】对话框；单击【浏览更多】按钮，打开【选取数据源】对话框，在其中选择需要使用的数据源，单击【打开】按钮，如图7-20所示；返回【创建数据透视表】对话框，继续进行创建即可。

图7-20 连接外部数据源

7.1.4 更改值的汇总方式

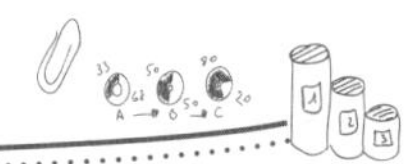

对数据源中的数字进行汇总时，默认使用“求和”汇总方式；当对文本进行统计时，默认使用的是“计数”汇总方式。当这些汇总方式无法满足数据的汇总需要时，可以根据实际情况对数据透视表中值的汇总方式进行更改。

例如，在“员工工资表”中的“分析各部门工资”工作表中对【求和项：实发工资3】【求和项：实发工资4】和【求和项：实发工资5】的汇总方式进行更改，具体方法如下。

Step01：单击【字段设置】按钮。打开“员工工资表”；❶选择数据透视表中需要更改值汇总方式的单元格，如选择A8单元格；❷单击【数据透视表工具-分析】选项卡【活动字段】组中的【字段设置】按钮，如图7-21所示。

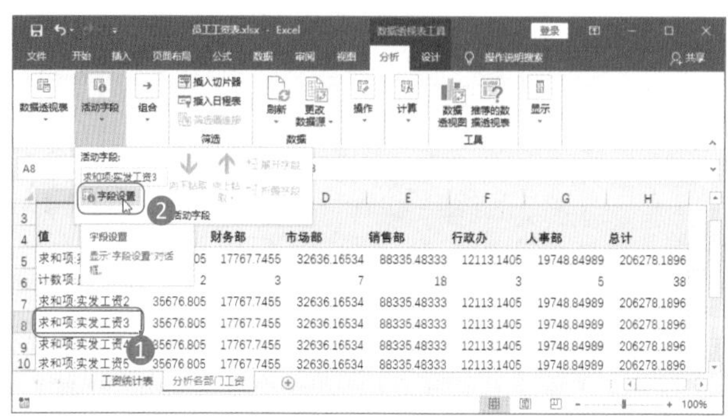

图7-21　单击【字段设置】按钮

Step02：设置值汇总方式。打开【值字段设置】对话框；❶选择【值汇总方式】选项卡；❷在【选择用于汇总所选字段数据的计算类型】列表框中选择【最大值】选项；❸在【自定义名称】文本框中输入值字段名称，如输入“最大值”；❹单击【数字格式】按钮，如图7-22所示。

Step03：设置【货币】数字格式。打开【设置单元格格式】对话框；❶在【分类】列表框中选择【货币】选项；❷其他保持默认设置，单击【确定】按钮，如图7-23所示。

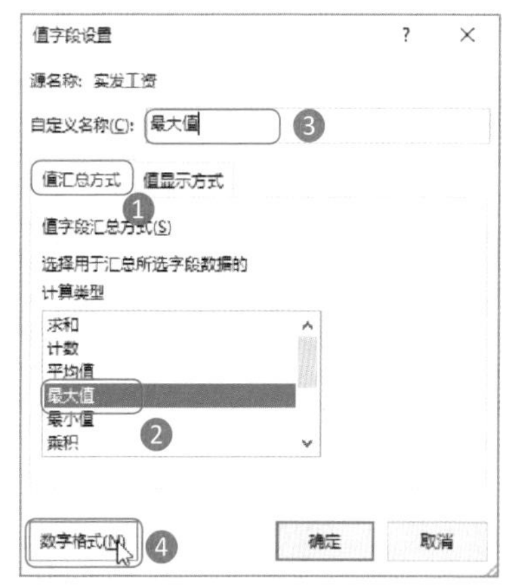

图7-22　设置值汇总方式

图7-23　设置【货币】数字格式

Step04：查看更改值汇总方式后的效果。返回【值字段设置】对话框，单击【确定】按钮，即可更改所选单元格中值的名称，并且该行的汇总结果和数字格式将随着汇总方式的更改而发生相应的变化，效果如图7-24所示。

	A	B	C	D	E	F	G	H
3		列标签						
4	值	总经办	财务部	市场部	销售部	行政办	人事部	总计
5	求和项:实发工资	35676.805	17767.7455	32636.16534	88335.48333	12113.1405	19748.84989	206278.1896
6	计数项:员工编号	2	3	7	18	3	5	38
7	求和项:实发工资2	35676.805	17767.7455	32636.16534	88335.48333	12113.1405	19748.84989	206278.1896
8	最大值	¥21,213.68	¥8,602.46	¥8,521.78	¥10,403.71	¥6,245.14	¥6,058.85	¥21,213.68
9	求和项:实发工资4	35676.805	17767.7455	32636.16534	88335.48333	12113.1405	19748.84989	206278.1896
10	求和项:实发工资5	35676.805	17767.7455	32636.16534	88335.48333	12113.1405	19748.84989	206278.1896
11								

工资统计表　分析各部门工资

图7-24　查看更改值汇总方式后的效果

Step05：继续更改其他值的汇总方式。使用相同的方法继续对第9行和第10行的值汇总方式进行更改，并对A5、A6单元格中的值名称和A5单元格中的值数字格式进行更改，效果如图7-25所示。

	A	B	C	D	E	F	G	H
3		列标签						
4	值	总经办	财务部	市场部	销售部	行政办	人事部	总计
5	部门实发工资	¥35,676.81	¥17,767.75	¥32,636.17	¥88,335.48	¥12,113.14	¥19,748.85	¥206,278.19
6	部门人数	2	3	7	18	3	5	38
7	求和项:实发工资2	35676.805	17767.7455	32636.16534	88335.48333	12113.1405	19748.84989	206278.1896
8	最大值	¥21,213.68	¥8,602.46	¥8,521.78	¥10,403.71	¥6,245.14	¥6,058.85	¥21,213.68
9	最小值	¥14,463.13	¥3,789.75	¥2,813.52	¥3,574.30	¥2,779.15	¥2,697.65	¥2,697.65
10	平均值	¥17,838.40	¥5,922.58	¥4,662.31	¥4,907.53	¥4,037.71	¥3,949.77	¥5,428.37
11								

工资统计表　分析各部门工资

图7-25　更改后效果

技能升级

通过右键快捷菜单可直接选择值的汇总方式。方法是，右击数据透视表中需要更改值汇总方式的单元格，在弹出的快捷菜单中选择【值汇总依据】命令，在弹出的子菜单中显示了常用的汇总方式，从中选择需要的汇总方式即可，如图7-26所示。

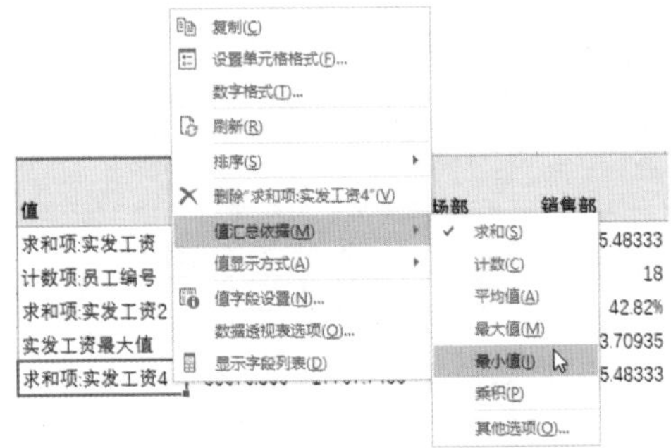

图7-26　通过右键快捷菜单选择值的汇总方式

7.1.5 更改值的显示方式

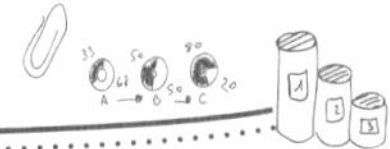

数据透视表中数据字段值的显示方式也是可以改变的，如可以设置值显示方式为普通、差异和百分比等。例如，将“分析各部门工资”工作表中【求和项：实发工资2】的显示方式更改为百分比，具体方法如下。

Step01：选择菜单命令。❶选择A7单元格；❷右击鼠标，在弹出的快捷菜单中选择【值字段设置】命令，如图7-27所示。

Step02：设置值显示方式。打开【值字段设置】对话框；❶选择【值显示方式】选项卡；❷在【值显示方式】下拉列表框中选择需要的显示方式，如选择【行汇总的百分比】选项；❸在【自定义名称】文本框中输入“所占比例”；❹单击【确定】按钮，如图7-28所示。

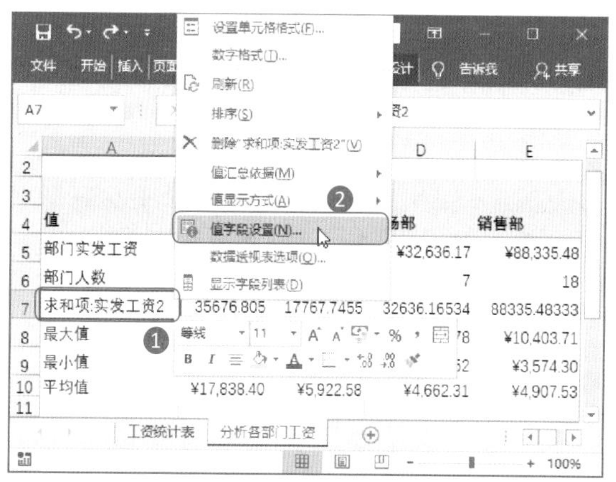

图7-27　选择菜单命令

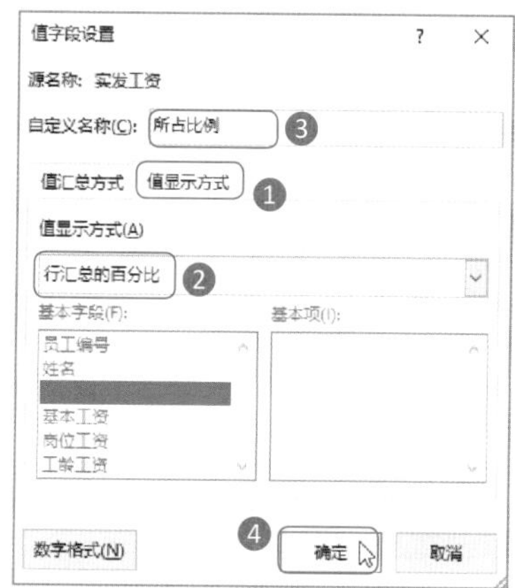

图7-28　设置值显示方式

Step03：查看值显示效果。返回表格中，即可看到【所占比例】行数据将以百分比格式进行显示，效果如图7-29所示。

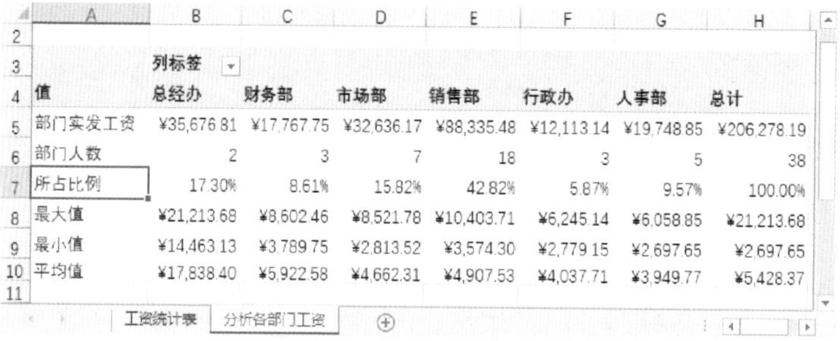

	A	B	C	D	E	F	G	H
2								
3		列标签						
4	值	总经办	财务部	市场部	销售部	行政办	人事部	总计
5	部门实发工资	¥35,676.81	¥17,767.75	¥32,636.17	¥88,335.48	¥12,113.14	¥19,748.85	¥206,278.19
6	部门人数	2	3	7	18	3	5	38
7	所占比例	17.30%	8.61%	15.82%	42.82%	5.87%	9.57%	100.00%
8	最大值	¥21,213.68	¥8,602.46	¥8,521.78	¥10,403.71	¥6,245.14	¥6,058.85	¥21,213.68
9	最小值	¥14,463.13	¥3,789.75	¥2,813.52	¥3,574.30	¥2,779.15	¥2,697.65	¥2,697.65
10	平均值	¥17,838.40	¥5,922.58	¥4,662.31	¥4,907.53	¥4,037.71	¥3,949.77	¥5,428.37
11								

工资统计表　分析各部门工资

图7-29　查看值显示效果

技能升级

创建数据透视表时，默认都会增加总计行和总计列。如果不需要数据透视表中的【总计】行字段或列字段，那么可以将其删除。方法是，在数据透视表中的【总计】单元格上右击，在弹出的快捷菜单中选择【删除总计】命令即可。

7.1.6 组合列标签拓宽统计范围

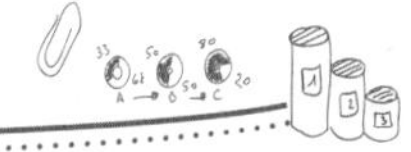

对人员结构进行分析时，经常需要对不同年龄段和不同工龄段的人数进行汇总，但源数据中并没有按照年龄段和工龄段来划分，要想在数据透视表中实现这种效果，就需要通过组合列标签来拓宽统计范围。具体方法如下：

Step01：创建数据透视表。选择“在职人员信息统计表”工作表中的A1:K68单元格区域，在新工作表中创建如图7-30所示的数据透视表。

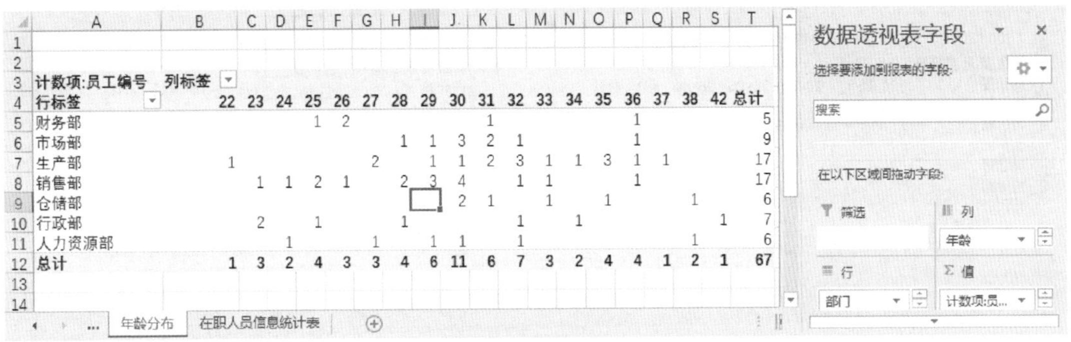

计数项:员工编号	列标签																		
行标签	22	23	24	25	26	27	28	29	30	31	32	33	34	35	36	37	38	42	总计
财务部				1	2					1					1				5
市场部							1	1	3	2	1				1				9
生产部	1					2		1	1	2	3	1	1	3	1	1			17
销售部		1	1	2	1		2	3	4		1	1			1				17
仓储部									2	1		1		1			1		6
行政部		2		1			1				1		1					1	7
人力资源部			1			1		1	1		1						1		6
总计	1	3	2	4	3	3	4	6	11	6	7	3	2	4	4	1	2	1	67

图7-30 创建数据透视表

Step02：选择菜单命令。❶选择行、列标签中的任意列字段；❷右击鼠标，在弹出的快捷菜单中选择【组合】命令，如图7-31所示。

Step03：组合参数设置。打开【组合】对话框；❶在【起始于】文本框中输入年龄分组起始值，如输入“21”；❷在【终止于】文本框中输入年龄分组结束值，如输入“40”；❸在【步长】文本框中输入各组之间的间隔值，如输入“5”；❹单击【确定】按钮，如图7-32所示。

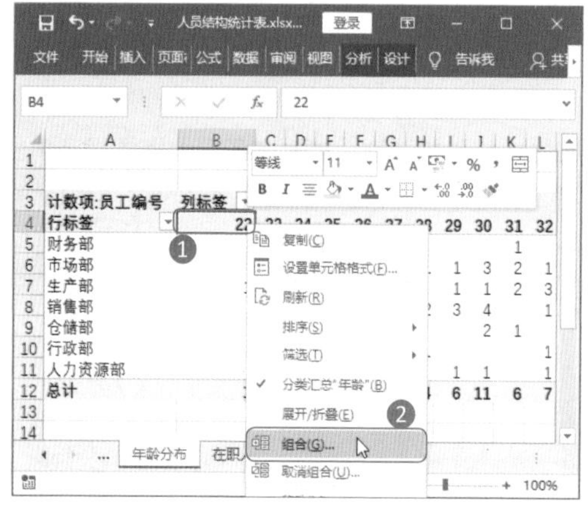

图7-31　选择菜单命令

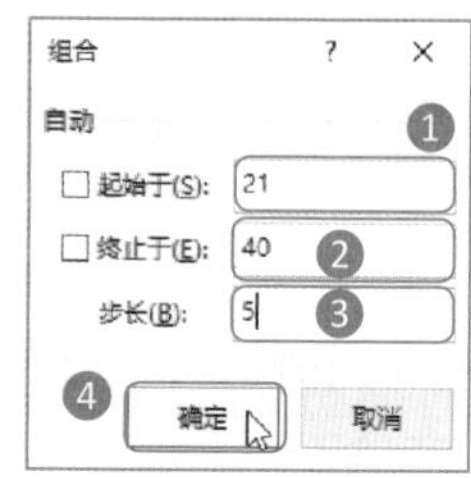

图7-32　设置组合参数

Step04：查看组合效果。数据透视表【列标签】中的字段将按照所设置的分组进行显示，并按分组汇总出结果，效果如图7-33所示。

Step05：分析员工工龄。使用相同的方法，根据“在职人员信息统计表”工作表中的数据对各部门员工工龄进行分段分析，效果如图7-34所示。

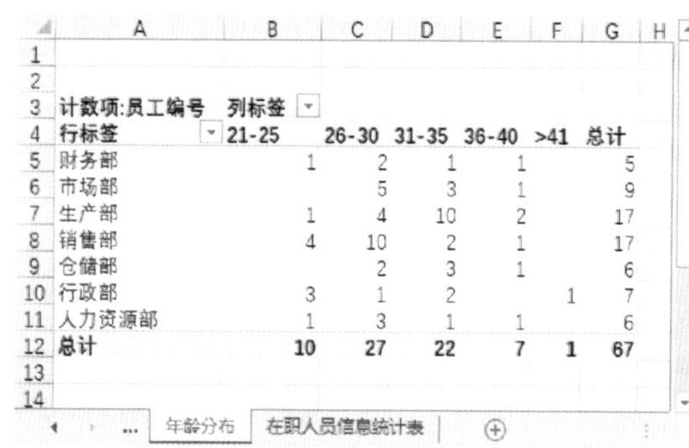

计数项:员工编号	列标签					
行标签	21-25	26-30	31-35	36-40	>41	总计
财务部	1	2	1	1		5
市场部		5	3	1		9
生产部	1	4	10	2		17
销售部	4	10	2	1		17
仓储部		2	3	1		6
行政部	3	1	2		1	7
人力资源部	1	3	1	1		6
总计	**10**	**27**	**22**	**7**	**1**	**67**

图7-33　查看分组效果

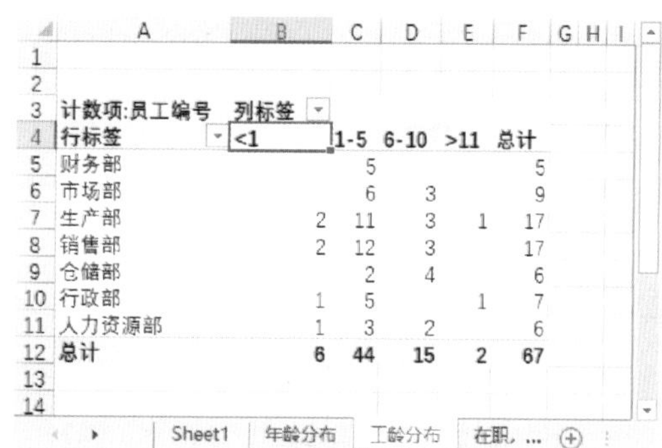

计数项:员工编号	列标签				
行标签	<1	1-5	6-10	>11	总计
财务部		5			5
市场部		6	3		9
生产部	2	11	3	1	17
销售部	2	12	3		17
仓储部		2	4		6
行政部	1	5		1	7
人力资源部	1	3	2		6
总计	**6**	**44**	**15**	**2**	**67**

图7-34　分析员工工龄

技能升级

如果需要取消列标签字段的组合，可选择组合的任意列标签，右击鼠标，在弹出的快捷菜单中选择【取消组合】命令即可。

7.1.7 实时更新数据源

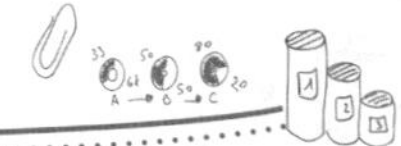

数据透视表是根据数据源中提供的数据创建的，但当源数据发生变化时，数据透视表中的数据不会自动改变，此时需要手动进行刷新。如果数据源区域中只是某个数据发生了变化，那么可通过刷新功能来刷新数据区域；如果数据源区域的行列数发生了变化，则需要通过更改数据源来更新数据。

例如，使用刷新和更改数据源对数据透视表中的数据进行更新，具体方法如下。

Step01：更改数据源数据。打开“员工加班统计表”，将“加班记录表”工作表中的【研发部】全部替换成【开发部】，如图7-35所示。

员工编号	姓名	部门	类别	加班日期	开始时间	结束时间	加班时数
1001	卢轩	生产部	节假日加班	2019/5/1			
1010	李佳奇	生产部	节假日加班	2019/5/1			
1024	黄蒋鑫	生产部	节假日加班	2019/5/1			
1038	杨伟刚	生产部	节假日加班	2019/5/1			
1027	刘婷	生产部	节假日加班	2019/5/1			
1002	吴岚蕴	研发部	节假日加班	2019/5/1			
1008	张国义	研发部	节假日加班	2019/5/1			
1009	陈塘	研发部	节假日加班	2019/5/1			
1012	唐霞	质量部	节假日加班	2019/5/1			
1018	彭江	质量部	节假日加班	2019/5/1			
1029	黄路	质量部	节假日加班	2019/5/1	9:00	17:30	8.5

查找和替换

查找(D) 替换(P)

查找内容(N)：研发部

替换为(E)：开发部

选项(T) >>

全部替换(A) 替换(R) 查找全部(I) 查找下一个(F) 关闭

加班记录表 加班统计表

图7-35 更改源数据

Step02：执行刷新操作。切换到含数据透视表的工作表中，发现更改数据源数据后，数据透视表并没有发生改变。❶单击【分析】选项卡【数据】组中的【刷新】下拉按钮▾；❷在弹出的下拉列表中选择【刷新】选项，如图7-36所示。

Step03：查看刷新后的效果。此时即可根据数据源中的数据对数据透视表引用的数据区域进行刷新。刷新后可以看到，原来的【研发部】变成了【开发部】，如图7-37所示。

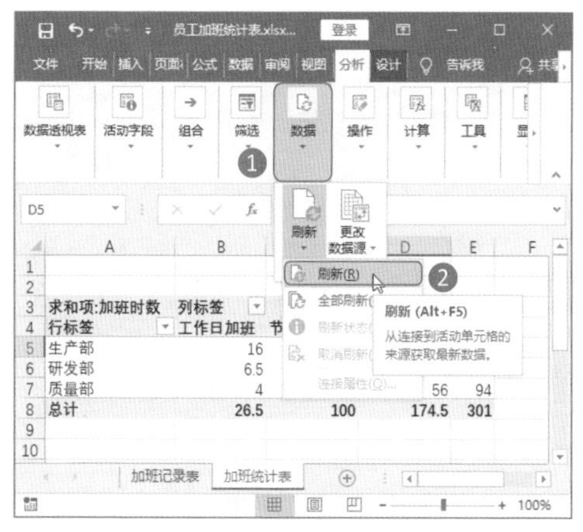

图7-36 执行刷新操作

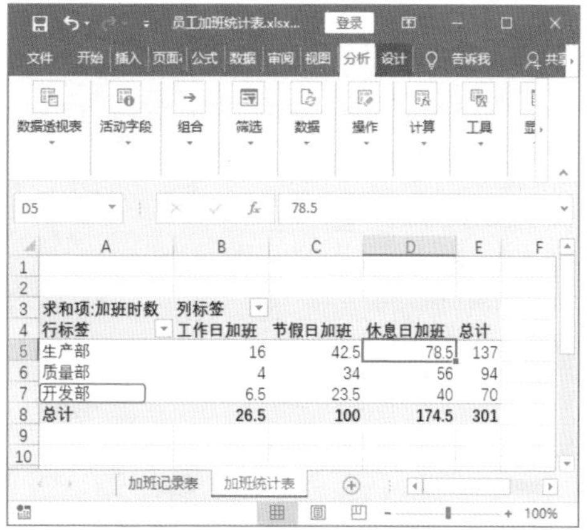

图7-37 查看刷新效果

温馨提示

在【刷新】下拉列表中选择【全部刷新】选项，或按【Ctrl+Alt+F5】组合键，可以对整个工作簿中的数据源进行刷新，同时根据数据源对数据透视表引用的数据区域进行更新。

Step04：添加数据行。在源数据工作表末尾添加3行数据内容，效果如图7-38所示。

Step05：执行更改数据源操作。在数据透视表引用的数据源区域外添加数据后，执行刷新操作并不能更改数据透视表引用的数据源。此时就需要单击【数据】组中的【更改数据源】按钮，如图7-39所示。

	B	C	D	E	F	G
40	黄蒋鑫	生产部	工作日加班	2019/5/21	18:00	19:00
41	黄路	质量部	工作日加班	2019/5/22	18:00	20:00
42	卢轩	生产部	工作日加班	2019/5/22	18:00	20:00
43	李佳奇	生产部	工作日加班	2019/5/24	18:00	20:00
44	刘婷	生产部	工作日加班	2019/5/24	18:00	20:00
45	杨伟刚	生产部	工作日加班	2019/5/24	18:00	20:00
46	唐霞	质量部	休息日加班	2019/5/26	10:00	17:00
47	彭江	质量部	休息日加班	2019/5/26	10:00	17:00
48	黄路	质量部	休息日加班	2019/5/26	10:00	17:00
49	杜悦城	质量部	休息日加班	2019/5/26	10:00	17:00
50	黄蒋鑫	生产部	休息日加班	2019/5/26	10:00	17:00
51	卢轩	生产部	休息日加班	2019/5/26	10:00	17:00
52	周检	开发部	工作日加班	2019/5/29	18:00	21:30
53	李萍萍	开发部	工作日加班	2019/5/29	18:00	21:30
54	黄玉婷	开发部	工作日加班	2019/5/29	18:00	21:30

加班记录表 加班统计表

图7-38 添加数据区域

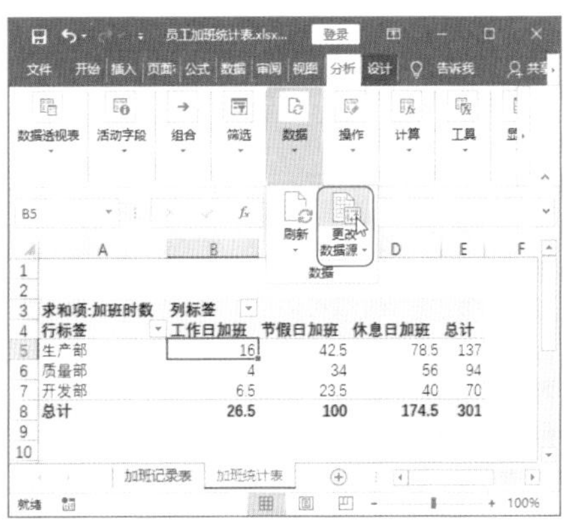

图7-39 执行更改数据源操作

Step06：更改数据源。打开【更改数据透视表数据源】对话框；❶在【表/区域】参数框中设置数据透视表要引用的数据源区域；❷单击【确定】按钮，如图7-40所示。

Step07：查看效果。此时，可以看到【开发部】的加班时数由原来的6.5小时变成了17小时，效果如图7-41所示。

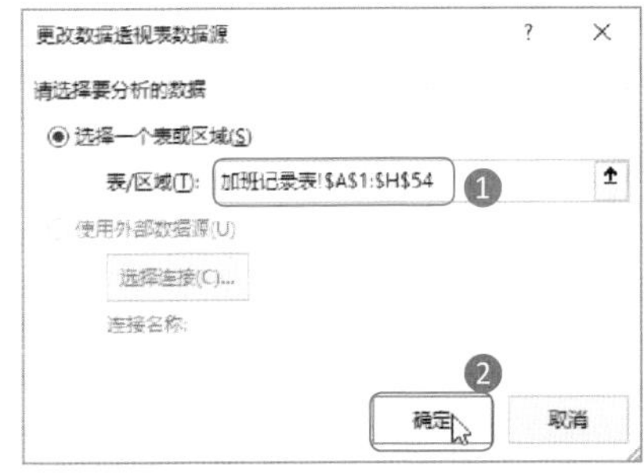

图7-40 更改数据源

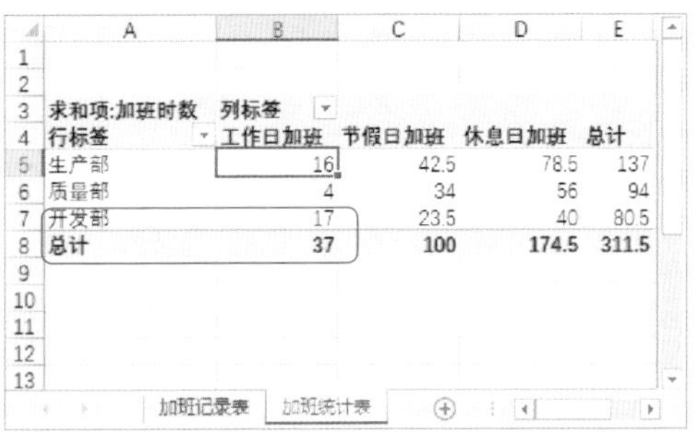

	A	B	C	D	E
3	求和项:加班时数	列标签			
4	行标签	工作日加班	节假日加班	休息日加班	总计
5	生产部	16	42.5	78.5	137
6	质量部	4	34	56	94
7	开发部	17	23.5	40	80.5
8	总计	37	100	174.5	311.5

图7-41 查看效果

7.1.8 数据透视表美化一步到位

在人事报表中，对数据透视表的美观性要求不是那么高，只需要进行简单的美化，让数据透视表中的数据更直观、简洁即可。Excel提供了多种数据透视表样式，直接套用就能满足数据透视表的美化需求。具体方法如下：

Step01：选择数据透视表样式。❶在“工龄分布”工作表中的数据透视表中选择任意单元格；❷在【数据透视表工具-设计】选项卡【数据透视表样式】组中的列表框中选择需要的数据透视表样式，如选择【白色，数据透视表样式中等深浅15】选项，如图7-42所示。

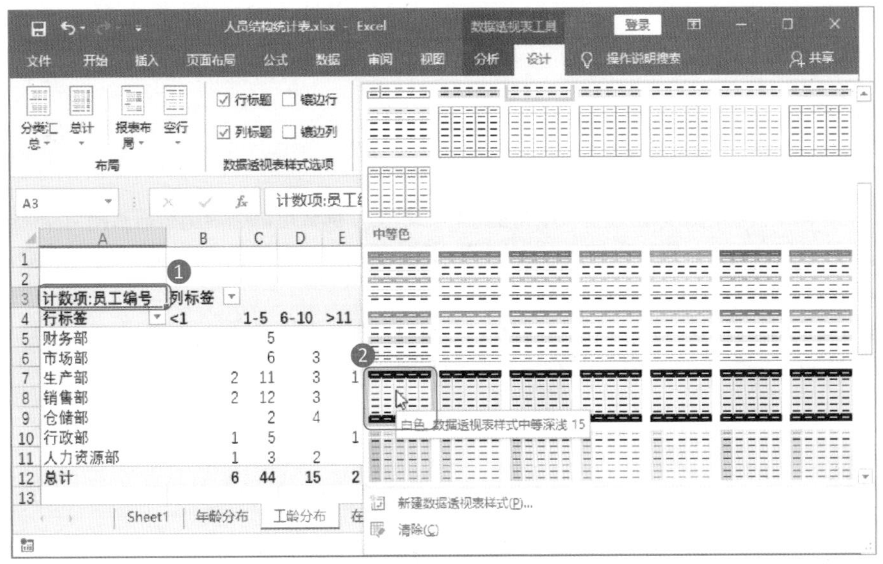

计数项:员工编号	列标签				
行标签	<1	1-5	6-10	>11	
财务部		5			
市场部		6	3		
生产部	2	11	3	1	
销售部	2	12	3		
仓储部		2	4		
行政部	1	5		1	
人力资源部	1	3	2		
总计	6	44	15	2	

图7-42 选择数据透视表样式

Step02：查看数据透视表效果。此时即可为数据透视表应用选择的数据透视表样式，效果如图7-43所示。

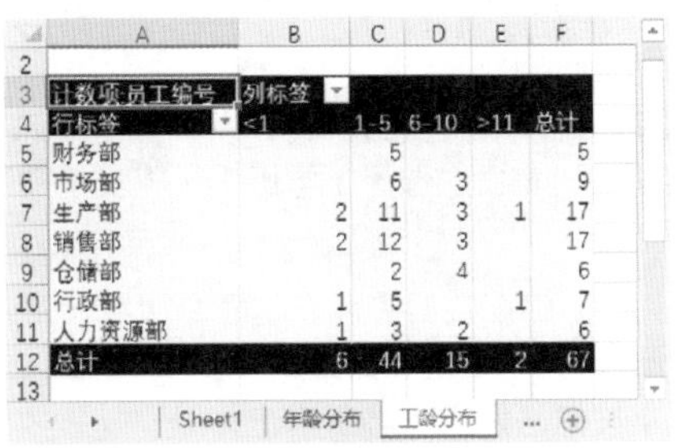

计数项:员工编号	列标签				
行标签	<1	1-5	6-10	>11	总计
财务部		5			5
市场部		6	3		9
生产部	2	11	3	1	17
销售部	2	12	3		17
仓储部		2	4		6
行政部	1	5		1	7
人力资源部	1	3	2		6
总计	6	44	15	2	67

图7-43 查看数据透视表效果

7.2 筛选和分析数据透视表

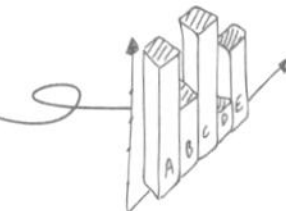

小刘

王Sir，如果需要对数据透视表中的数据进行再次分析，可以像普通表格中的数据一样进行分析吗？

王Sir

小刘，**如果要筛选出数据透视表中符合条件的数据，那么可以像筛选普通表格数据一样筛选透视表中的数据。另外，还可以使用Excel提供的切片器和日程表筛选工具对数据透视表中的数据进行筛选。**

如果要使用图表对数据透视表中的数据进行分析，那么可以使用数据透视图来完成。它与普通图表的使用方法类似，不过**数据透视图是基于数据透视表创建的**。

7.2.1 像筛选表格数据一样筛选数据透视表

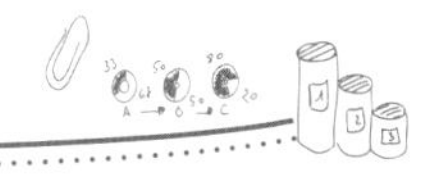

创建数据透视表后，其报表筛选字段、行字段和列字段会提供相应的【筛选】按钮。单击该按钮，在弹出的下拉列表中可以像筛选普通表格中的数据一样对数据透视表中的数据进行筛选。具体方法如下：

Step01：添加报表筛选字段。打开“人员结构统计表”工作簿的“年龄分布”工作表，在【数据透视表字段】任务窗格中的【字段】列表框中选择【学历】，将其拖动到【筛选】列表框中，如图7-44所示。

Step02：对学历进行筛选。此时将在数据透视表前面增加报表筛选字段；❶单击A1单元格右侧的【筛选】按钮；❷在弹出的下拉列表中选中【选择多项】复选框，显示出字段筛选列表框；❸选中【专科】复选框；❹单击【确定】按钮，如图7-45所示。

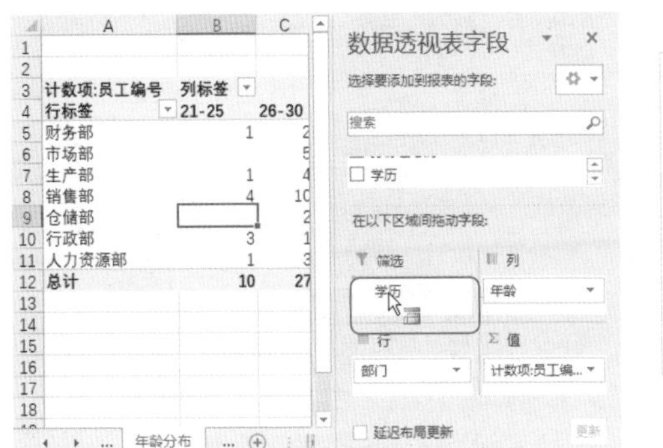

图7-44　添加报表筛选字段

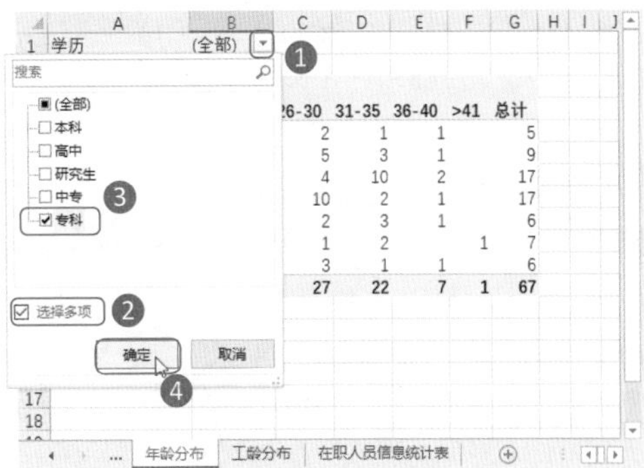

图7-45　对学历进行筛选

Step03：查看筛选结果。此时即可筛选出各部门各年龄段的专科学历人数，效果如图7-46所示。

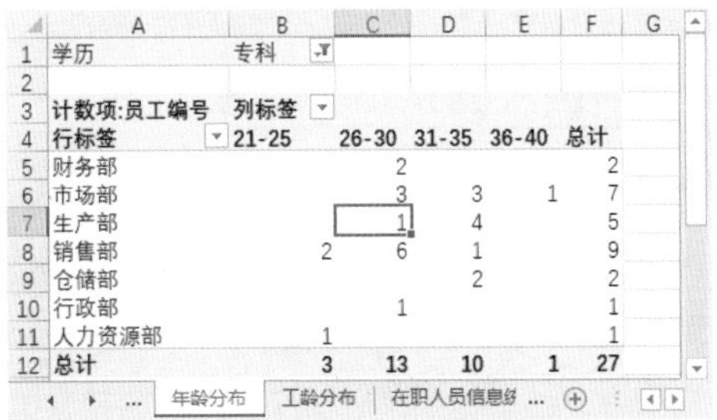

学历	专科				
计数项:员工编号	列标签				
行标签	21-25	26-30	31-35	36-40	总计
财务部		2			2
市场部		3	3	1	7
生产部		1	4		5
销售部	2	6	1		9
仓储部			2		2
行政部		1			1
人力资源部	1				1
总计	3	13	10	1	27

图7-46　查看筛选结果

Step04：对值进行筛选。❶单击【行标签】单元格右侧的【筛选】按钮；❷在弹出的下拉列表中选择筛选方式，如选择【值筛选】选项；❸在弹出的子列表中选择【大于或等于】选项，如图7-47所示。

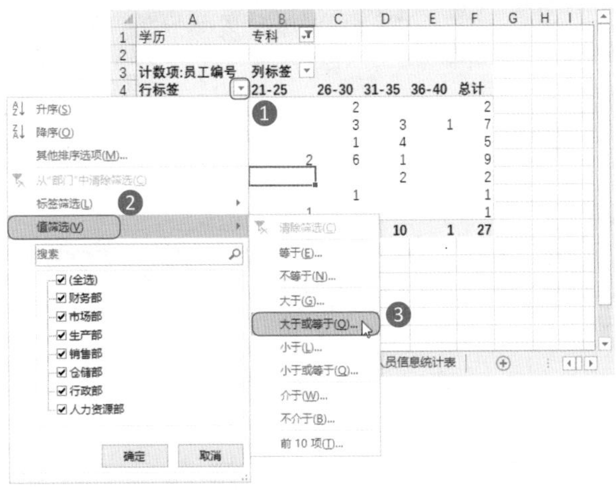

图7-47　对值进行筛选

Step05：设置筛选条件。打开【值筛选(部门)】对话框；❶在右侧的文本框中输入大于或等于条件，如输入“5”；❷单击【确定】按钮，如图7-48所示。

Step06：查看筛选结果。此时即可在上次筛选的结果中继续筛选出部门人数大于等于5的数据，效果如图7-49所示。

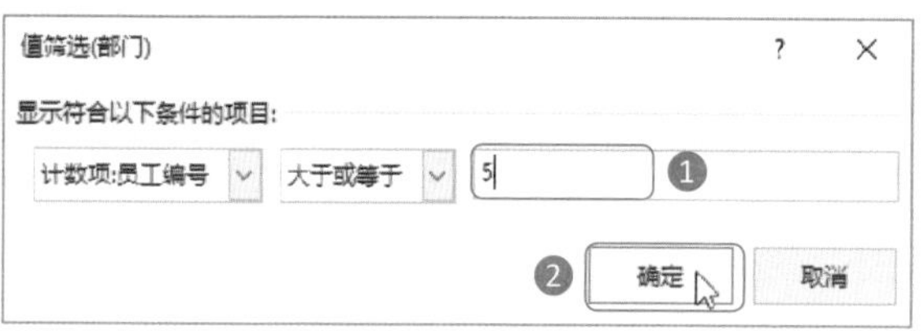

图7-48　设置筛选条件

	A	B	C	D	E	F
1	学历	专科				
2						
3	计数项:员工编号	列标签				
4	行标签	21-25	26-30	31-35	36-40	总计
5	市场部		3	3	1	7
6	生产部		1	4		5
7	销售部	2	6	1		9
8	总计	2	10	8	1	21

图7-49　查看筛选结果

7.2.2 使用切片器快速筛选报表

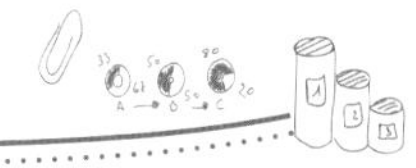

在对人事报表中的数据进行筛选时，使用普通的筛选方法很难看到当前的筛选状态。这时可以通过Excel提供的切片器来实现快速筛选。它可以使用多个按钮对数据进行快速分段和筛选，而且会清晰地标记此时应用的筛选器，使用户能够轻松、准确地查看筛选出来的数据。

例如，下面使用切片器对各部门各月份的招聘过程进行分析，并对切片器效果进行设置。具体方法如下：

Step01：执行插入切片器操作。打开“招聘统计表”；❶选择【分析数据】数据透视表中的任意单元格；❷单击【数据透视表工具-分析】选项卡【筛选】组中的【插入切片器】按钮，如图7-50所示。

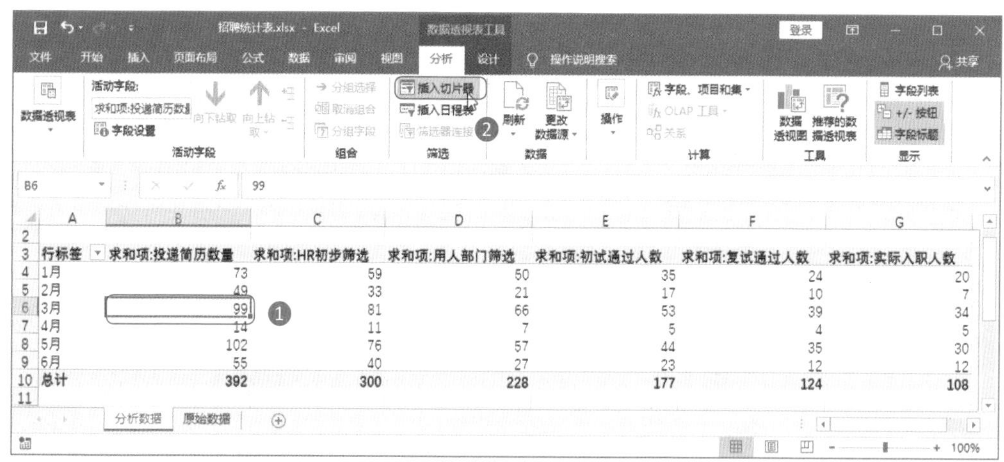

	A	B	C	D	E	F	G
3	行标签	求和项:投递简历数量	求和项:HR初步筛选	求和项:用人部门筛选	求和项:初试通过人数	求和项:复试通过人数	求和项:实际入职人数
4	1月	73	59	50	35	24	20
5	2月	49	33	21	17	10	7
6	3月	99	81	66	53	39	34
7	4月	14	11	7	5	4	5
8	5月	102	76	57	44	35	30
9	6月	55	40	27	23	12	12
10	总计	392	300	228	177	124	108

图7-50　插入切片器

Step02：选择切片器字段。打开【插入切片器】对话框；❶选择切片器需要展现的字段，如选中【所属部门】复选框；❷单击【确定】按钮，如图7-51所示。

Step03：选择要查看的部门。此时即可在工作表中插入【所属部门】切片器。默认选择所有的部门，如果要查看某个部门各月份的招聘过程，那么可直接单击该部门，如单击【生产部】，如图7-52所示。

图7-51　设置切片器字段

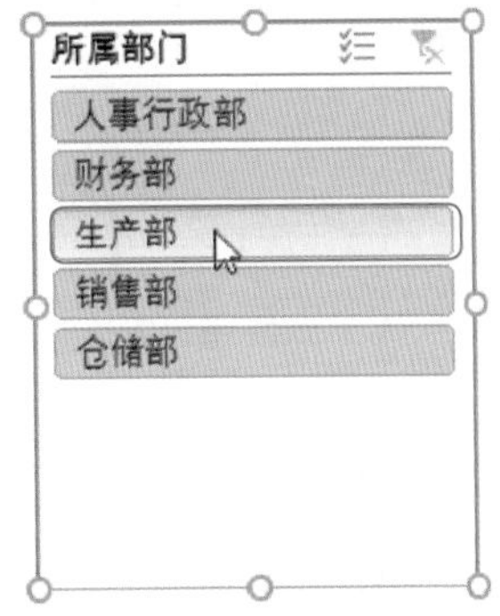

图7-52　选择要查看的部门

Step04：筛选出生产部数据。此时即可在数据透视表中筛选出与【生产部】相关的数据记录，并且在切片器中将以蓝色底纹突出显示【生产部】字段，如图7-53所示。

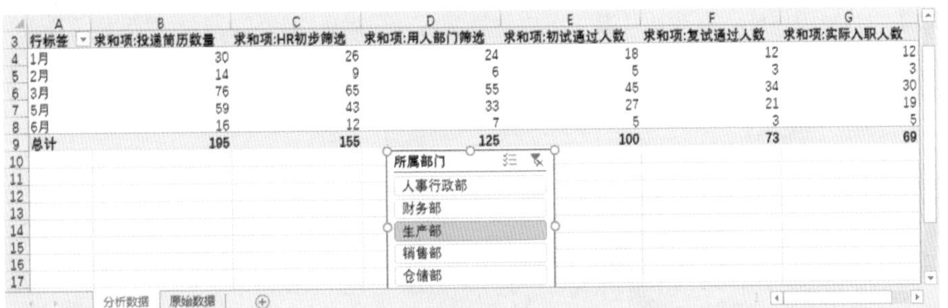

行标签	求和项:投递简历数量	求和项:HR初步筛选	求和项:用人部门筛选	求和项:初试通过人数	求和项:复试通过人数	求和项:实际入职人数
1月	30	26	24	18	12	12
2月	14	9	6	5	3	3
3月	76	65	55	45	34	30
5月	59	43	33	27	21	19
6月	16	12	7	5	3	5
总计	195	155	125	100	73	69

图7-53　查看筛选出的数据

温馨提示

单击切片器右上方的【多选】按钮，可选择多个连续或不连续的字段；单击【清除筛选器】按钮，可清除切片器中的筛选，恢复到插入切片器后的效果，也就是未对数据透视表进行筛选前的效果。

Step05：选择切片器样式。❶选择切片器；❷单击【切片器工具-选项】选项卡【切片器样式】组中的【快速样式】下拉按钮；❸在弹出的下拉列表中选择需要的切片器样式，如选择【浅蓝，切片器样式深色5】选项，如图7-54所示。

Step06：查看切片器效果。此时即可为切片器应用选择的样式，效果如图7-55所示。

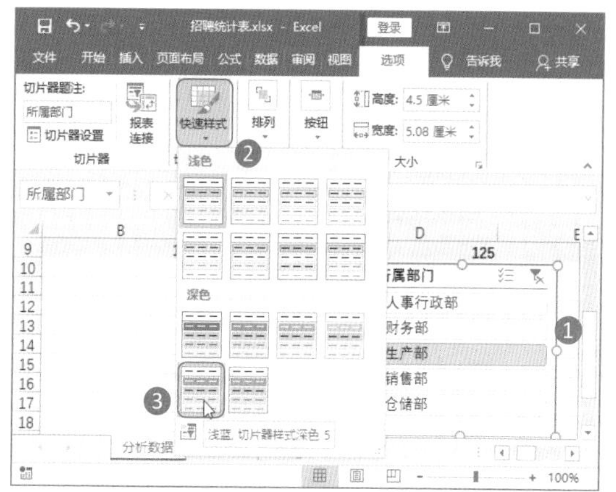

图7-54　选择切片器样式

图7-55　查看切片器效果

技能升级

如果切片器错误或不需要切片器，可以将其删除。只需要选择切片器，然后按【Delete】键即可删除。

7.2.3 使用日程表自动化筛选日期

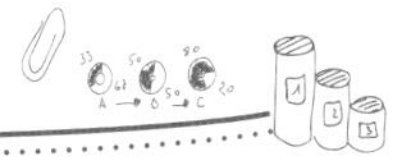

日程表是一个日期筛选器，可从日期的角度对数据透视表中的数据进行筛选，适合筛选日期跨度大的海量数据，如按月、季度、年份等分析数据，常用于招聘、培训、考勤、费用等相关的人事报表中。

例如，在新插入的数据透视表中插入日程表，按季度对直接成本和间接成本进行查看，具体方法如下。

Step01：插入数据透视表。打开“培训费用”表，单击【插入】选项卡【表格】组中的【数据透视表】按钮；❶在打开的【创建数据透视表】对话框中对数据源和存放位置进行设置；❷单击【确定】按钮，如图7-56所示。

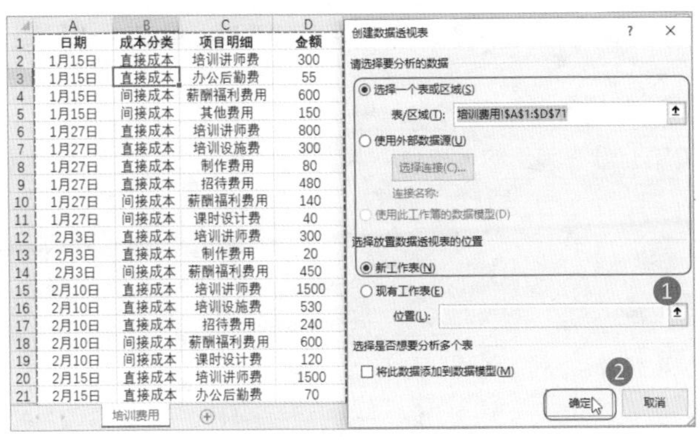

	A	B	C	D
1	日期	成本分类	项目明细	金额
2	1月15日	直接成本	培训讲师费	300
3	1月15日	直接成本	办公后勤费	55
4	1月15日	间接成本	薪酬福利费用	600
5	1月15日	间接成本	其他费用	150
6	1月27日	直接成本	培训讲师费	800
7	1月27日	直接成本	培训设施费	300
8	1月27日	直接成本	制作费用	80
9	1月27日	直接成本	招待费用	480
10	1月27日	间接成本	薪酬福利费用	140
11	1月27日	间接成本	课时设计费	40
12	2月3日	直接成本	培训讲师费	300
13	2月3日	直接成本	制作费用	20
14	2月3日	间接成本	薪酬福利费用	450
15	2月10日	直接成本	培训讲师费	1500
16	2月10日	直接成本	培训设施费	530
17	2月10日	直接成本	招待费用	240
18	2月10日	间接成本	薪酬福利费用	600
19	2月10日	间接成本	课时设计费	120
20	2月15日	直接成本	培训讲师费	1500
21	2月15日	直接成本	办公后勤费	70

图7-56 创建数据透视表

Step02：添加字段。此时在新建的工作表中创建一个空白数据透视表；❶将工作表名称更改为【数据透视表】；❷将【日期】字段拖动到【行】列表框中，【成本分类】字段拖动到【列】列表框中，【金额】字段拖动到【值】列表框中，如图7-57所示。

温馨提示

如果源数据表中的日期是按天或月显示的，那么创建数据透视表时，会自动在【字段】列表框中添加【月】或【年度】和【季度】字段。由于本例源数据是按天显示的，所以会增加【月】字段。拖动【日期】字段到【行】列表框中时，会自动将【月】字段也添加到【行】列表框中。

Step03：插入日程表。此时数据透视表中的数据将按月份进行显示。取消选中【字段】列表框中的【月】复选框，数据透视表中的数据将按天进行显示。单击【数据透视表工具-分析】选项卡【筛选】组中的【插入日程表】按钮，如图7-58所示。

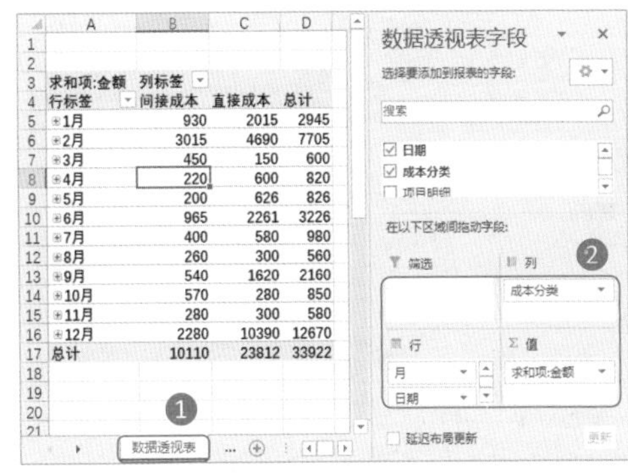

求和项:金额	列标签		
行标签	间接成本	直接成本	总计
⊞1月	930	2015	2945
⊞2月	3015	4690	7705
⊞3月	450	150	600
⊞4月	220	600	820
⊞5月	200	626	826
⊞6月	965	2261	3226
⊞7月	400	580	980
⊞8月	260	300	560
⊞9月	540	1620	2160
⊞10月	570	280	850
⊞11月	280	300	580
⊞12月	2280	10390	12670
总计	10110	23812	33922

图7-57 添加字段

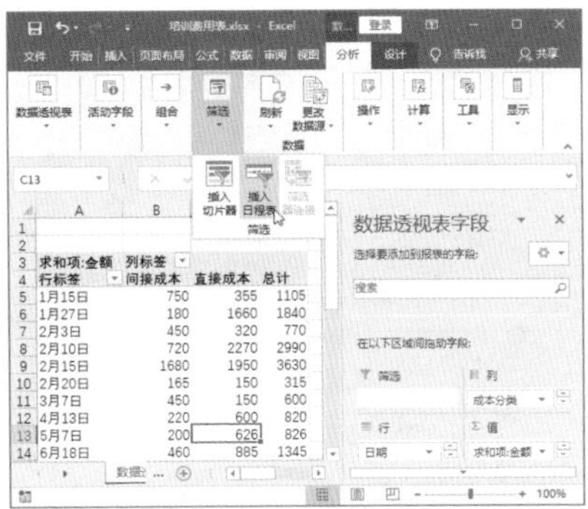

求和项:金额	列标签		
行标签	间接成本	直接成本	总计
1月15日	750	355	1105
1月27日	180	1660	1840
2月3日	450	320	770
2月10日	720	2270	2990
2月15日	1680	1950	3630
2月20日	165	150	315
3月7日	450	150	600
4月13日	220	600	820
5月7日	200	626	826
6月18日	460	885	1345

图7-58 执行插入日程表操作

Step04：设置日程表字段。打开【插入日程表】对话框；❶选中【日期】复选框，❷单击【确定】按钮，如图7-59所示。

Step05：设置日程表时间。此时即可在工作表中插入日程表，并且日程表中的日期默认按月进行划分。❶单击【月】下拉按钮；❷在弹出的下拉列表中选择日期划分方式，如选择【季度】选项，如图7-60所示。

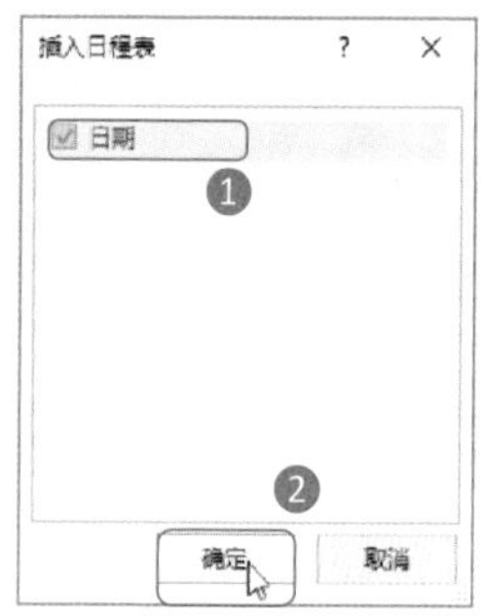

图7-59 设置日程表字段

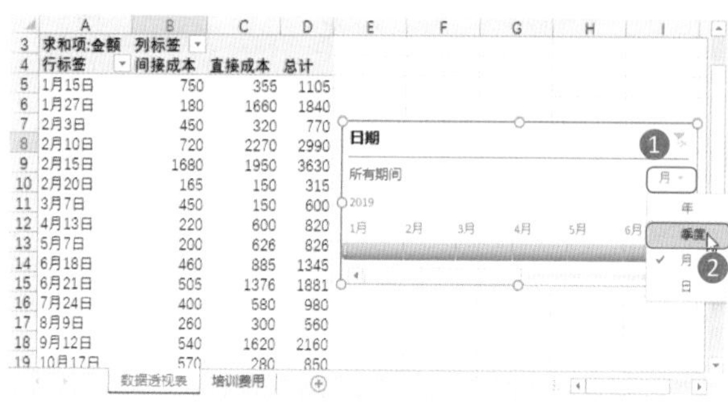

图7-60 选择日期划分方式

Step06：选择需要查看的季度。此时日程表中的日期将按季度进行显示。单击季度对应的滑块，如单击【第1季度】滑块，如图7-61所示。

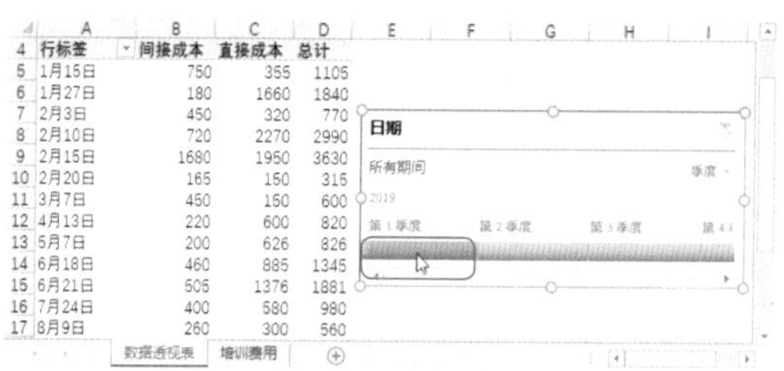

图7-61 选择需要查看的季度

Step07：查看效果。此时在数据透视表中筛选出第1季度的相关数据记录。单击【第3季度】滑块，如图7-62所示。

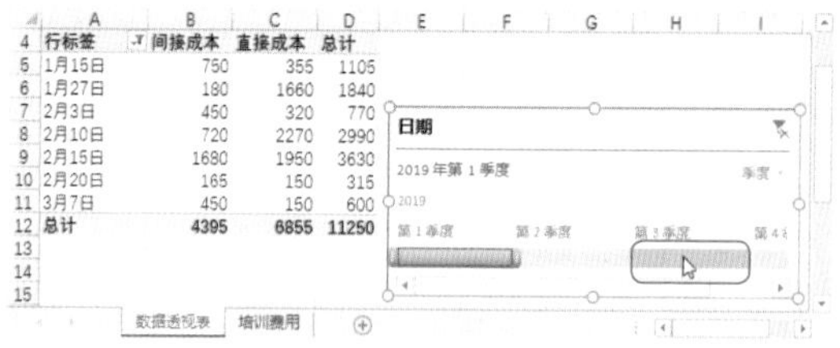

图7-62 查看效果

Step08：查看第3季度数据。此时即可在数据透视表中筛选出第3季度的相关数据记录，效果如图7-63所示。

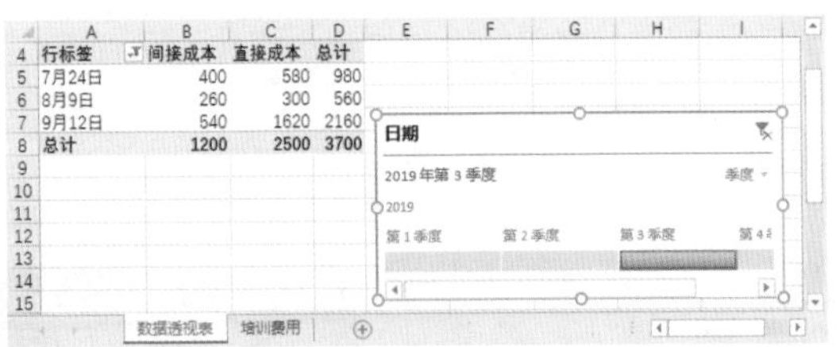

图7-63　查看第3季度数据

温馨提示

使用切片器和日程表对数据透视表中的日期数据进行筛选时，源数据表中的日期必须是日期型数据（Excel能识别的正确日期格式），而非文本型数据、数值型数据等。

7.2.4 使用数据透视图分析数据

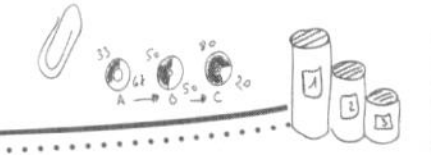

当需要将数据透视表中的数据以直观、形象的图表进行展示时，就需要用到数据透视图了。它可以动态筛选数据，让一张图、表能分析多项不同的数据或者满足多种不同的分析需求，与第6章讲解的动态图表有点类似。

下面将基于“员工加班统计表”中的数据透视表数据创建数据透视图，并对图表中需要展示的数据进行筛选，具体方法如下。

Step01：执行创建数据透视图操作。打开“员工加班统计表”；❶选择数据透视表中的任意单元格；❷单击【数据透视表工具-分析】选项卡【工具】组中的【数据透视图】按钮，如图7-64所示。

Step02：选择图表。打开【插入图表】对话框；❶选择需要使用的图表；❷单击【确定】按钮，如图7-65所示。

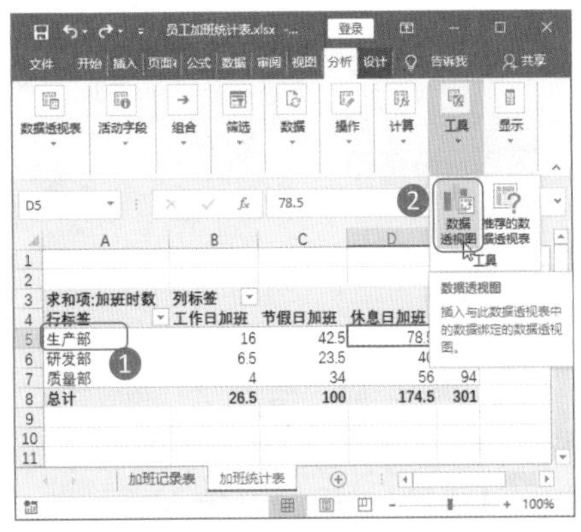

图7-64　执行创建数据透视图操作

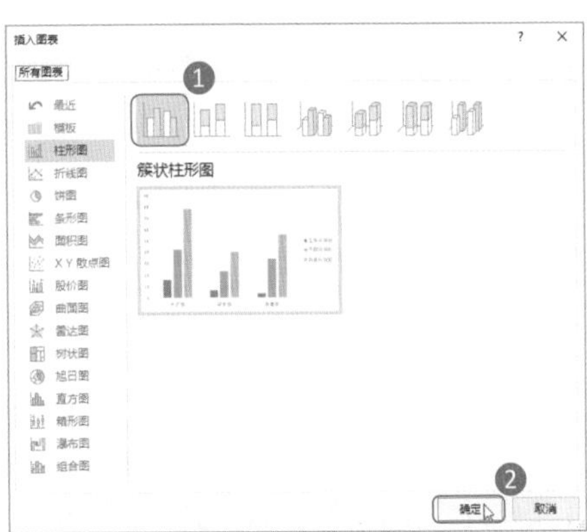

图7-65　选择数据透视图

Step03：查看插入的数据透视图。此时即可根据数据透视表中的数据插入选择的数据透视图，效果如图7-66所示。

Step04：编辑数据透视图。为数据透视图添加数据标签，然后为数据透视图应用样式，如图7-67所示。

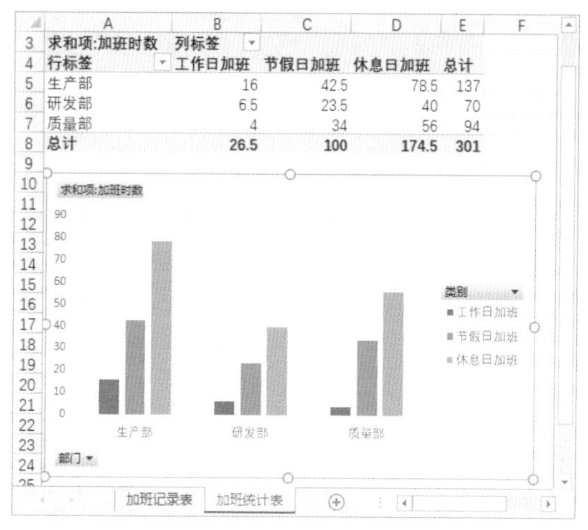

求和项:加班时数	列标签			
行标签	工作日加班	节假日加班	休息日加班	总计
生产部	16	42.5	78.5	137
研发部	6.5	23.5	40	70
质量部	4	34	56	94
总计	26.5	100	174.5	301

图7-66　查看数据透视图

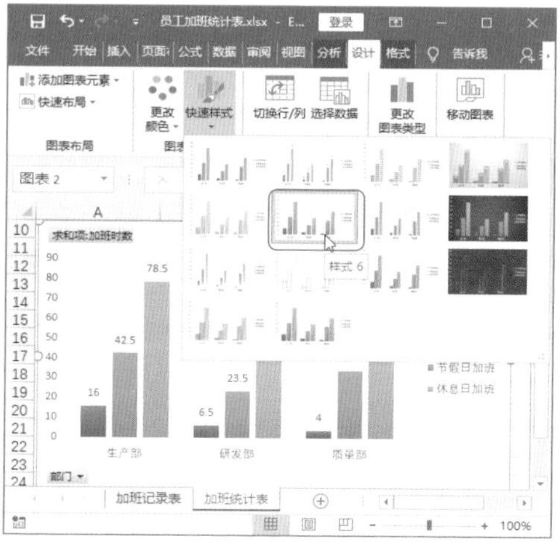

图7-67　编辑数据透视图

Step05：筛选【部门】数据。❶单击数据透视图中的【部门】下拉按钮；❷在弹出的下拉列表中取消选中【研发部】复选框；❸单击【确定】按钮，如图7-68所示。

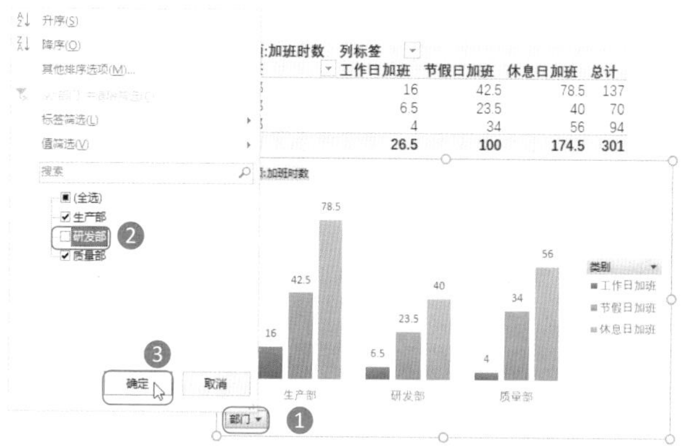

图7-68　对【部门】数据进行筛选

Step06：查看筛选结果。数据透视图中将只展现出【生产部】和【质量部】的加班时数，不展示【研发部】员工的加班时数，数据透视表中的数据也将进行同样的筛选，效果如图7-69所示。

Step07：筛选加班类别数据。❶单击数据透视图中的【类别】下拉按钮；❷在弹出的下拉列表中取消选中【工作日加班】和【节假日加班】复选框；❸单击【确定】按钮，如图7-70所示。

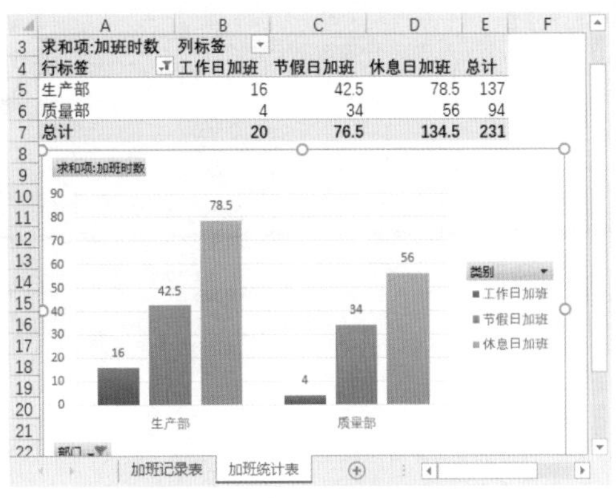

图7-69 查看筛选结果

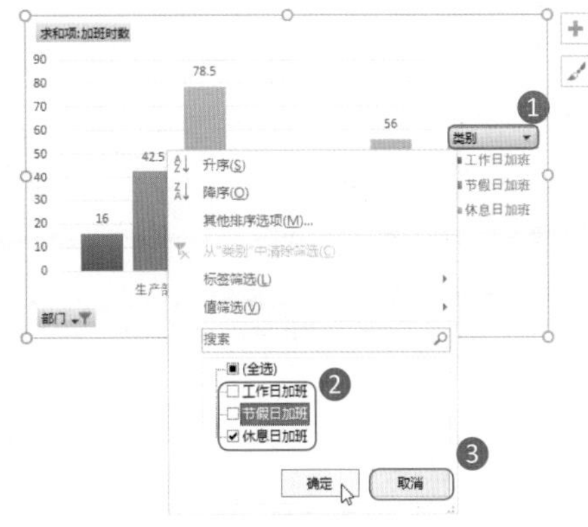

图7-70 对加班类别进行筛选

Step08：查看筛选结果。数据透视图中将只展现出【生产部】和【质量部】员工休息日加班的加班时数，效果如图7-71所示。

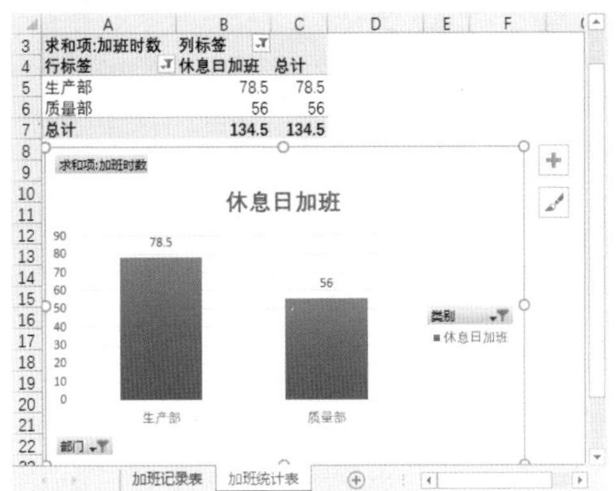

图7-71 查看筛选结果

技能升级

如果没有创建数据透视表，那么可在创建数据透视图的同时创建数据透视表。其方法为：单击【插入】选项卡【图表】组中的【数据透视表】按钮，在打开的【创建数据透视图】对话框中设置数据源和放置位置，单击【确定】按钮，即可创建一个空白数据透视表和一个空白数据透视图，如图7-72所示。然后添加字段，即可在创建数据透视图的同时创建数据透视表。

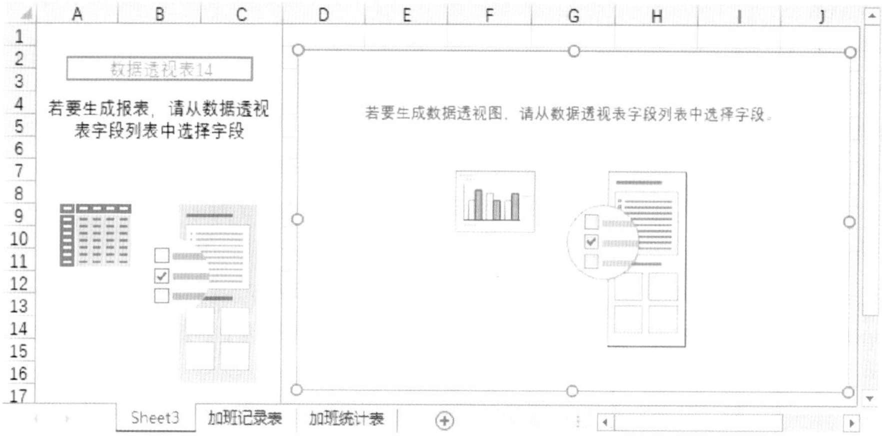

图7-72　同时创建数据透视表和数据透视图

CHAPTER 8

HR职场必备的 Excel操作技巧

小 刘

3个月的试用期已过，我已成为一名正式的HR。在试用期间，非常感谢张总监和王Sir对我工作的帮助和指导，让我学会了很多HR必须掌握的Excel技能，如数据的录入、数据的计算、数据的汇总分析等。

我以为今后能得心应手地处理工作中遇到的各种问题了，谁知道几个小问题就让我措手不及，如表格列没有打印完、页眉页脚没有、向下滚动查看时不显示标题行等。

这些虽然都是小问题，但在工作中经常会遇到。经过王Sir的点拨我才知道，原来并不是学习Excel的主要技能就完事了，对一些比较常见、重要的小技能、小技巧，也是需要学习和掌握的。

王 Sir

学习Excel时，函数、图表、数据透视表、排序、筛选等这些典型的功能或工具往往是我们关注的重点；对于一些小技能、小技巧，很多人没能给予足够的重视。

其实，很多看似很小的技能，却能帮助我们解决工作中的很多问题。所以，学习Excel时，应该多学一些Excel技能，以备不时之需。

8.1 值得HR珍藏的8个技能

张总监

小刘，你做的这个表格，大问题没有，但小问题却有很多，要引起重视，有什么问题多请教王Sir。

（1）向下滚动查看时，表格的标题根本就看不到，不知道每列展现的是什么数据。

（2）表格中有两条完全相同的数据记录。

（3）一般情况下，表格中的零值不需要显示，你的表格中竟然还有0.00%这样的数据。

小刘

好的，张总监，我会好好注意的。

王Sir

小刘，张总监说得很对。虽然看起来只是一些小问题，但很可能引起大问题，如让人理解错误、表格汇总结果出错，导致决策出错。所以，我们需要不断地学习更多的Excel技能，以满足工作中的不同需要。同时，有些技能还能让你提高工作效率，减少加班。

8.1.1 简单双击，妙用无穷

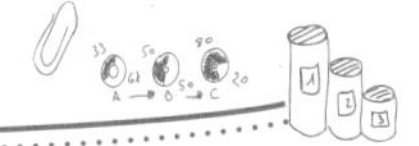

双击鼠标虽然是个非常简单的操作，但在处理人事表格过程中，一个简单的双击操作却能完成很多非常重要的工作，大大提高工作效率。下面介绍几个双击鼠标非常重要且常见的用途。

1 自动调整合适的行高和列宽

在Excel中，表格的行高和列宽都是固定的，不会因为输入内容的多少而自动变化。如果想让单元格的行高和列宽自动根据文本内容的多少而变化，就可以通过双击鼠标来调整合适的行高和列宽。具体方法如下：

Step01：查看素材文件效果。打开“面试情况记录表”，可以看到G1和I1单元格由于行高不够，第2行的数据并未显示出来；而且E、F和H列的列宽不够，导致数据显示不完整，如图8-1所示。

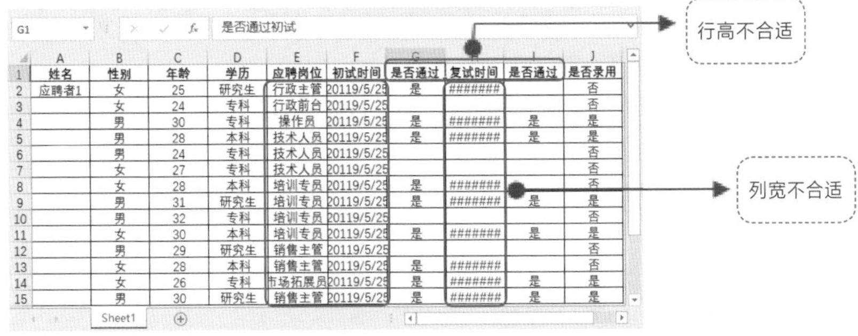

	A	B	C	D	E	F	G	H	I	J
1	姓名	性别	年龄	学历	应聘岗位	初试时间	是否通过	复试时间	是否通过	是否录用
2	应聘者1	女	25	研究生	行政主管	20119/5/25	是	#######		否
3		女	24	专科	行政前台	20119/5/25				否
4		男	30	专科	操作员	20119/5/25	是	#######	是	是
5		男	28	本科	技术人员	20119/5/25	是	#######	是	是
6		男	24	专科	技术人员	20119/5/25				否
7		女	27	专科	技术人员	20119/5/25				否
8		女	28	本科	培训专员	20119/5/25	是	#######		否
9		男	31	研究生	培训专员	20119/5/25	是	#######	是	是
10		男	32	专科	培训专员	20119/5/25				否
11		女	30	本科	培训专员	20119/5/25	是	#######	是	是
12		男	29	研究生	销售主管	20119/5/25				否
13		女	28	本科	销售主管	20119/5/25	是	#######		否
14		女	26	专科	市场拓展员	20119/5/25	是	#######	是	是
15		男	30	研究生	销售主管	20119/5/25	是	#######	是	是

图8-1 查看素材文件效果

Step02：双击鼠标调整行高。将鼠标指针移动到第1行和第2行的行号分隔线上，当它变成✢形状时双击鼠标，如图8-2所示。

Step03：双击鼠标调整列宽。此时，第1行的行高将随着单元格中文本内容的多少自动调整到合适的值。将鼠标指针移动到E和F列列标的分隔线上，当它变成✢形状时双击鼠标，如图8-3所示。

	C	D	E	F	G	H	I
1	年龄	学历	应聘岗位	初试时间	是否通过	复试时间	是否通过
2	25	研究生	行政主管	20119/5/25	是	#######	
3	24	专科	行政前台	20119/5/25			
4	30	专科	操作员	20119/5/25	是	#######	是
5	28	本科	技术人员	20119/5/25	是	#######	是
6	24	专科	技术人员	20119/5/25			
7	27	专科	技术人员	20119/5/25			
8	28	本科	培训专员	20119/5/25	是	#######	
9	31	研究生	培训专员	20119/5/25	是	#######	是
10	32	专科	培训专员	20119/5/25			
11	30	本科	培训专员	20119/5/25	是	#######	是
12	29	研究生	销售主管	20119/5/25			
13	28	本科	销售主管	20119/5/25	是	#######	
14	26	专科	市场拓展员	20119/5/25	是	#######	是
15	30	研究生	销售主管	20119/5/25	是	#######	是
16							

Sheet1

图8-2 双击鼠标调整行高

	C	D	E	F	G	H	I
1	年龄	学历	应聘岗位	初试时间	是否通过初试	复试时间	是否通过复试
2	25	研究生	行政主管	20119/5/25	是	#######	
3	24	专科	行政前台	20119/5/25			
4	30	专科	操作员	20119/5/25	是	#######	是
5	28	本科	技术人员	20119/5/25	是	#######	是
6	24	专科	技术人员	20119/5/25			
7	27	专科	技术人员	20119/5/25			
8	28	本科	培训专员	20119/5/25	是	#######	
9	31	研究生	培训专员	20119/5/25	是	#######	是
10	32	专科	培训专员	20119/5/25			
11	30	本科	培训专员	20119/5/25	是	#######	是
12	29	研究生	销售主管	20119/5/25			
13	28	本科	销售主管	20119/5/25	是	#######	
14	26	专科	市场拓展员	20119/5/25	是	#######	是
15	30	研究生	销售主管	20119/5/25	是	#######	是

Sheet1

图8-3 双击鼠标调整列宽

Step04：查看调整后的效果。此时即可将E列的列宽自动调整到合适的值。使用相同的方法将F列和H列调整到合适的列宽，效果如图8-4所示。

	A	B	C	D	E	F	G	H	I	J
1	姓名	性别	年龄	学历	应聘岗位	初试时间	是否通过初试	复试时间	是否通过复试	是否录用
2	应聘者1	女	25	研究生	行政主管	20119/5/25	是	2019/5/27		
3	应聘者2	女	24	专科	行政前台	20119/5/25				
4	应聘者3	男	30	专科	操作员	20119/5/25	是	2019/5/27	是	
5	应聘者4	男	28	本科	技术人员	20119/5/25	是	2019/5/27	是	
6	应聘者5	男	24	专科	技术人员	20119/5/25				
7	应聘者6	女	27	专科	技术人员	20119/5/25				
8	应聘者7	女	28	本科	培训专员	20119/5/25	是	2019/5/27		
9	应聘者8	男	31	研究生	培训专员	20119/5/25	是	2019/5/27	是	
10	应聘者9	男	32	专科	培训专员	20119/5/25				
11	应聘者10	女	30	本科	培训专员	20119/5/25	是	2019/5/27	是	
12	应聘者11	男	29	研究生	销售主管	20119/5/25				
13	应聘者12	女	28	本科	销售主管	20119/5/25	是	2019/5/27		
14	应聘者13	女	26	专科	市场拓展员	20119/5/25	是	2019/5/27	是	
15	应聘者14	男	30	研究生	销售主管	20119/5/25	是	2019/5/27	是	

Sheet1

图8-4 查看调整后的效果

2 实现自动填充

除了利用第2章中讲解的方法填充相同或有规律的数据外，还可通过双击实现自动填充。除此之外，通过双击鼠标还能填充公式。具体方法如下：

Step01：双击鼠标。删除A3:A15单元格区域中的应聘者姓名，然后选择A2单元格，将鼠标指针移动到该单元格右下角，当它变成“+”形状时双击鼠标，如图8-5所示。

Step02：查看填充效果。由于用编号代替了应聘者姓名，所以双击鼠标后，会自动填充带编号的规律数据，效果如图8-6所示。

	A	B	C	D	E	F
1	姓名	性别	年龄	学历	应聘岗位	初试时间
2	应聘者1	女	25	研究生	行政主管	20119/5/25
3		女	24	专科	行政前台	20119/5/25
4		男	30	专科	操作员	20119/5/25
5		男	28	本科	技术人员	20119/5/25
6		男	24	专科	技术人员	20119/5/25
7		女	27	专科	技术人员	20119/5/25
8		女	28	本科	培训专员	20119/5/25
9		男	31	研究生	培训专员	20119/5/25
10		男	32	专科	培训专员	20119/5/25
11		女	30	本科	培训专员	20119/5/25
12		男	29	研究生	销售主管	20119/5/25
13		女	28	本科	销售主管	20119/5/25
14		女	26	专科	市场拓展员	20119/5/25
15		男	30	研究生	销售主管	20119/5/25

Sheet1

图8-5 双击鼠标

	A	B	C	D	E	F
1	姓名	性别	年龄	学历	应聘岗位	初试时间
2	应聘者1	女	25	研究生	行政主管	20119/5/25
3	应聘者2	女	24	专科	行政前台	20119/5/25
4	应聘者3	男	30	专科	操作员	20119/5/25
5	应聘者4	男	28	本科	技术人员	20119/5/25
6	应聘者5	男	24	专科	技术人员	20119/5/25
7	应聘者6	女	27	专科	技术人员	20119/5/25
8	应聘者7	女	28	本科	培训专员	20119/5/25
9	应聘者8	男	31	研究生	培训专员	20119/5/25
10	应聘者9	男	32	专科	培训专员	20119/5/25
11	应聘者10	女	30	本科	培训专员	20119/5/25
12	应聘者11	男	29	研究生	销售主管	20119/5/25
13	应聘者12	女	28	本科	销售主管	20119/5/25
14	应聘者13	女	26	专科	市场拓展员	20119/5/25
15	应聘者14	男	30	研究生	销售主管	20119/5/25

Sheet1

图8-6 查看填充效果

Step03：输入公式计算数据。在J2单元格中输入公式“=IF(AND(G2="是",I2="是"),"是","否")”，按【Enter】键计算出结果。选择J2单元格，将鼠标指针移动到该单元格右下角，当它变成“**+**”形状时双击鼠标，如图8-7所示。

Step04：查看填充公式后的效果。此时即可根据所选单元格中的公式向下填充，填充公式后的效果如图8-8所示。

J2 =IF(AND(G2="是",I2="是"),"是","否")

	F	G	H	I	J	K
1	初试时间	是否通过初试	复试时间	是否通过复试	是否录用	
2	20119/5/25	是	2019/5/27		否	
3	20119/5/25					
4	20119/5/25	是	2019/5/27	是		
5	20119/5/25	是	2019/5/27	是		
6	20119/5/25					
7	20119/5/25					
8	20119/5/25	是	2019/5/27			
9	20119/5/25	是	2019/5/27	是		
10	20119/5/25					
11	20119/5/25	是	2019/5/27	是		
12	20119/5/25					
13	20119/5/25	是	2019/5/27			
14	20119/5/25	是	2019/5/27	是		
15	20119/5/25	是	2019/5/27	是		

Sheet1

图8-7 输入公式计算数据

J2 =IF(AND(G2="是",I2="是"),"是","否")

	F	G	H	I	J	K
1	初试时间	是否通过初试	复试时间	是否通过复试	是否录用	
2	20119/5/25	是	2019/5/27		否	
3	20119/5/25				否	
4	20119/5/25	是	2019/5/27	是	是	
5	20119/5/25	是	2019/5/27	是	是	
6	20119/5/25				否	
7	20119/5/25				否	
8	20119/5/25	是	2019/5/27		否	
9	20119/5/25	是	2019/5/27	是	是	
10	20119/5/25				否	
11	20119/5/25	是	2019/5/27	是	是	
12	20119/5/25				否	
13	20119/5/25	是	2019/5/27		否	
14	20119/5/25	是	2019/5/27	是	是	
15	20119/5/25	是	2019/5/27	是	是	

Sheet1

图8-8 查看填充公式后的效果

3 固定格式刷

使用格式刷可以快速将单元格中的字体格式、对齐方式、数字格式、边框和底纹等复制并应到其他单元格或单元格区域中。这种方法在人事表单表格和基础表格中应用比较多。

在Excel中，使用格式刷复制格式时，需要借助鼠标来完成，而鼠标又分为单击和双击两种情况，单击时，格式刷只能应用一次，应用完成后，鼠标指针将恢复到默认的状态；双击时，则可固定格式刷，无限次使用，不使用时，再次单击才能使鼠标指针恢复到默认状态。

例如，在人事表格中双击格式刷，将复制的格式多次应用到其他单元格，具体方法如下。

Step01：双击【格式刷】按钮复制格式。打开“员工入职登记表”；❶选择B9单元格；❷双击【开始】选项卡【剪贴板】组中的【格式刷】按钮，即可复制B9单元格的格式，如图8-9所示。

Step02：应用格式刷。此时鼠标指针将变成形状，拖动鼠标选择需要应用复制格式的B14:B18单元格区域，如图8-10所示。

图8-9　双击【格式刷】按钮

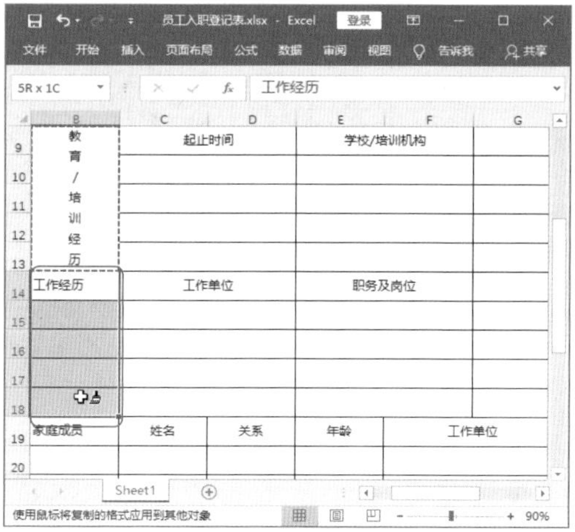

图8-10　应用格式刷

Step03：继续应用格式刷。所选单元格区域将应用B9单元格的格式。此时鼠标指针还是形状，表示还可以继续使用格式刷。拖动鼠标选择B19:B23单元格区域，如图8-11所示。

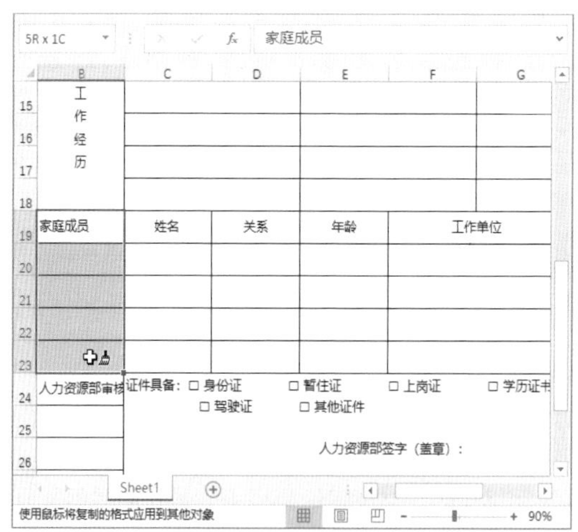

图8-11　继续使用格式刷

Step04：查看效果。使用格式刷继续将复制的格式应用到其他单元格区域中，且鼠标指针还是形状，效果如图8-12所示。

Step05：取消格式刷的应用。单击【开始】选项卡【剪贴板】组中的【格式刷】按钮，即可让鼠标指针变回默认的形状，并且已不能再应用格式刷，如图8-13所示。

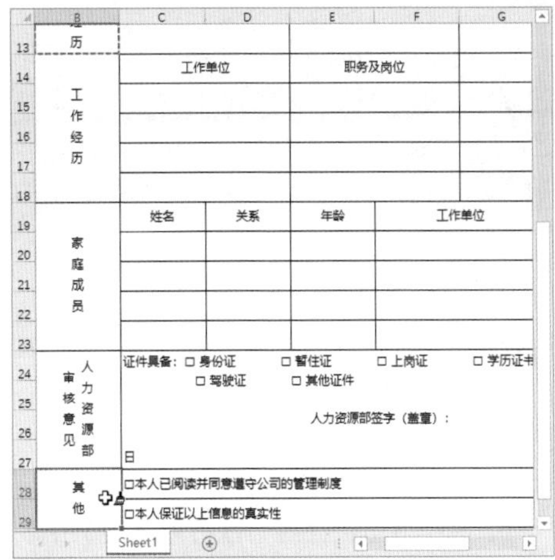

图8-12 查看效果

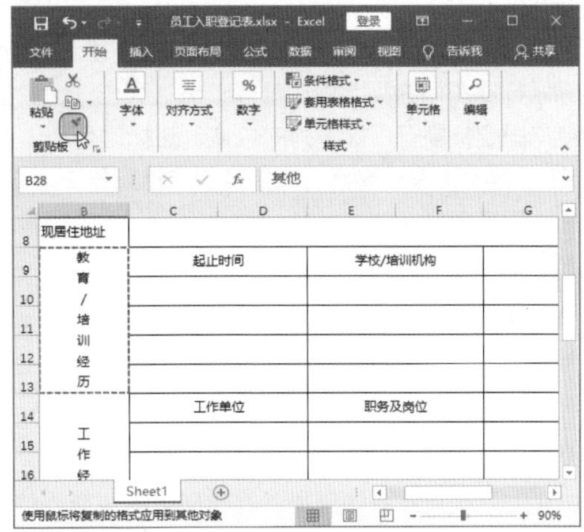

图8-13 取消格式刷的应用

自动打开任务窗格

分析人事数据时，图表是使用最多的工具之一，而图表各元素格式的设置多是通过对应的任务窗格来完成的。很多HR在打开任务窗格时，都是通过在各元素上右击鼠标，在弹出的快捷菜单中选择相应的命令来打开。其实，通过在图表元素上双击，就可直接打开对应的任务窗格。

例如，要打开【设置坐标轴格式】任务窗格，只需要在图表中坐标轴上双击鼠标，即可在选中坐标轴的同时打开任务窗格，如图8-14所示。

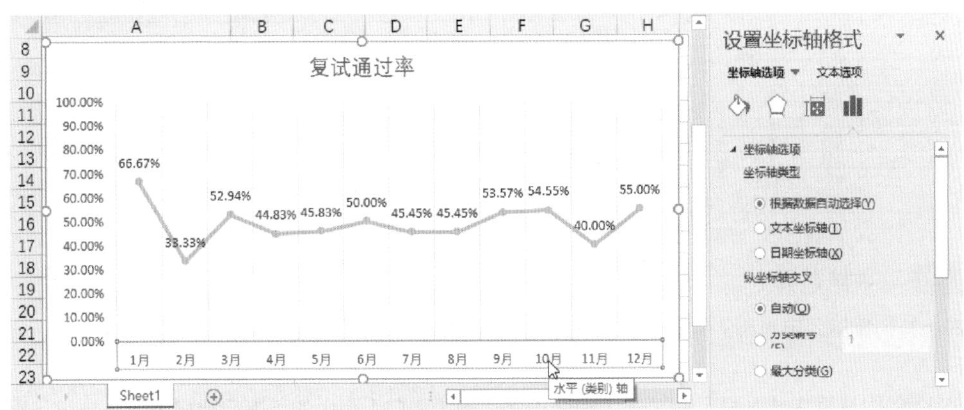

图8-14 双击打开任务窗格

8.1.2 冻结窗格，实现数据的有效查看

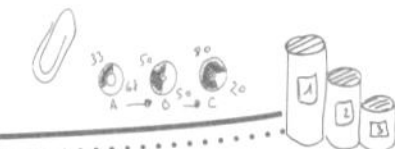

在制作员工信息表、考勤表等大型表格时，如果行列数较多，向下或向右查看数据时，就看不到上面的标题行或左侧的列字段，难以分清各列/行数据对应的标题，不利于信息的接收。此时可利用冻结窗格功能来固定标题行、标题列的位置，让标题列/行始终显示在开头。

在Excel中，冻结窗格功能提供了冻结窗格、冻结首行和冻结首列3种冻结方式，HR可以表格的实际情况来选用不同的冻结方式。

1 冻结首行

冻结首行是指固定表格的第一行，向下滚动查看数据时，表格的第一行位置始终保持不变。具体方法如下：

Step01：选择冻结方式。打开“员工信息表”；❶单击【视图】选项卡【窗口】组中的【冻结窗格】下拉按钮；❷在弹出的下拉列表中选择【冻结首行】选项，如图8-15所示。

Step02：查看冻结效果。此时即可固定首行位置，向下滚动查看数据时，首行始终显示在表格开头，效果如图8-16所示。

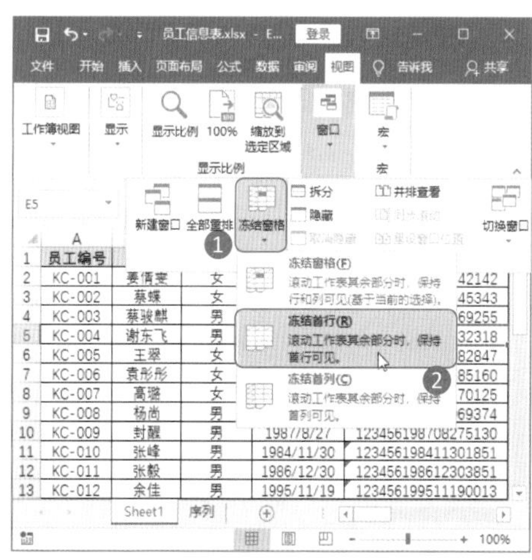

图8-15　选择冻结方式

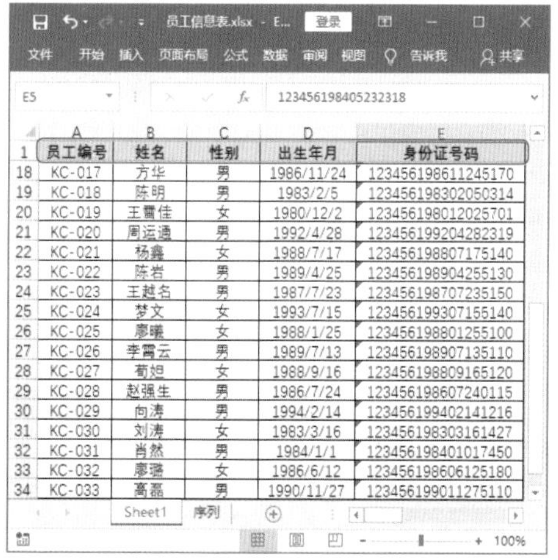

图8-16　查看冻结后的效果

2 冻结首列

冻结首列是指固定表格的第一列，向右滚动查看数据时，表格的第一列位置始终保持不变。具体方法如下：

Step01：选择冻结方式。❶单击【视图】选项卡【窗口】组中的【冻结窗格】下拉按钮，❷在弹出的下拉列表中选择【冻结首列】选项，如图8-17所示。

Step02：查看冻结效果。此时即可固定A列位置，向右滚动查看数据时，A列始终显示在表格的最左侧，效果如图8-18所示。

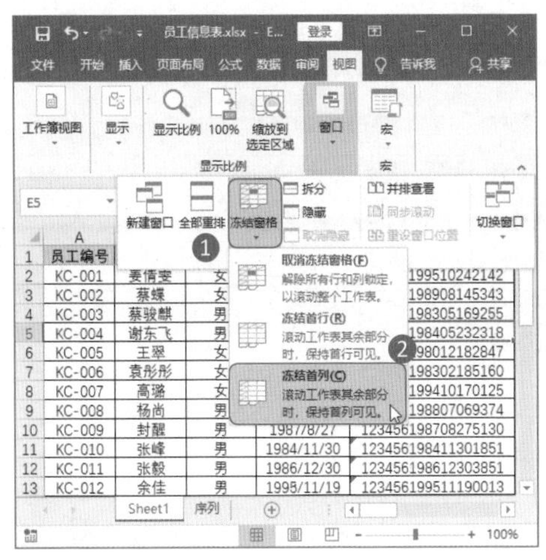

图8-17 选择冻结方式

	A	I	J	K
1	员工编号	所在岗位	家庭住址	联系电话
2	KC-001	行政前台	宝山区佳缘路**号	131-2589-0000
3	KC-002	薪酬专员	卢湾机场路**号	131-2589-0001
4	KC-003	技术人员	静安区科华路***号	131-2589-0002
5	KC-004	司机	长宁区白林路***号	131-2589-0003
6	KC-005	清洁工	金山区光华大道一段**号	131-2589-0004
7	KC-006	成本会计	宝山区学院路***号	131-2589-0005
8	KC-007	人事助理	长宁区晨华路**号	131-2589-0006
9	KC-008	调度员	松江区熊猫大道**号	131-2589-0007
10	KC-009	财务经理	金山区安康路*号	131-2589-0008
11	KC-010	生产经理	松江区佳苑路**号	131-2589-0009
12	KC-011	操作员	宝山区东顺路*号	131-2589-0010
13	KC-012	销售代表	宝山区苏坡路**号	131-2589-0011
14	KC-013	往来会计	宝山区贝森路**号	131-2589-0012
15	KC-014	仓储部经理	松江区南信路***号	131-2589-0013
16	KC-015	检验专员	长宁区蜀汉路***号	131-2589-0014
17	KC-016	销售经理	静安区静安路*号	131-2589-0015
18	KC-017	销售主管	静安区八里桥**号	131-2589-0016

图8-18 查看冻结后的效果

技能升级

当查看完表格内容后，不需要再以冻结的方式显示表格数据，可以单击【视图】选项卡【窗口】组中的【冻结窗格】下拉按钮，在弹出的下拉列表中选择【取消冻结窗格】选项，即可取消表格中的冻结区域。

3 冻结窗格

冻结首行和首列只能对第一行和第一列位置进行固定，如果要对表格前面的多行或左侧的多列进行固定，则需要选择冻结窗格冻结方式。与冻结首行和首列不同的是，冻结多行和多列时，需要先选择分隔的单元格。具体方法如下：

Step01：选择冻结方式。❶选择C4单元格，表示冻结C4单元格上面的3行和左侧的2列；❷单击【视图】选项卡【窗口】组中的【冻结窗格】下拉按钮；❸在弹出的下拉列表中选择【冻结窗格】选项，如图8-19所示。

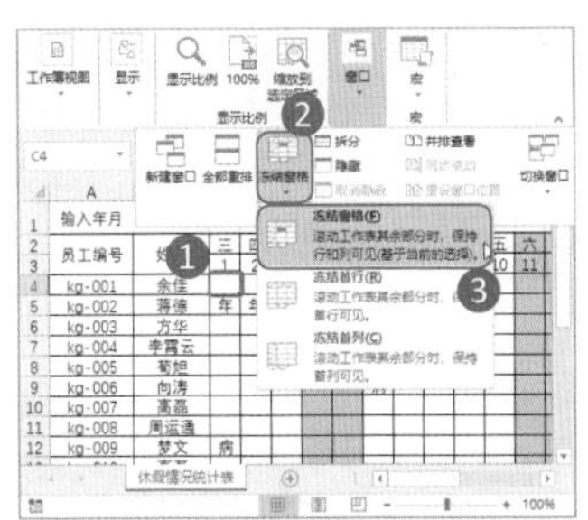

图8-19 执行冻结窗格操作

Step02：查看冻结效果。此时即可固定C4单元格上面3行和左侧2列，向下和向右查看数据时，固定的行列位置始终不变，效果如图8-20所示。

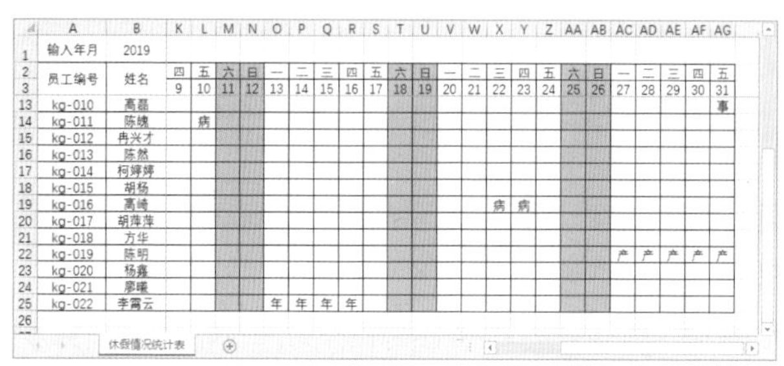

	A	B	K	L	M	N	O	P	Q	R	S	T	U	V	W	X	Y	Z	AA	AB	AC	AD	AE	AF	AG
1	输入年月	2019																							
2	员工编号	姓名	四	五	六	日	一	二	三	四	五	六	日	一	二	三	四	五	六	日	一	二	三	四	五
3			9	10	11	12	13	14	15	16	17	18	19	20	21	22	23	24	25	26	27	28	29	30	31
13	kg-010	高磊																							事
14	kg-011	陈魄		病																					
15	kg-012	冉兴才																							
16	kg-013	陈然																							
17	kg-014	柯婷婷																							
18	kg-015	胡杨																							
19	kg-016	高崎														病	病								
20	kg-017	胡萍萍																							
21	kg-018	方华																							
22	kg-019	陈明																			产	产	产	产	产
23	kg-020	杨鑫																							
24	kg-021	廖曦																							
25	kg-022	李霄云					年	年	年	年															
26																									

休假情况统计表

图8-20　查看冻结窗格后的效果

8.1.3 让表格自动保存

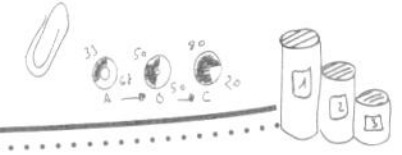

在对大型人事表格进行制作、统计与分析时，经常需要花费大量的时间。为了避免制作过程中因计算机故障而造成数据丢失，可以让表格按照设置的自动保存间隔进行自动保存，这样即使计算机遇到意外事件发生，在重新启动计算机并打开Excel文件时，系统也会自动恢复保存的工作簿数据，从而降低数据丢失的概率。

设置自动保存的具体方法如下：

Step01：选择菜单命令。在Excel中单击【文件】菜单项，在弹出的下拉菜单中选择【选项】命令，如图8-21所示。

Step02：设置自动保存时间。打开【Excel选项】对话框；❶在左侧选择【保存】选项卡；❷在右侧的【保存工作簿】栏中默认会选中【保存自动恢复信息时间间隔】复选框，在其右侧的数值框中输入间隔分钟数，如输入“8”；❸单击【确定】按钮即可，如图8-22所示。

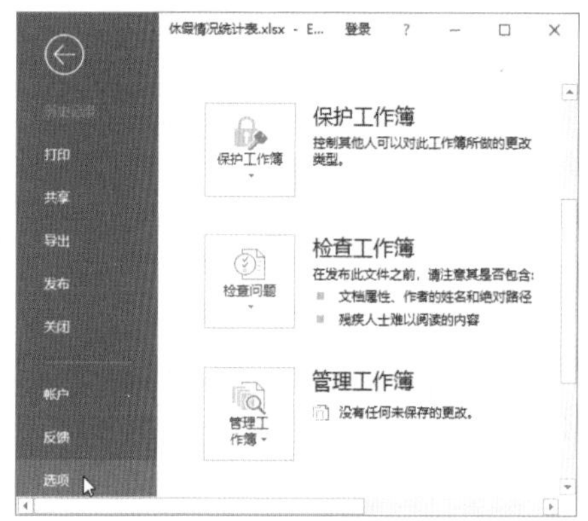

图8-21　选择菜单命令

图8-22　设置自动保存时间

8.1.4 快速制作结构相似的表格

在制作结构相似的多张表格时，可以直接通过复制制作好的表格，来快速制作另外的表格。例如，如果公司的“考勤表”和“休假情况统计表”都是使用的同一种表格结构，且“休假情况统计表”已经制作好，那么可直接通过复制工作表功能来快速制作“考勤表”。具体方法如下：

Step01：选择菜单命令。打开“休假情况统计表”，在工作表标签上右击鼠标，在弹出的快捷菜单中选择【移动或复制】命令，如图8-23所示。

Step02：复制工作表。打开【移动或复制工作表】对话框；❶在【将选定工作表移至工作簿】下拉列表框中选择需要移动或复制到的工作簿，如选择【(新工作簿)】选项；在【下列选定工作表之前】列表框中选择复制的工作表在哪个工作表之前，由于本例是选择的新工作簿，所以没有选项；❷选中【建立副本】复选框；❸单击【确定】按钮，如图8-24所示。

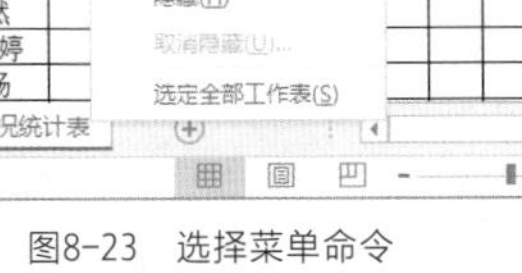

图8-23 选择菜单命令

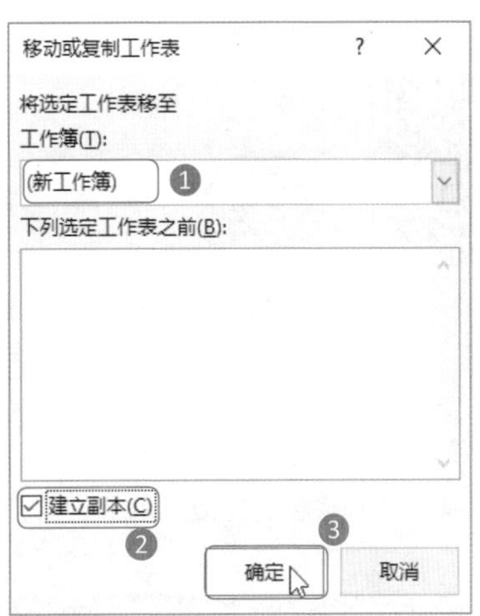

图8-24 复制工作表

温馨提示

在【移动或复制工作表】对话框中选中【建立副本】复选框，表示复制工作表；取消选中该复选框，表示移动工作表。另外，如果是在同一工作簿中执行移动或复制工作表操作，那么也可以将鼠标指针移动到该工作表标签上，按住鼠标左键进行拖动时，表示移动工作表；按住【Shift】键的同时拖动鼠标，表示复制工作表。

Step03：查看复制的工作表效果。此时即可新建一个空白工作簿，并将工作表复制到新建的工作簿中。然后按照要求将表格中的内容修改为与“考勤表”相关的内容，并对工作簿进行保存，效果如图8-25所示。

输入年月	2019	年	6	月																											
员工编号	姓名	六	日	一	二	三	四	五	六	日	一	二	三	四	五	六	日	一	二	三	四	五	六	日	一	二	三	四	五	六	日
		1	2	3	4	5	6	7	8	9	10	11	12	13	14	15	16	17	18	19	20	21	22	23	24	25	26	27	28	29	30
kg-001	余佳					事					迟				病					迟											
kg-002	蒋德																								迟		早				
kg-003	方华																														
kg-004	李霄云			迟																											
kg-005	荀妲																														
kg-006	向涛					迟																									
kg-007	高磊																														
kg-008	周运通												事	事																	
kg-009	梦文						事																								
kg-010	高磊																									事					
kg-011	陈魄																	早													
kg-012	冉兴才																														
kg-013	陈然					年	年	年																							
kg-014	柯婷婷																											迟			
kg-015	胡杨														迟																
kg-016	高崎																														
kg-017	胡萍萍				迟																婚	婚			婚						
kg-018	方华																														
kg-019	陈明																														
kg-020	杨鑫												病														病				
kg-021	廖曦						迟											早													
kg-022	李霄云																														

6月考勤

图8-25　查看制作的考勤表效果

8.1.5 一秒删除重复值

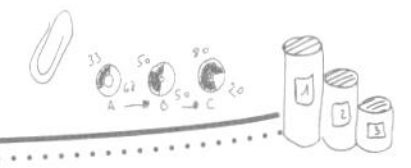

在录入人事数据的过程中，有时可能同一条数据进行了多次录入。如果数据量庞大，肉眼有可能检查不出来。此时，可以通过删除重复值功能快速删除表格中的重复值。具体方法如下：

Step01：执行删除重复值操作。打开“员工基本工资表”，单击【数据】选项卡【数据工具】组中的【删除重复值】按钮，如图8-26所示。

Step02：选择包含重复值的列。打开【删除重复值】对话框；❶在【列】列表框中默认会选中所有复选框，本例将取消选中除【员工编号】外的所有复选框；❷单击【确定】按钮，如图8-27所示。

图8-26　执行删除重复值操作

图8-27　选择包含重复值的列

温馨提示

在【删除重复值】对话框中选择列时，必须保证所选列中不重复的数据是唯一值，这样在删除重复值时，才不会将正确的数据删除。如果所选列中的数据本身就不是唯一值，如【部门】列，有重复的部门是很正常的，如果通过该列来删除重复值，那么会将正确的数据都删除。

Step03：删除重复值。在打开的提示对话框中将显示发现的重复值个数、保留的唯一值个数，单击【确定】按钮关闭对话框，如图8-28所示。

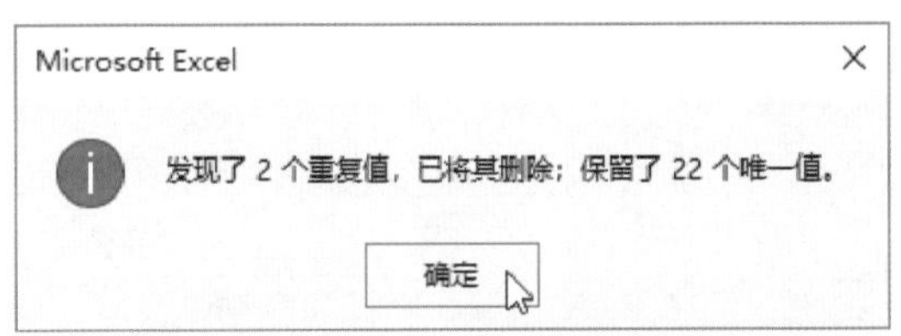

图8-28 删除重复值

Step04：查看表格效果。表格中原来有25行数据，删除重复值后，可以看到只有23行数据，效果如图8-29所示。

H25

	A	B	C	D	E	F	G	H
13	HT526313	吴明慧	销售部	销售代表	2014/7/5	4	¥ 3,000.00	¥ 200.00
14	HT526316	辛海兵	销售部	销售代表	2014/7/9	4	¥ 3,000.00	¥ 200.00
15	HT526319	林薇薇	销售部	销售代表	2014/9/12	4	¥ 3,000.00	¥ 200.00
16	HT526310	王盼盼	行政部	行政文员	2015/7/5	3	¥ 2,800.00	¥ 150.00
17	HT526311	王岳峰	销售部	经理	2015/7/5	3	¥ 5,000.00	¥ 150.00
18	HT526307	李媛	财务部	会计	2015/9/9	3	¥ 4,000.00	¥ 150.00
19	HT526305	马星文	财务部	主管	2016/7/1	2	¥ 6,000.00	¥ 100.00
20	HT526302	李琳琳	人力资源部	人事专员	2016/7/4	2	¥ 3,000.00	¥ 100.00
21	HT526315	马兴波	销售部	销售代表	2016/7/7	2	¥ 3,000.00	¥ 100.00
22	HT526303	邓剑锋	人力资源部	人事专员	2017/7/6	1	¥ 3,000.00	¥ 50.00
23	HT526318	王新艳	销售部	销售代表	2017/9/10	1	¥ 3,000.00	¥ 50.00
24								
25								

Sheet1

图8-29 查看表格效果

8.1.6 根据条件精确定位

在编辑处理人事信息表、考勤表、工资表等数据时，可能会遇到几百条甚至上千条数据。当需要同时对几十、上百个单元格进行相同的编辑处理时，通过拖动鼠标依次选择会花费大量的时间，而且容易漏选或错选。此时就可以使用Excel提供的定位条件功能来精确定位所有符合特定类型或条件的单元格，对所选单元格进行批量处理，大大提高工作效率。

下面使用定位条件功能批量选中表格中的空值单元格，并将其替换成“-”符号，具体方法如下。

Step01：执行定位条件操作。打开“培训费用预算表”；❶选择B3:F14单元格区域；❷单击【开始】选项卡【编辑】组中的【查找和选择】下拉按钮；❸在弹出的下拉列表中选择【定位条件】选项，如图8-30所示。

Step02：选择定位条件。打开【定位条件】对话框；❶选中需要定位的条件所对应的单选按钮，如选中【空值】单选按钮；❷单击【确定】按钮，如图8-31所示。

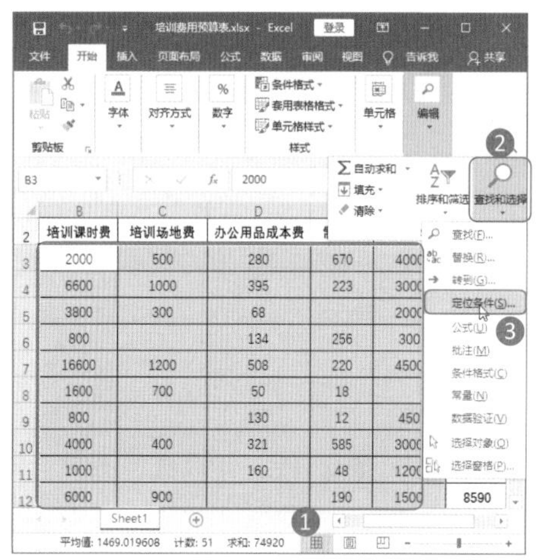

图8-30 执行定位条件操作

定位条件

选择

○ 批注(C)　○ 行内容差异单元格(W)
○ 常量(O)　○ 列内容差异单元格(M)
○ 公式(F)　○ 引用单元格(P)
数字(U)　○ 从属单元格(D)
文本(X)　直属(I)
逻辑值(G)　所有级别(L)
错误(E)　○ 最后一个单元格(S)
◉ 空值(K)　○ 可见单元格(Y)
○ 当前区域(R)　○ 条件格式(T)
○ 当前数组(A)　○ 数据验证(V)
○ 对象(B)　全部(L)
相同(E)

确定　取消

图8-31 选择定位条件

Step03：输入单元格内容。此时即可选中所选单元格区域中的所有空值单元格。在其中任一单元格中输入“-”，如图8-32所示。

Step04：查看表格效果。按【Ctrl+Enter】组合键，即可在所选空值单元格中输入“-”，效果如图8-33所示。

	B	C	D	E	F	G
2	培训课时费	培训场地费	办公用品成本费	制作费	招待费	费用合计
3	2000	500	280	670	4000	7450
4	6600	1000	395	223	3000	11218
5	3800	300	68	-	2000	6168
6	800		134	256	300	1490
7	16600	1200	508	220	4500	23028
8	1600	700	50	18		2368
9	800		130	12	450	1392
10	4000	400	321	585	3000	8306
11	1000		160	48	1200	2408
12	6000	900		190	1500	8590
13	800		120	56		976
14	800		149	277	300	1526

Sheet1

图8-32 输入单元格内容

	B	C	D	E	F	G
2	培训课时费	培训场地费	办公用品成本费	制作费	招待费	费用合计
3	2000	500	280	670	4000	7450
4	6600	1000	395	223	3000	11218
5	3800	300	68	-	2000	6168
6	800	-	134	256	300	1490
7	16600	1200	508	220	4500	23028
8	1600	700	50	18	-	2368
9	800	-	130	12	450	1392
10	4000	400	321	585	3000	8306
11	1000	-	160	48	1200	2408
12	6000	900	-	190	1500	8590
13	800	-	120	56	-	976
14	800	-	149	277	300	1526

Sheet1

图8-33 查看表格效果

8.1.7 快速调换行/列位置

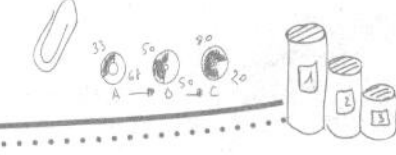

在编辑人事表格时，如果发现行与行或列与列之间的位置需要调换，怎么办呢？如果将其删除，再重新录入数据会非常麻烦。此时通过一个简单的操作就能快速调换行与行、列与列之间的位置。

下面以调整列顺序为例，讲解快速调整行/列位置的方法。具体方法如下：

Step01：剪切列。❶在“员工工资表”中选择需要调换位置的列或行，这里选中H列；❷右击鼠标，在弹出的快捷菜单中选择【剪切】命令，剪切列，如图8-34所示。

Step02：插入剪切的列。❶选择剪切列放置位置所在列的任意单元格，这里选择G1单元格；❷右击鼠标，在弹出的快捷菜单中选择【插入剪切的单元格】命令，如图8-35所示。

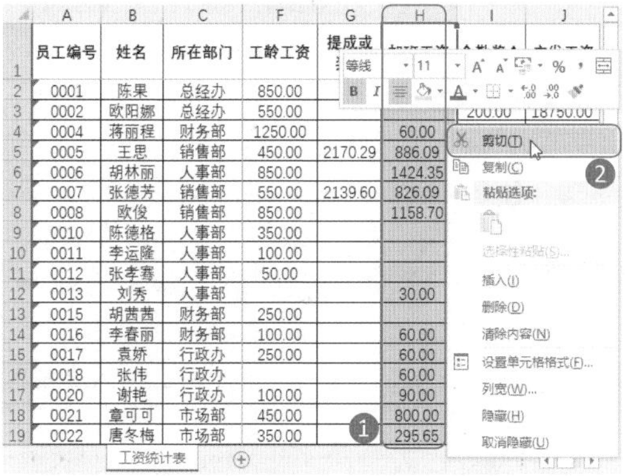

图8-34　剪切列

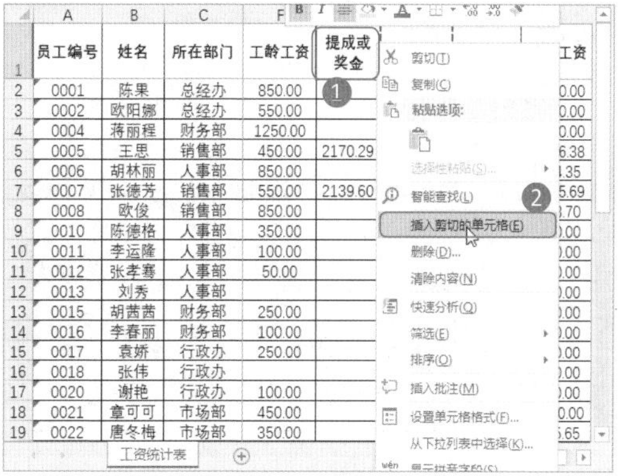

图8-35　插入剪切的列

Step03：查看移动位置后的效果。剪切的列即可插入所选单元格所在列的左侧，所选单元格所在列的位置将依次后移，效果如图8-36所示。

员工编号	姓名	所在部门	工龄工资	加班工资	提成或奖金	全勤奖金	应发工资
0001	陈果	总经办	850.00	90.00			28940.00
0002	欧阳娜	总经办	550.00			200.00	18750.00
0004	蒋丽程	财务部	1250.00	60.00			10810.00
0005	王思	销售部	450.00	886.09	2170.29		13006.38
0006	胡林丽	人事部	850.00	1424.35		200.00	7474.35
0007	张德芳	销售部	550.00	826.09	2139.60	200.00	13215.69
0008	欧俊	销售部	850.00	1158.70			7808.70
0010	陈德格	人事部	350.00				6550.00
0011	李运隆	人事部	100.00				3500.00
0012	张孝骞	人事部	50.00				3450.00
0013	刘秀	人事部		30.00			3430.00
0015	胡茜茜	财务部	250.00				4650.00
0016	李春丽	财务部	100.00	60.00			6660.00

图8-36　查看移动后的位置

技能升级

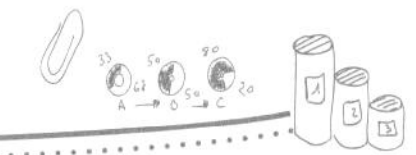

通过拖动鼠标调整行/列位置：选择需要调整位置的行或列，将鼠标指针移动到行上下的边框线上，或列左右的边框线上，当它变成✥形状时，按住【Shift】键的同时按住鼠标左键将其拖动到相应的位置，释放鼠标即可。

8.1.8 让零值不显示

在很多人事表格中，经常会出现零值（0），特别是在包含费用的表格中，如工资表、考勤表、培训费用表、招聘费用表等，如果表格数据太多，显示出零值反而不利于查看，如图8-37所示。此时就可以通过设置取消表格中的零值显示。

	A	B	C	D	E	F	G	H	I	J	K	L	M	N	O
1	员工编号	姓名	所在部门	基本工资	岗位工资	工龄工资	提成或奖金	加班工资	全勤奖金	应发工资	保险/公积金扣款	个人所得税	其他扣款	应扣合计	实发工资
2	0001	陈果	总经办	20000.00	8000.00	850.00	0.00	90.00	0.00	28940.00	5353.90	2307.22	0.00	7661.12	21278.88
3	0002	欧阳娜	总经办	12000.00	6000.00	550.00	0.00	0.00	200.00	18750.00	3468.75	818.13	0.00	4286.88	14463.13
4	0004	蒋丽程	财务部	8000.00	1500.00	1250.00	0.00	60.00	0.00	10810.00	1999.85	171.02	0.00	2170.87	8639.14
5	0005	王思	销售部	8000.00	1500.00	450.00	2170.29	886.09	0.00	13006.38	2406.18	350.02	0.00	2756.20	10250.18
6	0006	胡林丽	人事部	3500.00	1500.00	850.00	0.00	1424.35	200.00	7474.35	1382.75	32.75	0.00	1415.50	6058.85
7	0007	张德芳	销售部	8000.00	1500.00	550.00	2139.60	826.09	200.00	13215.69	2444.90	367.08	0.00	2811.98	10403.71
8	0008	欧俊	销售部	5000.00	800.00	850.00	0.00	1158.70	0.00	7808.70	1444.61	40.92	0.00	1485.53	6323.17
9	0010	陈德格	人事部	5000.00	1200.00	350.00	0.00	0.00	0.00	6550.00	1211.75	10.15	0.00	1221.90	5328.10
10	0011	李运隆	人事部	3000.00	400.00	100.00	0.00	0.00	0.00	3500.00	647.50	0.00	0.00	647.50	2852.50
11	0012	张孝骞	人事部	3000.00	400.00	50.00	0.00	0.00	0.00	3450.00	638.25	0.00	0.00	638.25	2811.75
12	0013	刘秀	人事部	3000.00	400.00	0.00	0.00	30.00	0.00	3430.00	634.55	0.00	0.00	634.55	2795.45
13	0015	胡茜茜	财务部	4000.00	400.00	250.00	0.00	0.00	0.00	4650.00	860.25	0.00	0.00	860.25	3789.75

工资统计表

图8-37　显示零值效果

在Excel中，让零值不显示的设置方法如下。

Step01：取消显示零值设置。打开“员工工资表”，在【文件】菜单中选择【选项】命令，打开【Excel选项】对话框；❶在左侧选择【高级】选项卡；❷在右侧取消选中【在具有零值的单元格中显示零】复选框；❸单击【确定】按钮，如图8-38所示。

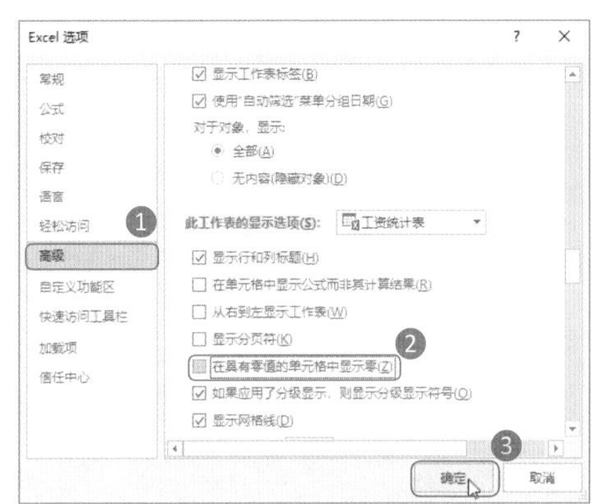

图8-38　取消显示零值设置

Step02：查看零值不显示效果。表格中的零值将不会显示，也就是含零值的单元格将显示为空白，效果如图8-39所示。

	A	B	C	D	E	F	G	H	I	J	K	L	M	N	O
1	员工编号	姓名	所在部门	基本工资	岗位工资	工龄工资	提成或奖金	加班工资	全勤奖金	应发工资	保险/公积金扣款	个人所得税	其他扣款	应扣合计	实发工资
2	0001	陈果	总经办	20000.00	8000.00	850.00		90.00		28940.00	5353.90	2307.22		7661.12	21278.88
3	0002	欧阳娜	总经办	12000.00	6000.00	550.00			200.00	18750.00	3468.75	818.13		4286.88	14463.13
4	0004	蒋丽程	财务部	8000.00	1500.00	1250.00		60.00		10810.00	1999.85	171.02		2170.87	8639.14
5	0005	王思	销售部	8000.00	1500.00	450.00	2170.29	886.09		13006.38	2406.18	350.02		2756.20	10250.18
6	0006	胡林丽	人事部	3500.00	1500.00	850.00		1424.35	200.00	7474.35	1382.75	32.75		1415.50	6058.85
7	0007	张德芳	销售部	8000.00	1500.00	550.00	2139.60	826.09	200.00	13215.69	2444.90	367.08		2811.98	10403.71
8	0008	欧俊	销售部	5000.00	800.00	850.00		1158.70		7808.70	1444.61	40.92		1485.53	6323.17
9	0010	陈德格	人事部	5000.00	1200.00	350.00				6550.00	1211.75	10.15		1221.90	5328.10
10	0011	李运隆	人事部	3000.00	400.00	100.00				3500.00	647.50			647.50	2852.50
11	0012	张孝骞	人事部	3000.00	400.00	50.00				3450.00	638.25			638.25	2811.75
12	0013	刘秀	人事部	3000.00	400.00			30.00		3430.00	634.55			634.55	2795.45
13	0015	胡茜茜	财务部	4000.00	400.00	250.00				4650.00	860.25			860.25	3789.75

工资统计表

图8-39　零值不显示效果

8.2　外部数据导入更方便

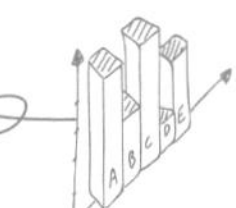

张总监

小刘，在制作人事表格时，有些数据是其他部门、其他人员或网站中已有的，那么我们可以直接导入Excel中，然后对其进行编辑处理即可。相对于手动输入，效率和准确率都能得到更好的保证。

王Sir

小刘，张总监说得对。**Excel提供了导入外部数据的功能，通过该功能可以将Access、文本文件和网站中的表格数据轻松导入Excel中**；而且，**当源文件或网站中表格数据发生变化时**，直接单击【**数据**】**选项卡**【**连接**】**组中的**【**全部刷新**】**按钮**，即可**更新导入的数据**。

为了完成这次张总监布置的任务，你需要学习Excel的查询技巧、复制和粘贴技巧。

小刘

原来导入数据这么方便呀！早知道就早点问王Sir，这样也可以少走很多弯路。

8.2.1 导入Access数据

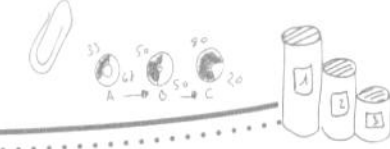

如果需要的人事数据保存在Access中，当需要使用Excel中的函数、图表等进行汇总、分析时，就需要将Access中的数据导入Excel中。导入的具体方法如下：

Step01：执行自Access导入操作。在Excel工作簿中单击【数据】选项卡【获取外部数据】组中的【自Access】按钮，如图8-40所示。

Step02：选择Access文件。打开【选取数据源】对话框；❶在地址栏中选择文件所在的位置；❷选择需要的Access文件；❸单击【打开】按钮，如图8-41所示。

图8-40 执行自Access导入操作

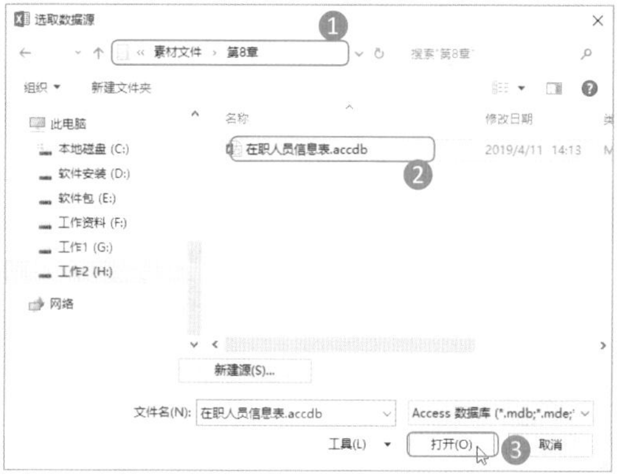

图8-41 选择Access文件

Step03：导入设置。打开【导入数据】对话框；❶在【请选择该数据在工作簿中的显示方式】栏中选择导入数据在Excel中的显示方式；❷在【数据的存放位置】栏中设置导入数据的放置位置；❸设置完成后单击【确定】按钮，如图8-42所示。

Step04：查看导入的数据效果。此时即可将Access文件中的数据导入Excel中，并自动为表格应用样式，效果如图8-43所示。

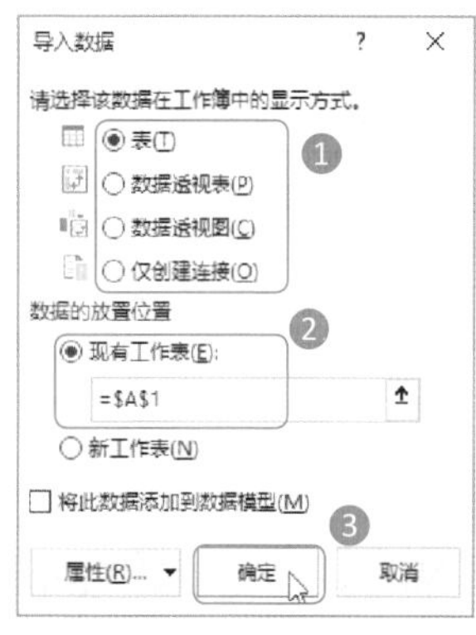

图8-42 导入设置

ID	员工编号	姓名	部门	岗位	性别	出生年月	年龄	身份证号码
1	kg-001	余佳	销售部	销售代表	男	1995/11/19	23	123456199511190013
2	kg-002	蒋德	销售部	销售经理	男	1985/8/3	33	123456198508033517
3	kg-003	方华	销售部	销售主管	男	1986/11/24	32	123456198611245170
4	kg-004	李霄云	销售部	销售代表	男	1989/7/13	29	123456198907135110
5	kg-005	荀妲	销售部	销售代表	女	1988/9/16	30	123456198809165120
6	kg-006	向涛	销售部	销售代表	男	1994/2/14	25	123456199402141216
7	kg-007	高磊	销售部	销售代表	男	1990/11/27	28	123456199011275110
8	kg-008	周运通	销售部	销售主管	男	1982/4/28	36	123456198204282319
9	kg-009	梦文	销售部	销售代表	男	1988/7/15	30	123456198807155170
10	kg-010	高磊	销售部	销售代表	男	1990/11/27	28	123456199011275110
11	kg-011	陈魄	销售部	销售代表	男	1989/7/24	29	123456198907245190
12	kg-012	冉兴才	销售部	销售代表	男	1993/5/24	25	123456199305245150
13	kg-013	陈然	销售部	销售代表	男	1990/2/16	29	123456199002165170
14	kg-014	柯婷婷	销售部	销售代表	女	1989/3/24	30	123456198903245160
15	kg-015	胡杨	销售部	销售代表	男	1992/5/23	26	123456199205231475
16	kg-016	高崎	销售部	销售代表	男	1988/11/24	30	123456198811247013
17	kg-017	胡萍萍	销售部	销售代表	女	1994/6/7	24	123456199406075180
18	kg-018	方华	市场部	市场调研员	男	1986/11/24	32	123456198611245170
19	kg-019	陈明	市场部	市场部经理	男	1983/2/5	36	123456198302050314
20	kg-020	杨鑫	市场部	促销推广员	男	1988/7/17	30	123456198807175130

图8-43 查看导入的数据效果

温馨提示

在【导入数据】对话框的【请选择该数据在工作簿中的显示方式】栏中选中【表】单选按钮，可将外部数据创建为一张表，方便进行简单排序和筛选；选中【数据透视表】单选按钮，可创建为数据透视表，方便通过聚合及合计来汇总大量数据；选中【数据透视图】单选按钮，可创建为数据透视图，方便以可视方式汇总数据；若要将所选连接存储在工作簿中以供以后使用，需要选中【仅创建连接】单选按钮。

8.2.2 导入文本数据

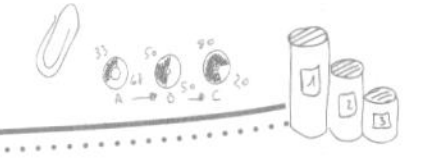

如果需要的数据保存在文本文件中，那么可通过Excel提供的获取外部数据功能，将文本文件中的数据导入Excel中。具体方法如下：

Step01：执行自文本文件导入操作。在Excel工作簿中单击【数据】选项卡【获取外部数据】组中的【自文本】按钮，如图8-44所示。

Step02：选择需要的文本文件。打开【导入文本文件】对话框；❶在地址栏中选择文件所在的位置；❷选择需要的文本文件；❸单击【导入】按钮，如图8-45所示。

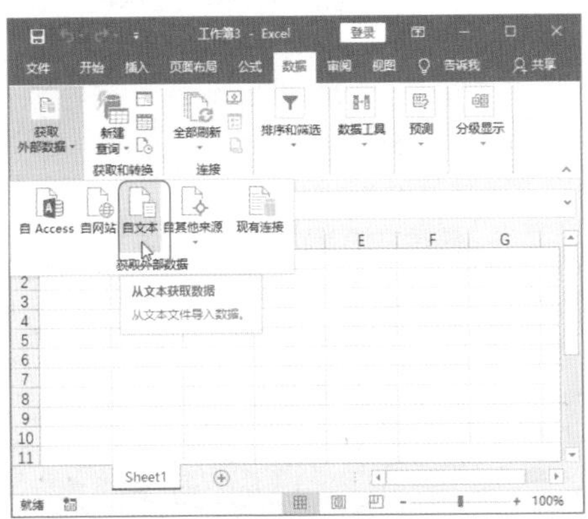

图8-44 执行自文本文件导入操作

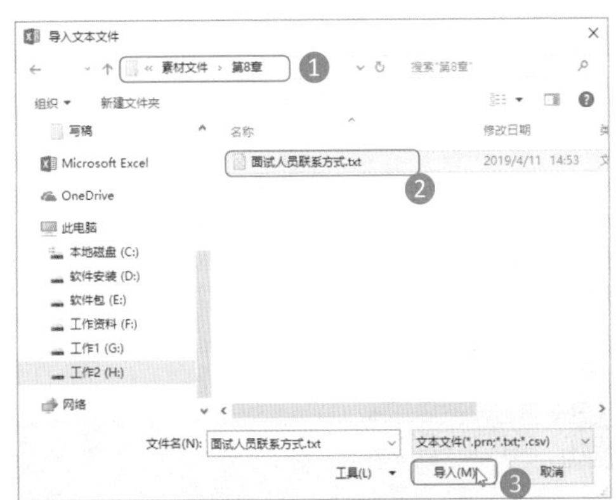

图8-45 选择文本文件

Step03：文本导入。打开【文本导入向导】对话框，保持默认设置，单击【下一步】按钮，如图8-46所示。

Step04：设置分隔符号。❶在打开的对话框的【分隔符号】栏中选中【空格】复选框；❷单击【下一步】按钮，如图8-47所示。

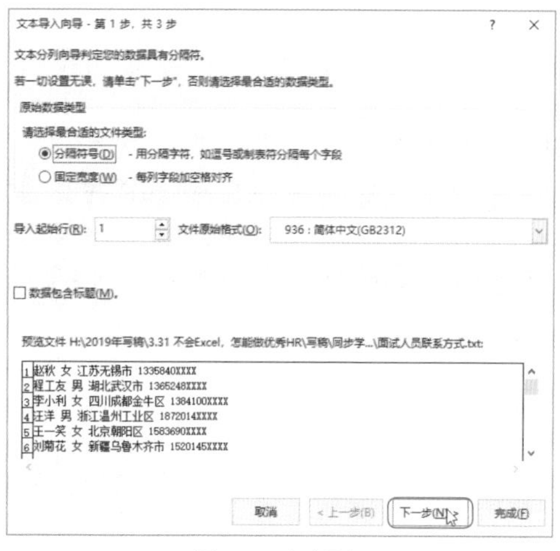

图8-46 文本导入

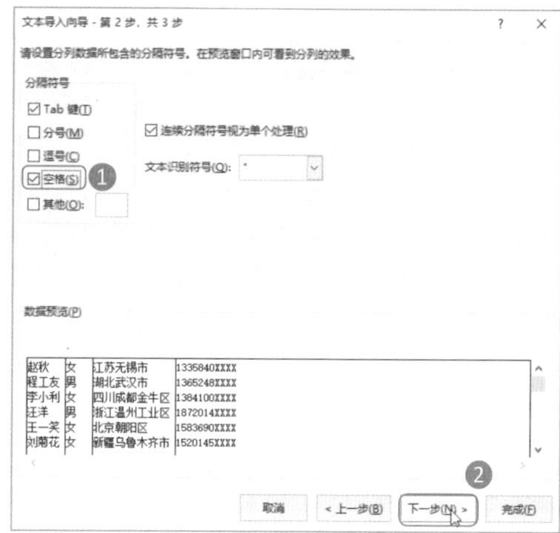

图8-47 选择分隔符号

Step05：完成设置。在打开的对话框中对列数据的格式进行设置，这里保持默认设置，单击【完成】按钮，如图8-48所示。

Step06：设置导入位置。打开【导入数据】对话框；❶在【数据的存放位置】栏中设置导入数据的放置位置；❷单击【确定】按钮，如图8-49所示。

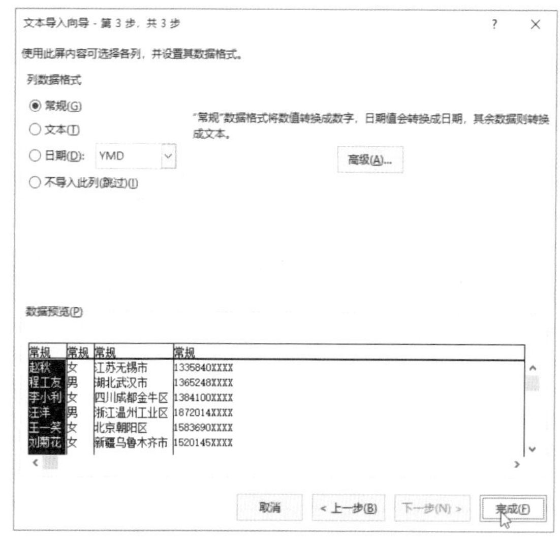

图8-48 设置列数据格式

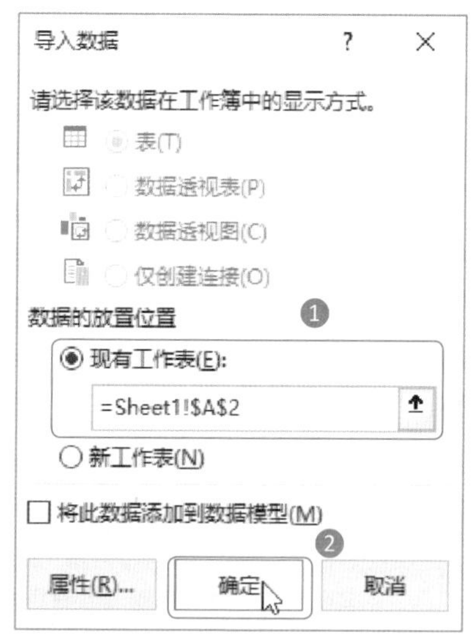

图8-49 设置导入位置

Step07：查看导入的数据效果。此时即可将文本文件中的内容导入Excel中，效果如图8-50所示。

	A	B	C	D	E	F
1						
2	赵秋	女	江苏无锡市	1335840XXXX		
3	程工友	男	湖北武汉市	1365248XXXX		
4	李小利	女	四川成都金牛区	1384100XXXX		
5	汪洋	男	浙江温州工业区	1872014XXXX		
6	王一笑	女	北京朝阳区	1583690XXXX		
7	刘菊花	女	新疆乌鲁木齐市	1520145XXXX		
8	筱小曼	女	吉林长春市	1310245XXXX		
9	高中文	男	广东惠州市	1377890XXXX		
10	罗小平	男	广东惠州市	1365820XXXX		
11	徐飞	男	福建厦门市	1374710XXXX		
12	王博	男	四川宜宾市	1386541XXXX		
13	杨剑明	男	广东东莞市	1836542XXXX		

Sheet1

图8-50　查看导入的数据效果

温馨提示

在Excel中，支持导入.prn、txt和.csv格式的文本文件，其中.txt格式的文本文件是最常见的。

8.2.3 导入网站数据

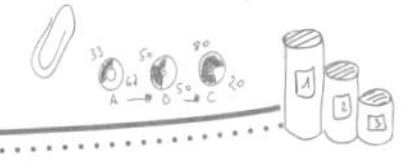

在对比分析行业工资、招聘情况时，经常需要从一些网页或招聘网站中获取相关的表格数据，将其保存到Excel中。此时可以通过导入的方法来获取网站中的数据。具体方法如下：

Step01：执行从网站导入数据操作。在Excel工作簿中单击【数据】选项卡【获取外部数据】组中的【自网站】按钮，如图8-51所示。

Step02：输入网址。打开【新建Web查询】对话框；❶在【地址】列表框中粘贴要导入数据所在的网址；❷单击【转到】按钮，如图8-52所示。

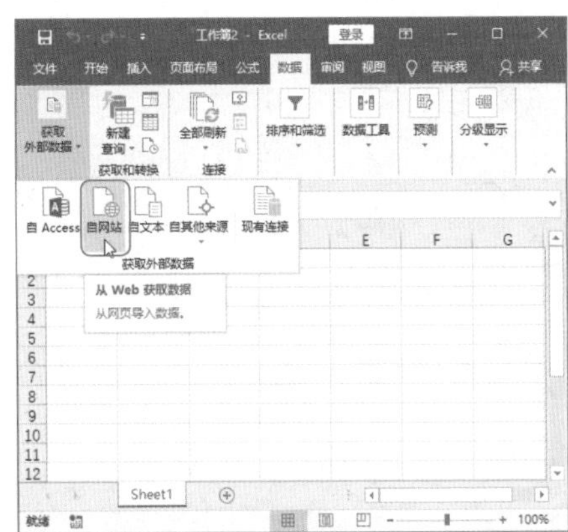

图8-51　执行从网页导入数据操作

图8-52　输入网址

Step03：导入数据。转到网页；❶在网页中的表格左侧都会显示一个 ➡ 按钮，单击该按钮即可选中要导入的表格；❷单击【导入】按钮，如图8-53所示。

Step04：设置导入位置。打开【导入数据】对话框；❶在其中设置导入表格的存放位置；❷单击【确定】按钮，如图8-54所示。

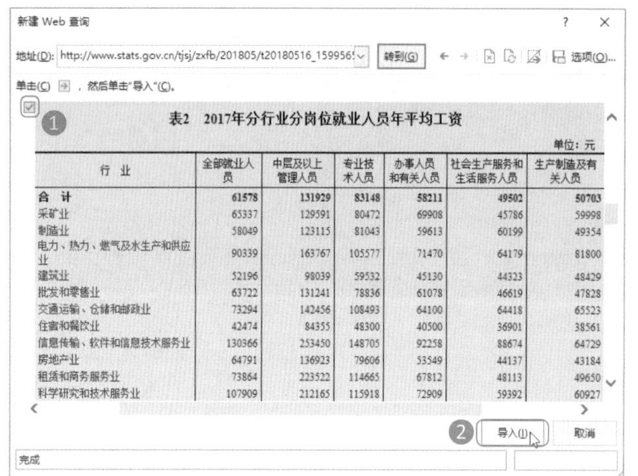

行 业	全部就业人员	中层及以上管理人员	专业技术人员	办事人员和有关人员	社会生产服务和生活服务人员	生产制造及有关人员
合 计	61578	131929	83148	58211	49502	50703
采矿业	65337	129591	80472	69908	45786	59998
制造业	58049	123115	81043	59613	60199	49354
电力、热力、燃气及水生产和供应业	90339	163767	105577	71470	64179	81800
建筑业	52196	98039	59532	45130	44323	48429
批发和零售业	63722	131241	78836	61078	46619	47828
交通运输、仓储和邮政业	73294	142456	108493	64100	64418	65523
住宿和餐饮业	42474	84355	48300	40500	36901	38561
信息传输、软件和信息技术服务业	130366	253450	148705	92258	88674	64729
房地产业	64791	136923	79606	53549	44137	43184
租赁和商务服务业	73864	223522	114665	67812	48113	49650
科学研究和技术服务业	107909	212165	115918	72909	59392	60927

图8-53 选择需要导入的表格

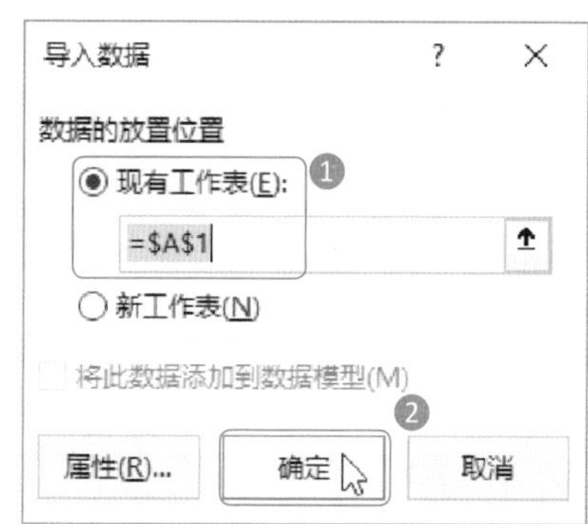

图8-54 设置导入位置

Step05：查看导入的表格效果。此时即可将网页中的表格导入Excel中。将其以"不同行业不同岗位就业人员平均工资"为名进行保存，效果如图8-55所示。

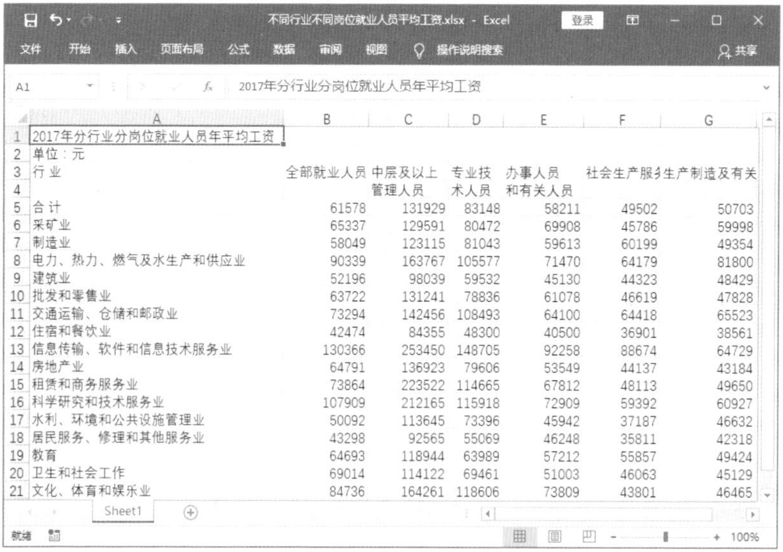

不同行业不同岗位就业人员平均工资.xlsx - Excel

A1 2017年分行业分岗位就业人员年平均工资

	A	B	C	D	E	F	G
1	2017年分行业分岗位就业人员年平均工资						
2	单位：元						
3	行 业	全部就业人员	中层及以上	专业技	办事人员	社会生产服纟	生产制造及有关
4			管理人员	术人员	和有关人员		
5	合 计	61578	131929	83148	58211	49502	50703
6	采矿业	65337	129591	80472	69908	45786	59998
7	制造业	58049	123115	81043	59613	60199	49354
8	电力、热力、燃气及水生产和供应业	90339	163767	105577	71470	64179	81800
9	建筑业	52196	98039	59532	45130	44323	48429
10	批发和零售业	63722	131241	78836	61078	46619	47828
11	交通运输、仓储和邮政业	73294	142456	108493	64100	64418	65523
12	住宿和餐饮业	42474	84355	48300	40500	36901	38561
13	信息传输、软件和信息技术服务业	130366	253450	148705	92258	88674	64729
14	房地产业	64791	136923	79606	53549	44137	43184
15	租赁和商务服务业	73864	223522	114665	67812	48113	49650
16	科学研究和技术服务业	107909	212165	115918	72909	59392	60927
17	水利、环境和公共设施管理业	50092	113645	73396	45942	37187	46632
18	居民服务、修理和其他服务业	43298	92565	55069	46248	35811	42318
19	教育	64693	118944	63989	57212	55857	49424
20	卫生和社会工作	69014	114122	69461	51003	46063	45129
21	文化、体育和娱乐业	84736	164261	118606	73809	43801	46465

Sheet1

图8-55 查看导入的表格效果

8.3 超实用的5个打印技巧

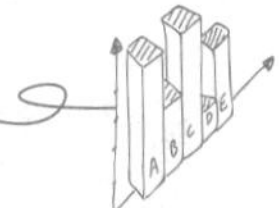

张总监

小刘，你打印出来的表格怎么乱七八糟的？列数据没打印完，而且只有第一页有标题，其他页都没有标题，我怎么知道每列数据代表的是什么？难道打印之前，都不知道先预览下打印的效果吗？赶紧重新给我打印一份。

小刘

我都是直接打印的，哪知道打印还有这么多要求呀！在重新打印之前，还是先去请教王Sir一些打印的技巧吧，不然打印不好又要被批评。

王Sir

小刘，要想使打印出来的效果符合张总监的要求，就必须对打印进行设置；并且在打印之前，还要对打印效果进行预览。预览时，如果效果不理想，还可以对打印效果进行修改。下面我就给你讲一讲日常工作中需要掌握的打印技巧吧！

8.3.1 打印标题行

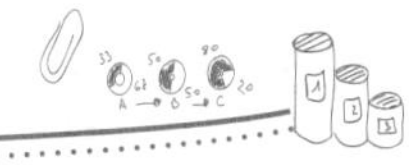

打印人事表格时，如果需要打印的表格数据在一页中打印不完，Excel会自动将内容分配到下一页，但从第2页开始就没有表字段和标题了，不便于数据的查看和查找，如图8-56所示。

图8-56 默认标题打印效果

为了让查看者明白每列数据表达的含义，就需要设置打印标题，让打印的每页都显示标题和表字段。具体方法如下：

Step01：执行打印标题操作。打开“在职人员统计表”，单击【页面布局】选项卡【页面设置】组中的【打印标题】按钮，如图8-57所示。

Step02：设置打印的标题行。打开【页面设置】对话框；❶在【工作表】选项卡的【顶端标题行】参数框中设置重复打印在每个页面上的标题行，这里设置为第1行和第2行；❷单击【打印预览】按钮，如图8-58所示。

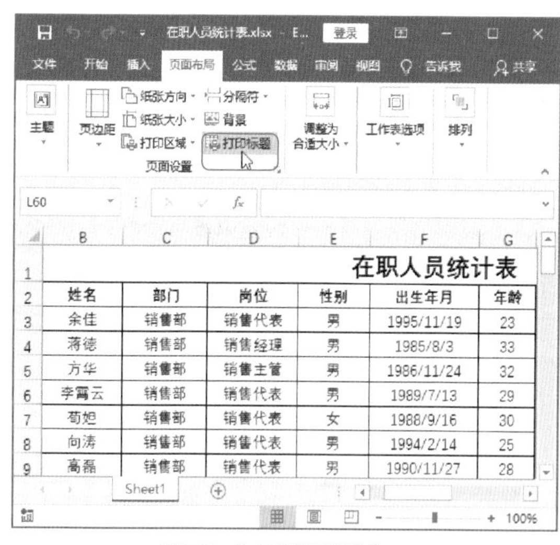

图8-57 执行打印标题操作

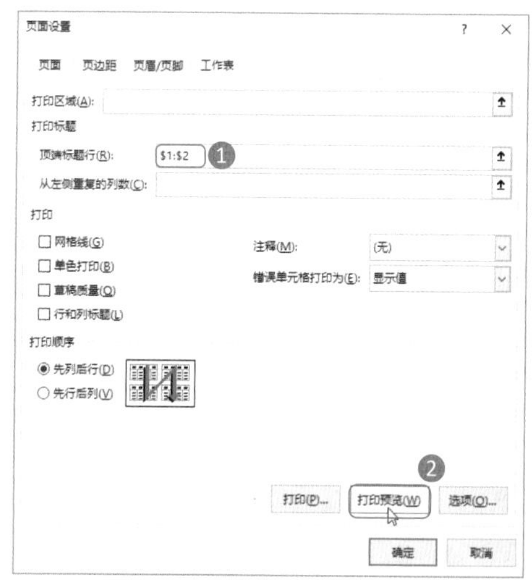

图8-58 设置打印的标题行

Step03：查看打印预览效果。进入【打印】界面，在右侧的预览区域可对打印预览效果进行查看。如图8-59所示是第2页和第3页的打印预览效果。

在职人员统计表

员工编号	姓名	部门	岗位	性别	出生年月	年龄	身份证号码	学历	入职时间	工龄
kg-029	张毅	生产部	操作员	男	1986/12/30	32	123456198612303851	本科	2017/9/10	1
kg-030	陈明	生产部	检验员	男	1983/2/5	36	123456198302050314	研究生	2009/2/25	10
kg-031	王耀名	生产部	检验员	男	1987/7/23	31	123456198707235150	专科	2015/7/23	3
kg-032	肖然	生产部	技术人员	男	1984/1/1	35	123456198401017450	本科	2016/3/9	3
kg-033	余佳	生产部	技术人员	男	1985/11/19	33	123456198511190013	专科	2011/6/18	7
kg-034	廖璐	生产部	检验员	女	1986/6/12	32	123456198606125180	专科	2012/6/11	6
kg-035	周生玉	生产部	检验员	男	1989/5/26	29	123456198905261893	中专	2015/3/17	4
kg-036	李雷	生产部	操作员	男	1986/12/10	32	123456198612103210	中专	2015/4/28	3
kg-037	胡文国	生产部	技术人员	男	1992/3/16	27	123456199203169113	专科	2016/3/9	3
kg-038	简风	生产部	技术人员	男	1983/7/8	36	123456198307081012	高中	2016/9/7	2
kg-039	王晓	生产部	技术人员	男	1991/12/7	27	123456199112071054	高中	2017/2/6	2
kg-040	陈科	生产部	技术人员	男	1981/4/25	37	123456198104251018	中专	2018/3/5	1
kg-041	袁冬林	生产部	操作员	男	1989/3/25	30	123456198903255719	高中	2017/11/10	1
kg-042	陈飞	生产部	操作员	男	1987/12/1	31	123456198711311296	中专	2018/5/4	0
kg-043	龙杰	生产部	检验员	男	1996/5/2	22	123456199605020513	中专	2018/9/15	0
kg-044	蔡媛	人力资源部	薪酬专员	女	1989/8/14	29	123456198908145343	本科	2011/4/10	8
kg-045	周璐	人力资源部	人事助理	女	1994/10/17	24	123456199410170125	专科	2018/12/5	0
kg-046	王博佳	人力资源部	培训专员	男	1980/12/2	38	123456198012025711	高中	2012/3/6	7
kg-047	廖璐	人力资源部	人事专员	女	1986/6/12	32	123456198606125180	本科	2016/3/20	3
kg-048	荀妲	人力资源部	招聘专员	女	1988/9/16	30	123456198809165120	本科	2013/6/21	5
kg-049	万春	人力资源部	人事助理	女	1992/1/15	27	123456199201155140	本科	2016/3/20	3
kg-050	黄倩雯	行政部	行政前台	女	1995/10/24	23	123456199510242142	本科	2019/3/18	0
kg-051	谢东飞	行政部	司机	男	1984/5/23	34	123456198405232318	高中	2007/6/29	11
kg-052	梦文	行政部	行政专员	女	1993/7/15	25	123456199307155140	本科	2016/3/7	3
kg-053	赵强生	行政部	保安	男	1986/7/24	32	123456198607240115	高中	2016/8/6	2
kg-054	简单	行政部	行政专员	女	1990/12/17	28	123456199012175140	专科	2014/3/7	5
kg-055	陈晓菊	行政部	行政前台	女	1995/8/26	23	123456199508262127	本科	2017/10/15	1
kg-056	卢美新	行政部	清洁工	女	1978/10/15	42	123456197810150423	中专	2018/1/1	1

第2页

在职人员统计表

员工编号	姓名	部门	岗位	性别	出生年月	年龄	身份证号码	学历	入职时间	工龄
kg-057	杨尚	仓储部	调度员	男	1988/7/6	30	123456198807069374	中专	2016/2/7	3
kg-058	唐阳	仓储部	仓储部经理	男	1984/1/24	35	123456198401249354	专科	2011/9/15	7
kg-059	陈浩然	仓储部	检验专员	男	1987/12/30	31	123456198712301673	专科	2013/11/26	5
kg-060	杨鑫	仓储部	理货专员	女	1988/7/17	30	123456198807175140	研究生	2010/4/18	8
kg-061	龙李	仓储部	仓库管理员	男	1985/11/25	33	123456198511250093	中专	2011/9/15	7
kg-062	王雪佳	仓储部	检验专员	女	1980/12/2	38	123456198012025701	中专	2012/4/7	7
kg-063	袁彤彤	财务部	成本会计	女	1983/2/18	36	123456198302185160	本科	2015/7/8	3
kg-064	封醒	财务部	财务经理	男	1987/8/27	31	123456198708275130	高中	2014/6/10	4
kg-065	龙李	财务部	往来会计	男	1992/11/25	26	123456199211250093	专科	2017/5/4	1
kg-066	周运通	财务部	总账会计	男	1992/4/28	26	123456199204282319	专科	2015/4/7	4
kg-067	刘克丽	财务部	出纳	女	1994/3/22	25	123456199403228000	本科	2017/7/15	1

第3页

图8-59 打印预览效果

温馨提示

【页面设置】对话框【工作表】选项卡中的【从左侧重复的列数】参数框用于设置重复打印在每个页面上的标题列，可以是单列或多列，但选择多列时，必须是连续的多列。

8.3.2 打印网格线

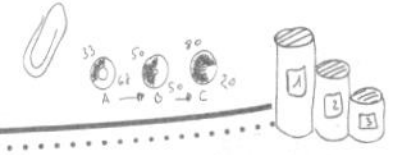

Excel中是用网格线来区分工作表中的单元格的，但默认情况下，打印时并不会将网格线打印出来。如果没有为表格添加边框，那么打印出来的数据将不易查看，如图8-60所示。

序号	培训内容	培训类型	培训形式	培训目的	培训对象	培训讲师	培训时长	考核方式	1月	2月	3月	4月	5月	6月	7月	8月	9月	10月	11月	12月
1	公司简介	内训	课堂讲授	了解公司文化、产品及岗位职责等	全体员工	总经理	3	笔试	★											
2	团队合作与工作管理	内训	课堂讲授	增进部门之间、部门内相互沟通与协作，提高工作效率	销售部	销售部经理	2	培训体会	★								★			
3	时间管理	内训	课堂讲授	有效地安排工作时间，提高工作效率	高中基层主管	外聘	3	无			★					★				
4	人际沟通技巧	外训	培训讲座	提高主管及专业人员的沟通技巧，提高组织效率	高中基层主管	外聘	6	实操		★								★		
5	基层监督人员培训(TWI)	内训	课堂讲授	提高基层主管人员的现场管理能力	基层主管	外聘	16	培训体会					★							
6	招聘与面谈技巧	内训	课堂讲授	提高HR在人员招聘中的技能，降低招聘风险与成本	人力资源部	人力资源经理	4	实操			★								★	
7	销售沟通与抱怨处理	内训	课堂讲授	有效提高销售业务、市场人员的客户服务水平	市场、销售部	待定	8	笔试						★						
8	公司人事规章制度	内训	课堂讲授	普及公司人事管理相关规定，以期有效执行与落实	全体员工	人力资源部经理	3	笔试		★										
9	产品基本知识与原理	内训	课堂讲授	普及产品基础知识，增强质量控制能力	基层主管及员工	产品经理	4	笔试				★			★					★
10	职业心态	内训	课堂讲授	提高员工职业化水平，树立良好的心态	全体员工	总经理	3	培训体会					★				★			
11	安全知识	内训	现场示范	了解安全知识，提高员工的安全意识	全体员工	保卫科经理	5	实操	★							★				

图8-60 不打印网格线的效果

为了使表格在没有添加边框的情况下，打印出来的效果更加有条理，可以通过设置将网格线打印出来，这样行与行之间、列与列之间就能快速进行区分。具体设置方法如下：

Step01：设置打印网格线。打开“年度培训计划表”，在【页面布局】选项卡【工作表选项】组中选中【网格线】栏中的【打印】复选框，如图8-61所示。

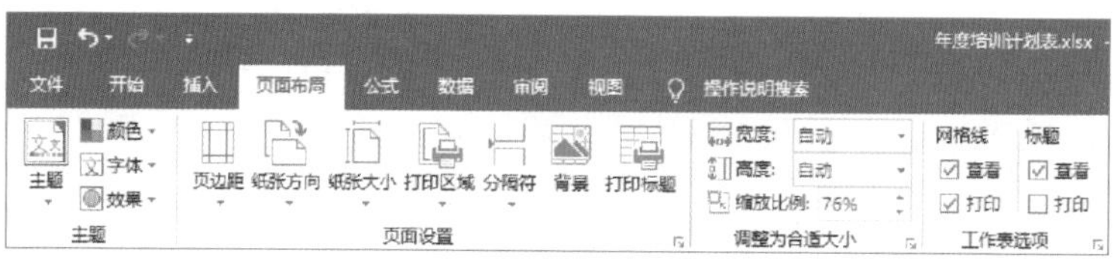

图8-61 设置打印网格线

Step02：查看打印效果。单击【文件】菜单项，在弹出的下拉菜单中选择【打印】命令，在【打印】界面右侧区域即可预览打印效果，可发现网格线被打印出来了，如图8-62所示。

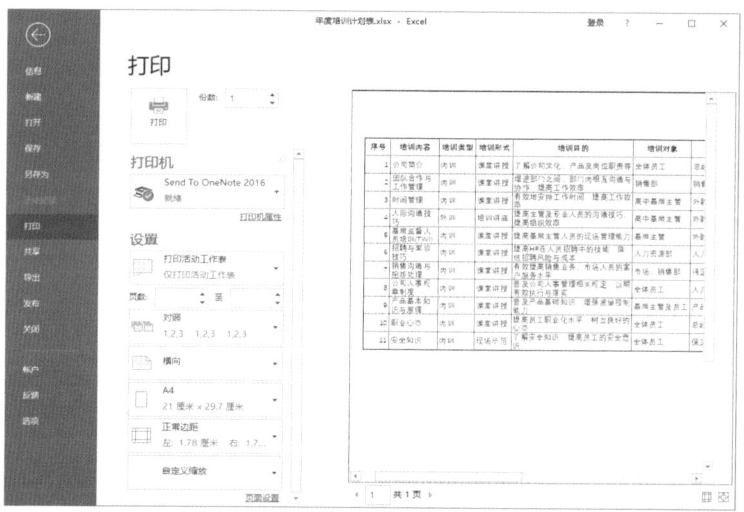

图8-62 查看打印效果

在【打印】界面的中间区域可对打印效果进行详细的设置，其中各参数含义介绍如下。

☆ 【打印】按钮：单击该按钮，即可开始打印。

☆ 【份数】数值框：设置要打印的份数。

☆ 【打印机】下拉列表框：如果安装有多台打印机，可在该下拉列表框中选择本次打印操作要使用的打印机。单击【打印机属性】超链接，可以在打开的对话框中对打印机的属性进行设置。

☆ 【打印范围】下拉列表框：用于设置打印范围，如图8-63所示。在其中选择【打印活动工作表】选项，将打印当前工作表或选择的工作表组；选择【打印整个工作簿】选项，可自动打印当前工作簿中的所有工作表；选择【打印选定区域】选项，只打印在工作表中选择的单元格区域；选择【忽略打印区域】选项，可以在本次打印中忽略在工作表中设置的打印区域。

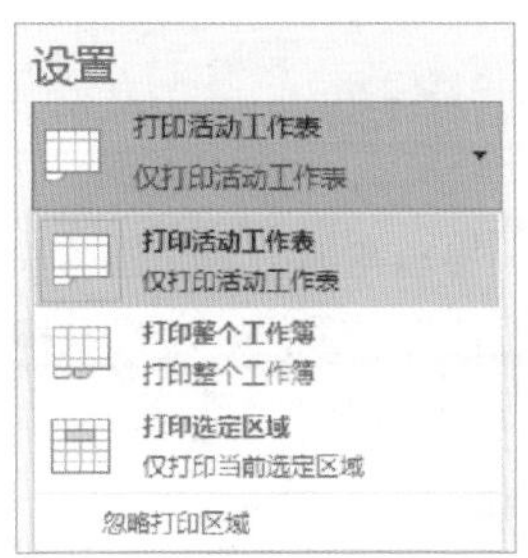

图8-63　设置打印范围

☆　【页数】数值框 页数：　至　：当打印的内容有多页时，分别在两个数值框中输入起始页码和结束页码，即可设置需要打印的页码范围。

☆　【对照】下拉列表框：用于设置打印的顺序。在打印多份多页表格时，可从中选择逐页打印多份和逐份打印多页两种方式。

☆　【打印方向】下拉列表框：用于设置表格打印的方向为横向或纵向。

☆　【纸张大小】下拉列表框：用于设置表格打印的纸张大小，如图8-64所示。

☆　【页边距】下拉列表框：用于设置表格的页边距效果，如图8-65所示。

☆　【缩放设置】下拉列表框：当表格中数据比较多时，可从该下拉列表框中选择打印表格的缩放类型，如图8-66所示。选择【将工作表调整为一页】选项，可以将工作表中的所有内容缩放为一页大小进行打印；选择【将所有列调整为一页】选项，可以将表格中所有列缩放为一个页宽大小进行打印；选择【将所有行调整为一页】选项，可以将表格中所有行缩放到一个页面进行打印；选择【自定义缩放选项】选项，可以在打开的【页面设置】对话框中自定义缩放类型。

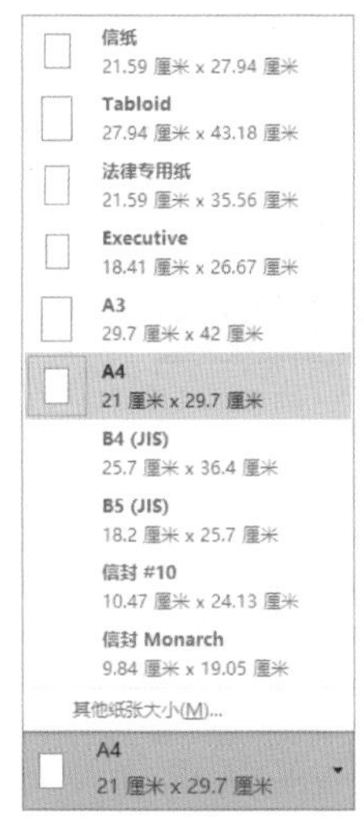

图8-64　设置纸张大小

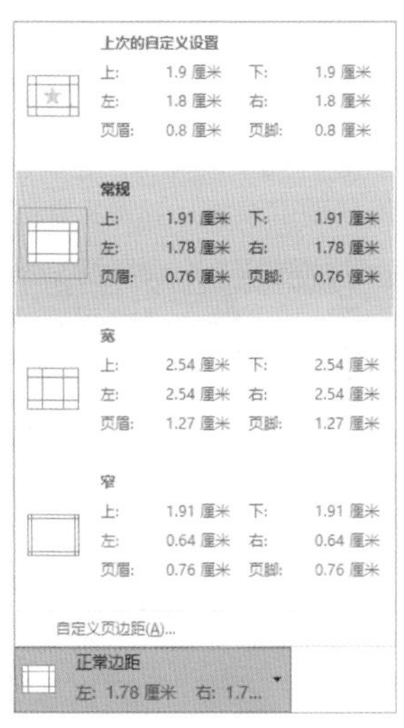

图8-65　设置页边距

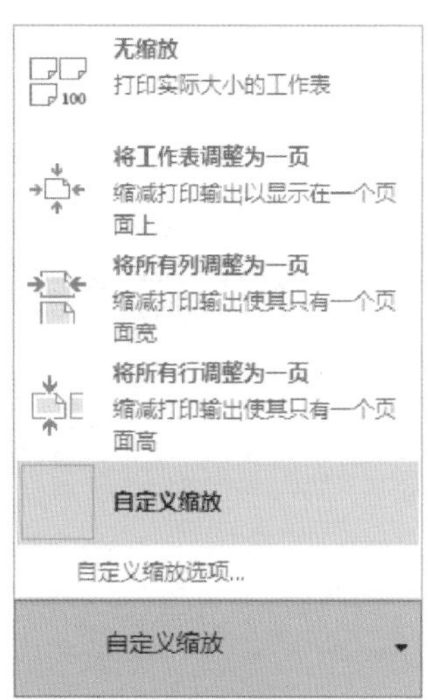

图8-66　设置缩放打印

8.3.3 打印页眉/页脚

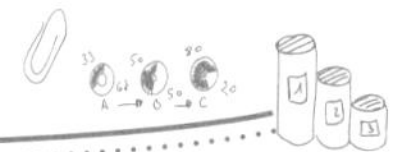

制作需要打印的人事表格时，为了让表格打印输出的效果更规范、便于查看，经常需要为表格添加公司名称、部门、表格名称、日期、页码等附加信息，而页眉和页脚就是添加这些信息的场所。页眉显示于每一页的顶部，页脚显示于每一页的底部。在Excel中为表格添加页眉/页脚的具体方法如下：

Step01：插入页眉和页脚。在“在职人员统计表”中单击【插入】选项卡【文本】组中的【页眉和页脚】按钮，如图8-67所示。

Step02：输入页眉内容。进入页面布局视图，并激活【页眉和页脚工具】选项卡。在页眉和页脚中提供了3个文本框，选择页眉左侧的第一个文本框，在其中输入公司名称，如图8-68所示。

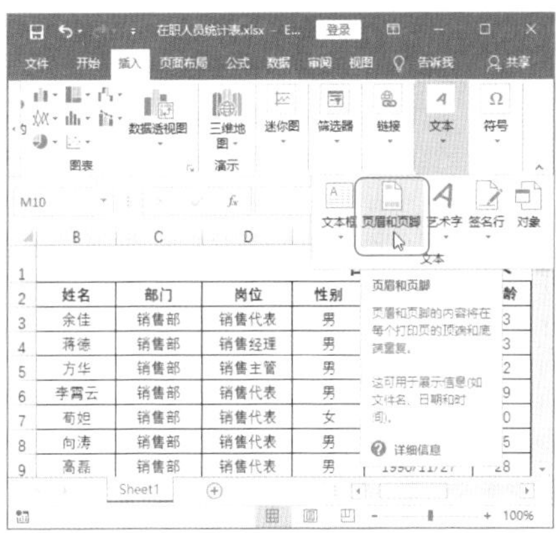

图8-67 插入页眉和页脚

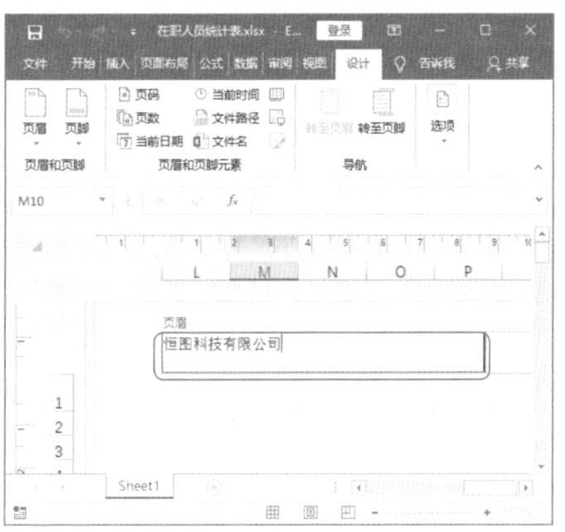

图8-68 输入页眉内容

Step03：插入当前日期。❶将鼠标指针定位到页眉第3个文本框中；❷单击【页眉和页脚工具-设计】选项卡【页眉和页脚元素】组中的【当前日期】按钮，如图8-69所示。

图8-69 插入当前日期

温馨提示

插入的页眉/页脚在普通视图中是不显示的，只有在【打印】界面的预览区域和页面视图中才能看到。

Step04：转至页脚。此时即可在页眉文本框中插入日期代码。单击【页眉和页脚工具-设计】选项卡【导航】组中的【转至页脚】按钮，如图8-70所示。

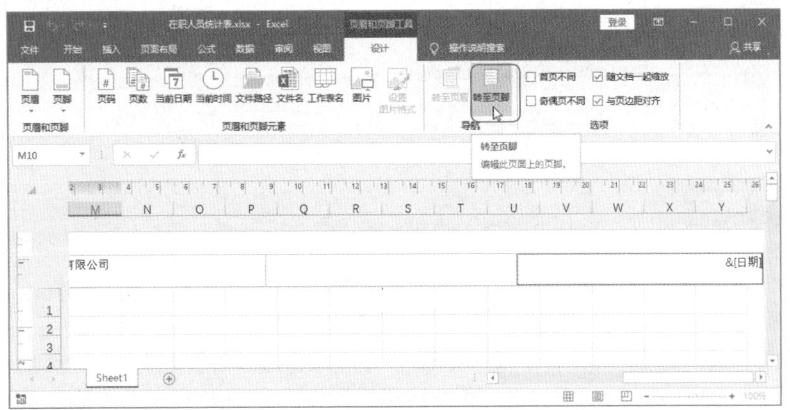

图8-70 转至页脚

Step05：选择页脚样式。❶选择页脚中间的文本框；❷单击【页眉和页脚工具-设计】选项卡【页眉和页脚】组中的【页脚】下拉按钮；❸在弹出的下拉列表中选择需要的页脚样式，如图8-71所示。

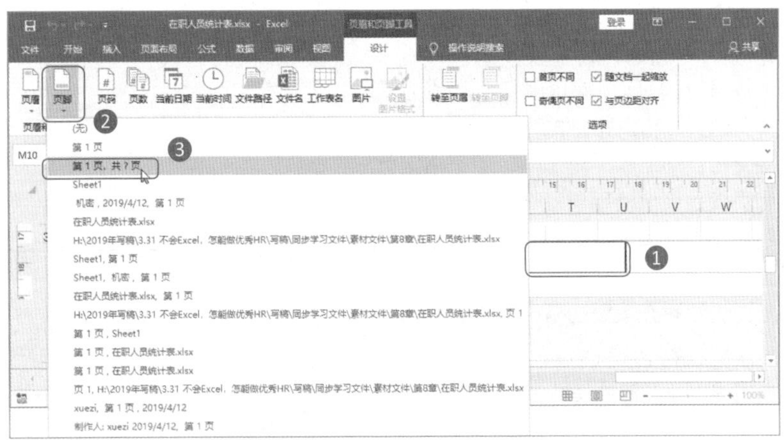

图8-71 选择页脚样式

Step06：查看页眉/页脚效果。进入【打印】界面，在右侧的预览区域可对设置的页眉和页脚效果进行查看。如图8-72所示为第1页、第2页的打印预览效果。

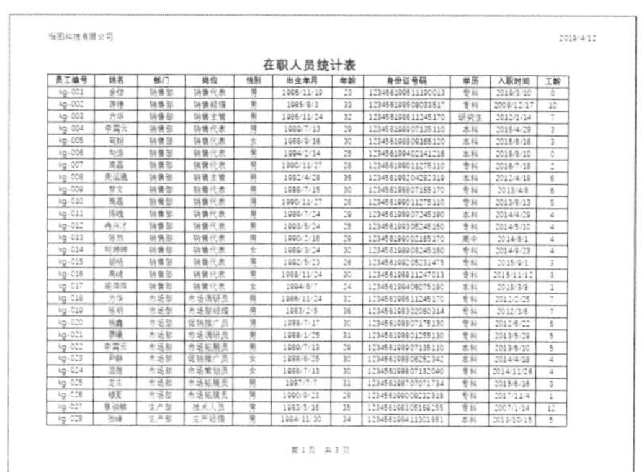

图8-72 查看页眉和页脚效果

技能升级

通过【页面设置】对话框添加页眉和页脚：打开【页面设置】对话框，选择【页眉/页脚】选项卡，如图8-73所示。在【页眉】下拉列表框中可以选择页眉样式，在【页脚】下拉列表框中可以选择页脚样式。这些样式是Excel预先设定的，选择之后可以在预览框中查看效果。

在【页眉/页脚】选项卡的下方有多个复选框，选中不同的复选框，可对页眉/页脚进行不同的设置。各复选框的作用介绍如下。

★ **【奇偶页不同】复选框**：选中该复选框后，可指定奇数页与偶数页使用不同的页眉和页脚。

★ **【首页不同】复选框**：选中该复选框后，可删除第1个打印页的页眉和页脚或为其选择其他页眉和页脚样式。

★ **【随文档自动缩放】复选框**：用于指定页眉和页脚是否应使用与工作表相同的字号和缩放。默认情况下，此复选框处于选中状态。

★ **【与页边距对齐】复选框**：用于确保页眉或页脚的边距与工作表的左右边距对齐。默认情况下，此复选框处于选中状态。

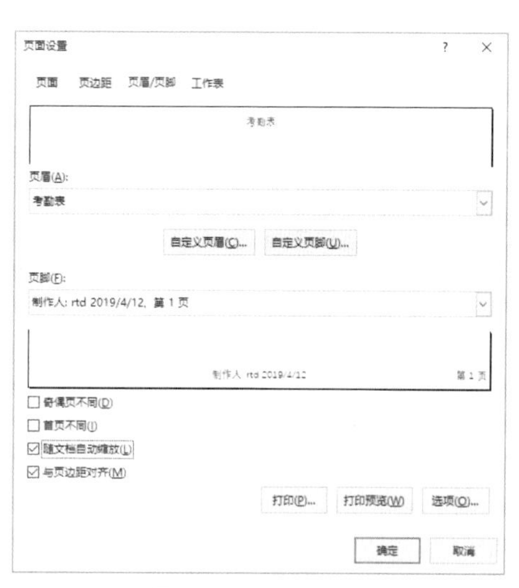

图8-73 设置页眉/页脚

8.3.4 指定打印区域

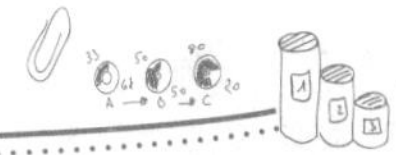

如果只需要对表格中的部分数据进行打印，那么在打印前，可以通过Excel提供的打印区域功能先指定要打印的区域。具体方法如下：

Step01：设置打印区域。❶在“在职人员统计表”中选择需要打印的区域，如选择A46:K58单元格区域；❷单击【页面布局】选项卡【页面设置】组中的【打印区域】下拉按钮；❸在弹出的下拉列表中选择【设置打印区域】选项，如图8-74所示。

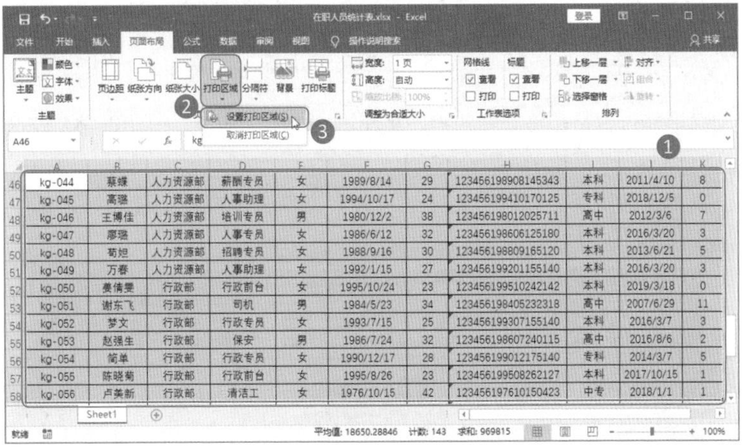

图8-74 设置打印区域

Step02：预览打印效果。此时即可将选择的单元格区域设置为打印区域。在【打印】界面右侧，即可对打印效果进行预览，如图8-75所示。

恒图科技有限公司 2019/4/12

在职人员统计表

员工编号	姓名	部门	岗位	性别	出生年月	年龄	身份证号码	学历	入职时间	工龄
kg-044	蔡蝶	人力资源部	薪酬专员	女	1989/8/14	29	123456198908145343	本科	2011/4/10	8
kg-045	高璐	人力资源部	人事助理	女	1994/10/17	24	123456199410170125	专科	2018/12/5	0
kg-046	王博佳	人力资源部	培训专员	男	1980/12/2	38	123456198012025711	高中	2012/3/6	7
kg-047	廖璐	人力资源部	人事专员	女	1986/6/12	32	123456198606125180	本科	2016/3/20	3
kg-048	荀妲	人力资源部	招聘专员	女	1988/9/16	30	123456198809165120	本科	2013/6/21	5
kg-049	万春	人力资源部	人事助理	女	1992/1/15	27	123456199201155140	本科	2016/3/20	3
kg-050	姜倩雯	行政部	行政前台	女	1995/10/24	23	123456199510242142	本科	2019/3/18	0
kg-051	谢东飞	行政部	司机	男	1984/5/23	34	123456198405232318	高中	2007/6/29	11
kg-052	梦文	行政部	行政专员	女	1993/7/15	25	123456199307155140	本科	2016/3/7	3
kg-053	赵强生	行政部	保安	男	1986/7/24	32	123456198607240115	高中	2016/8/6	2
kg-054	简单	行政部	行政专员	女	1990/12/17	28	123456199012175140	专科	2014/3/7	5
kg-055	陈晓菊	行政部	行政前台	女	1995/8/26	23	123456199508262127	本科	2017/10/15	1
kg-056	卢美新	行政部	清洁工	女	1976/10/15	42	123456197610150423	中专	2018/1/1	1

第1页，共1页

图8-75 预览打印效果

温馨提示

设置打印区域时，Excel默认会把标题行和表字段设置为打印区域。如果选择的打印区域是不连续的，那么打印时，会把不连续的区域分别放置在不同的页中进行打印。

8.3.5 分页预览打印

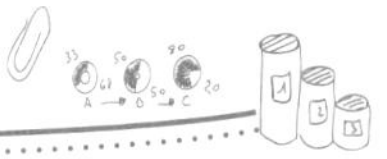

分页预览打印是指通过分页预览视图对打印页面进行查看和调整。该功能被广泛应用于表格的打印中。具体方法如下：

Step01：选择工作簿视图。打开“员工信息表”，单击【视图】选项卡【工作簿视图】组中的【分页预览】按钮，如图8-76所示。

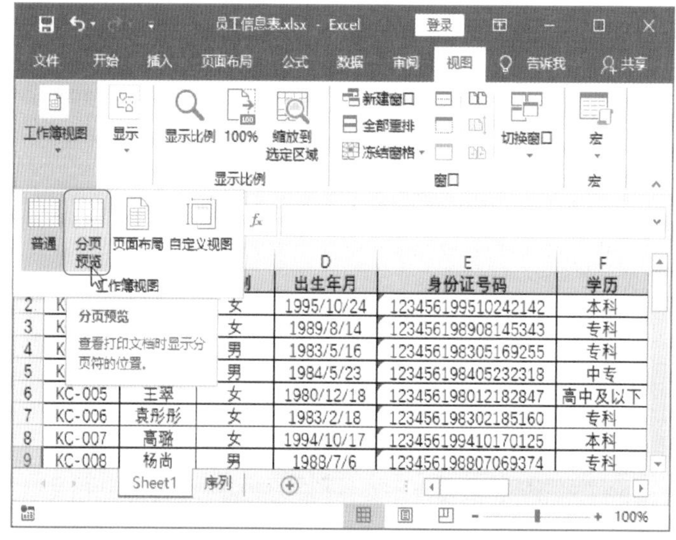

图8-76 选择视图

Step02：调整列分页符位置。进入分页预览视图，在该视图模式中显示了打印出来的页数。如果需要将数据全部打印在一页上，则需要将鼠标指针移动到第1页和第2页之间蓝色的分隔线上，当它变成⟷形状时，按住鼠标左键不放向右拖动至蓝色的粗实线上，如图8-77所示。

Step03：查看打印页数。释放鼠标，即可将原来的2页打印设置为1页打印，效果如图8-78所示。

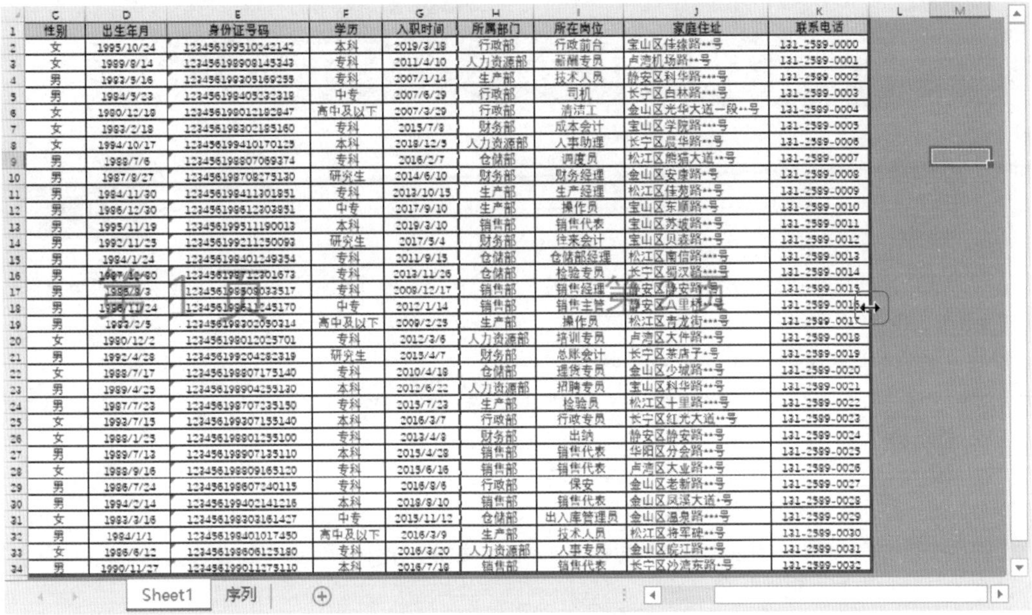

性别	出生年月	身份证号码	学历	入职时间	所属部门	所在岗位	家庭住址	联系电话
女	1995/10/24	123456199510242142	本科	2019/3/18	行政部	行政前台	宝山区佳线路··号	131-2599-0000
女	1989/8/14	123456198908145343	专科	2011/4/10	人力资源部	薪酬专员	卢湾机场路··号	131-2599-0001
男	1983/5/16	123456198305169255	专科	2007/1/14	生产部	技术人员	静安区科华路···号	131-2599-0002
男	1984/5/23	123456198405232318	中专	2007/6/29	行政部	司机	长宁区白林路···号	131-2599-0003
女	1980/12/18	123456198012182947	高中及以下	2007/3/29	行政部	清洁工	金山区光华大道一段··号	131-2599-0004
女	1983/2/18	123456198302185160	专科	2015/7/8	财务部	成本会计	宝山区学院路···号	131-2599-0005
女	1994/10/17	123456199410170125	本科	2018/12/5	人力资源部	人事助理	长宁区晨华路··号	131-2599-0006
男	1988/7/6	123456198807069374	专科	2016/2/7	仓储部	调度员	松江区熊猫大道··号	131-2599-0007
男	1987/8/27	123456198708275130	研究生	2014/6/10	财务部	财务经理	金山区安康路·号	131-2599-0008
男	1984/11/30	123456198411301851	专科	2013/10/15	生产部	生产经理	松江区佳苑路··号	131-2599-0009
男	1986/12/30	123456198612303851	中专	2017/9/10	生产部	操作员	宝山区东顺路·号	131-2599-0010
男	1995/11/19	123456199511190013	本科	2019/3/10	销售部	销售代表	宝山区苏城路··号	131-2599-0011
男	1992/11/25	123456199211250093	研究生	2017/5/4	财务部	往来会计	宝山区贝森路··号	131-2599-0012
男	1984/1/24	123456198401249354	专科	2011/9/15	仓储部	仓储部经理	松江区南信路···号	131-2599-0013
男	1987/12/30	123456198712301673	专科	2013/11/26	仓储部	检验专员	长宁区蜀汉路···号	131-2599-0014
男	1985/8/3	123456198508033517	专科	2008/12/17	销售部	销售经理	静安区静安路·号	131-2599-0015
男	1986/11/24	123456198611245170	中专	2012/1/14	销售部	销售主管	静安区八里桥··号	131-2599-0016
男	1983/2/5	123456198302050314	高中及以下	2009/2/25	生产部	操作员	松江区青龙街···号	131-2599-0017
女	1980/12/2	123456198012025701	专科	2012/3/6	人力资源部	培训专员	卢湾区大件路··号	131-2599-0018
男	1992/4/28	123456199204282319	研究生	2015/4/7	财务部	总账会计	长宁区茶店子·号	131-2599-0019
女	1988/7/17	123456198807175140	专科	2010/4/18	仓储部	理货专员	金山区少城路··号	131-2599-0020
男	1989/4/25	123456198904255130	本科	2012/6/22	人力资源部	招聘专员	宝山区科华路··号	131-2599-0021
男	1987/7/23	123456198707235150	专科	2015/7/23	生产部	检验员	松江区十里路···号	131-2599-0022
女	1993/7/15	123456199307155140	本科	2016/3/7	行政部	行政专员	长宁区红光大道··号	131-2599-0023
女	1988/1/25	123456198801255100	专科	2013/4/8	财务部	出纳	静安区静安路··号	131-2599-0024
男	1989/7/13	123456198907135110	本科	2015/4/28	销售部	销售代表	华阳区分会路··号	131-2599-0025
女	1988/9/16	123456198809165120	专科	2015/6/16	销售部	销售代表	卢湾区大业路··号	131-2599-0026
男	1986/7/24	123456198607240115	专科	2016/8/6	行政部	保安	金山区老新路··号	131-2599-0027
男	1994/2/14	123456199402141216	本科	2018/8/10	销售部	销售代表	金山区凤溪大道·号	131-2599-0028
女	1983/3/16	123456198303161427	中专	2015/11/12	仓储部	出入库管理员	金山区温泉路···号	131-2599-0029
男	1984/1/1	123456198401017450	高中及以下	2016/3/9	生产部	技术人员	松江区将军碑··号	131-2599-0030
女	1986/6/12	123456198606125180	专科	2016/3/20	人力资源部	人事专员	金山区皖江路··号	131-2599-0031
男	1990/11/27	123456199011275110	本科	2016/7/18	销售部	销售代表	长宁区沙湾东路·号	131-2599-0032

图8-77　调整列分页符位置

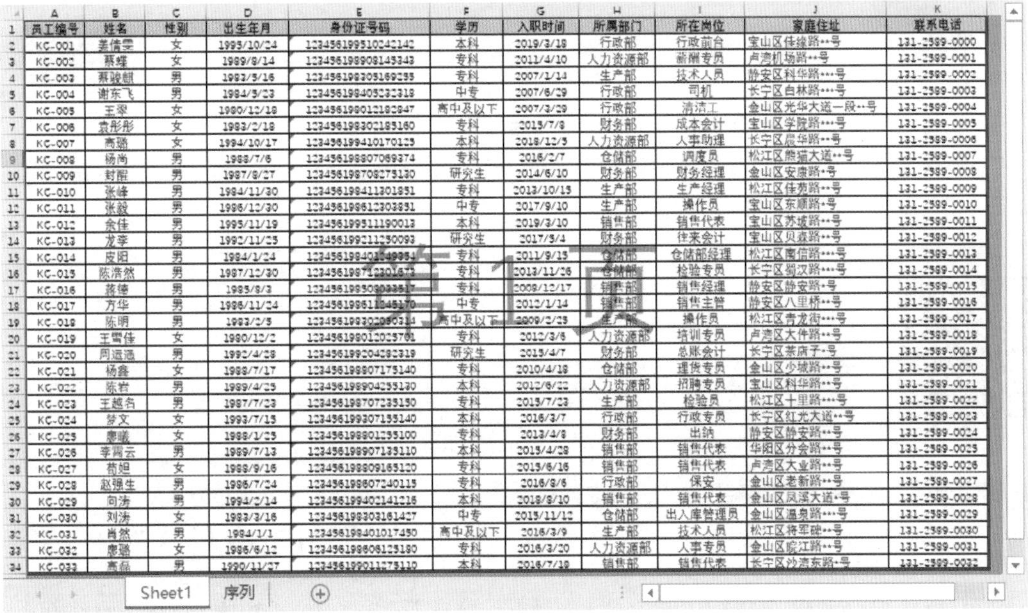

员工编号	姓名	性别	出生年月	身份证号码	学历	入职时间	所属部门	所在岗位	家庭住址	联系电话
KC-001	姜倩雯	女	1995/10/24	123456199510242142	本科	2019/3/18	行政部	行政前台	宝山区佳线路··号	131-2599-0000
KC-002	蔡蝶	女	1989/8/14	123456198908145343	专科	2011/4/10	人力资源部	薪酬专员	卢湾机场路··号	131-2599-0001
KC-003	蔡骏麒	男	1983/5/16	123456198305169255	专科	2007/1/14	生产部	技术人员	静安区科华路···号	131-2599-0002
KC-004	谢东飞	男	1984/5/23	123456198405232318	中专	2007/6/29	行政部	司机	长宁区白林路···号	131-2599-0003
KC-005	王翠	女	1980/12/18	123456198012182947	高中及以下	2007/3/29	行政部	清洁工	金山区光华大道一段··号	131-2599-0004
KC-006	袁彤彤	女	1983/2/18	123456198302185160	专科	2015/7/8	财务部	成本会计	宝山区学院路···号	131-2599-0005
KC-007	高璐	女	1994/10/17	123456199410170125	本科	2018/12/5	人力资源部	人事助理	长宁区晨华路··号	131-2599-0006
KC-008	杨尚	男	1988/7/6	123456198807069374	专科	2016/2/7	仓储部	调度员	松江区熊猫大道··号	131-2599-0007
KC-009	封醒	男	1987/8/27	123456198708275130	研究生	2014/6/10	财务部	财务经理	金山区安康路·号	131-2599-0008
KC-010	张峰	男	1984/11/30	123456198411301851	专科	2013/10/15	生产部	生产经理	松江区佳苑路··号	131-2599-0009
KC-011	张毅	男	1986/12/30	123456198612303851	中专	2017/9/10	生产部	操作员	宝山区东顺路·号	131-2599-0010
KC-012	余佳	男	1995/11/19	123456199511190013	本科	2019/3/10	销售部	销售代表	宝山区苏城路··号	131-2599-0011
KC-013	龙李	男	1992/11/25	123456199211250093	研究生	2017/5/4	财务部	往来会计	宝山区贝森路··号	131-2599-0012
KC-014	皮阳	男	1984/1/24	123456198401249354	专科	2011/9/15	仓储部	仓储部经理	松江区南信路···号	131-2599-0013
KC-015	陈浩然	男	1987/12/30	123456198712301673	专科	2013/11/26	仓储部	检验专员	长宁区蜀汉路···号	131-2599-0014
KC-016	蒋德	男	1985/8/3	123456198508033517	专科	2008/12/17	销售部	销售经理	静安区静安路·号	131-2599-0015
KC-017	方华	男	1986/11/24	123456198611245170	中专	2012/1/14	销售部	销售主管	静安区八里桥··号	131-2599-0016
KC-018	陈明	男	1983/2/5	123456198302050314	高中及以下	2009/2/25	生产部	操作员	松江区青龙街···号	131-2599-0017
KC-019	王雪佳	女	1980/12/2	123456198012025701	专科	2012/3/6	人力资源部	培训专员	卢湾区大件路··号	131-2599-0018
KC-020	周运通	男	1992/4/28	123456199204282319	研究生	2015/4/7	财务部	总账会计	长宁区茶店子·号	131-2599-0019
KC-021	杨鑫	女	1988/7/17	123456198807175140	专科	2010/4/18	仓储部	理货专员	金山区少城路··号	131-2599-0020
KC-022	陈岩	男	1989/4/25	123456198904255130	本科	2012/6/22	人力资源部	招聘专员	宝山区科华路··号	131-2599-0021
KC-023	王越名	男	1987/7/23	123456198707235150	专科	2015/7/23	生产部	检验员	松江区十里路···号	131-2599-0022
KC-024	梦文	女	1993/7/15	123456199307155140	本科	2016/3/7	行政部	行政专员	长宁区红光大道··号	131-2599-0023
KC-025	庞曦	女	1988/1/25	123456198801255100	专科	2013/4/8	财务部	出纳	静安区静安路··号	131-2599-0024
KC-026	李雨云	男	1989/7/13	123456198907135110	本科	2015/4/28	销售部	销售代表	华阳区分会路··号	131-2599-0025
KC-027	苟妲	女	1988/9/16	123456198809165120	专科	2015/6/16	销售部	销售代表	卢湾区大业路··号	131-2599-0026
KC-028	赵强生	男	1986/7/24	123456198607240115	专科	2016/8/6	行政部	保安	金山区老新路··号	131-2599-0027
KC-029	向涛	男	1994/2/14	123456199402141216	本科	2018/8/10	销售部	销售代表	金山区凤溪大道·号	131-2599-0028
KC-030	刘涛	女	1983/3/16	123456198303161427	中专	2015/11/12	仓储部	出入库管理员	金山区温泉路···号	131-2599-0029
KC-031	肖然	男	1984/1/1	123456198401017450	高中及以下	2016/3/9	生产部	技术人员	松江区将军碑··号	131-2599-0030
KC-032	庞璐	女	1986/6/12	123456198606125180	专科	2016/3/20	人力资源部	人事专员	金山区皖江路··号	131-2599-0031
KC-033	高磊	男	1990/11/27	123456199011275110	本科	2016/7/18	销售部	销售代表	长宁区沙湾东路·号	131-2599-0032

图8-78　查看打印页数

8.4 保护表格的两种方法

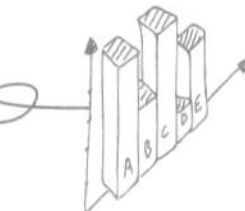

张总监

小刘，拷贝资料时，我看到你U盘中好多非常重要的工作簿直接就能打开，这样其他员工借用你的U盘时，也能轻易看到，很容易泄密。一定要注意保护好表格中的内容，否则会给个人或公司带来极大的损失。

小 刘

王Sir，张总监说对于非常重要的表格，需要进行保护，那如何才能不让其他人员看到，或对表格中的数据进行编辑呢？

王Sir

小刘，这个很简单的。如果不想让其他人看到表格中的内容，那么可以为工作簿设置密码保护；如果允许其他人查看表格中的数据，但不允许对表格内容进行编辑，可以对工作表进行保护。这样就不怕数据被泄露或被他人篡改了。

8.4.1 为整个工作簿加密

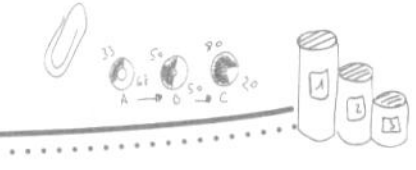

如果不希望工作簿中的所有数据被他人查看，那么可以为工作簿设置密码，只有输入正确的密码才能打开工作簿，这样可以在一定程度上保障数据的安全。为工作簿设置密码的具体方法如下：

Step01：选择保护选项。打开“员工信息表”；❶在【文件】菜单中选择【信息】命令；❷单击【保护工作簿】下拉按钮；❸在弹出的下拉列表中选择【用密码进行加密】选项，如图8-79所示。

Step02：输入密码。打开【加密文档】对话框；❶在【密码】文本框中输入密码，如“000”；❷单击【确定】按钮，如图8-80所示。

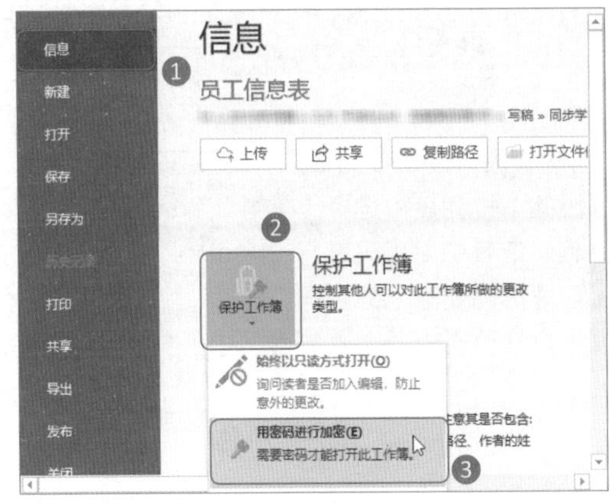

图8-79 选择保护选项

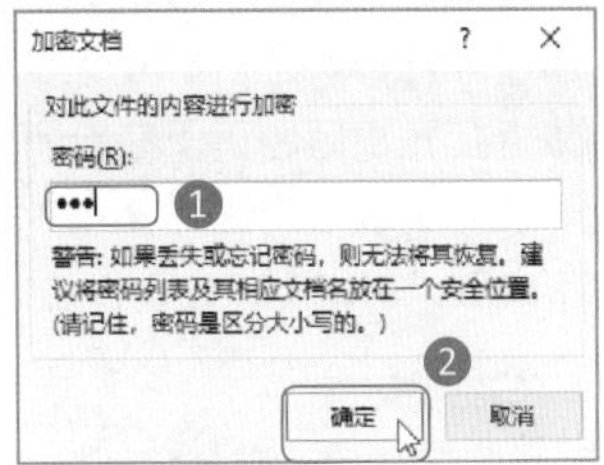

图8-80 输入密码

Step03：再次输入密码。打开【确认密码】对话框；❶在【重新输入密码】文本框中再次输入设置的密码“000”；❷单击【确定】按钮，如图8-81所示。

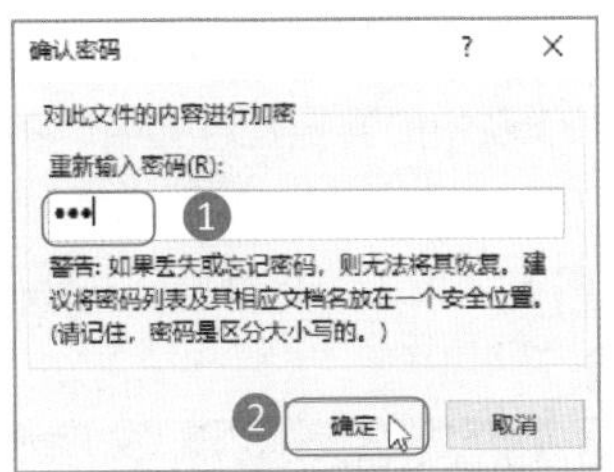

图8-81 确认密码

Step04：查看加密文档效果。此时在【信息】界面中，【保护工作簿】按钮将以黄色的底纹突出显示，并且会显示【需要密码才能打开此工作簿】提示信息，如图8-82所示。

Step05：验证设置的密码。保存并关闭工作簿。在保存位置双击该工作簿名称，打开【密码】对话框；❶在【密码】文本框中输入正确的密码；❷单击【确定】按钮（如图8-83所示），才能顺利打开该工作簿。

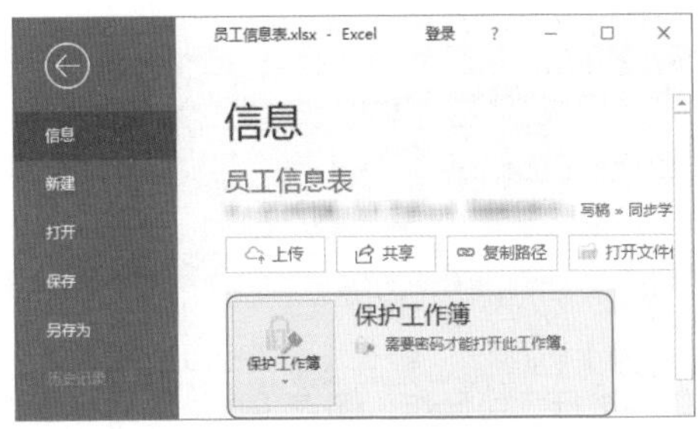

图8-82 查看加密文档效果

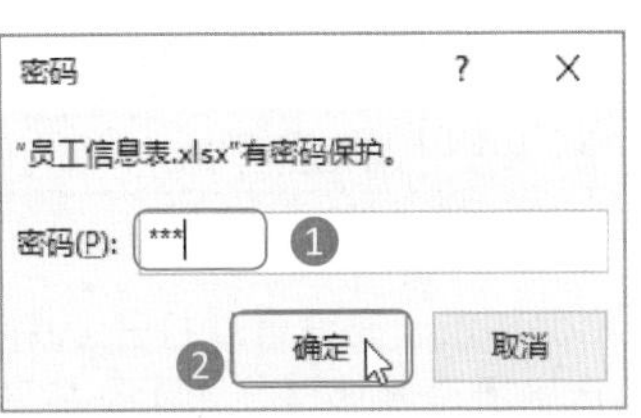

图8-83 输入密码打开工作簿

技能升级

保存工作簿时添加加密：保存工作簿时，在【另存为】对话框中单击下方的【工具】下拉按钮，在弹出的下拉列表中选择【常规选项】选项，打开如图8-84所示的对话框，在其中对密码进行设置。其中，【打开权限密码】表示打开工作簿时需要输入的密码，【修改权限密码】表示对工作簿中的数据进行修改时需要输入的密码。设置完成后，单击【确定】按钮即可。

图8-84 设置密码

8.4.2 加密保护工作表

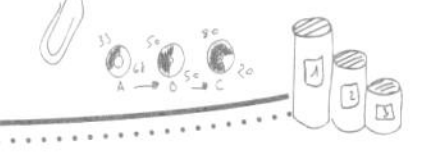

如果只允许对工作表中的数据进行查看，不允许对工作表进行各种编辑操作，可以为工作表设置密码保护。具体方法如下：

Step01：执行保护工作表操作。打开“员工信息表”，在Sheet1工作表中单击【审阅】选项卡【保护】组中的【保护工作表】按钮，如图8-85所示。

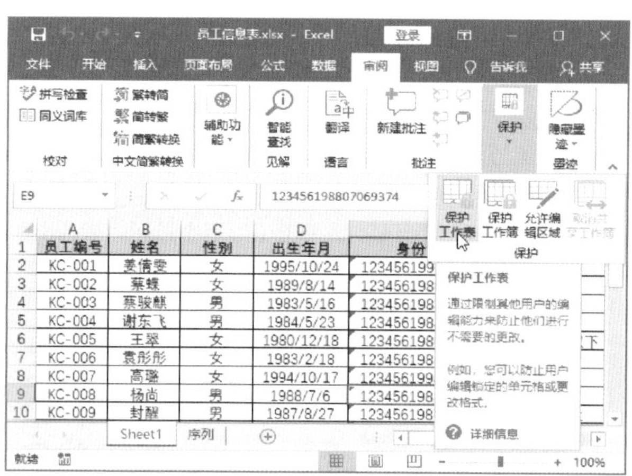

	A	B	C	D	E
1	员工编号	姓名	性别	出生年月	身份
2	KC-001	姜倩雯	女	1995/10/24	123456199
3	KC-002	蔡蝶	女	1989/8/14	123456198
4	KC-003	蔡骏麒	男	1983/5/16	123456198
5	KC-004	谢东飞	男	1984/5/23	123456198
6	KC-005	王翠	女	1980/12/18	123456198
7	KC-006	袁彤彤	女	1983/2/18	123456198
8	KC-007	高璐	女	1994/10/17	123456199
9	KC-008	杨尚	男	1988/7/6	123456198
10	KC-009	封醒	男	1987/8/27	123456198

图8-85 执行保护工作表操作

Step02：保护工作表设置。打开【保护工作表】对话框；❶在【允许此工作表的所有用户进行】列表框中取消选中所有复选框，表示不能对工作表进行任何操作；❷在【取消工作表保护时使用的密码】文本框中输入保护密码；❸单击【确定】按钮，如图8-86所示。

Step03：确认密码。打开【确认密码】对话框；❶在【重新输入密码】文本框中再次输入设置的密码；❷单击【确定】按钮，如图8-87所示。

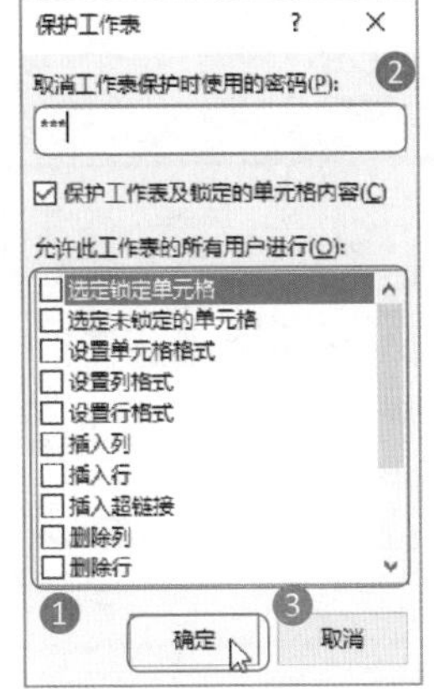

图8-86　保护工作表设置

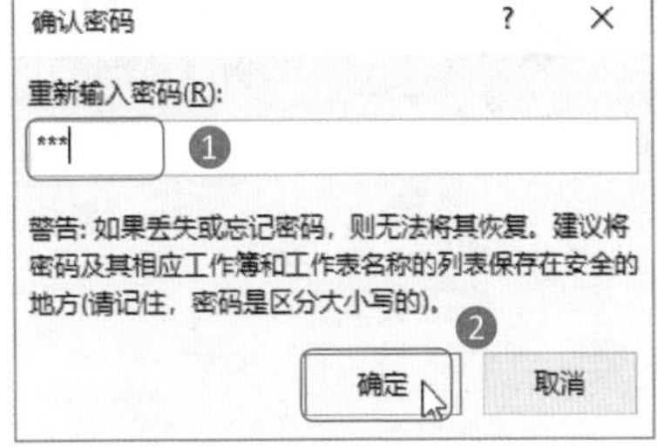

图8-87　确认密码

Step04：查看保护效果。返回工作表中，可看到功能区中的很多按钮呈现为灰色，表示不能进行操作，而且对工作表进行操作时，会打开提示对话框进行提示，如图8-88所示。

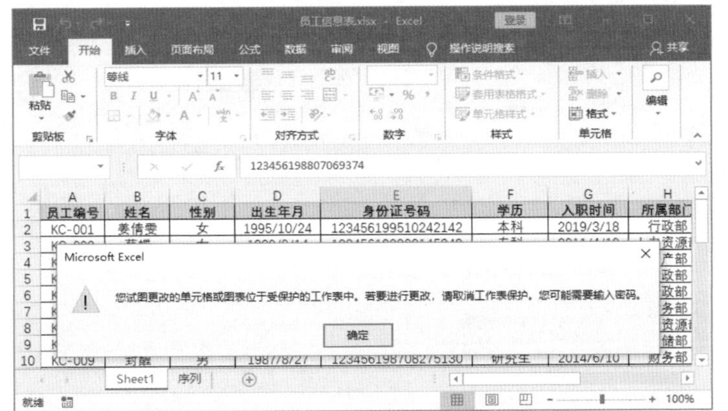

图8-88　查看工作表保护效果

技能升级

执行保护工作表操作后，原来的【保护工作表】按钮将变成【撤销工作表保护】按钮。如果不需要对工作表进行保护，可单击【保护】组中的【撤销工作表保护】按钮，打开【撤销工作表保护】对话框，在其中输入设置的保护密码，单击【确定】按钮即可。